NCS
국가직무능력표준 기반
13 음식서비스 직무분야

오분만

오 답노트
분 석하여
만 점받자

조리 기능사

[한식 · 양식 · 중식 · 일식 · 복어 공통]

조미열, 송세화, 최문희 공저

필기

씨마스

저자 약력

조미열　숙명여자대학교 전통식생활문화전공 석사
직업능력개발훈련교사
조리기능장 외 자격증 다수 보유
현) 한국 외식기획컨설팅 연구소 팀장
현) 한국식생활교육원 부원장

송세화　성신여자대학교 식품영양학과 석사
파스퇴르유업 식품연구소 연구원
국제식품 실험실 실장
수원여자대학, 유한대학 출강
현) 고려전문학교 외래강사

최문희　성신여자대학교 식품영양학과 석사
파스퇴르유업 식품연구소 연구원
식품정보코리아 컨설턴트
현대전문학교, 수원여자대학 출강
현) 고려전문학교 외래강사

머리말

　사회의 모든 분야가 산업화, 세계화되고 발전하는 오늘날, 우리의 먹거리 역시 식품산업과 외식업의 질적·양적 팽창 그리고 수입식품의 유입으로 다양하게 변모하고 있습니다.

　이에 따라 지금은 식품제조 관련 조리 종사자의 역할이 무엇보다 중요한 시점이 되었습니다. 특히 음식의 상업화와 대량화에 따른 조리원의 식품에 대한 전문적 지식, 안전한 식품 제공, 나아가 확고한 직업관 등이 요구되고 있습니다.

　태어나면서부터 삶을 영위하기 위해 가정·학교·직장 또는 모임 등을 통해 늘 섭취하는 음식이라, 때로는 조리가 쉽게 아무나 할 수 있는 일로 인식되어 왔습니다. 누구나 쉽게 창업할 수 있는 것이 음식점이고, 반면 가장 성공하기 어려운 분야이기도 합니다. 그러나 지금의 우리는 먹거리에 대해 맛과 영양, 기호, 기능, 안전, 경제, 문화 등 엄격한 잣대로 최고의 가치를 추구하고 있습니다.

　식품 전문가인 조리사의 첫걸음을 위해 출간된 이 책은 한식·양식·중식·일식·복어 조리기능사 자격증 취득을 준비하는 모든 수험생들을 위한 맞춤 수험서입니다.

　한국산업인력공단의 변경된 출제기준을 반영하여 출제기준과 동일하게 식품위생 및 법규, 공중보건학, 식품학, 조리이론, 원가계산 등 시험과목에 대한 핵심 이론과 평가문제, 기출문제의 명쾌한 해설까지 수록하였습니다. 공부에 필요한 모든 자료를 보기 편하고 쉽게 이해할 수 있도록 단계적으로 접근한 것이 이 책의 장점입니다. 또한 식품위생 및 법규는 최근까지 식품위생법 개정에 따른 내용을 반영하여 완벽하게 수정·정리함으로써 수험생의 혼란을 방지하도록 하였습니다.

　모쪼록 이 책으로 조리기능사를 준비하는 모든 수험생들의 합격을 소망합니다.

저자 일동

CBT 시험방법 미리 체험하기

2014년 10월부터 한국산업인력공단 시행 상시 기능사 필기시험 자격검정은 CBT(컴퓨터 기반 시험) 방식으로 운용하고 있으며, 2017년부터는 모든 필기시험이 CBT로 확대 시행됩니다. 그럼, CBT 시험방법을 미리 체험해 볼까요?

자격검정 CBT 체험 바로가기
(http://q-net.or.kr/cbt/index.html)

01 Q-net 홈페이지에서 웹 체험 클릭

02 CBT 필기 자격시험 체험하기

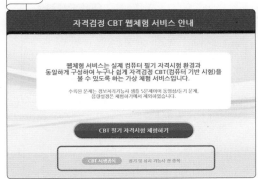

03 수험자 접속 대기

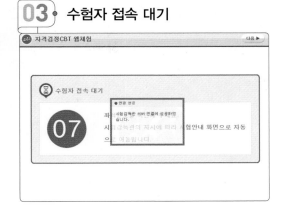

04 수험자 정보 확인

05 안내사항

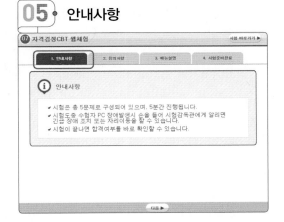

06 유의사항

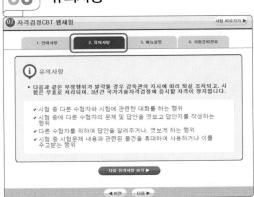

07 메뉴 설명

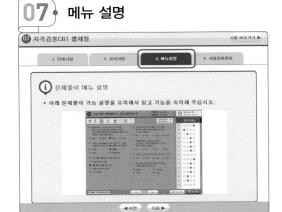

08 시험준비 완료

09 잠시 후 시험이 시작됩니다.

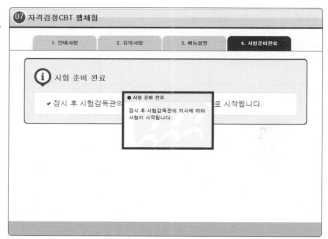

10 문제풀이 방식 선택하기

선택 가능

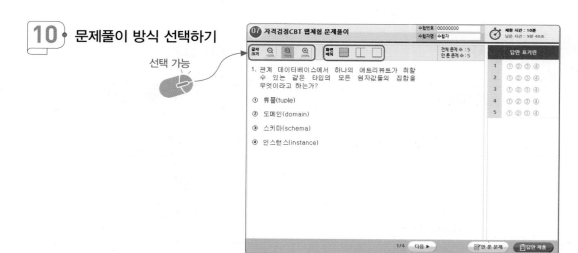

11 안 푼 문제 확인하기

12 답안 제출

13 시험 완료

14 CBT 테스트

쇼핑몰(cmass21.net)
[CBT 테스트] 메뉴를
클릭하고, [조리기능사]
CBT 모의고사로
자가 진단해 보세요.

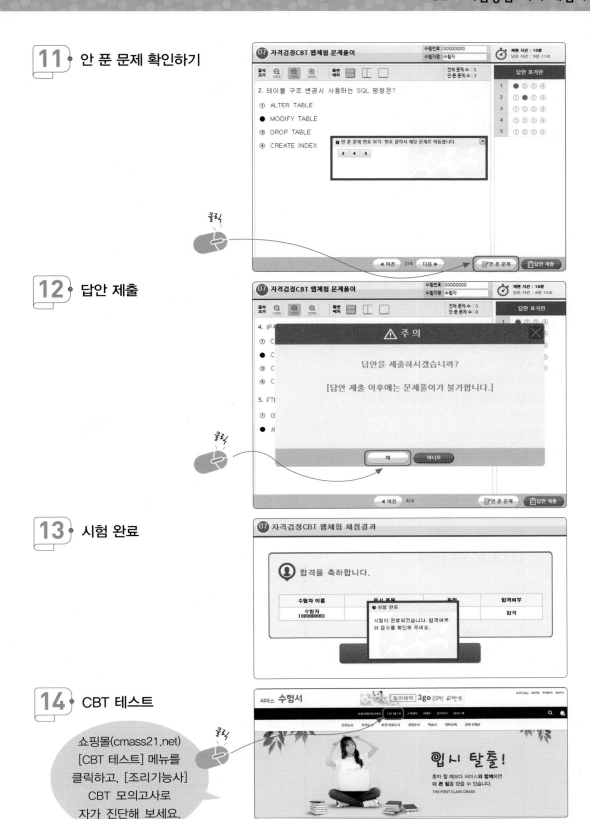

오분만 도서 활용법

핵심 이론 + 실전 모의고사 + CBT 테스트 + 오답 노트

핵심이론

출제 기준을 100% 반영한 이론으로 출제위원급 저자가 직접 핵심만 골라 요약·집필하였습니다. 실제 시험에 자주 출제되는 유형의 문제와 핵심이론이 연계되도록 구성하였습니다. 실무에서 경험한 이론을 직접 체험할 수 있도록 질 좋은 컬러 책으로 구성하여 눈의 피로를 덜고 생생한 실무를 간접 경험할 수 있습니다. 처음 학습을 시작하는 수험생도 쉽고 빠르게 습득할 수 있는 구성이 이 책의 강점입니다.

실전 모의고사

실제 시험에 최적화된 유형과 출제기준에 맞는 모의고사를 구성하였습니다. 예상 문제를 뽑아서 만든 모의고사 문제를 실제 시험처럼 풀어 봄으로써 좀더 다양한 문제 형태를 접할 수 있게 하였습니다.

CBT 테스트

2017년부터는 필기시험이 전면 CBT 방식으로 확대 시행됩니다. 이에 씨마스에서는 Self-CBT 실전 모의고사 프로그램을 개발하여, 수험생이 실제 시험과 동일한 환경에서 익숙하게 시험에 대비할 수 있도록 하였습니다. 씨마스 쇼핑몰에서 다운로드하여 직접 실행하고 풀어 봄으로써 시험장에서의 두려움을 이겨 내세요!

오답노트

이 책에 수록한 '오분만 오답노트'는 시험에 자주 나오는 한 문장만 외울 수 있는 최선의 공부 방법을 안내해 드립니다. 학습 마무리 시간에 괄호 넣기로 실력을 점검해 보고, 틀린 문제를 메모하여 모르는 문제를 하나씩 줄여 나가야 합니다. 시험 현장에서의 불안함을 달래 줄 소중한 '오분만 오답노트'와 마지막까지 꼭 함께하세요!

필기시험 출제기준

직무 분야	음식 서비스	중직무 분야	조리	자격 종목	한식 · 양식 · 중식 · 일식 · 복어 조리기능사	적용 기간	2019.1.1. ~ 2019.12.31.

• **직무 내용** : 한식 · 양식 · 중식 · 일식 · 복어 조리 분야에 제공될 음식에 대한 기초 계획을 세우고 식재료를 구매, 관리, 손질하여 맛, 영양, 위생적인 음식을 조리하고 조리 기구 및 시설 관리를 유지하는 직무

필기검정방법	객관식	문제수	60	시험시간	1시간

필기과목명	문제수	주요항목	세부항목	세세항목
식품위생 및 관련법규	60	1. 식품위생	1. 식품위생의 의의	1. 식품위생의 의의
			2. 식품과 미생물	1. 미생물의 종류와 특성 2. 미생물에 의한 식품의 변질 3. 미생물 관리 4. 미생물에 의한 감염과 면역
		2. 식중독	1. 식중독의 분류	1. 세균성 식중독의 특징 및 예방대책 2. 자연독 식중독의 특징 및 예방대책 3. 화학적 식중독의 특징 및 예방대책 4. 곰팡이 독소의 특징 및 예방대책
		3. 식품과 감염병	1. 경구감염병	1. 경구감염병의 특징 및 예방대책
			2. 인수공통감염병	1. 인수공통감염병의 특징 및 예방대책
			3. 식품과 기생충병	1. 식품과 기생충병의 특징 및 예방대책
			4. 식품과 위생동물	1. 위생동물의 특징 및 예방대책
		4. 살균 및 소독	1. 살균 및 소독	1. 살균의 종류 및 방법 2. 소독의 종류 및 방법
		5. 식품첨가물과 유해물질	1. 식품첨가물	1. 식품첨가물 일반정보 2. 식품첨가물 규격기준 3. 중금속 4. 조리 및 가공에서 기인하는 유해물질
		6. 식품위생관리	1. HACCP, 제조물책임법(PL) 등	1. HACCP, 제조물 책임법의 개념 및 관리
			2. 개인위생관리	1. 개인위생관리
			3. 조리장의 위생관리	1. 조리장의 위생관리
		7. 식품위생관련 법규	1. 식품위생관련법규	1. 총칙 2. 식품 및 식품첨가물 3. 기구와 용기 포장 4. 표시 5. 식품 등의 공전 6. 검사 등 7. 영업 8. 조리사 및 영양사 9. 시정 명령 · 허가 취소 등 행정제재 10. 보칙 11. 벌칙
			2. 농수산물의 원산지 표시에 관한 법규	1. 총칙 2. 원산지 표시 등

필기과목명	문제수	주요항목	세부항목	세세항목
		8. 공중보건	1. 공중보건의 개념	1. 공중보건의 개념
			2. 환경위생 및 환경오염	1. 일광 2. 공기 및 대기오염 3. 상하수도, 오물처리 및 수질오염 4. 소음 및 진동 5. 구충구서
			3. 산업보건 및 감염병관리	1. 산업보건의 개념과 직업병 관리 2. 역학 일반 3. 급 · 만성 감염병관리
			4. 보건관리	1. 보건행정 2. 인구와 보건 3. 보건영양 4. 모자보건, 성인 및 노인보건 5. 학교보건
		9. 식품학	1. 식품학의 기초	1. 식품의 기초식품군
			2. 식품의 일반성분	1. 수분 2. 탄수화물 3. 지질 4. 단백질 5. 무기질 6. 비타민
			3. 식품의 특수성분	1. 식품의 맛 2. 식품의 향미(색, 냄새) 3. 식품의 갈변 4. 기타 특수성분
			4. 식품과 효소	1. 식품과 효소
		10. 조리과학	1. 조리의 기초지식	1. 조리의 정의 및 목적 2. 조리의 준비 조작 3. 기본조리법 및 다량조리기술
			2. 식품의 조리원리	1. 농산물의 조리 및 가공 · 저장 2. 축산물의 조리 및 가공 · 저장 3. 수산물의 조리 및 가공 · 저장 4. 유지 및 유지 가공품 5. 냉동식품의 조리 6. 조미료 및 향신료
		11. 급식	1. 급식의 의의	1. 급식의 의의
			2. 영양소 및 영양섭취기준, 식단작성	1. 영양소 및 영양섭취기준, 식단작성
			3. 식품구매 및 재고관리	1. 식품구매 및 재고관리
			4. 식품의 검수 및 식품감별	1. 식품의 검수 및 식품감별
			5. 조리장의 시설 및 설비 관리	1. 조리장의 시설 및 설비 관리
			6. 원가의 의의 및 종류	1. 원가의 의의 및 종류 2. 원가분석 및 계산

차례

I

식품위생 및 관련법규

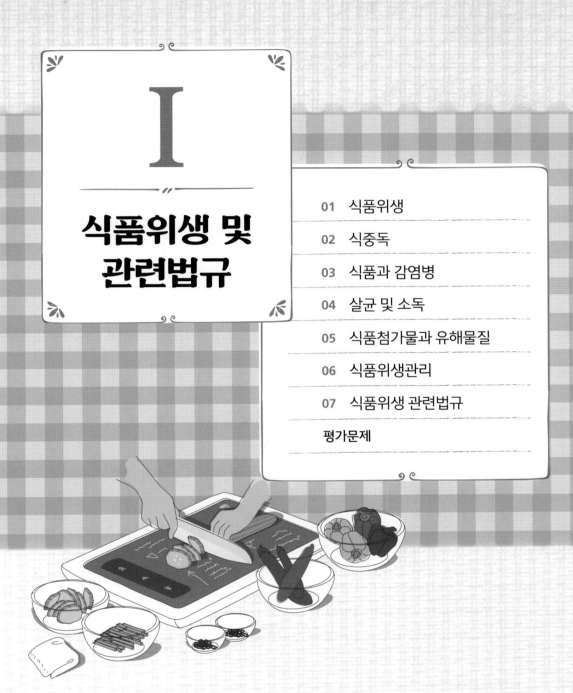

01 식품위생

1 식품위생의 의의

(1) 정의

① 세계보건기구(WHO): 식품위생을 "식품원료의 재배, 생산, 제조로부터 유통과정을 거쳐 최종적으로 사람에게 섭취되기까지의 모든 단계에 걸친 식품의 안전성, 건전성 및 악화방지를 확보하기 위한 모든 수단"으로 정의하였다.

② 우리나라의 식품위생법: 식품위생을 "식품, 식품첨가물, 기구, 용기, 포장을 대상으로 하는 음식에 관한 위생"으로 정의하였다.

(2) 목적

식품위생은 식품이 일으키는 위해를 제거하여 안전한 식생활을 제공함으로써 사람의 건강을 유지하고 증진시키는 것을 목적으로 한다.

(3) 행정

① 근거: 식품위생법에 근거하여 시행되고 있으며, 공중보건의 일부분이다.

② 식품위생 행정 관련 시책
  - 식품, 식품첨가물, 기구 및 용기·포장의 성분 규격과 제조·사용 등의 기준 설정, 농·축산물에 대한 잔류농약 등의 잔류기준 설정
  - 식품검사제도의 실시
  - 식품첨가물 지정
  - 식품표시제 실시
  - 식품위생감시 실시
  - 식중독 예방과 발생 시의 조치
  - 식품 종사자들에 대한 건강관리 및 위생교육
  - 시설기준 제정 및 영업신고, 등록, 허가제도 실시
  - 수입식품 관리제도 실시
  - 제품의 위해평가
  - 식품회수제(Recall) 도입

- 식품안전관리인증기준(HACCP; Hazard Analysis Critical Control Point) 시행

③ 식품위생 관련 행정기구

구분	행정기구	업무
중앙기구	식품의약품안전처	식품, 의약품, 의료기기 등의 안전성 확보
	질병관리본부	국가 감염병 연구 및 관리와 생명과학 연구를 수행
	식품위생심의위원회	식중독 방지, 농약·중금속 등 유독·유해물질 잔류허용기준, 식품 등의 기준과 규격, 그 밖에 식품위생에 관한 중요 사항을 조사 심의
지방기구	지방식품의약품안전처	식품·의약품 등 제조·유통업소의 지도·단속 및 수거검사와 표시기준 및 과대광고 지도·단속 등
	국립검역소	선박·항공기·열차·자동차 등의 승무원·승객 및 화물에 대한 검역 및 예방조치 절차 등을 세부적으로 규정함으로써 감염병의 국내유입 및 국외전파 방지

2 식품과 미생물

(1) 미생물의 종류와 특성

미생물은 자연계에 존재하는 생물 중 육안으로 볼 수 없을 정도로 크기가 작은 것으로 식품의 발효나 부패에 관여하며 식품으로 인한 건강장애의 대부분은 미생물이 원인이다.

① 세균(Bacteria)
- 병원성 미생물의 대부분이 세균으로 식품위생관리에 가장 중요한 요소이다.
- 경구 감염병, 감염형 식중독의 원인이며, 식품에 증식하여 독소를 생성함으로써 독소형 식중독을 유발한다.
- 형태에 따라 구균(coccus), 간균(bacillus), 나선균(spirillium)으로 분류한다.
- 분열법으로 증식하며, 증식속도가 매우 빨라 식중독의 위험성이 높다.
- 최적의 증식조건: 중성 pH, 높은 수분활성도 등에서 잘 증식한다.

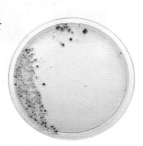

② 효모(Yeast)

- 양조, 주조, 제빵 등의 발효에 이용되는 미생물이다.
- 출아법으로 증식하며 발육 최적온도는 25~30℃이다.
- 젤리, 벌꿀 등 당 함량이 높은 식품에서 증식하며 거품을 유발한다.

③ 곰팡이(Molds)

- 포자가 발아한 후 실 모양의 균사체를 형성하는 사상균이다.
- 온도, 습도, pH와 무관하게 대부분의 식품에서 증식이 가능하며, 건조식품 변질의 원인이 된다.
- 냉동처리는 곰팡이의 증식을 억제할 수는 있지만, 사멸하지는 못한다.
- 곰팡이의 독은 가열해도 파괴되지 않으므로, 해당 식품은 폐기해야 한다.

④ 리케차(Rickettsia)

- 세균과 바이러스의 중간에 속하는 미생물이다.
- 발진티푸스나 발진열 등의 원인이 된다.

⑤ 바이러스(Virus)

- 크기가 가장 작은 미생물로 동식물이나 세균세포에 기생하여 증식한다.
- 가열조리나 냉동에서 살아남아 식품, 식기, 손 등을 통해 사람에게 전파되며 간염, 전염성 설사 등의 질병을 유발한다.

⑥ 스피로헤타(spirochaeta)

- 나사 모양의 미생물로 활발한 회전운동을 한다.
- 부생하거나 동물에 기생하며, 이분법으로 증식한다.

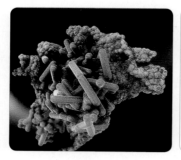
▲ 리케차

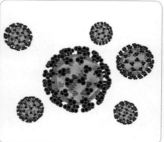
▲ HIV 바이러스

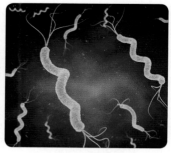
▲ 스피로헤타

(2) 미생물에 의한 식품의 변질과 보존법

① 식품의 변질: 식품을 방치할 경우 미생물, 효소, 빛, 온도, 산소 등의 요인에 의해 영양성분이 파괴되고 향기, 맛, 색 등 관능적 특성이 변화되어 식용할 수 없는 상태로 되는 것을 말한다.

② 변질의 종류

부패	단백질 식품이 혐기성 미생물에 의해 분해되어 악취가 나고 인체에 유해한 물질이 생성되는 현상
변패	탄수화물이나 지방이 미생물에 의해 변질되는 현상
산패	지방이 산화되어 불쾌한 냄새를 내며 변색되는 현상
발효	탄수화물이 미생물의 분해작용을 받아 사람에게 유용한 알코올, 유기산 등이 생산되는 현상

③ 부패 판정 방법
- 관능검사
  - 가장 간단한 방법으로 사람의 시각, 촉각, 미각, 후각 등으로 식품의 선도를 판정한다.
  - 개인차가 있어 객관적인 지표는 될 수 없다.
- 생균 수 검사
  - 식품은 세균증식으로 부패하기 때문에 일반세균 수를 측정하여 신선도를 판정한다.
  - 초기부패 시에는 아민, 암모니아, 산패, 알코올, 분변 등의 냄새가 발생한다.
  - 세균 수가 부패 진행정도와 일치하여 선도 판정의 지표로 활용된다.
  - 초기부패 단계에서 식품 1g 또는 1mL당 세균 수는 $10^7 \sim 10^8$이다.
- 화학적 검사: 부패생성물의 양을 측정하여 초기부패를 판정하는 방법이다.

휘발성 염기질소 (VBN; Volatile Basic Nitrogen)	• 암모니아나 아민류 등의 휘발성 염기질소는 단백질 식품의 부패 산물 • 어육과 식육의 신선도를 나타내는 지표로 활용 • 초기 부패육의 휘발성 염기질소 함량은 30~40mg%
트라이메틸아민 (TMA; Trimethylamine)	• 어패류가 죽으면 선도 변화와 함께 TMA가 증가(어패류 신선도 검사에 이용) • 어육의 부패 초기 트라이메틸아민 함량은 3~4mg%
히스타민(Histamin)	• 어패류 부패과정의 산물로 히스티딘(Histidine)으로부터 생성 • 히스티딘 함량이 높은 고등어, 꽁치, 정어리 등은 부패 시 히스타민 알레르기의 원인이 됨. • 어육 중 히스타민이 4~10mg% 축적되면 알레르기(Allergy)성 식중독 유발

(3) 미생물 관리

미생물 증식은 식품의 변질과 부패의 가장 큰 원인이 된다. 식품의 부패를 방지하기 위해 미생물 오염을 방지하고 미생물 증식을 억제하는 것이 중요하다. 식품의 부패를 방지하는 보존법으로 물리적 방법, 화학적 방법, 생물학적 방법 및 기타 복합처리 방법이 있다.

① 식품변질의 원인이 되는 미생물 증식의 조건
- 수분
  - 미생물 증식에 필수적이므로 식품 중의 수분함량을 낮추면 미생물 증식을 억제할 수 있다.
  - 세균은 효모나 곰팡이에 비해 수분활성도가 더 높은 환경에서 잘 증식한다.

- 미생물이 증식할 수 있는 최저 수분활성도: 세균 0.90 〉 효모 0.88 〉 곰팡이 0.80
- 수분활성도(Aw): 미생물이 증식에 이용할 수 있는 수분의 양

- 온도
  - 미생물 증식에 영향을 주며 세균은 최적 증식온도에 따라 분류가 가능하다.
  - 잠재적 위해식품의 위험 온도는 4~60℃이며, 넓은 온도 범위에서 다양한 미생물이 증식한다.

저온성균	5℃ 내외의 냉장온도에서 잘 증식하는 균
중온성균	온혈동물의 체온인 37℃ 내외에서 잘 증식하는 균
고온성균	60℃ 부근에서 잘 증식하는 균(호열성)

- 영양원(식품): 식품은 탄수화물, 지방, 단백질, 비타민과 무기질 등 세균의 증식에 필요한 다양한 영양소를 함유하고 있다.
- 산소

호기성균	산소농도가 높은 곳에서 활발하게 증식		
혐기성균	산소가 없거나 미량만 존재해도 증식 가능	편성 혐기성균	산소가 없는 곳에서 생육(밀봉상태에서 증식하여 통·병조림 부패의 원인이 되는 균)
		통성 혐기성균	산소의 존재에 관계없이 증식

- 수소이온 농도(pH)
  - 세균 증식의 최적 농도는 pH 6.5~7.2
  - 효모, 곰팡이의 최적 농도는 pH 4.0~4.5
② 식품보존을 위한 미생물 관리방법
- 물리적 관리

건조법	• 미생물의 생육에 필요한 식품 중의 수분을 제거하여 세균의 번식을 억제시키는 방법 • 통상 수분 15% 이하에서는 미생물이 번식하지 못하나 곰팡이는 13% 이하에서도 증식 가능 • 건조법의 종류: 일광건조법, 열풍건조법, 분무건조법(Spray Drying), 배건법, 동결건조법(Freeze Drying)
가열살균법	• 식품을 가열하여 미생물을 사멸시키고, 동시에 효소의 활성화 상태를 잃게 하여 식품의 보존성을 높이는 방법 • 식품을 가열하면 단백질 변성, pH 변화, 효소 및 비타민 파괴, 유지의 산패 등이 일어나므로 저온에서 단시간 살균해야 품질이 양호
냉장 및 냉동법	• 미생물의 증식을 억제시키려는 목적으로 식품을 저온에서 보존하는 방법 • 냉동법은 미생물 생육에 필요한 식품 중의 수분을 동결하여 미생물이 이용하는 것을 방지하는 것으로 사멸시키지는 못함.

방사선 조사 살균법 (Radio Sterilization)	• 방사성 동위원소의 이온화 에너지인 방사선을 쬐여 식품 고유의 성질을 변화시키지 않고 식품을 살균하는 방법 • 사용 목적: 발아억제, 숙도조절, 식중독균 및 병원균의 살균, 기생충 및 해충 사멸 • 살균할 때 열이 발생하지 않아 냉온 살균(Cold Sterilization) 또는 무열살균법이라고 함. • 우리나라에서는 코발트 60(^{60}Co)의 감마(γ)선이 널리 사용되며, 식품공전에 발아억제, 살충, 살균 및 숙도조절의 목적으로 식품에 허가된 선량 이하의 방사선을 조사하도록 규정 • 식품 포장에 방사선 조사 사실을 표시할 때는 '감마선' 또는 '전자선' 등 에너지의 종류(선종) 와 목적을 원칙으로 하되 기존처럼 '방사선'으로도 표시할 수 있음.

하나 더

가열살균법의 종류

살균법	온도	시간
저온장시간살균법(LTLT; Low Temperature Long Time Method)	60~65℃	약 30분간
고온단시간살균법(HTST; High Temperature Short Time Method)	70~75℃	약 15초간
초고온순간살균법(UHT; Ultra-High Temperature Process Method)	130~150℃	1~2초간
고온장시간살균법(HTLT; High Temperature Long Time Method)	90~120℃	30~60분간

※ 가열살균 후 10℃ 이하로 냉각하며 HTLT만 살균 후 냉각하지 않는다.

냉장 · 냉동법의 종류

냉장법(Cold Storage)	0~10℃로 식품을 단기간 저장하는 방법으로 장기간 저장 불가능
냉동법(Freezing Storage)	-15~-18℃의 동결상태로 장기보존 가능, 식품의 조직에 변화 초래
움 저장법(Cellar Storage)	10℃ 정도 움(지하)에서 고구마, 감자, 채소 등을 저장

• 화학적 관리

염장법(Salting)	• 소금 농도를 15% 이상으로 하여 식품을 절이는 방법 • **미생물 증식 억제 기전**: 삼투압 증가로 탈수, 염소이온 살균작용, 미생물 원형질 분리, 효소작용 저해 등 • 산을 함께 첨가하여 pH를 낮추면 부패균 생육억제 효과 증가
당장법(Sugaring)	• 설탕 농도를 50% 이상으로 하여 절이는 방법(젤리, 잼, 마멀레이드, 가당연유 등) • 당농도 50% 이상이면 일반세균 번식이 억제되나 효모와 곰팡이는 50% 이상에서도 증식 • 분자량이 작은 당류는 수분활성 감소효과가 크므로 전화당이나 엿을 사용하면 저장성 이 높아짐.
산저장법(Pickling)	• 젖산, 초산, 구연산 등의 산을 이용하여 pH를 낮춰 저장하는 방법(피클 등)
화학물질(보존료) 첨가	• 미생물의 살균과 증식억제를 위해 화학물질을 첨가하는 방법 • 식염, 설탕, 알코올, 훈연성분도 보존료 사용 • 산화방지제 중 천연 항산화제로 토코페롤, 비타민 C, 몰식자산(갈산) 등이 있음.

• 복합적 관리

훈연법 (Smoking)	• 참나무, 벚나무, 떡갈나무 등 수지가 적은 활엽수를 불완전 연소시켜 발생하는 연기를 식품에 침투시켜 저장하는 방법(햄, 소시지, 베이컨 등) • **연기 중의 살균물질**: 아세트알데히드, 포름알데히드, 페놀, 초산 등
밀봉법 (통·병조림 및 필름포장)	• 병이나 캔에 담고 탈기 → 밀봉 → 가열살균하여 미생물을 사멸시켜 식품을 저장하는 방법(통조림, 병조림, 레토르트 파우치, 진공 포장 등) • 통·병조림 제조공정: 원료처리 → 담기 → 주액 → 탈기 → 밀봉 → 살균 → 냉각
훈증 (Fumigation)	• 식품을 훈증제로 처리하여 곤충의 충란이나 미생물을 사멸시키는 것 • **훈증제**: 클로로피크린, 클로로포름, 니트로젠 다이옥사이드, 메틸 브로마이드, 황산석회, 산화에틸렌 등

(4) 미생물에 의한 감염과 면역

구분	세균	바이러스
특성	균 자체 또는 균이 생산하는 독소에 의하여 식중독이 발병하며 감염형, 독소형이 있음.	DNA 또는 RNA가 단백질 외피에 둘러싸여 있으며 공기, 접촉, 물 등의 경로로 전염
증식	온도, 습도, 영양성분 등이 적정하면 자체 증식 가능	자체증식이 불가능하며 반드시 숙주가 존재하여야 증식 가능
발병량	일정량(수백~수백만) 이상의 균이 존재하여야 발병 가능	미량(10~100) 개체로도 발병 가능
치료	항생제 등을 사용하여 치료가 가능하며 일부 균은 백신이 개발되었음.	일반적 치료법이나 백신이 없음.
2차 감염	2차 감염되는 경우는 거의 없음.	대부분 2차 감염됨.

① [   ]이란 식품, 식품첨가물, 기구, 용기, 포장을 대상으로 하는 음식에 관한 위생을 의미한다.

② 식품위생의 행정은 보건행정의 일부로, [   ]에서 지휘, 감독한다.

③ 수분 함량이 많고 pH가 중성 정도인 단백질 식품을 주로 부패시키는 미생물을 [   ]이라 한다.

④ 식품의 부패는 주로 [   ]의 변질을 의미한다.

⑤ 미생물의 생육에 필요한 [   ]에 따라 저온균, 중온균, 고온균으로 나눌 수 있다.

⑥ [   ]는 크기가 가장 작고, 세균 여과기를 통과하며 오로지 생체 내에서만 증식이 가능한 미생물이다.

⑦ [   ]는 미생물이 없어도 일어나는 변질현상으로, 유지식품이 공기 중의 산소, 일광, 금속, 열에 의해 산화되는 것이다.

⑧ 세균은 수분량 [   ]% 이하에서는 잘 증식할 수 없다.

⑨ 식품에 오염되어 발암성 물질을 생성하는 대표적인 미생물은 [   ]이다.

⑩ 균의 크기를 순서대로 나열하면 진균(곰팡이) > 스피로헤타 > 세균 > [   ] > 바이러스이다.

---

① 식품위생 ② 식품의약품안전처 ③ 세균 ④ 단백질 ⑤ 최적 증식 온도
⑥ 바이러스 ⑦ 산패 ⑧ 15 ⑨ 곰팡이 ⑩ 리케차

02 식중독

1 식중독의 분류

식품위생법의 정의에 따르면 식중독이란 "식품의 섭취로 인하여 인체에 유해한 미생물 또는 유독물질에 의하여 발생하였거나 발생한 것으로 판단되는 감염성 질환 또는 독소형 질환"을 말한다.

대분류	중분류	소분류	원인균 및 물질
미생물	세균성	감염형 식중독	살모넬라균, 장염 비브리오, 병원성 대장균, 캄필로박터, 여시니아, 리스테리아 모노사이토제네스, 클로스트리디움 퍼프린젠스, 바실러스 세레우스 등
		독소형 식중독	황색 포도상구균, 보툴리누스균 등
	바이러스성	공기, 접촉, 물 등의 경로로 전염	노로바이러스, 로타바이러스, 아스트로바이러스, 장관아데노바이러스, 간염 A 바이러스, 간염 E 바이러스 등
화학물질	자연독	동물성 자연독	복어독, 시가테라독 등
		식물성 자연독	감자독, 버섯독 등
		곰팡이 독소	황변미독, 맥각독, 아플라톡신 등
	화학적	고의 또는 오용으로 첨가되는 유해물질	식품첨가물
		비의도적으로 잔류, 혼입되는 유해물질	잔류농약(유기염소제, 유기인제), 유해성 금속화합물 등
		제조·가공·저장 중에 생성되는 유해물질	지질의 산화 생성물, 니트로소아민, 다환방향족탄화수소(벤조피렌) 등
		기타 물질에 의한 중독	메탄올 등
		조리기구·포장에 의한 중독	녹청(구리), 납, 비소 등

(1) 세균성 식중독의 특징 및 예방대책

① 감염형 식중독
- 특징: 다량의 미생물에 오염된 식품을 섭취한 경우 인체 내에서 증식한 균에 의해 발생하는 식중독으로 잠복기가 비교적 길다.

• 살모넬라균에 의한 식중독

원인균	살모넬라균(돼지, 닭, 쥐, 파리의 장내 세균)
원인식품	• 유제품, 식육, 가금류 알, 어패류 등 동물성 단백질 식품 • 식물성 단백질 식품(동물성 식품의 감염률이 더 높음.)
증상	복통, 설사, 발열, 두통, 전신권태, 현기증
잠복기	8~48시간(균종에 따라 다양하지만 평균 20시간)
예방법	• 60℃에서 20분 이상 가열하면 사멸하므로 가열한 후 섭취 • 조리시설에 감염 원인인 쥐, 곤충 등 위생 동물의 방충·방서시설을 철저히 함. • 주된 오염원인인 달걀 및 가금육과 그 가공품의 취급 시 주의함.

• 장염 비브리오에 의한 식중독

원인균	비브리오균(해수세균으로 호염성 병원균)
원인식품	어패류, 수산식품 등으로 어패류의 생식(생선회, 초밥 등)이 주요 감염요인
증상	급성 위장염, 복통, 설사, 발열, 구토
잠복기	평균 12시간
예방법	• 생선 표면이나 아가미에 균이 있으므로 민물(우물물, 수돗물)로 충분히 세척해야 함. • 생식을 피하고, 섭취 전 가열처리(열에 약해 60℃에서 5분 가열로 쉽게 사멸) • 저온발육이 불가능(4℃ 이하에서 사멸)하므로 식품을 냉장보관 • 조리기구, 용기 등에 의한 2차 오염예방을 위해 세정, 열탕처리

• 병원성 대장균에 의한 식중독

원인균	병원성 대장균(일반 대장균과 항원성 차이: 일반 대장균은 식중독의 원인이 되지 않으며 포유류의 장 속에서 정상세균으로 널리 분포하지만, 병원성 대장균은 전염성 설사증, 급성 장염 등을 유발)
원인식품	환자와 보균자의 분변으로부터 오염된 식품(우유, 햄, 치즈, 어패류 등)
증상	설사, 복통, 발열, 구토 등
잠복기	12~72시간(균종에 따라 다양)
예방법	• 조리기구를 구분하여 사용하여 2차 오염 방지 • 생육과 조리된 음식을 구분하여 보관 • 분변에 오염되지 않도록 철저한 위생관리

병원성 대장균 O-157: H7(E. coli O-157: H7)

① 인체 내에서 베로독소(Verotoxin)를 생성하는 장관 출혈성 대장균으로 혈변, 심한 복통 등의 증상을 보이며 잠복기는 3~8일 정도이다.
② 미국에서 햄버거에 의한 식중독이 보고된 후 최근 세계 각국에서 발생하고 있다.
③ 증상: 간혹 용혈성 요독증, 신부전증을 일으키며 심하면 사망에 이른다.

• 여시니아 류에 의한 식중독

원인균	예르시니아균(장내 세균과 그람 음성 간균)
원인식품	식육, 물, 우유 및 유제품
증상	복통, 발열, 설사, 구토 등의 급성 위장 질환, 패혈증, 2차 면역 질환으로 피부의 결절성 홍반, 다발성 관절염 증상의 예르시니아증
잠복기	1~7일
예방법	• 돼지가 주요 오염원으로, 도축장 위생 관리가 중요 • 전형적인 저온 세균으로 냉장온도(0~5℃)와 진공포장 상태에서도 증식이 가능, 식재료를 냉장고에 오래 두지 않도록 하며 철저한 위생관리를 해야 함. • 가을과 초겨울철 식중독 발생의 원인이 될 수 있으므로 계절에 특히 주의 • 저온 살균(63℃에서 30분)으로 사멸하므로, 식품재료를 이와 같은 방법으로 살균함.

• 웰치(퍼프리젠스)균 식중독

원인균	클로스트리듐 퍼프린젠스(Clostridium perfringens), 아포성 편성 혐기성균
원인식품	육류 및 그 가공품, 어패류와 가공품
증상	수양성 설사, 복통, 오심, 구토
잠복기	평균 10~12시간
예방법	저온보관 및 가열을 철저히 하여 분변에 오염되지 않도록 주의

② 독소형 식중독

• 황색 포도상구균에 의한 식중독

원인균	• 황색 포도상구균(Staphylococcus aureus)이 식품에 증식하여 생산한 장독소를 경구 섭취하여 발생(독소형) • 화농성 질환을 유발하는 균 • 무아포성의 그람 양성(+) 구균
원인독소	• 엔테로톡신(Enterotoxin, 장독소)은 증식의 최적 온도인 35~38℃에서 많이 생산되기 때문에 5℃ 이하로 저장하면 독소의 생성을 억제할 수 있어 식중독 예방 가능 • 내열성이 강해 120℃에서 20분간 가열해도 파괴되지 않음.
원인식품	육류, 우유 및 유제품, 김밥, 도시락, 떡, 빵, 어육 연제품 등
증상	구토, 설사, 복통, 오심 등
잠복기	1~5시간(평균 3시간), 세균성 식중독 중 가장 짧음.
예방법	• 식품 및 식품과 접촉하는 조리도구, 용기 등의 오염을 막음. • 식품 취급자는 손의 위생에 주의하고 창상이나 화농이 있을 경우 식품취급을 금지 • 식품을 5℃ 이하로 보관

- 보툴리누스균에 의한 식중독

원인균	• 클로스트리듐 보툴리눔(Clostridium botulinum), 혐기성 간균으로 내열성 아포(포자) 형성 • 보툴리누스균에 오염된 식품이 산소가 없는 혐기상태로 보관될 때 독소 발생 • 세균성 식중독 중 치사율이 가장 높음.	
원인독소	• 신경독은 80℃에서 20분 가열하거나 100℃에서 1~2분 이내에 불활성화 되고 독소는 항원성에 따라 A~G 형으로 분류되며, 사람에게 중독을 유발하는 것은 A, B, E 및 F형의 4가지 독소	
원인식품	통조림, 병조림, 레토르트식품, 식육, 소시지 등	
증상	현기증, 두통, 신경장애, 호흡곤란, 신경계의 주증상은 복시, 동공 산대, 안검하수, 연하곤란, 호흡곤란	
잠복기	8~36시간, 짧게는 2~4시간에 신경증상이 발현	
예방법	• 통·병조림 제조 시 120℃에서 30분 가열하여 포자를 완전히 사멸시킴. • 보툴리누스균의 독소는 단시간 가열로 불활성화되므로 통·병조림 등도 가열 후 섭취	

하나 더

세균성 식중독 예방법
① 신선한 식품을 사용하며 전처리, 조리 및 가공시간을 단축하여 세균 오염을 방지
② 식품을 취급할 때는 2차 오염 또는 교차오염에 주의
③ 도마는 음식 간 교차오염의 매개체가 될 수 있으므로 식재료별로(식육용, 채소용 등) 구분하여 사용하고 세척과 건조를 잘 해야 함.
  *「식품 접객업소의 조리판매 등에 대한 기준 및 규격」에 의한 칼, 도마 및 숟가락, 젓가락, 식기, 찬기 등 음식을 먹을 때 사용하거나 담는 것(단, 사용 중인 것은 제외)의 미생물 규격: 살모넬라 음성, 대장균 음성
④ 육류 및 해산물을 취급한 후에는 손, 주방 기구, 조리대를 물과 세제로 깨끗이 세척하고 건조
⑤ 조리장, 가공공장에 방충·방서시설을 하고, 작업장 설비가 완전해야 하며 작업완료 후 살균할 수 있는 시설이어야 함.
⑥ 급수 및 폐수시설이 완전해야 하며, 폐수는 뚜껑을 설치하고 오물처리장, 화장실은 위생시설 구비
⑦ 보균자, 환자, 화농성 감염이 있는 사람은 작업에 종사시키지 말아야 함.
⑧ 조리 종사자의 건강진단을 정기적으로 실시

하나 더

세균증식 방지를 위한 온도관리
① 식품의 운반·유통과정은 냉장상태 유지
② 동결식품은 상온에서 해동시키지 말고 냉장고 안이나 흐르는 물속에서 해동
③ 식품을 냉장보관할 때는 식품특성에 따라 냉장고의 온도, 보관기준 준수
④ 섭취하고 남은 식품은 조리 후 1시간 이내 냉장보관

③ 바이러스(Virus)성 식중독
- 바이러스에 오염된 음식물을 섭취하였을 때 일어나는 건강장애로 인체에 장염을 유발한다.
- 바이러스에 의한 식중독은 최근 증가 추세이며, 주요 원인균인 노로바이러스(norovirus), 장관 아데노바이러스(adenovirus), 로타바이러스(rotavirus) 4종을 감염병 예방법상 병원체

감시대상 지정감염병으로 분류, 관리하고 있다.
- 세균성 식중독과 달리 미량의 개체(10~100)로도 발병이 가능하고, 수인성 감염병처럼 2차 감염으로 인한 대형 식중독을 유발할 수 있다.
- 항생제로 치료되지 않으며, 인체 외에서는 증식이 불가능하다.
- 노로바이러스(norovirus)

원인 바이러스	• 노로바이러스(norovirus) 그룹은 감염성 위장염을 일으키는 장관계 바이러스로 전염력이 매우 강해 인체 사이 전파가 쉽게 이루어짐.	
감염 경로	• 오염된 음식(패류, 샐러드, 과일, 냉장식품, 샌드위치, 빙과류 등), 음용수를 통해 감염 • 오염된 물건을 만진 손으로 입을 만졌을 때, 환자와 식품·기구 등을 함께 사용했을 때 감염 • 사람의 분변이나 구토물을 통해 감염	
증상	구토, 설사, 위경련, 미열, 오한, 두통	
잠복기	섭취 후 24~48시간(일반적으로 12시간 경과 후 증상 발현)	
특징	대부분 1~2일 이내에 증상이 호전되지만 소아·노인·환자 등 면역력이 약한 경우에는 탈수증으로 생명에 치명적일 수 있음.	

(2) 자연독 식중독의 특징 및 예방대책

① 동물성 자연독에 의한 식중독

- 복어독 식중독

원인 독소	테트로도톡신(Tetrodotoxin)으로 맹독성 물질	
특징	• 1~2mg, 치사율 60% • 산란기 직전인 5~6월의 독성이 가장 강함.	
원인식품	복어(독소의 함량이 높은 알, 내장, 난소, 간 피부)	
증상	혀, 사지의 지각 이상, 구토, 운동 불능, 지각 마비, 언어 장애, 혈압 저하, 호흡 곤란 등	
잠복기	식후 2~3시간 이내에 발현(단계적 진행증상이 심한 경우 10분 이내에 사망)	
예방법	복어요리 전문 조리사만 조리, 독소의 함량이 높은 알, 내장, 난소, 간, 피부 등은 먹지 않도록 함.	

> **하나더**
> • 복어의 독 함량 : 난소 > 간 > 내장 > 피부 순으로 함유

- 조개에 의한 식중독

원인 독소	베네루핀(Venerupin)	삭시톡신(Saxitoxin)
원인식품	모시조개, 바지락, 굴	• 섭조개, 홍합, 대합조개 • 여름철(5~8월) 독성이 강함

증상	• 구토, 두통, 피하의 출혈 및 반점 • 중증일 때 의식 혼란, 토혈 및 혈변, 사망	• 말초신경 마비, 호흡곤란 및 정지, 사망 • 마비성 조개중독(Paralytic Shellfish Poisoning; Psp)

▲ 굴

▲ 홍합

② 식물성 자연독에 의한 식중독

• 독버섯에 의한 식중독

원인 독소	무스카린(muscarine), 무스카리딘, 뉴린, 팔린 등	
특징	독버섯을 식용으로 오인하여 섭취함으로써 식중독 발생률이 높으며, 사망자 수도 다른 식중독보다 높은 편	
원인식품	무당버섯, 알광대버섯, 파리버섯, 미치광이버섯 등	
증상	위장형 중독	구토, 설사 등의 위장염 증상(무당버섯, 화경버섯)
	콜레라형 중독	심한 위장염 증상과 경련, 황달, 혈뇨, 용혈 작용, 청색증(알광대버섯, 마귀곰보버섯)
	뇌증형 중독	맹독인 아마니타톡신(Amanitatoxin)으로 인한 동공확대, 근육경직
	무스카린 (Muscarine)	동공축소, 발한(광대버섯, 파리버섯)
잠복기	독버섯이 함유한 유독성분에 따라 중독증상이 다르게 발현	
감별법	• 색이 화려한 것이나 악취가 나는 것은 유독 • 줄기가 거칠거나 점조성이 있는 것은 유독 • 신맛, 쓴맛을 나타내거나 버섯을 끓였을 때 증기에 은수저가 흑색으로 변하면 유독	

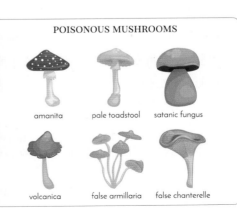

POISONOUS MUSHROOMS

amanita pale toadstool satanic fungus

volcanica false armillaria false chanterelle

- 감자에 의한 식중독

원인균	솔라닌(Solanine)	셉신(Sepsine)
특징	• 콜린에스테라아제(Cholinesterase)를 억제해 용혈 작용, 운동 중추 마비 • 싹 부위와 일광에 노출되었을 때 생기는 녹색 부위에 존재	감자의 부패 부위에 존재하는 유독 성분
증상	위장장애, 복통, 두통, 현기증, 가벼운 의식장애	구토, 설사, 복통, 발열 등
잠복기	–	섭취한 2~12시간 후 발병

- 기타: 식물성 식품의 유독 성분

면실유	고시폴(Gossypol)에 의한 출혈성 신염, 신장염
청매, 사과씨, 살구씨	아미그달린(Amygdalin): 청산 배당체의 일종
독미나리	시큐톡신(Cicutoxin)
피마자	리친(Ricin)
오색콩, 은행, 수수	리나마린(Linamarin): 청산 배당체의 일종

(3) 화학적 식중독의 특징 및 예방대책

화학성 식중독이란 식품의 제조, 가공, 조리과정 중 화학물질을 잘못 사용하였거나 고의로 사용한 식품을 섭취하고 사람에게 위해가 발생한 경우이다.

① 중금속에 의한 식중독

- 매연, 폐수, 하수 등에 함유된 중금속이 대기, 수질, 토양을 통해 식품을 오염시키고 먹이 연쇄를 거쳐 농축되어 최종적으로 인체에 축적, 만성 중독을 유발
- 비소, 카드뮴, 수은, 납은 동·식물의 생육과정이나 식품의 제조가공 중 외부에서 오염되어 혼입되는 환경 오염성 중금속

수은 (Hg)	원인	• 콩나물 재배 시 유기수은제 농약 소독 • 공장폐수의 수은이 수중에서 먹이연쇄에 의해 바다 연안 어패류에 농축되고, 특히 대형 어류에 축적됨.
	증상	미나마타병(보행장애, 언어장애, 신경장애, 난청 등 헌터-러셀 증후군)

납 (Pb)	원인	• 인체 섭취량의 60%는 식품(쌀, 채소, 어패류)에서 유래 • 땜납으로 밀봉한 통조림, 유약 바른 도자기 및 법랑용기에 사용한 안료
	증상	급성(구토, 구역질, 사지마비), 만성(피로, 체중 감소, 소화기 장애), 어린이 뇌질환, 빈혈(조혈장애), 신경염, 심근마비, 납연(잇몸에 흑자색 띠 착색) 등
카드뮴 (Cd)	원인	• 안료성분이나 공장 및 광산폐수에 의해 오염된 농작물과 어패류 등 • 용기나 식기에 도금된 카드뮴 성분에서 용출
	증상	• 메스꺼움, 구토, 설사, 복통(급성 독성이 강한 금속), 이타이이타이병이 발생 • 표적 장기는 신장으로 단백뇨, 칼슘과 인 대사 불균형으로 골연화증, 골다공증을 보임.
비소 (As)	원인	의약품, 안료, 방부제, 살서제, 농약에 의하며 해산물의 비소 함량이 매우 많음.
	증상	• 급성중독: 발열, 구토, 탈수, 복통, 체온 저하, 혈압저하, 경련, 혼수, 흑피증, 백반 등 • 만성중독: 피부 청변 및 각화현상, 빈혈, 황달

▲ 수은을 함유한 폐형광등

▲ 납과 카드뮴이 들어 있는 폐건전지

▲ 중금속에 오염된 공기

② 농약에 의한 식중독

유기인제	의미	다른 농약보다 살충효과는 우수하지만, 독성이 강해 중독사고가 자주 발생
	종류	파라티온, 마라티온, 다이아지논, EPN 등
	증상	혈압상승, 신경증상, 근력감퇴, 전신경련, 청색증 등
유기염소제	의미	• 유기인제보다 독성은 적지만, 잔류성이 크고 지용성으로 인체 지방조직에 축적 • 세계 각국에서 사용제한 및 잔류량 규제
	종류	DDT, BHC, PCP 등
	증상	구토, 복통, 설사, 시력감퇴, 전신권태 등
비소제	의미	비소가 섞인 약제
	종류	비산 칼슘, 산성 비산납 등
	증상	기도 수축, 청색증, 위통, 혈변, 빈혈, 소변량 감소 등

▲ 다양한 방법으로 살포되는 농약

농약의 식품오염 방지 대책

① 농약의 최종 살포일부터 수확까지 사용제한 기한 설정

② 농산물의 농약잔류허용량 설정

③ 과채류는 전용세제로 세척

(4) 곰팡이 독소의 특징 및 예방대책

① 특징

- 미코톡신(Mycotoxin, 진균독)은 곰팡이의 대사 산물로 사람에게 질병이나 생리작용 이상을 초래한다.
- 미코톡신을 섭취하여 발생하는 급·만성의 건강 장애를 곰팡이 중독증(Mycotoxicosis)이라고 한다.

② 종류

- 아플라톡신(Aflatoxin) 중독

원인 곰팡이	아스페르길루스 플라부스(Aspergillus flavus), 파라시티쿠스 (Parasiticus)	
원인 식품	탄수화물 함량이 높은 곡류, 콩류, 땅콩, 옥수수, 재래식 메주 등	
독소 및 증상	아플라톡신이 인체에 간장독으로 작용해 간 질환, 간암 유발	

- 황변미(Mold yellow rice) 중독

원인 곰팡이	푸른곰팡이(Penicillium)	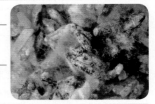
원인 식품	저장된 쌀(수분 함량 14% 이상인 저장미에 곰팡이가 생장해 독소 생성)	
독소 및 증상	시트리닌(신장독), 시트리오비리딘(신경독), 아이슬랜디톡신 (간장독)	

- 맥각 중독(Ergotism)

원인 곰팡이	보리, 호밀 등에 맥각균(Claviceps Purpurea)이라는 곰팡이가 생장해 흑청색으로 변한 부분에 존재하는 곰팡이의 균핵 에고타민(Ergotamine), 에르고톡신(Ergotoxin) 등의 알칼로이드	
원인 식품	보리, 호밀, 밀 등	
독소 및 증상	에르고톡신 독소로 소화기계 이상, 지각 이상, 유산이나 조산을 일으키고 경련형은 사지 근육위축과 정신장애가 나타남.	

① 우리나라에서 식중독 사고가 가장 많이 발생하는 계절은 [   ]이다.

② [   ] 식중독과 관련이 있는 원인 식품은 식육 및 육류 가공품이다.

③ [   ] 식중독은 살모넬라 외에는 2차 감염이 없고, 소화기계 감염병은 2차 감염이 된다.

④ 복어 독소인 [   ]은 끓여도 파괴되지 않는다.

⑤ 병원성 대장균에 의한 식중독의 경우 주로 급성 [   ]이 발생한다.

⑥ 대표적인 [   ] 식중독의 독소로는 복어, 섭조개, 바지락, 곰팡이 등이 있다.

⑦ 미생물 자체가 식중독의 원인이 되는 [   ] 식중독에는 살모넬라, 장염 비브리오, 대장균, 웰치균에 의한 것이 대표적이다.

⑧ 대체로 잠복기가 짧은 [   ] 식중독은 식후 3~4시간 후에 발병한다.

⑨ [   ]은 내열성이 강하여 120°C의 고온에서 30분간 처리해도 파괴되지 않는다.

⑩ 장염 비브리오의 원인식품으로 대표적인 것은 [   ]이다.

① 여름 ② 살모넬라 ③ 세균성 ④ 테트로도톡신 ⑤ 장염
⑥ 자연독 ⑦ 감염형 ⑧ 포도상구균 ⑨ 엔테로톡신 ⑩ 어패류

Part I

식품위생 및 관련법규

03 식품과 감염병

① 경구감염병

(1) 경구감염병의 개념

① 감염병이란 병원체의 감염으로 인한 감염성 질환이 전염성을 가지고 새로운 숙주에게 질병을 전파시키는 것이다.

② 경구감염병은 병원체가 음식물, 물, 손 등을 매개로 경구를 통해 침입하여 발생한다.

③ 세균성 식중독과 경구감염병은 식품을 매개로 미생물이 인체에 유입되어 질병을 일으키는 것으로 초기증상은 비슷하나 근본적인 차이가 있다.

하나더

경구감염병 VS 세균성 식중독

구분	경구감염병	세균성 식중독
균체의 양	미량이라도 감염	다량의 균과 독소가 있음.
2차 감염	2차 감염이 많고 파상적 전파	2차 감염 거의 없고 최종감염은 사람
잠복기간	세균적 식중독에 비해 긺.	비교적 짧음.
예방조치	거의 불가능	식품 중에 균의 증식을 막으면 가능
음료수와의 관계	흔히 일어남.	비교적 관계가 없음.
면역성 관계	면역성이 있는 경우가 많음.	일반적으로 없음.
독력	강함.	약함.

(2) 경구감염병의 특징 및 예방대책

① 경구감염병의 특성

감염병 이름	병원체	잠복기	감염 경로	증상
장티푸스	Salmonella typhi	1~3주	음식물, 음료수, 생과일 및 생채소, 어패류	발열, 두통, 권태감, 식욕부진
콜레라	Vibrio cholera	6시간~5일 (24시간 내)	식수, 음식물, 과일, 채소, 어패류	심한 설사(쌀뜨물 같은 수양성 설사), 구토
세균성 이질	Shigella속	1~7일	환자나 보균자 직간접 접촉 감염, 손잡이, 변기, 음료수	대개 증상이 경미하지만 고열, 설사, 경련성 복통, 혈변
파라티푸스	Salmonella paratyphi	1~3주	물, 음식물, 우유 및 유제품	지속적인 고열, 두통, 발진, 설사
폴리오 (소아마비)	Polio virus	• 불현성: 3~6일 • 마비성: 7~12일	인후 분비물과 대변에 의한 직접 접촉감염 및 비말 감염	두통, 구토, 사지동통, 강직
간염	Hepatitis virus A, B, C	• A형: 15~50일 • B형: 6주~6개월 • C형: 15~150일	• A형: 대변-구강 경로 사람 간 접촉, 음식물, 식수 • B형, C형: 수혈, 성접촉, 주사기, 모자간 수직 감염	• A형: 발열, 식욕감퇴, 구토, 황달 • B형: 구토, 황달, 간경변, 간암 • C형: 만성의 경우 간경변
성홍열	β-hemolytic streptococci	1~7일	비말감염과 분비물에 의한 직간접 전파, 음식물, 우유, 아이스크림	인후통, 발열, 두통, 인후염, 목젖의 출혈, 딸기혀, 인후두부 점액성 농
디프테리아	Corynebacterium diphtheriae	2~5일	피부와 직접 접촉, 분비물 통한 직간접 감염, 생우유	인두점막과 피부에 위막, 인두편도 동통 및 종창

② 경구감염병의 예방대책

- 환자, 보균자의 조기발견과 격리(장티푸스) 및 치료
- 식품 취급자의 건강 진단
- 상하수도의 위생적 관리
- 위생동물이 구제
- 식기류의 철저한 세척 및 소독
- 음식이나 물의 충분한 가열(세균성 이질균은 열에 약함.)
- 위생적인 식품 취급
- 철저한 손 씻기
- 정기적인 예방 접종(디프테리아, 백일해, 파상풍 등)
  ※ 콜레라 예방법: 발생지 출입금지, 검역, 깨끗한 식수 음용

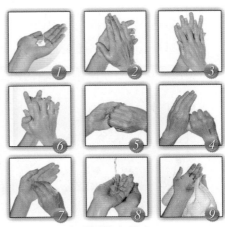

▲ 철저한 손 씻기

② 인수공통감염병

(1) 인수공통감염병의 특징

① 정의
- 사람과 척추동물을 공통 숙주로 하는 감염병이다.
- 식용으로 공급되는 동물이 감염병의 병원체나 바이러스를 지닌 상태에서 유통되거나, 그것을 취급하는 사람 및 동물과 접촉한 경우 감염된다.

② 종류
- 소: 탄저, 결핵, 브루셀라증(파상열), 살모넬라증 등
- 돼지: 파상열, 일본 뇌염, 살모넬라증 등
- 쥐: 발진열, 페스트, 렙토스피라증, 살모넬라증, 서교증 등
- 개: 광견병, 톡소플라스마증 등
- 말: 일본 뇌염, 탄저, 살모넬라증 등
- 양: 브루셀라증(파상열), 탄저 등

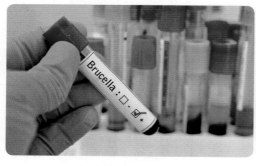

▲ 소·양에 의한 인수 공통 브루셀라증

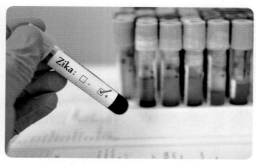

▲ 이집트숲모기에 의한 인수 공통 지카 바이러스

(2) 예방대책

① 동물부터 감염원 차단(온도차, 체온유지, 청결 등)

② 전염병의 유행 시기 전에 동물 예방접종 완료

③ 외부인의 농장 출입을 제한(자체 방역 강화)

④ 소독제를 이용한 손, 기구 등의 세척

⑤ 장기적인 동물 질병 연구 필요

❸ 식품과 기생충병

(1) 식품과 기생충병의 특징

① 식품에 기생하는 기생충의 분류

• 선충류

요충	직장 내 기생하는 성충이 항문 주위에 산란하여 경구 침입
회충	파리나 바퀴벌레 등이 식품이나 음식물을 오염시켜 경구 침입
구충	경구감염 빛 경피 침입
편충	특히 맹장에 기생하며 신경증과 빈혈, 설사증을 일으킴.
동양모양선충	위, 소장, 십이지장 등에 기생
아니사키스	제1중간숙주는 크릴새우 등의 바다 갑각류, 제2중간숙주는 해수어에서 고래

• 조충류

유구조충	갈고리촌충, 돼지고기촌충으로 돼지고기 생식에 의해 감염
무구조충	민촌충, 쇠고기촌충으로 급속 냉동에서도 사멸되지 않음.
광절열두조충	긴촌충으로 제1중간숙주 물벼룩, 제2중간숙주 민물고기(농어, 연어 등)

• 흡충류

간디스토마	제1중간숙주 왜우렁, 제2중간숙주 민물고기
폐디스토마	제1중간숙주 다슬기, 제2중간숙주 가재, 게
요코가와흡충	제1중간숙주 다슬기, 제2중간숙주 민물고기(은어)

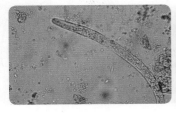

▲ 선충류

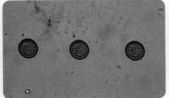

▲ 조충류

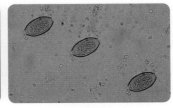

▲ 흡충류

② 중간 숙주에 의한 기생충의 분류

• 중간 숙주 없이 인체 직접 감염(채소를 통해 감염)

종류	감염 경로	증상
회충증 (Ascariasis)	경구감염	심한 증세로 소화장애, 수면 불안, 권태, 식욕이상, 이식증, 구토, 복통 등
요충증 (Enterobiasis)	오염된 먼지 흡입, 경구감염	맹장 부위 국소 염증, 항문 부위의 심한 가려움과 불쾌감, 집단감염
십이지장충증 (Ancylostomiasis)	경구감염, 경피 침입	소아발달 장애, 체력손실, 빈혈, 소화 장애 등
편충증 (Trichuriasis)	경구감염	두통, 구토, 복부팽창, 빈혈, 혈변, 체중감소 등

• 중간 숙주 한 개(육류를 통해 감염)

종류	중간 숙주
유구조충(갈고리촌충, 돼지고기촌충)	돼지
선모충	돼지
무구조충(민촌충, 쇠고기촌충)	소
만소니열두조충	닭

• 중간 숙주 두 개(어패류를 통해 감염)

종류	서식지	제1중간 숙주	제2중간 숙주
간흡충(간디스토마)	강 유역	왜(쇠)우렁이	민물고기(잉어, 참붕어, 모래무지 등)
폐흡충(폐디스토마)	산간 지역	다슬기	게, 가재 등
광절열두조충(긴촌충)	강 유역	물벼룩	담수어, 연어, 숭어 등
횡천흡충(요코가와흡충)	강 유역	다슬기	민물고기(은어, 잉어, 붕어 등)
아니사키스증(Anisakis)	바다	갑각류	바닷물고기

(2) 예방 대책

① 청정 채소를 사용
② 정기 검진 실시를 통해 조기 발견 및 치료
③ 철저한 손 씻기 등의 개인위생에 주의
④ 육류나 어패류는 충분히 가열·조리하여 섭취
⑤ 칼·도마 등의 조리 기구 소독

▲ 조리 기구의 소독

4 식품과 위생동물

(1) 위생동물의 특징

① 정의: 인간의 건강에 피해를 주는 동물로, 대부분 위생 해충(벼룩, 이, 모기 등)에 해당한다.

② 전파 방법

기계적 전파	병원체가 매개 곤충의 체표 면에 붙거나 곤충이 물 때 단순히 병원체만을 옮기는 전파
경란형 전파	매개 곤충의 난자를 통해서 병원체가 다음 세대까지 전달되는 전파

③ 유발 질환의 종류
- 벼룩: 발진열 재귀열, 페스트 등
- 모기: 사상충증, 뎅기열, 황열, 말라리아, 일본 뇌염 등
- 파리: 장티푸스, 파라티푸스, 이질, 콜레라, 결핵 등
- 바퀴: 이질, 콜레라, 장티푸스, 폴리오 등
- 이: 재귀열, 발진티푸스 등
- 진드기: 양충병, 옴, 재귀열, 로키산 홍반열 등

▲ 위생 동물

(2) 위생동물의 방제 방법

① 물리적 방제: 직접적 포살, 초단파, 초음파, 감압, 광선, 온습도 등을 이용한다.

② 화학적 방제: 살충제, 훈증제, 기피제, 유인제, 불임제 등을 이용한다.

③ 생물학적 방제: 기생 곤충, 포식 곤충, 기생균, 곤충 바이러스 등을 이용한다.

④ 경종적(耕種的) 방제: 작물의 경작지를 변경한다.

▲ 일반적인 해충 방제(살충제 살포)

오분만 · 오답 노트 · 분석하여 · 만점 받자!

① 잠복기가 비교적 짧고 2차 감염이 일어나며, 면역성이 형성되는 것은 [   ] 감염병이다.

② 이타이이타이병의 원인물질은 [   ]으로 대표적인 중금속에 의한 중독이다.

③ [   ]가 매개하는 감염병에는 페스트, 살모넬라, 유형성 출혈열, 아메바 이질, 서교증 등이 있다.

④ [   ]은 접촉 감염지수가 높은 질병이다.

① 경구 ② 카드뮴 ③ 쥐 ④ 홍역

04 살균 및 소독

1 살균 및 소독

(1) 살균 및 소독의 정의

① 소독: 병원성 미생물을 죽이거나 병원성을 약화시켜 감염 및 증식력을 없애는 것이다.

② 살균: 세균, 효모, 곰팡이 등 미생물의 영양 세포를 사멸시키는 것이다.

③ 멸균: 미생물의 영양 세포 및 포자를 사멸시키는 것이다.

④ 방부: 병원성 미생물의 증식을 억제하여 식품의 부패 및 발효를 억제시키는 것이다.

⑤ 무균: 미생물이 존재하지 않는 상태를 뜻한다.

(2) 소독의 종류 및 방법

① 물리적(이학적) 소독

• 무가열 살균 및 소독

일광소독	• 자외선을 이용하는 방법 • 2,500~2,800Å의 파장에서 가장 강한 살균력을 가짐.
방사선 소독	• 식품에 감마선을 방출하는 코발트 60(^{60}Co) 물질을 조사시켜 살균 • γ > β > α 순으로 살균력 강함.
여과법	• 세균 여과기로 걸러 균을 제거 • 바이러스와 같은 미세한 균은 걸러지지 않음.

• 가열 살균 및 소독

화염멸균법	• 직접 불꽃을 접촉하여 표면에 부착된 미생물을 살균시키는 방법 • 알코올램프, 분젠 버너 등을 이용해 도자기류, 금속류, 유리막대 등의 소독에 이용
건열멸균법	• 150~160℃의 건열 멸균기에 넣고 30분 이상 가열하는 방법 • 미생물을 완전 살균(유리 기구, 주삿바늘)
자비(열탕)소독	• 100℃ 끓는 물에서 30분간 가열하는 방법 • 식기류, 도자기류, 주사기, 의류 소독에 사용 • 완전 멸균은 기대하기 어렵지만 일반가정에서도 가장 보편적으로 사용되고 있는 방법
간헐멸균법	• 100℃ 증기에서 1일 1회 30분 3일 동안 가열하는 방법 (유리그릇, 금속 제품) • 세균의 아포를 형성하는 내열성 균을 죽일 수 있음.

고압증기멸균법	• 고압증기 멸균솥을 이용하여 약 120℃에서 20분간 살균하는 방법 • 아포형성 멸균 및 통조림 등의 멸균에 사용
저온장시간살균법 (LTLT법; Low temperature long time method)	• 61~65℃에서 30분간 가열처리하는 방법 • 맛과 영양소의 손실이 적음. • 우유와 같은 액상식품 사용
고온단시간살균법 (HTST법; High temperature short time method)	• 70~75℃에서 15~20초간 가열처리하는 방법 • 우유와 같은 액상식품에 사용
초고온순간살균법 (UHT법; Ultra high temperature method)	• 130~140℃에서 1~2초간 가열처리하는 방법 • 멸균처리 시간을 단축하고 영양손실을 줄임. • 거의 완전멸균할 수 있는 방법 • 우유와 같은 액상식품의 살균법으로 가장 많이 쓰임.

▲ 자외선 소독

▲ 화염멸균

▲ 자비소독

▲ 저온 살균 과정

▲ 공업용 고온 살균기

② 화학적 소독

• 화학적 소독약의 구비 조건

  - 살균력이 강할 것

  - 침투력이 강할 것

  - 표백성과 금속 부식성이 없을 것

  - 용해성이 높을 것

  - 안전성이 있을 것

  - 사용법이 용이하고 경제적일 것

• 화학적 소독의 종류 및 용도

종류	허용 기준	용도	특징
석탄산(Phenol)	3%	환자의 오염 의류, 오물, 배설물, 하수도, 진개 등 소독	• 소독력 측정 시 표준지표로 사용 • 유기물에도 살균력이 약화되지 않는 안정성이 있음. • 온도 상승에 따라 살균력도 비례하여 증가 석탄수 계수 = $\dfrac{\text{(다른) 소독약의 희석배수}}{\text{석탄산의 희석배수}}$
크레졸(Cresol)	3%	화장실 분뇨, 하수도, 진개 등의 오물 소독	• 석탄산보다 약 2배 정도 소독효과가 좋으며, 냄새가 심함. • 피부의 자극성이 약함.
승홍수($HgCl_2$)	0.1%	비금속 기구 소독	• 맹독성으로 금속 부식성이 강하여 식기류나 피부소독에는 부적합 • 단백질과 결합하면 침전 발생
생석회	3%	습한 분변, 하수, 오수, 오물, 토사물 등의 소독에 가장 우선적으로 사용	공기에 장시간 노출되면 포자 형성 세균에는 효과가 없음.
과산화수소(H_2O_2)	3%	피부와 상처소독에 적합하며, 구내염, 인두염, 입안 세척, 상처 등에 사용	자극성이 적음.
에틸알코올 (Ethyl alcohol)	70~75%	금속 기구, 손과 피부의 소독 등에 사용	—
역성비누(양성비누)	10% 원액을 200~400배 희석	손 등의 소독	무미, 무해, 무독이면서 침투력과 살균력이 강함.
	0.01%~0.1% 용액으로 희석	과일, 채소, 식기 등의 소독	
표백분(클로르칼키 혹은 클로르석회)	—	우물, 수영장, 채소, 식기 소독	—
염소 (차아염소산 나트륨)	잔류 염소 0.2ppm	수돗물 소독	—
	잔류 염소 50~100ppm	과일, 채소, 식기 소독	
중성세제(합성세제)	0.1~0.2%	식기 세제	살균력은 없고 세정력만 있음.
포르말린 (포름알데히드를 물에 녹여서 약 35%의 수용액으로 만든 것)	약 35%	화장실의 분뇨, 하수도 진개 등의 오물 소독에 사용	플라스틱 용기에서 검출
포름알데히드(기체)	—	병원, 도서관, 거실 등 소독	—

▲ 에틸알코올　　　　　▲ 소독제(살균제)

오분만 **오**답 노트 **분**석하여 **만**점 받자!

① [　　　]란 병원균을 완전히 죽이는 것이 아니라, 미생물의 성장을 억제하여 식품의 부패와 발효를 억제하는 것이다.

② 각종 소독제의 기준이 되는 지표는 [　　] 계수이다.

③ [　　] 멸균법은 오토클레브를 이용하여 15~20분간 살균하는데, 통조림의 살균에 주로 이용된다.

④ 소독이란 [　　　]의 생활을 물리, 화학적 방법으로 사멸시켜 감염력과 증식력을 억제하는 것이다.

⑤ 조리 관계자의 손을 소독할 때는 [　　] 비누를 희석하여 사용할 수 있다.

⑥ 이염화 수은이라고 하는 [　　　]은 살균력이 강하고, 금속 부식성이 있어 금속 제품의 소독에는 주의해야 한다.

⑦ [　　]%의 에틸알코올은 손 소독에 가장 적합하다.

⑧ 화장실과 쓰레기통 하수구 등을 소독하기 위해서는 [　　], 석탄산수, 크레졸 등이 적합하다.

⑨ 주로 피부와 상처 소독에 사용되는 [　　　]는 3%가 허용기준이다.

⑩ 수영장이나 수돗물, 과일이나 채소 등을 소독할 때는 [　　]를 사용한다.

① 방부 ② 석탄산 ③ 고압 증기 ④ 병원 미생물 ⑤ 역성(양성)
⑥ 승홍 ⑦ 70 ⑧ 생석회 ⑨ 과산화수소 ⑩ 염소

식품첨가물과 유해물질

① 식품첨가물

(1) 식품첨가물의 일반정보

① 식품첨가물의 정의
- 식품첨가물은 식품의 제조, 가공, 보존 시 식품의 외관, 향미, 조직 또는 보존성을 향상시키고 영양강화 등을 목적으로 식품의 본래 성분 이외에 첨가하는 물질을 말한다.
- 천연 첨가물과 화학적 합성품으로 분류된다.
- 오염물질이나 영양적 품질개선을 목적으로 첨가하는 물질은 식품첨가물에서 제외한다.

> **하나더**
>
> **식품위생법 제2조 2항**
> "식품첨가물"이란 식품을 제조·가공·조리 또는 보존하는 과정에서 감미(甘味), 착색(着色), 표백(漂白) 또는 산화방지 등을 목적으로 식품에 사용되는 물질을 말한다. 이 경우 기구(器具)·용기·포장을 살균·소독하는데에 사용되어 간접적으로 식품으로 옮아갈 수 있는 물질을 포함한다. [2016년 8월 4일 시행]

② 식품첨가물의 역할
- 식품이 변하거나 상하는 것을 막아 준다.
- 식품의 품질을 유지하거나 향상시킨다(영양강화, 품질개량).
- 식품에 조직감을 부여하거나 유지시킨다.
- 식품의 모양, 맛, 냄새 등 기호성을 향상시킨다.

> **하나더**
>
> **식품위생심의위원회에서 화학적 합성품 결정 시 검토 항목**
> ① 일반적인 사용법에 의할 경우 인체에 대한 안전성이 보장된 것
> ② 식품에 사용할 때 효과가 충분할 것
> ③ 화학명과 제조방법이 명확할 것
> ④ 화학적 실험에 안정할 것
> ⑤ 급성·아급성 및 만성 독성시험, 발암성과 생화학 및 약리학적 시험에 안전할 것

③ 식품첨가물의 분류
- 크게 천연 첨가물과 화학적 합성품으로 분류한다.

- 최근 2종 이상의 물질을 혼합한 혼합제제도 분류에 포함한다.
- 기능 및 목적에 따라 분류하기도 한다.
- 첨가물의 유래에 따른 분류

천연 첨가물	자연계에 존재하는 천연물질을 원료로 하여 이를 분해, 추출, 가열, 증류, 효소 처리, 발효하여 얻는 물질
화학적 합성품	화학적 수단에 의해 원소, 화합물의 분해 반응 이외에 화학반응을 일으켜 얻는 물질
혼합제제류	식품첨가물을 2종 이상 혼합하거나 희석한 것

- 기능 및 목적에 따른 분류

변질, 부패 방지	보존료, 살균제, 산화 방지제
기호 관능 향상	착색료, 발색제, 표백제, 감미료, 조미료, 산미료, 천연향료 및 합성착향료, 소맥분 처리제
품질개량, 유지제조	밀가루 개량제, 품질 개량제, 품질 유지제, 팽창제, 호료, 유화제, 용제, 소포제, 보습제
영양강화	강화제

(2) 식품첨가물 규격기준

① 보존료: 미생물에 의한 변질을 방지하여 식품의 보존기간을 연장시키는 식품첨가물
- 구비조건
  - 변패를 유발하는 각종 미생물 증식 억제
  - 독성이 없거나 극히 낮을 것
  - 공기, 광성, 열에 안정하고 pH에 영향을 받지 않을 것
  - 장기간 효력 유지
  - 무미, 무취이고 자극성이 없을 것
  - 사용이 간편할 것

분류	허용 식품	허용기준
데히드로초산 (Dehydroacetic Acid)	치즈, 버터, 마가린	0.5g/kg 이하
소르빈산(Sorbic Acid)	치즈	3.0g/kg 이하
	식육 및 어육	2.0g/kg 이하
	장류	1.0g/kg 이하
안식향산(Benzoic Acid)	과·채 음료, 탄산음료, 인삼음료, 간장	0.6g/kg 이하
프로피온산(Propionic Acid)	빵·케이크	2.5g/kg 이하
	치즈	3.0g/kg 이하

② 살균제: 식품의 부패 원인균이나 감염병의 병원균을 사멸시키기 위해 사용되는 첨가물
  - 차아염소산 나트륨(Sodium Hypochlorite)

- 표백분(Bleaching Powder)
- 과산화수소(Hydrogen Peroxide)
- 이염화 이소시아뉼산나트륨(Sodium Dichloroisocyanurate)

③ 조미료: 식품의 본래 맛을 강화하거나 기호에 맞게 조절하여 첨가하는 것
- 핵산계 조미료: 이노신산, 리보뉴클레오타이드
- 아미노산계 조미료: 글루탐산
- 유기산계 조미료: 구연산나트륨, 사과산나트륨, 호박산

④ 감미료: 식품에 단맛을 부여하는 설탕 외의 첨가물

감미료 종류	허용 식품 및 허용기준	
사카린나트륨	젓갈류, 절임식품, 음료류(발효음료, 인삼·홍삼음료 제외), 토마토케첩, 잼류, 양조간장, 소주, 뻥튀기	
글리실리진산나트륨	간장(한식, 양조, 산분해, 효소분해), 된장 이외 식품 사용금지	
아스파탐	빵류, 과자류, 빵류 및 과자류 제조용 믹스	5.0g/kg
	시리얼류	1.0g/kg
효소처리 스테비아	천연 첨가물로 백설탕, 갈색 설탕, 포도당, 물엿, 벌꿀에는 사용금지	

▲ 합성 감미료 사카린나트륨

⑤ 산화방지제: 지방의 산패, 색상의 변화 등 산화에 의한 품질저하를 방지하여 식품의 저장기간을 연장시키는 식품첨가물

종류	허용 식품	허용 기준
부틸히드록시톨루엔 (BHT; Butylated Hydroxy Toluene), 부틸히드록시아니솔 (BHA; Butylated Hydroxy Anisole)	식용 유지류, 식용 우지, 식용 돈지, 버터류, 어패 건제품	0.2g/kg
	마요네즈	0.06g/kg
몰식자산프로필(Propyl Gallate)	식용 유지, 식용 우지, 버터류	0.1g/kg
이디티에이(EDTA) 칼슘 2 나트륨	드레싱류, 소스류	0.075g/kg
	마가린류	0.1g/kg

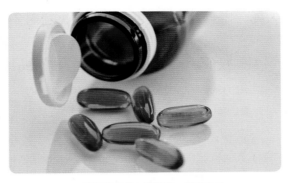

▲ 산화 방지제로 사용되는 비타민 E

⑥ 착색료: 식품에 색소를 부여하거나 복원하는 데 사용하는 첨가물
- 천연 착색료: 삼황, 파프리카, 녹차 등
- 합성 착색료: 타르 색소(9종), 타르 색소 알루미늄레이크(7종) 등

종류		허용기준
타르(Tar)계 색소	식용색소 녹색 제3호 사용금지식품	• 천연식품: 식육류, 채소류, 과실류 등 • 식빵, 유가공품(아이스크림류 제외), 면류, 어육 가공품, 소스류, 토마토 케첩류, 단무지, 조미 김, 김치류, 장류, 커피
	식용색소 적색 제2호 사용금지식품	• 천연식품: 식육류, 채소류, 과실류 등 • 빵류, 과자류, 유가공품, 알가공품, 과일채소류 음료, 두유류, 마요네즈, 젓갈류, 벌꿀 등
비타르계 색소	삼이산화철	바나나, 곤약 이외 식품에 사용 불가
	수용성 안나토	• 천연식품: 식육류, 채소류, 과실류 등 • 다류, 커피, 고춧가루, 고추장, 김치류 사용금지
	동클로로필린나트륨	• 채소류 또는 과실류의 저장품 0.1g/kg 이하 • 다시마(무수물) 0.15g/kg 이하 • 추잉 검, 캔디류 0.05g/kg 이하 • 완두콩 통조림 중의 한천 0.0004g/kg 이하
	철클로로필린나트륨	천연식품류, 다류 및 커피, 고춧가루, 김치류, 고추장, 조미고추장 사용금지

하나 더

- **타르계 색소**: 식품의 색을 내기 위해 사용하는 합성착색료로, 석탄의 콜타르에서 추출한 벤젠, 톨루엔, 나프탈렌 등을 재료로 만들어짐.
- **비타르계 색소**: 천연색소를 합성하거나 화학적으로 처리한 것으로 β-카로틴, 산화티타늄, 황산 구리, 삼산화이철, 구리, 철 등이 사용되고 있다.

⑦ 발색제(색소 유지제): 식품의 색소를 유지·강화시키는 데 사용되는 첨가물

종류		허용기준
육류, 어류 발색제	아질산나트륨	식육가공품(포장육, 식육 추출 가공품, 식용 우지 제외) 0.07g/kg 이하
	질산나트륨	자연치즈, 가공치즈 0.05g/kg 이하
식물 발색제		황산 제1철, 황산 제2철, 글루콘산철 등

⑧ 기타

구분	첨가물의 기능	허용 첨가물
산미료	산도를 높이거나 신맛을 가미	구연산(잼, 치즈), 빙초산(피클, 사과 시럽, 케이크) 등
피막제	채소나 과일의 표면에 피막을 만들어 호흡작용을 억제하고 수분증발을 방지	몰포린지방산염, 천연피막제, 초산비닐수지 등
밀가루 개량제	밀가루의 표백과 숙성시간 단축(제빵의 품질이나 색을 증진시키기 위해 밀가루나 밀가루 반죽에 추가)	과산화벤조일, 이산화염소, 스테아릴젖산칼슘 등
품질 개량제	식품의 결착력을 높이며 변색과 변질 방지, 맛의 조화, 풍미 향상	제1인산염, 제2인산염, 피로인산염, 폴리인산염 등
유화제	물과 기름과 같이 서로 섞이지 않는 두 개 이상의 물질을 균질하게 섞거나 유지	글리세린지방산에스테르, 폴리소르베이트, 스테아린산칼슘 등
호료 (증점제)	점착성 증가, 분산 안정제, 피복제, 이장현상 방지 기능	알긴산, 잔탄검, 젤라틴, 카르복시메틸셀룰로오스나트륨, 폴리아크릴산나트륨, 알긴산프로필렌글리콜, 구아검, 카제인 등
껌 기초제	껌에 적당한 점성, 탄력성을 부여	에스테르검(0.10g/kg 이하), 초산비닐수지 등
이형제	빵 반죽 분할기에서 분리가 잘 되게 하고, 빵 틀에서 빵의 형태를 유지하며 분리하는 기능	유동파라핀만 허용
영양강화제	식품에 필요로 하는 영양강화	아미노산류, 무기염류가 첨가되며 구연산철, 구연산칼슘 등
착향료	식품 자체의 냄새를 없애거나 변화 및 강화	계피알데히드, 멘톨, 바닐린
소포제	두부, 간장, 과즙 제품 등의 식품제조 공정 시 생기는 거품생성 방지 및 감소	규소수지

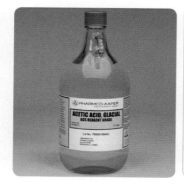  

(3) 중금속

① 정의: 중금속은 비중 4 이상의 무거운 금속 원소로서 납, 카드뮴, 수은, 비소 등이 있다.

② 식품과 중금속

- 중금속은 체내에 축적되면 배출이 잘되지 않아 부작용을 나타낼 수 있다.
- 식품의약품안전처는 식품공전 제2. 5. 식품일반의 기준 및 규격을 통해 농·축·수산물 중 납, 카드뮴, 수은에 대한 규격을 설정하여 관리하고 있다.
- 가공식품에 대해서는 각 식품 유형별로 중금속 기준을 정하여 관리한다.

종류	중독 경로	특징
납(Pb)	김치나 장류를 담는 옹기의 유약 또는 통조림 용기	• 소변 중에 코프로포르피린(Coproporphyrin) 검출 • 증상: 신장장애, 권태, 체중감소, 칼슘대사 이상 등
수은(Hg)	어패류 등의 동물성 식품에서 발견	• 미나마타병의 원인 물질 • 증상: 언어장애, 지각이상, 호흡곤란, 보행곤란 등
카드뮴(Cd)	식기 도금 등의 성분, 주로 채소나 쌀에서 발견	• 이타이이타이병의 원인 물질 • 증상: 뼈연화증, 폐기종, 전신 위축, 단백뇨 등
크롬(Cr)	도금이나 합금의 재료, 음식물이나 음용수의 섭취로 중독	• 증상: 비염, 인두염, 기관지염, 비중격 천공 등
비소(As)	농약 성분으로 사용됨.	• 급성 중독 증상: 구토, 구갈, 식도 위축, 설사, 심장마비, 흑색증 • 만성 중독 증상: 혈액이 녹고, 조직에 침착되어 신경계통 마비, 전신경련

(4) 조리 및 가공에서 기인하는 유해물질

① 다환 방향족 탄화수소(PAH)
- 벤조피렌(benzopyrene)은 PAH 중 가장 강력한 발암 물질로 산소가 부족한 상태에서 식품을 가열할 때 생기는 타르(Tar)상 물질의 구성성분이다.
- 고온에서 식품이 가공될 때 생성되므로 훈연 가공품, 구운 생선, 구운 육류의 잠재적 위험도가 높다.

② 니트로소 화합물
- 아질산염은 반응성이 강해 식품 중의 아민이나 아마이드(Amide)류와 반응하여 발암물질인 N-니트로소 화합물을 생성한다.
- 아질산염, 질산염은 햄이나 소시지의 발색제로 육류의 색소고정작용을 하며, 질산염은 생채소에 함유되어 있다.

③ 헤테로고리 화합물
- 식품의 아미노산 및 단백질을 300℃ 이상의 고온에서 가열할 때 생성되는 열분해 산물이다.
- 마이얄(Maillard) 반응에 의해서도 얻어지는 돌연변이 유발·발암 물질이다.

④ 메틸 알코올(메탄올)
- 주류로 오인하여 섭취할 경우 실명이나 사망을 초래할 수 있다.
- 알코올 발효에서 펙틴(Pectin)이 존재하면 생성되며 과실주와 정제가 불충분한 에탄올이나 증류주에 미량 함유되어 있다.
- 중독증상은 급성으로 두통, 현기증, 설사, 시신경 염증으로 인한 시각장애 등이 나타난다.
- 주류 메탄올 허용량은 0.5mg/ml(과실주는 1.0mg/ml)이다.

> **하나 더**
> **유해물질을 발생시키는 작업환경**
> ① 고열 환경: 열중증(열경련증, 열쇠약증, 열허탈증, 울열증)
> ② 고압 환경: 잠함병
> ③ 저압 환경: 고산병(항공병)
> ④ 조명 불량: 안구 진탕증, 근시, 안정 피로 등
> ⑤ 소음: 작업성 난청, 두통 등
> ⑥ 분진: 진폐증(먼지), 규폐증(유리 규산), 석면증(석면), 활석폐증(활석)

① 식품 [   ]은 식품을 제조, 가공, 보존 시 식품에 첨가, 혼합, 침윤의 방법으로 사용되는 물질을 의미한다.

② 미생물의 증식을 억제하여 변질 및 부패를 방지하고 영양가와 신선도를 보존하기 위해 첨가하는 것을 [   ]라 한다.

③ 식품의 [   ]에 의한 변질현상을 방지하기 위한 첨가물에는 BHA, BHT, 몰식자산프로필, 토코페롤 등이 있다.

④ 당질을 제외한 감미를 가지고 있는 화학적 제품을 총칭하여 합성 [   ]라고 한다.

⑤ 착색료에는 [   ] 색소, 캐러멜 색소, 베타카로틴 등이 있다.

① 첨가물 ② 보존제 ③ 산화 ④ 감미료 ⑤ 타르

06 Chapter 식품위생관리

1 HACCP, 제조물책임법(PL)

(1) 식품안전관리인증기준(Hazard Analysis Critical Control Point, HACCP)

① 정의: 식품의 원료관리, 제조 · 가공 · 조리 · 소분 · 유통의 모든 과정에서 위해한 물질이 식품에 섞이거나 식품이 오염되는 것을 방지하기 위하여 각 과정의 위해요소를 확인 평가하여 중점적으로 관리하는 기준을 말한다(식품별로 정하여 고시할 수 있다).

> **하나더**
>
> **용어 정리**
> ① 위해요소(Hazard): 식품위생법(위해식품 등의 판매 등 금지)의 규정에서 정하는 인체의 건강을 해할 우려가 있는 생물학적 · 화학적 또는 물리적 인자나 조건을 말한다.
> ② 위해요소 분석(Hazard Analysis): 위해요소와 이를 유발할 수 있는 조건이 존재하는지 여부를 판별하기 위해 필요한 정보를 수집하고 평가하는 일련의 과정을 말한다.
> ③ 중요관리점(CCP; Critical Control Point): 식품안전관리인증기준을 적용하여 식품위해요소를 예방 · 제거하거나 허용수준 이하로 감소시켜 식품의 안전성을 확보할 수 있는 중요한 단계 · 과정 또는 공정을 말한다.
> ④ 한계기준(Critical Limit): 중요관리점에서 위해요소 관리가 허용범위 이내로 충분히 이루어지고 있는지 여부를 판단할 수 있는 기준이나 기준치를 말한다.

② HACCP 관리
- 7원칙 12절차 구성
  - 해썹(HACCP) 관리는 전 세계 공통적으로 7원칙 12절차에 의한 체계적인 접근방식을 적용한다.
  - 7원칙: 해썹(HACCP) 관리계획을 수립하는 데 단계별로 적용되는 주요 원칙
  - 12절차: 준비 단계 5절차와 본 단계인 해썹(HACCP) 7원칙을 포함한 총 12단계의 절차로 구성되며, 해썹(HACCP) 관리체계 구축 절차를 의미
  - HACCP 적용업소는 관리되는 사항에 대한 기록을 2년간 보관해야 함.

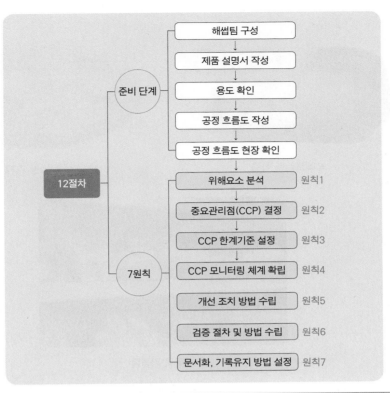

절차 1. 해썹팀 구성	절차 2. 제품 설명서 작성	절차 3. 용도 확인	절차 4. 공정 흐름도 작성
절차 5. 공정 흐름도 현장 확인	절차 6. 위해요소 분석	절차 7. 중요관리점(CCP) 결정	절차 8. CCP 한계기준 설정
절차 9. CCP 모니터링 체계 확립	절차 10. 개선 조치 방법 수립	절차 11. 검증 절차 및 방법 수립	절차 12. 문서화, 기록유지 방법 설정

③ 식품안전관리인증기준 대상 식품
- 어육가공품 중 어묵류
- 냉동수산식품 중 어류, 연체류, 조미가공품
- 냉동식품 중 피자류, 만두류, 면류
- 빙과류
- 비가열 음료
- 레토르트 식품
- 김치류 중 배추김치

▲ 레토르트 식품

▲ 냉동 피자

▲ 어육 가공품

(2) 제조물책임법(Product Liability, PL)

① 정의: 제조물 책임, 생산물 책임, 생산자 책임 등으로 번역되는데, 일반적으로 제품 제조업자 또는 판매자가 그 제품의 사용, 소비에 의해서 일으킨 생명, 신체의 피해나 재산상의 손해에 대해서 지는 배상책임을 뜻한다.

PL법 용어의 뜻

1. "제조물"이란 제조되거나 가공된 동산(다른 동산이나 부동산의 일부를 구성하는 경우를 포함한다)을 말한다.
2. "결함"이란 해당 제조물에 다음 각 목의 어느 하나에 해당하는 제조상·설계상 또는 표시상의 결함이 있거나 그밖에 통상적으로 기대할 수 있는 안전성이 결여되어 있는 것을 말한다.
   가. "제조상의 결함"이란 제조업자가 제조물에 대하여 제조상·가공상의 주의 의무를 이행하였는지에 관계없이 제조물이 원래 의도한 설계와 다르게 제조·가공됨으로써 안전하지 못하게 된 경우를 말한다.
   나. "설계상의 결함"이란 제조업자가 합리적인 대체 설계(代替設計)를 채용하였더라면 피해나 위험을 줄이거나 피할 수 있었음에도 대체 설계를 채용하지 아니하여 해당 제조물이 안전하지 못하게 된 경우를 말한다.
   다. "표시상의 결함"이란 제조업자가 합리적인 설명·지시·경고 또는 그 밖의 표시를 하였더라면 해당 제조물에 의하여 발생할 수 있는 피해나 위험을 줄이거나 피할 수 있었음에도 이를 하지 아니한 경우를 말한다.

3. "제조업자"란 다음 각 목의 자를 말한다.
　가. 제조물의 제조·가공 또는 수입을 업(業)으로 하는 자
　나. 제조물에 성명·상호·상표 또는 그 밖에 식별(識別) 가능한 기호 등을 사용하여 자신을 가목의 자로 표시한 자 또는 가목의 자로 오인(誤認)하게 할 수 있는 표시를 한 자

② 제조물책임(제조물책임법 제3조)
- 제조업자는 제조물의 결함으로 생명·신체 또는 재산에 손해(그 제조물에 대하여만 발생한 손해는 제외한다)를 입은 자에게 그 손해를 배상하여야 한다.
- 제조물의 제조업자를 알 수 없는 경우에 그 제조물을 영리 목적으로 판매·대여 등의 방법으로 공급한 자는 제조물의 제조업자 또는 제조물을 자신에게 공급한 자를 알거나 알 수 있었음에도 불구하고 상당한 기간 내에 그 제조업자나 공급한 자를 피해자 또는 그 법정대리인에게 고지(告知)하지 아니한 경우에는 제1항에 따른 손해를 배상하여야 한다.

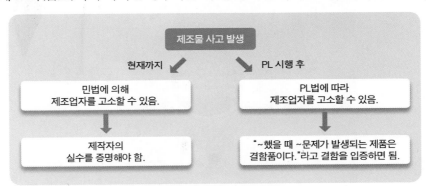

하나더

제조물책임법과 민법과의 관계

구분	제조물책임법(P/L)	민법
책임 요건	제조물의 결함에 대한 책임 (무과실 책임 / 엄격 책임)	제조업자의 고의 / 과실 (불법 행위 책임 / 보증 책임)
소비자의 위증 범위	• 제조물의 결함 여부를 입증 • 손해 발생과의 인과관계를 입증	• 제조자의 고의, 과실을 입증 • 손해 발생과의 인과관계 입증
소멸 시효	• 제조물 공급일부터 10년 • 손해 및 손해 배상 책임자를 안 날부터 3년	• 불법 행위를 한 날부터 10년 • 손해 및 가해자를 안 날부터 10년
제조자의 책임	• 제조자가 무결함을 입증 • 소비자의 단체 소송 가능 • 제조자에게 강제 리콜 시행	• 소비자 측의 과실 입증(과실에 대한 해명만 요구) • 피해자 개별적 대응 가능 • 제조자의 자발적 리콜 처리

2 위생관리

(1) 개인위생관리

① 건강진단

대상	항목	횟수
식품 또는 식품첨가물(화학적 합성품 또는 기구 등의 살균·소독제는 제외)을 채취·제조·가공·조리·저장·운반 또는 판매하는 데 직접 종사하는 사람. 다만, 영업자 또는 종업원 중 완전 포장된 식품 또는 식품첨가물을 운반하거나 판매하는 데 종사하는 사람은 제외	1. 장티푸스(식품위생 관련 영업 및 집단급식소 종사자만 해당) 2. 폐결핵 3. 전염성 피부질환(한센병 등 세균성 피부질환을 말함.)	1회(년)

② 위생관리
- 위생복과 위생모를 착용하고, 청결하게 관리
- 반지, 시계 등을 착용하고 조리하지 않음.
- 마스크를 착용했다면, 손을 대지 않음.
- 흡연을 하지 않고, 껌을 씹지 않음.
- 조리에 관계없는 사람은 조리장에 출입하지 않음.
- 감염병 보균자는 조리업에 종사하지 않으며 정기적인 건강진단을 받음.

(2) 조리장의 위생관리

① 조리장은 먼지, 유독가스가 들어오지 않고 공해가 없는 곳에 설치한다.
② 가스기기는 청결히 관리하며, 가스가 새지 않는지 코크와 공기조절기를 점검한다.
③ 냉장고는 정기적으로 세정, 소독, 서리 제거한다.

하나더

식품접객업소의 조리식품 등에 대한 기준 규격

① 정의: 식품접객업소(집단급식소 포함)의 조리식품이란 유통판매 목적이 아닌 조리 등의 방법으로 손님에게 직접 제공하는 모든 음식물(음료수, 생맥주 등 포함)을 말한다.

② 조리 및 관리기준
- 사용 중인 튀김용 유지는 산가 3.0 이하여야 함.
- 조리한 식품 중 찬 음식의 보관은 10℃ 이하에서, 따뜻한 음식은 60℃ 이상에서 보관

③ 규격
- 조리 식품 등
  - 대장균: 음성
  - 식중독균: 100/g 이하
  - 산가 및 과산화물가(유탕 또는 유처리한 조리식품에 한함.)
  - 산가: 5.0 이하
  - 과산화물가: 60.0 이하
- 접객용 음용수
  - 대장균: 음성/250mL
  - 살모넬라: 음성/250mL
  - 예르시니아 엔테로콜리티카: 음성/250mL
- 조리기구
  - 행주(사용 중인 것은 제외): 대장균 음성
  - 칼, 도마, 숟가락, 젓가락, 식기, 찬기 등(사용 중인 것은 제외): 살모넬라 음성, 대장균 음성

  오 답 노트 분 석하여 만 점 받자

오분만

① 식품안전관리인증기준을 [　　]이라 한다.

② 식품의 안전성을 확보하고, 식품업체의 자율적이고 과학적인 위생관리 방식을 정착하기 위해 [　　] 우리나라는 식품위생법에 HACCP 제도를 도입하였다.

③ HACCP의 과정은 7원칙 [　　] 절차로 정리할 수 있다.

④ 영업소에서 조리에 종사하는 자가 정기건강진단을 받아야 하는 법정 기간은 [　]년 [　]회이다.

⑤ 민법과 달리 [　　　]에서는 제조자가 무결함을 입증해야 하고, 제조자에게 강제 리콜을 시행하게 할 수 있다.

① HACCP ② 1995년 ③ 12 ④ 1, 1 ⑤ 제조물책임법

07 식품위생관련법규

1 총칙

(1) 식품위생법의 목적

식품으로 인하여 생기는 위생상의 위해를 방지하고 식품영양의 질적 향상을 도모하며 식품에 관한 올바른 정보를 제공하여 국민보건 증진에 이바지함을 목적으로 한다.

(2) 용어의 정의

식품	모든 음식물(의약으로 섭취하는 것은 제외)
식품첨가물	식품을 제조·가공·조리 또는 보존하는 과정에서 감미(甘味), 착색(着色), 표백(漂白) 또는 산화방지 등을 목적으로 식품에 사용되는 물질(기구(器具)·용기·포장을 살균·소독하는 데 사용되어 간접적으로 식품으로 옮아갈 수 있는 물질 포함)
화학적 합성품	화학적 수단으로 원소(元素) 또는 화합물에 분해 반응 외의 화학 반응을 일으켜서 얻은 물질
기구	음식을 먹을 때 사용하거나 담는 것, 식품 또는 식품첨가물을 채취·제조·가공·조리·저장·소분(小分; 완제품을 나누어 유통을 목적으로 재포장하는 것)·운반·진열할 때 사용하는 것으로서 식품 또는 식품첨가물에 직접 닿는 기계·기구나 그 밖의 물건(농업과 수산업에서 식품을 채취하는 데 쓰는 기계·기구나 그 밖의 물건은 제외)
용기·포장	식품 또는 식품첨가물을 넣거나 싸는 것으로서 식품 또는 식품첨가물을 주고받을 때 함께 건네는 물품
위해	식품, 식품첨가물, 기구 또는 용기·포장에 존재하는 위험 요소로 인체의 건강을 해치거나 해칠 우려가 있는 것
영업	식품 또는 식품첨가물을 채취·제조·수입·가공·조리·저장·소분·운반 또는 판매하거나 기구 또는 용기·포장을 제조·수입·운반·판매하는 업(농업과 수산업에 속하는 식품채취업은 제외)
영업자	영업허가를 받은 자나 영업신고 또는 영업등록을 한 자
식품위생	식품, 식품첨가물, 기구 또는 용기·포장을 대상으로 하는 음식에 관한 위생
식품이력추적관리	식품을 제조·가공단계부터 판매단계까지 각 단계별로 정보를 기록·관리하여 그 식품의 안전성 등에 문제가 발생할 경우 그 식품을 추적하여 원인을 규명하고 필요한 조치를 할 수 있도록 관리하는 것
식중독	식품 섭취로 인하여 인체에 유해한 미생물 또는 유독물질에 의하여 발생하였거나 발생한 것으로 판단되는 감염성 질환 또는 독소형 질환

집단급식소	영리를 목적으로 하지 아니하면서 특정 다수인에게 계속하여 음식물을 공급하는 다음에 해당하는 급식시설로 대통령령으로 정하는 시설 • 기숙사　　　　• 학교　　　　• 병원　　　　• 산업체 •「사회복지사업법」제2조 제4호의 사회복지시설 • 국가, 지방자치단체 및 「공공기관의 운영에 관한 법률」제4조 제1항에 따른 공공기관 • 그 밖의 후생기관 등
집단급식소에서 의 식단	급식대상 집단의 영양섭취기준에 따라 음식명, 식재료, 영양성분, 조리방법, 조리인력 등을 고려하여 작성한 급식계획서

집단급식소의 범위(식품위생법 시행령 제2조)

집단급식소는 1회에 50명 이상에게 식사를 제공하는 급식소를 말한다.

(3) 식품 등의 취급

① 판매(판매 외의 불특정 다수인에 대한 제공을 포함)를 목적으로 식품 또는 식품첨가물을 채취 · 제조 · 가공 · 사용 · 조리 · 저장 · 소분 · 운반 또는 진열을 할 때는 깨끗하고 위생적으로 하여야 한다.

② 영업에 사용하는 기구 및 용기 · 포장은 깨끗하고 위생적으로 다루어야 한다.

③ 식품, 식품첨가물, 기구 또는 용기 · 포장의 위생적인 취급에 관한 기준은 총리령으로 정한다.

▲ 식품의 용기 포장과 진열

2 식품 및 식품첨가물

(1) 위해식품 등의 판매 등 금지

다음에 해당하는 식품 등을 판매하거나 판매할 목적으로 채취·제조·수입·가공·사용·조리·저장·소분·운반 또는 진열하여서는 아니 된다.

① 썩거나 상하거나 설익어서 인체의 건강을 해칠 우려가 있는 것
② 유독·유해물질이 들어 있거나 묻어 있는 것 또는 그러할 염려가 있는 것(식품의약품안전처장이 인체의 건강을 해칠 우려가 없다고 인정하는 것은 제외)
③ 병을 일으키는 미생물에 오염되었거나 그러할 염려가 있어 인체의 건강을 해칠 우려가 있는 것
④ 불결하거나 다른 물질이 섞이거나 첨가된 것 또는 그 밖의 사유로 인체의 건강을 해칠 우려가 있는 것
⑤ 안전성 심사 대상인 농·축·수산물 등 가운데 안전성 심사를 받지 아니하였거나 안전성 심사에서 식용으로 부적합하다고 인정된 것
⑥ 수입이 금지된 것 또는 수입신고를 하지 아니하고 수입한 것
⑦ 영업자가 아닌 자가 제조·가공·소분한 것

(2) 병든 동물 고기 등의 판매 등 금지

총리령으로 정하는 질병에 걸렸거나 걸렸을 염려가 있는 동물이나 그 질병에 걸려 죽은 동물의 고기·뼈·젖·장기 또는 혈액을 식품으로 판매하거나 판매할 목적으로 채취·수입·가공·사용·조리·저장·소분 또는 운반하거나 진열하여서는 아니 된다.

하나더

판매 등이 금지되는 병든 동물 고기 등(식품위생법 시행규칙 제4조)
- 「축산물위생관리법 시행규칙」에 따라 도축이 금지되는 가축 감염병
- 리스테리아증, 살모넬라병, 파스튜렐라병 및 선모충증

(3) 기준·규격이 고시되지 아니한 화학적 합성품 등의 판매 등 금지

다음에 해당하는 행위를 하여서는 아니 된다(다만, 식품의약품안전처장이 식품위생심의위원회의 심의를 거쳐 인체의 건강을 해칠 우려가 없다고 인정하는 경우에는 그러하지 아니함).
① 기준·규격이 정하여지지 아니한 화학적 합성품인 첨가물과 이를 함유한 물질을 식품첨가물로 사용하는 행위
② ①에 따른 식품첨가물이 함유된 식품을 판매하거나 판매할 목적으로 제조·수입·가공·사용·조리·저장·소분·운반 또는 진열하는 행위

(4) 식품 또는 식품첨가물에 관한 기준 및 규격

① 식품의약품안전처장은 국민보건을 위하여 필요하면 판매를 목적으로 하는 식품 또는 식품첨가물에 관한 제조·가공·사용·조리·보존 방법에 관한 기준 및 성분에 관한 사항을 정하여 고시한다.

- 제조·가공·사용·조리·보존 방법에 관한 기준
- 성분에 관한 규격

② 식품의약품안전처장은 기준과 규격이 고시되지 아니한 식품 또는 식품첨가물(식품에 직접 사용하는 화학적 합성품인 첨가물을 제외)에 대하여는 그 제조·가공업자에게 제1항 각 호의 사항을 제출하게 하여 지정된 식품위생검사기관의 검토를 거쳐 제1항에 따른 기준과 규격이 고시될 때까지 그 식품 또는 식품첨가물의 기준과 규격으로 인정할 수 있다(한 시적 인정).

③ 수출할 식품 또는 식품첨가물의 기준과 규격은 수입자가 요구하는 기준과 규격을 따를 수 있다.

④ 기준과 규격이 정하여진 식품 또는 식품첨가물은 그 기준에 따라 제조·수입·가공·사용·조리·보존하여야 하며, 그 기준과 규격에 맞지 아니하는 식품 또는 식품첨가물은 판매하거나 판매할 목적으로 제조·수입·가공·사용·조리·저장·소분·운반·보존 또는 진열하여서는 아니 된다.

3 기구와 용기·포장

(1) 기구 등의 판매·사용 금지

유독·유해물질이 들어 있거나 인체의 건강을 해칠 우려가 있는 기구 및 용기·포장을 판매하거나 판매할 목적으로 제조·수입·저장·운반·진열하거나 영업에 사용하여서는 아니 된다.

(2) 기구 및 용기·포장에 관한 기준 및 규격

① 식품의약품안전처장은 국민보건을 위해 기구 및 용기·포장에 관한 사항을 정하여 고시한다.
- 제조방법에 관한 기준
- 기구 및 용기·포장과 그 원재료에 관한 규격

② 수출할 기구 및 용기·포장과 그 원재료에 관한 기준과 규격은 수입자가 요구하는 기준과 규격을 따를 수 있다.

4 표시

(1) 유전자변형식품 등의 표시

① 다음 각 호의 어느 하나에 해당하는 생명공학기술을 활용하여 재배·육성된 농산물·축산

물·수산물 등을 원재료로 하여 제조·가공한 식품 또는 식품첨가물(이하 "유전자변형식품 등"이라 한다)은 유전자변형식품임을 표시하여야 한다. 다만, 제조·가공 후에 유전자변형 디엔에이(DNA, Deoxyribonucleic acid) 또는 유전자변형 단백질이 남아 있는 유전자변형식품 등에 한정한다.

- 인위적으로 유전자를 재조합하거나 유전자를 구성하는 핵산을 세포 또는 세포 내 소기관으로 직접 주입하는 기술
- 분류학에 따른 과(科)의 범위를 넘는 세포융합기술

② 제1항에 따라 표시하여야 하는 유전자변형식품 등은 표시가 없으면 판매하거나 판매할 목적으로 수입·진열·운반하거나 영업에 사용하여서는 아니 된다.

③ 제1항에 따른 표시의무자, 표시대상 및 표시방법 등에 필요한 사항은 식품의약품안전처장이 정한다.

5 식품 등의 공전

(1) 식품 등의 공전

식품의약품안전처장은 다음 기준을 실은 식품등의 공전을 작성·보급하여야 한다.

- 식품 또는 식품첨가물의 기준과 규격
- 기구 및 용기·포장의 기준과 규격

하나 더

식품공전 일반원칙 및 용어풀이
- 건조물(고형물): 원재료를 건조하여 남은 고형물로 수분함량 15% 이하인 것
- 유통기간: 소비자에게 판매가 가능한 기간
- 냉동·냉장식품의 보존온도
  - 냉동식품: −18℃ 이하
  - 냉장식품: 0~10℃
- 표준온도는 20℃, 상온은 15~25℃, 미온은 30~40℃를 뜻함.
- 찬물은 15℃ 이하, 온탕은 60~70℃, 열탕은 약 100℃(물 대신 약 100℃ 증기사용 가능) 를 뜻함.
- 차고 어두운 곳(냉암소): 0~15℃의 빛이 차단된 장소
- 살균: 세균, 효모, 곰팡이 등 미생물의 영양세포를 사멸시키는 것
- 멸균: 미생물의 영양세포 및 포자를 사멸시켜 무균상태로 만드는 것
- 냉장온도 측정값: 냉장고 또는 냉장설비 등의 내부온도를 측정한 값 중 가장 높은 값

6 검사 등

(1) 위해평가

① 식품의약품안전처장은 국내외에서 유해물질이 함유된 것으로 알려지는 등 위해의 우려가 제기되는 식품 등이 제4조 또는 제8조에 따른 식품 등에 해당한다고 의심되는 경우에는 그 식품 등의 위해요소를 신속히 평가하여 그것이 위해식품 등인지를 결정하여야 한다.

② 식품의약품안전처장은 위해평가가 끝나기 전까지 국민건강을 위하여 예방조치가 필요한 식품 등에 대하여는 판매하거나 판매할 목적으로 채취·제조·수입·가공·사용·조리·저장·소분·운반 또는 진열하는 것을 일시적으로 금지할 수 있다. 다만, 국민건강에 급박한 위해가 발생하였거나 발생할 우려가 있다고 식품의약품안전처장이 인정하는 경우에는 그 금지조치를 하여야 한다.

③ 식품의약품안전처장은 일시적 금지조치를 하려면 미리 심의위원회의 심의·의결을 거쳐야 한다. 다만, 국민건강을 급박하게 위해할 우려가 있어서 신속히 금지조치를 하여야 할 필요가 있는 경우에는 먼저 일시적 금지조치를 한 뒤 지체 없이 심의위원회의 심의·의결을 거칠 수 있다.

④ 심의위원회는 심의하는 경우 대통령령으로 정하는 이해관계인의 의견을 들어야 한다.

⑤ 식품의약품안전처장은 제1항에 따른 위해평가나 제3항 단서에 따른 사후 심의위원회의 심의·의결에서 위해가 없다고 인정된 식품 등에 대하여는 지체 없이 제2항에 따른 일시적 금지조치를 해제하여야 한다.

(2) 수입 식품 등의 신고 등

> 판매를 목적으로 하거나 영업에 사용할 목적으로 식품 등을 수입하려는 자는 총리령으로 정하는 바에 따라 식품의약품안전처장에게 신고하여야 한다.

(3) 출입·검사·수거

① 식품의약품안전처장, 시·도지사 시장·군수·구청장은 식품 등의 위해 방지·위생관리와 영업질서 유지를 위하여 필요하면 다음의 조치를 취할 수 있다.

- 영업자나 그 밖의 관계인에게 필요한 서류나 자료제출 요구
- 관계 공무원으로 하여금 출입·검사·수거 등의 조치
  - 영업소에 출입하여 판매용 식품이나 영업에 사용하는 식품 등 또는 영업시설 등에 대하여 하는 검사
  - 검사에 필요한 최소량의 식품의 무상 수거
  - 영업에 관계되는 장부 또는 서류의 열람

② 출입 · 검사 · 수거 또는 열람하려는 공무원은 권한을 표시하는 증표를 지니고 이를 관계인에게 보여야 한다.

식품 등의 재검사(제23조)

① 식품의약품안전처장(대통령령으로 정하는 그 소속 기관의 장을 포함한다. 이하 이 조에서 같다), 시 · 도지사 또는 시장 · 군수 · 구청장은 「수입식품안전관리 특별법」에 따라 식품 등을 검사한 결과 해당 식품 등이 기준이나 규격에 맞지 아니하면 대통령령으로 정하는 바에 따라 해당 영업자에게 그 검사 결과를 통보하여야 한다.

② 통보를 받은 영업자가 그 검사 결과에 이의가 있으면 검사한 제품과 같은 제품(같은 날에 같은 영업시설에서 같은 제조 공정을 통하여 제조 · 생산된 제품에 한정한다)을 식품의약품안전처장이 인정하는 국내외 검사기관 2곳 이상에서 같은 검사 항목에 대하여 검사를 받아 그 결과가 통보받은 검사 결과와 다를 때에는 그 검사기관의 검사성적서 또는 검사증명서를 첨부하여 식품의약품안전처장, 시 · 도지사 또는 시장 · 군수 · 구청장에게 재검사를 요청할 수 있다. 다만, 시간이 경과함에 따라 검사 결과가 달라질 수 있는 검사항목 등 총리령으로 정하는 검사항목은 재검사 대상에서 제외한다.

③ 재검사 요청을 받은 식품의약품안전처장, 시 · 도지사 또는 시장 · 군수 · 구청장은 영업자가 제출한 검사 결과가 제1항에 따른 검사 결과와 다르다고 확인되거나 같은 항의 검사에 따른 검체(檢體)의 채취 · 취급방법, 검사방법 · 검사과정 등이 식품 등의 기준 및 규격에 위반된다고 인정되는 때에는 지체 없이 재검사하고 해당 영업자에게 재검사 결과를 통보하여야 한다. 이 경우 재검사 수수료와 보세창고료 등 재검사에 드는 비용은 영업자가 부담한다.

(4) 자가품질검사 의무

식품을 제조 · 가공하는 영업자는 총리령으로 정하는 바에 따라 제조 · 가공하는 식품 등이 기준과 규격에 맞는지 검사하여야 한다.

① 식품의약품안전처장 및 시 · 도지사는 검사를 해당 영업을 하는 자가 직접 행하는 것이 부적합한 경우 「식품 · 의약품분야 시험 · 검사 등에 관한 법률」에 따른 자가품질 위탁 시험 · 검사기관에 위탁하여 검사하게 할 수 있다.

② 검사를 직접 행하는 영업자는 제1항에 따른 검사 결과 해당 식품 등이 법제조항을 위반하여 국민 건강에 위해가 발생하거나 발생할 우려가 있는 경우에는 지체 없이 식품의약품안전처장에게 보고하여야 한다.

③ 검사의 항목 · 절차, 그 밖에 검사에 필요한 사항은 총리령으로 정한다.

④ 자가품질검사에 관한 기록서는 2년간 보관한다.

자가품질검사 의무의 면제(제31조 제2항)

식품의약품안전처장 또는 시·도지사는 식품안전관리인증기준 적용업소가 다음 각 호에 해당하는 경우에는 제31조 제1항에도 불구하고 총리령으로 정하는 바에 따라 자가 품질검사를 면제할 수 있다.
① 제48조 제3항에 따른 식품안전관리인증기준 적용업소가 제31조 제1항에 따른 검사가 포함된 식품안전 관리인증기준을 지키는 경우
② 제48조 제8항에 따른 조사·평가 결과 그 결과가 우수하다고 총리령으로 정하는 바에 따라 식품의약품안전처장이 인정하는 경우

(5) 식품위생감시원

① 관계 공무원의 직무와 그 밖에 식품위생에 관한 지도 등을 하기 위하여 식품의약품안전처(대통령령으로 정하는 그 소속 기관을 포함), 특별시·광역시·특별자치시·도·특별자치도 또는 시·군·구에 식품위생감시원을 둔다.
② 식품위생감시원의 자격·임명·직무범위, 그 밖에 필요한 사항은 대통령령으로 정한다.

식품위생감시원

① 소비자식품위생감시원의 직무
  • 식품접객업자에 대한 위생관리 상태 점검
  • 유통 중인 식품 등이 「식품 등의 표시·광고에 관한 법률」에 따른 표시·광고의 기준에 맞지 아니하거나 같은 법 제8조에 따른 부당한 표시 또는 광고행위의 금지 규정을 위반한 경우 관할 행정관청에 신고하거나 그에 관한 자료 제공
  • 식품위생감시원이 하는 식품 등에 대한 수거 및 검사 지원
  • 그 밖에 식품위생에 관한 사항으로서 대통령령으로 정하는 사항
② 소비자식품위생감시원의 해촉(解囑) 사유
  • 추천한 소비자단체에서 퇴직하거나 해임된 경우
  • 직무와 관련하여 부정한 행위를 하거나 권한을 남용한 경우
  • 질병이나 부상 등의 사유로 직무 수행이 어렵게 된 경우
③ 소비자식품위생감시원이 제6항에 따른 승인을 받아 식품접객영업자의 영업소에 단독으로 출입하는 경우에는 승인서와 신분을 표시하는 증표 및 조사기간, 조사범위, 조사담당자, 관계 법령 등 대통령령으로 정하는 사항이 기재된 서류를 지니고 이를 관계인에게 내보여야 한다.

7 영업

(1) 시설기준

다음의 영업을 하려는 자는 총리령으로 정하는 시설기준에 맞는 시설을 갖추어야 한다.

① 식품 또는 식품첨가물의 제조업, 가공업, 운반업, 판매업 및 보존업
② 기구 또는 용기 · 포장의 제조업
③ 식품접객업

하나 더

영업의 종류

- 식품제조 · 가공업: 식품을 제조 · 가공하는 영업
- 즉석판매제조 · 가공업: 총리령으로 정하는 식품을 제조 · 가공 업소에서 직접 최종소비자에게 판매하는 영업
- 식품첨가물제조업
- 식품운반업: 직접 마실 수 있는 유산균 음료(살균유산균음료 포함)나 어류 · 조개류 및 그 가공품 등 부패 · 변질되기 쉬운 식품을 위생적으로 운반하는 영업
- 식품소분 · 판매업
- 식품보존업: 식품조사처리업, 식품냉동 · 냉장업
- 용기 · 포장류제조업
- 식품접객업: 휴게음식점영업, 일반음식점영업, 단란주점영업, 유흥주점영업, 위탁급식영업, 제과점영업

(2) 영업허가 등

대통령령으로 정하는 영업을 하려는 자는 대통령령으로 정하는 바에 따라 영업 종류별 또는 영업소별로 식품의약품안전처장 또는 특별자치도지사 · 시장 · 군수 · 구청장의 허가를 받아야 한다. 허가받은 사항 중 중요한 사항을 변경할 때에도 동일하다.

하나 더

영업허가를 받아야 하는 영업 및 허가관청
- 식품조사처리업(식품의약품안전처장)
- 단란주점영업과 유흥주점영업(특별자치도지사 또는 시장 · 군수 · 구청장)

영업신고를 하여야 하는 업종(특별자치도지사 또는 시장 · 군수 · 구청장에게 신고)
- 즉석판매제조 · 가공업
- 식품운반업
- 식품소분 · 판매업
- 식품냉동 · 냉장업
- 용기 · 포장류제조업
- 휴게음식점영업, 일반음식점영업, 위탁급식영업 및 제과점영업
※양곡가공업 중 도정업은 영업신고를 하지 않는다.

> **등록하여야 하는 영업(특별자치도지사 또는 시장·군수·구청장에게 등록)**
> • 식품제조·가공업　　　　　• 식품첨가물제조업
> ※식품제조·가공업 중 주류 제조면허를 받아 주류를 제조하는 경우에는 식품의약품안전처장에게 등록하
> 여야 한다.

(3) 영업허가 등의 제한

다음의 어느 하나에 해당하면 영업허가를 하여서는 아니 된다.

① 해당 영업 시설이 시설기준에 맞지 아니한 경우
② 영업허가가 취소(청소년을 유흥접객원으로 고용하여 유흥행위를 하게 하는 행위를 하여 영업이 취소된 경우와 성매매알선 등 행위의 처벌에 관한 법률에 따른 금지행위를 하여 영업의 허가가 취소된 경우는 제외)되고 6개월이 지나기 전에 같은 장소에서 같은 종류의 영업을 하려는 경우
③ 청소년을 유흥접객원으로 고용하여 유흥행위를 하게 하는 행위나 성매매알선 등 행위의 처벌에 관한 법률을 위반하여 영업허가가 취소된 후 2년이 지나기 전에 같은 장소에서 식품접객업을 하려는 경우
④ 「식품 등의 표시·광고에 관한 법률」에 따라 영업허가가 취소되고 2년이 지나기 전에 같은 자(법인인 경우에는 그 대표자를 포함한다)가 취소된 영업과 같은 종류의 영업을 하려는 경우
⑤ 영업허가를 받으려는 자가 피성년후견인이거나 파산선고를 받고 복권되지 아니한 자인 경우

(4) 건강진단

① 총리령으로 정하는 영업자 및 그 종업원은 건강진단을 받아야 한다.
② 건강진단을 받은 결과 타인에게 위해를 끼칠 우려가 있는 질병이 있다고 인정된 자는 그 영업에 종사하지 못한다.
③ 영업자는 건강진단을 받지 아니한 자나 건강진단 결과 타인에게 위해를 끼칠 우려가 있는 질병이 있는 자를 그 영업에 종사시키지 못한다.

> **하나 더**
>
> **영업에 종사하지 못하는 질병의 종류**
> 1. 「감염병의 예방 및 관리에 관한 법률」에 따른 제1군 감염병(가축전염속도가 빠르고 국민건강에 미치는 위해 정도가 너무 커서 발생 또는 유행 즉시 예방대책을 수립하여야 하는 감염병: 콜레라, A형 간염, 장티푸스, 파라티푸스, 세균성이질, 장출혈성 대장균감염증)
> 2. 「감염병의 예방 및 관리에 관한 법률」에 따른 결핵(비감염성인 경우는 제외)
> 3. 피부병 또는 그 밖의 화농성 질환
> 4. 후천성면역결핍증(「감염병의 예방 및 관리에 관한 법률」에 따라 성병에 관한 건강진단을 받아야 하는 영업에 종사하는 사람만 해당)

(5) 식품위생교육

① 대통령령으로 정하는 영업자 및 유흥종사자를 둘 수 있는 식품접객업 영업자의 종업원은 매년 "식품위생교육"을 받아야 한다.

② 영업을 하려는 자는 미리 식품위생교육을 받아야 한다. 다만, 부득이한 사유로 미리 식품위생교육을 받을 수 없는 경우에는 영업을 시작한 뒤에 식품위생교육을 받을 수 있다.

③ 조리사 또는 영양사 또는 위생사 허를 받은 자가 식품접객업을 하려는 경우에는 식품위생교육을 받지 아니하여도 된다.

하나더

영업자와 종업원이 받아야 하는 식품위생교육 시간

• 식품제조 · 가공업, 즉석판매제조 · 가공업, 식품첨가물제조업, 식품접객업 영업자: 3시간
• 유흥주점 영업의 유흥업 종사자: 2시간
• 집단급식소를 설치 운영하는 자: 3시간

영업을 하려는 자가 받아야 하는 식품위생교육 시간

• 식품제조 · 가공업, 즉석판매제조 · 가공업, 식품첨가물제조업: 8시간
• 식품접객업 영업을 하려는 자: 6시간

---

(6) 영업자 등의 준수사항

① 식품접객영업자 등 대통령령으로 정하는 영업자와 그 종업원은 영업의 위생관리와 질서유지, 국민의 보건위생 증진을 위하여 영업의 종류에 따라 다음에 해당하는 사항을 지켜야 한다.

• 「축산물위생관리법」 제12조에 따른 검사를 받지 아니한 축산물 또는 실험 등의 용도로 사용한 동물은 운반 · 보관 · 진열 · 판매하거나 식품의 제조 · 가공에 사용하지 말 것

• 「야생생물보호 및 관리에 관한 법률」을 위반하여 포획 · 채취한 야생생물을 식품의 제조 · 가공에 사용하거나 판매하지 말 것

• 유통기한이 경과된 제품 · 식품 또는 그 원재료를 조리 · 판매의 목적으로 소분 · 운반 · 진열 · 보관하거나 이를 판매 또는 식품의 제조 · 가공에 사용하지 말 것

• 수돗물이 아닌 지하수 등을 먹는 물 또는 식품의 조리 · 세척 등에 사용하는 경우 「먹는물관리법」 제43조에 따른 먹는물수질검사기관에서 총리령으로 정하는 바에 따라 검사를 받아 마시기에 적합하다고 인정된 물을 사용할 것(다만, 둘 이상의 업소가 같은 건물에서 같은 수원(水源)을 사용하는 경우 하나의 업소에 대한 시험 결과로 나머지 업소에 대한 검사함)

• 제15조 제2항에 따라 위해 평가가 완료되기 전까지 일시적으로 금지된 식품 등을 제조 · 가공 · 판매 · 수입 · 사용 및 운반하지 말 것

• 식중독 발생 시 보관 또는 사용 중인 식품은 역학조사가 완료될 때까지 폐기하거나 소독

등으로 현장을 훼손하여서는 아니 되고 원 상태로 보존하여야 하며, 식중독 원인 규명을 위한 행위를 방해하지 말 것

- 손님을 꾀어서 끌어들이는 행위를 하지 말 것
- 그 밖에 영업의 원료관리, 제조공정 및 위생관리와 질서 유지, 국민의 보건위생 증진 등을 위하여 총리령으로 정하는 사항

② 식품접객영업자는 「청소년보호법」에 따른 청소년에게 다음에 해당하는 행위를 하여서는 아니 된다.

- 청소년을 유흥접객원으로 고용하여 유흥행위를 하게 하는 행위
- 청소년 출입·고용금지업소에 청소년을 출입시키거나 고용하는 행위
- 청소년고용금지업소에 청소년을 고용하는 행위
- 청소년에게 주류(酒類)를 제공하는 행위

③ 영리를 목적으로 식품접객업을 하는 장소(유흥종사자를 둘 수 있도록 대통령령으로 정하는 영업을 하는 장소는 제외)에서 손님과 함께 술을 마시거나 노래 또는 춤으로 손님의 유흥을 돋우는 접객행위(공연을 목적으로 하는 가수, 악사, 댄서, 무용수 등이 하는 행위는 제외)를 하거나 다른 사람에게 그 행위를 알선하여서는 아니 된다.

(7) 위생등급

① 식품의약품안전처장 또는 특별자치시장·특별자치도지사·시장·군수·구청장은 총리령으로 정하는 위생등급 기준에 따라 위생관리 상태 등이 우수한 식품 등의 제조·가공업소, 식품접객업소 또는 집단급식소를 우수업소 또는 모범업소로 지정할 수 있다.

② 식품의약품안전처장, 시·도지사 또는 시장·군수·구청장은 지정한 우수업소 또는 모범업소에 대하여 관계 공무원으로 하여금 일정 기간 동안 출입·검사·수거 등을 하지 아니하게 할 수 있으며, 시·도지사 또는 시장·군수·구청장은 영업자의 위생관리시설 및 위생설비시설 개선을 위한 융자사업과 같은 음식문화 개선과 좋은 식단 실천을 위한 사업에 대하여 우선지원 등을 할 수 있다.

③ 식품의약품안전처장 또는 특별자치도지사·시장·군수·구청장은 우수업소 또는 모범업소로 지정된 업소가 그 지정기준에 미치지 못하거나 영업정지 이상의 행정처분을 받게 되면 지체 없이 그 지정을 취소하여야 한다.

> **하나더**
>
> **우수업소·모범업소의 지정 등**
> - 우수업소(식품제조·가공업 및 식품첨가물제조업) 지정: 식품의약품안전처장 또는 특별자치도지사·시장·군수·구청장
> - 모범업소(집단급식소 및 일반음식점) 지정: 특별자치도지사·시장·군수·구청장

(8) 업종별 시설기준

① 조리장

- 조리장은 손님이 그 내부를 볼 수 있는 구조로 되어 있어야 한다.
- 조리장 바닥에 배수구가 있는 경우에는 덮개를 설치하여야 한다.
- 조리장 안에는 취급하는 음식을 위생적으로 조리하기 위하여 필요한 조리 시설·세척 시설·폐기물 용기 및 손 씻는 시설을 각각 설치하여야 하고 폐기물 용기는 오물·악취 등이 누출되지 아니하도록 뚜껑이 있고 내수성 재질로 된 것이어야 한다.
- 조리장에는 주방용 식기류를 소독하기 위한 자외선 또는 전기살균 소독기를 설치하거나 열탕 세척 소독시설(식중독을 일으키는 병원성 미생물 등이 살균될 수 있는 시설)을 구비하여야 한다.
- 충분한 환기를 시킬 수 있는 시설을 갖추어야 한다.
- 조리장에는 식품별 보존 및 유통기준에 적합한 온도가 유지될 수 있는 냉장시설 또는 냉동시설을 갖추어야 한다.

② 급수시설

- 수돗물이나 「먹는물관리법」에 따른 먹는 물의 수질기준에 적합한 지하수 등을 공급할 수 있는 시설을 갖추어야 한다.
- 지하수를 사용하는 경우 취수원은 화장실·폐기물처리시설·동물사육장 그 밖에 지하수가 오염될 우려가 있는 장소로부터 영향을 받지 아니하는 곳에 위치하여야 한다.

> **하나더**
>
> **식품제조·가공업의 시설기준 중 급수시설**
> - 지하수를 사용하는 경우 취수원은 화장실·폐기물처리시설·동물사육장 그 밖에 지하수가 오염될 우려가 있는 장소로부터 20미터 이상 떨어진 곳에 위치하여야 한다.
> - 먹기에 적합하지 않은 용수는 교차 또는 합류되지 않아야 한다.

8 조리사 및 영양사

(1) 조리사

① 집단급식소 운영자와 대통령령으로 정하는 식품접객업자는 조리사(調理士)를 두어야 한다. 다만, 다음의 어느 하나에 해당하는 경우에는 조리사를 두지 아니하여도 된다.
- 집단급식소 운영자 또는 식품접객영업자 자신이 조리사로서 직접 음식물을 조리하는 경우
- 1회 급식 인원이 100명 미만인 산업체인 경우

- 영양사가 조리사의 면허를 받은 경우

② 집단급식소에 근무하는 조리사의 직무

- 집단급식소에서의 식단에 따른 조리업무(식재료의 전처리에서부터 조리, 배식 등의 전 과정)
- 구매식품의 검수 지원
- 급식설비 및 기구의 위생·안전 실무
- 그 밖에 조리실무에 관한 사항

하나 더

조리사를 두어야 하는 영업 등

1. 조리사를 두어야 하는 자는 다음 각 호에 해당하는 식품접객영업자 및 집단급식소 운영자로 한다.
   ① 식품접객업 중 복어를 조리·판매하는 영업을 하는 자
   ② 다음의 집단급식소 운영자
      가. 국가 및 지방자치단체
      나. 학교, 병원 및 사회복지시설
      다. 「공공기관의 운영에 관한 법률」에 따른 공기업 중 식품의약품안전처장이 지정하여 고시하는 기관
      라. 「지방공기업법」에 따른 지방공사 및 지방공단
      마. 특별법에 따라 설립된 법인
2. 제1항에도 불구하고 다음에 해당하는 자가 두는 영양사가 조리사 면허를 받은 자인 경우에는 조리사를 따로 두지 아니할 수 있다.
   ① 복어를 조리·판매하는 영업자
   ② 영양사를 두어야 하는 집단급식소를 설치·운영하는 자
   ③ 조리사를 두어야 하는 식품접객업자: 조리사를 두어야 하는 식품접객업자는 식품접객업 중 복어를 조리·판매하는 영업을 하는 자

(2) 영양사

① 집단급식소 운영자는 영양사(營養士)를 두어야 한다. 다만, 다음 어느 하나에 해당하는 경우에는 영양사를 두지 아니하여도 된다.
- 집단급식소 운영자 자신이 영양사로서 직접 영양 지도를 하는 경우
- 1회 급식 인원 100명 미만의 산업체인 경우
- 조리사가 영양사의 면허를 받은 경우

② 집단급식소에 근무하는 영양사는 다음 직무를 수행한다.
- 집단급식소에서의 식단 작성, 검식(檢食) 및 배식관리
- 구매식품의 검수(檢受) 및 관리
- 급식시설의 위생적 관리
- 집단급식소의 운영일지 작성
- 종업원에 대한 영양 지도 및 식품위생교육

(3) 조리사의 면허

① 조리사가 되려는 자는 해당 기능 분야의 자격을 얻은 후 특별자치도지사 · 시장 · 군수 · 구 청장의 면허를 받아야 한다.

② 조리사의 면허 등에 관하여 필요한 사항은 총리령으로 정한다.

> **하나 더**
>
> **조리사 면허증 발급 · 재발급 신청서 첨부 서류**
>
> ※특별자치시장 · 특별자치도지사 · 시장 · 군수 · 구청장은 행정정보의 공동이용을 통하여 조리사 국가기 술자격증을 확인하여야 하며, 신청인이 그 확인에 동의하지 아니하는 경우에는 국가기술자격증 사본을 첨부하도록 하여야 한다.
> • 사진 2장(최근 6개월 이내에 찍은 탈모 상반신 가로 3cm, 세로 4cm의 사진)
> • 조리사 결격사유에 해당하는 사람이 아님을 증명하는 의사의 진단서 또는 법정신질환자에 해당하는 사 람임을 증명하는 전문의의 진단서
> • 감염병환자 및 마약이나 그 밖의 약물 중독자에 해당하는 사람이 아님을 증명하는 의사의 진단서

(4) 조리사 결격사유

다음에 해당하는 자는 조리사 면허를 받을 수 없다.

① 정신질환자. 다만, 전문의가 조리사로서 적합하다고 인정하는 자는 그러하지 아니하다.

② 감염병 환자. 다만, B형 간염환자는 제외한다.

③ 마약이나 그 밖의 약물 중독자

④ 조리사 면허의 취소처분을 받고 그 취소된 날부터 1년이 지나지 아니한 자

(5) 교육

> 식품의약품안전처장은 식품위생 수준 및 자질의 향상을 위하여 필요한 경우 조리사와 영양사에게 교육(조리사의 경우 보수교육을 포함)을 받을 것을 명할 수 있다. 다만, 집단급식소에 종사하는 조 리사와 영양사는 2년마다 교육을 받아야 한다.

(6) 식품위생심의위원회

> 식품의약품안전처장의 자문에 응하여 다음 각 호의 사항을 조사·심의하기 위하여 식품의약품안전 처에 식품위생심의위원회를 둔다.

① 식중독 방지에 관한 사항

② 농약 · 중금속 등 유독 · 유해물질 잔류허용기준에 관한 사항

③ 식품 등의 기준과 규격에 관한 사항

④ 그 밖에 식품위생에 관한 중요 사항

⑨ 시정명령 · 허가취소 등 행정 제재

(1) 시정명령

> 식품의약품안전처장, 시·도지사 또는 시장·군수·구청장은 식품 등의 위생적 취급에 관한 기준에 맞지 아니하게 영업하는 자와 이 법을 지키지 아니하는 자에게는 필요한 시정을 명한다.

(2) 허가취소 등

① 식품의약품안전처장 또는 특별자치도지사 · 시장 · 군수 · 구청장은 영업자가 다음에 해당하는 경우에는 영업허가 또는 등록을 취소하거나 6개월 이내의 기간을 정하여 그 영업의 전부 또는 일부를 정지하거나 영업소 폐쇄를 명할 수 있다.
- 허위의 보고를 하거나 변경 보고를 하지 아니한 경우
- 변경 등록을 하지 아니하거나 같은 항 단서를 위반한 경우
- 회수 조치를 하지 아니한 경우
- 영업 제한을 위반한 경우
- 식품안전관리인증기준(HACCP)을 지키지 아니한 경우
② 식품의약품안전처장 또는 특별자치도지사 · 시장 · 군수 · 구청장은 영업자가 영업정지 명령을 위반하여 영업을 계속하면 영업허가 또는 등록을 취소하거나 영업소 폐쇄를 명할 수 있다.
③ 식품의약품안전처장 또는 특별자치도지사 · 시장 · 군수 · 구청장은 다음에 해당하는 경우에는 영업허가 또는 등록을 취소하거나 영업소 폐쇄를 명할 수 있다.
- 영업자가 정당한 사유 없이 6개월 이상 계속 휴업하는 경우
- 영업자가 사실상 폐업하여 관할 세무서장에게 폐업신고를 하거나 관할세무서장이 사업자 등록을 말소한 경우

(3) 조리사 면허취소 등

① 조리사가 다음에 해당하면 그 면허를 취소하거나 6개월 이내의 기간을 정하여 업무정지를 명할 수 있다.
- 정신질환자, 감염병환자, 마약이나 그 밖의 약물 중독자, 조리사 면허의 취소처분을 받고 그 취소된 날부터 1년이 지나지 아니한 자에 해당하는 경우
- 규정된 교육을 받지 아니한 경우
- 식중독이나 그 밖에 위생과 관련한 중대한 사고 발생에 직무상의 책임이 있는 경우
- 면허를 타인에게 대여하여 사용하게 한 경우
- 업무정지기간 중에 조리사의 업무를 하는 경우

🔟 보칙

(1) 식중독에 관한 조사 보고

① 다음에 해당하는 자는 지체 없이 관할 시장·군수·구청장에게 보고하여야 한다. 이 경우 의사나 한의사는 식중독 환자나 식중독이 의심되는 자의 혈액 또는 배설물을 보관하는 데에 필요한 조치를 한다.

- 식중독 환자나 식중독이 의심되는 자를 진단하였거나 그 사체를 검안(檢案)한 의사 또는 한의사
- 집단급식소에서 제공한 식품 등으로 인하여 식중독 환자나 식중독으로 의심되는 증세를 보이는 자를 발견한 집단급식소의 설치·운영자

② 시장·군수·구청장은 보고를 받은 때에는 지체 없이 그 사실을 식품의약품안전처장 및 시·도지사에게 보고하고, 원인을 조사하여 그 결과를 보고하여야 한다.

③ 식품의약품안전처장은 보고의 내용이 국민보건상 중대하다고 인정하는 경우에는 해당 시·도지사 또는 시장·군수·구청장과 합동으로 원인을 조사할 수 있다.

(2) 집단급식소

① 집단급식소를 설치·운영하려는 자는 특별자치도지사·시장·군수·구청장에게 신고하여야 한다.

② 집단급식소를 설치·운영하는 자는 집단급식소 시설의 유지·관리 등 급식을 위생적으로 관리하기 위하여 다음 사항을 지켜야 한다.

- 식중독 환자가 발생하지 아니하도록 위생관리를 철저히 할 것
- 조리·제공한 식품의 매회 1인분 분량을 144시간 이상 보관할 것
- 영양사를 두고 있는 경우 그 업무를 방해하지 아니할 것
- 영양사를 두고 있는 경우 영양사가 집단급식소의 위생관리를 위하여 요청하는 사항에 대하여는 정당한 사유가 없으면 따를 것
- 그 밖에 식품 등의 위생적 관리를 위하여 필요하다고 총리령으로 정하는 사항을 지킬 것

11 벌칙

(1) 벌칙

① 다음에 해당하는 질병에 걸린 동물을 사용하여 판매할 목적으로 식품 또는 식품첨가물을 제조 · 가공 · 수입 또는 조리한 자는 3년 이상의 징역에 처한다.

- 소해면상뇌증(광우병)
- 탄저병
- 가금 인플루엔자

▲ BSE에 감염되어 서 있지 못하는 소

▲ 탄저균 병원체

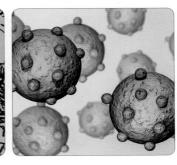
▲ H1N1, H5N1, H7N9 바이러스

② 다음에 해당하는 원료 또는 성분 등을 사용하여 판매할 목적으로 식품 또는 식품첨가물을 제조 · 가공 · 수입 또는 조리한 자는 1년 이상의 징역에 처한다.

• 마황(麻黃)	• 부자(附子)	• 천오(川烏)
• 초오(草烏)	• 백부자(白附子)	• 섬수(蟾酥)
• 백선피(白鮮皮)	• 사리풀(莨)	

③ ① 또는 ② 항의 경우 제조 · 가공 · 수입 · 조리한 식품 또는 식품첨가물을 판매하였을 때는 그 소매가격의 2배 이상 5배 이하에 해당하는 벌금을 병과(법칙 사항에 대해 징역형과 벌금 형을 동시에 과한다)한다.

④ ① 또는 ② 항의 죄로 형을 선고받고 그 형이 확정된 후 5년 이내에 다시 죄를 범한 자가 ③에 해당하는 경우 ③에서 정한 형의 2배까지 가중한다.

⑤ 벌칙에서 제외되는 사항(총리령으로 정하는 경미한 사항)

- 식품제조 · 가공업자가 식품광고 시 유통기한을 확인하여 제품을 구입하도록 권장하는 내용을 포함하지 아니한 경우
- 식품제조 · 가공업자 및 식품소분 · 판매업자가 해당 식품 거래기록을 보관하지 아니한 경우
- 식품접객업자가 영업신고증 또는 영업허가증을 보관하지 아니한 경우
- 유흥주점영업자가 종업원명부를 비치 · 관리하지 아니한 경우

10년 이하의 징역 또는 1억 원 이하의 벌금에 처하거나 이를 병과 받는 경우	• 위해식품 등 판매금지, 병든 동물고기 등의 판매금지, 기준 규격이 고시되지 아니한 화학적 합성품 등의 판매 금지 등에 관한 법을 위반한 자 • 유독기구 등의 판매 사용금지 등에 관한 법을 위반한 자 • 영업허가를 받지 않고 영업을 했거나 영업허가 변경에 관한 법을 위반한 자 • 상기 사항의 죄로 형을 선고받고 그 형이 확정된 후 5년 이내에 다시 상기의 죄를 범한 자는 1년 이상 10년 이하의 징역에 처한다. • 상기의 경우 그 해당 식품 또는 식품첨가물을 판매한 때에는 그 소매가격의 4배 이상 10배 이하에 해당하는 벌금을 병과한다.
5년 이하의 징역 또는 5천만 원 이하의 벌금에 처하거나 이를 병과 받는 경우	• 식품 또는 식품첨가물에 관한 기준 및 규격이나 기구 및 용기 · 포장에 관한 기준 및 규격을 위반한 자 • 영업허가 등록이나 중요 사항, 또는 경미한 사항 변경 신고를 위반한 자 • 영업 제한을 위반한 자 • 위해식품 등의 회수나 회수에 필요한 조치를 하여야 하는 것을 위반한 자 • 폐기처분 등에 대한 명령이나 해당 식품 등을 회수 · 폐기하게 하거나 원료, 제조 방법, 성분 또는 그 배합 비율 변경에 대한 명령, 또는 위해식품 등의 공표를 위반한 다 • 영업정지 명령을 위반하여 영업을 계속한 자
3년 이하의 징역 또는 3천만 원 이하의 벌금에 처하거나 이를 병과할 수 있는 경우	• 조리사를 두지 않은 식품접객영업자와 집단급식소 운영자 • 영양사를 두지 않은 집단급식소 운영자
3년 이하의 징역 또는 3천만 원 이하의 벌금	• 판매할 목적인 유전자변형식품 등을 표시 없이 수입 · 진열 · 운반하거나 영업에 사용한 자 • 긴급대응이 필요하다고 판단되는 식품 등을 위해 여부가 확인되기 전에 제조 · 판매한 자 • 자가품질검사 의무를 위반하거나 위해 우려를 보고하지 아니한 자 • 폐업이나 경미한 사항에 대한 신고를 하지 않은 자 • 영업을 승계한 자가 신고하지 않은 자 • 식품안전관리인증기준을 위반하거나 인증 받지 않은 곳에서 위탁가공한 자 • 영유아식 제조 · 가공업자, 일정 매출액 · 매장면적 이상의 식품판매업자 등 총리령으로 정하는 자로 등록을 하지 않은 자 • 조리사가 아니면서 조리사 명칭을 사용한 자 • 검사 · 출입 · 수거 · 압류 · 폐기를 거부 · 방해 또는 기피한 자 • 시설기준을 갖추지 못한 영업자 • 영업허가에 따른 조건을 갖추지 못한 영업자 • 영업자가 지켜야 할 사항을 지키지 아니한 자. 다만, 총리령으로 정하는 경미한 사항을 위반한 자는 제외한다. • 영업정지 명령을 위반하여 계속 영업한 자(영업신고 또는 등록을 한 자만 해당한다) 또는 영업소 폐쇄명령을 위반하여 영업을 계속한 자 • 제조정지 명령을 위반한 자 • 관계 공무원이 부착한 봉인 또는 게시문 등을 제거하거나 손상시킨 자
1년 이하의 징역 또는 1천만 원 이하의 벌금	• 법을 위반하여 접객행위를 하거나 다른 사람에게 그 행위를 알선한 자 • 소비자로부터 이물 발견의 신고를 접수하고 이를 거짓으로 보고한 자 • 이물의 발견을 거짓으로 신고한 자 • 위해식품 등의 수입업자로서 보고를 하지 아니하거나 거짓으로 보고한 자

(2) 과태료

500만 원 이하	• 식품 등의 취급 기준을 위반한 자 • 영업자 및 그 종업원로 건강진단을 받지 않았거나, 타인에게 위해를 끼칠 우려가 있는 질병이 있는 자를 그 영업에 종사시킨 자 • 식품접객업 영업자로 종사원의 식품위생교육을 받게 하지 않은 자 • 의사나 한의사로 식중독에 관하여 진료하거나 검안한 경우나 집단급식소의 설치·운영자로 집단급식소에서 제공한 식품 등으로 인하여 식중독 환자나 식중독으로 의심되는 증세를 보이는 자를 발견하고도 보고하지 않은 자 • 검사기한 내에 검사를 받지 아니하거나 자료 등을 제출하지 아니한 영업자 • 식품 또는 식품첨가물의 제조·가공업의 허가를 받거나 신고 또는 등록을 한 자가 식품 또는 식품첨가물을 제조·가공하는 경우에 보고를 하지 아니하거나 허위의 보고를 한 자 • 식품 및 식품첨가물을 생산한 실적 등의 보고를 하지 아니하거나 허위의 보고를 한 자 • 식품안전관리인증기준 적용업소가 아닌 업소의 영업자로 식품안전관리인증기준 적용업소라는 명칭을 사용 자 • 조리사와 영양사 교육이나 2년마다 받는 집단급식소 종사 조리사와 영양사의 교육을 위반하여 교육을 받지 아니한 자 • 시설기준에 맞지 아니한 경우에는 기간을 정하여 그 영업자에게 시설을 개수(改修)할 명령에 위반한 자 • 집단급식소 신고를 하지 아니하거나 허위의 신고를 한 자 • 집단급식소 시설의 유지·관리 등 급식을 위생적으로 관리하지 못한 집단급식소를 설치·운영하는 자
300만 원 이하	• 영업자가 지켜야 할 사항 중 경미한 사항을 지키지 아니한 자 • 소비자로부터 이물 발견 신고를 받고 보고하지 아니한 자 • 식품이력추적관리 등록사항이 변경된 날부터 1개월 이내에 신고하지 않은 자 • 식품이력추적관리 정보를 목적 외에 사용한 자

※ 과태료에 관한 규정 적용의 특례의 과태료에 관한 규정을 적용하는 경우 과징금을 부과한 행위에 대하여는 과태료를 부과할 수 없다. 다만, 과징금 부과처분을 취소하고 영업정지 또는 제조정지 처분을 한 경우에는 그러하지 아니하다.

① 식품위생에서의 [   ]란 식품, 식품첨가물, 기구, 용기·포장 등에 존재하는 위험요소로, 인체의 건강을 해칠 우려가 있는 것을 의미한다.

② [   ]으로 정하는 질병에 걸려 병든 동물의 고기 등은 판매할 수 없다.

③ [   ]은 식품 또는 식품첨가물의 기준과 규격, 기구 및 용기 포장의 기준과 규격, 식품 등의 표시 기준 등의 항목을 실은 공전을 작성, 보급하여야 한다.

④ 식품위생에 관한 지도를 하기 위하여 식품의약품안전처(대통령령으로 정하는 그 소속기관을 포함), 특별시·광역시·도·특별자치도 또는 시·군·구에 [   ]을 둔다.

⑤ 소해면상뇌증, 탄저병, 가금 인플루엔자 등에 걸린 동물을 사용하여 판매 목적의 식품을 제조한 자는 [   ] 이상의 징역에 처해진다.

① 위해 ② 총리령 ③ 식품의약품안전처장 ④ 식품위생감시원 ⑤ 3년

01 식품위생 행정을 주로 담당하는 우리나라의 부서는?

① 교육부　　　　　　　② 보건복지부
③ 식품의약품안전처　　④ 행정자치부

> **01** 식품위생의 행정은 보건행정의 일부로 식품의약품안전처에서 지휘·감독한다.

02 식품위생에 관한 지방행정업무에 직접 참여하고 있는 사람은?

① 영양사　　　　　　　② 식품위생감시원
③ 조리사　　　　　　　④ 식품위생관리인

> **02** 지방행정기구로 군청, 구청에 위생과가 있고 식품위생감시원을 두어 위생에 관한 업무를 담당한다.

03 식품을 변질시키는 미생물의 생육이 가능한 최저 수분활성치(Aw)가 순서대로 된 것은?

① 박테리아 〉효모 〉곰팡이
② 박테리아 〉곰팡이 〉효모
③ 효모 〉박테리아 〉곰팡이
④ 효모 〉곰팡이 〉박테리아

> **03** 미생물 생육에 필요한 수분량의 순서 : 박테리아 〉효모 〉곰팡이

04 미생물의 발육 조건으로 볼 수 없는 것은?

① 식품의 수분　　　　② 식품의 온도
③ 식품의 영양　　　　④ 식품의 컬러

> **04** 미생물은 적당한 영양소와 수분, 온도, 수소 이온 농도, 산소가 있어야 잘 증식한다.

05 식품의 부패는 주로 무엇이 변질된 결과인가?

① 포도당　　　　　　　② 무기질
③ 단백질　　　　　　　④ 비타민

> **05** 부패는 단백질 식품에 미생물이 작용하여 변질된 것이다.

01 ③　　**02** ②　　**03** ①　　**04** ④　　**05** ③

06 중온균의 생육 최저온도로 알맞은 것은?

① 5~15℃　　　　　　② 25~37℃

③ 55~60℃　　　　　④ 60~80℃

06 미생물의 생육에 필요한 최적 온도로는 저온균이 15~20℃, 중온균이 25~37℃, 고온균이 55~60℃이다.

07 세균 번식을 방지하기 위한 수분량으로 맞는 것은?

① 10% 이하　　　　　② 15% 이하

③ 20% 이하　　　　　④ 25% 이하

07 세균은 수분량 15% 이하에서는 잘 자랄 수 없다.

08 식품의 초기부패를 판정할 때 식품 중 생균의 수가 몇 개 이상일 때를 기준으로 하는가?

① 10^{10}　　　　　② 10^8

③ 10^5　　　　　　④ 10^3

08 식품 1g당 생균의 수가 10^7~10^8마리일 때 초기부패로 판정한다.

09 식중독 중 가장 많이 발생하는 유형은?

① 세균성 식중독　　　② 자연독 식중독

③ 화학성 식중독　　　④ 알레르기성 식중독

09 세균성 식중독의 발생빈도가 높고, 주로 여름철에 집단적으로 발생하는 경우가 많다.

10 병원성 대장균에 의한 식중독 증상으로 올바른 것은?

① 신경 마비　　　　　② 빈혈

③ 두통　　　　　　　④ 급성 장염

10 병원성 대장균에 의한 식중독은 급성 장염으로 나타나는데, 우유 및 달걀 등이 주요 원인 식품이 된다.

06 ②　**07** ②　**08** ②　**09** ①　**10** ④

11 미생물 분류 시 영양요구성으로 유기물이 없으면 생육하지 않는 종류의 균은?

① 무기 영양균　　　　② 자력 영양균
③ 종속 영양균　　　　④ 독립 영양균

11 종속 영양균
자력으로 무기물을 유기물로 합성할 수가 없어 녹색 식물을 먹는 동물을 영양분으로 섭취하며, 방식이며 균류나 세균류가 여기에 해당한다.

12 육류의 부패 과정에서 pH가 약간 저하되었다가 다시 상승하는 데 관계하는 것은?

① 암모니아　　　　② 비타민
③ 글리코겐　　　　④ 지방

12 산성조건에서 작용하는 탈탄산 효소의 작용으로 아민류가 생성되고 탈아미노 반응에 의해 암모니아가 생성돼 pH가 약간 상승한다.

13 히스티딘 함량이 많아 알레르기성 식중독을 일으키기 쉬운 어육은?

① 넙치　　　　② 대구
③ 가다랑어　　　　④ 도미

13 어육 중에 히스티딘이 4~10 mg% 축적되면 알레르기성 식중독을 유발한다. 특히 고등어, 꽁치, 가다랑어는 히스티딘 함량이 높아 히스타민 식중독을 유발할 수 있다.

14 주로 산성식품을 담은 통조림용 공관을 통해 중독될 수 있는 유해금속은?

① 수은　　　　② 주석
③ 비소　　　　④ 바륨

14 통조림 캔 재질은 주로 주석, 스테인리스 스틸과 알루미늄이 사용되고, 식품과 접촉하는 내면의 부식을 방지하기 위해 에폭시 수지 코팅을 한다. 과일 통조림과 같이 주석 도금 캔의 경우에는 외부 산소와 접해 부식이 빨라지고 주석이 용출되어 주석 중독이 되는 경우가 있다.

15 식중독을 일으키는 O-157 : H7균은 다음 중 무엇에 속하는가?

① 살모넬라균　　　　② 리스테리아
③ 대장균　　　　④ 비브리오

15 O-157 : H7은 병원성 대장균으로 조리가 덜 된 소고기로 만든 햄버거 등이 원인이다.

11 ③　　**12** ①　　**13** ③　　**14** ②　　**15** ③

16 기구·용기·포장제 중 합성수지제에서 검출될 수 있는 화학적 식중독 원인물질은?

① 아플라톡신(Aflatoxin)

② 솔라닌(Solanine)

③ 포름알데히드(Formaldehyde)

④ 니트로사민(N-nitrosamine)

16 포름알데히드는 플라스틱 등의 합성수지제 용기·포장제로 인하여 생기는 화학적 식중독의 원인 물질이다. 자극적인 냄새가 나며 인체에 독성이 매우 강하여 흡입 시 인두염, 기관지염 등을 일으키고, 다량 복용 시 사망에 이를 수 있다.

17 다음 중 살모넬라균에 오염되기 쉬운 대표적인 식품은?

① 과실류

② 해초류

③ 난류

④ 통조림

17 살모넬라균은 돼지, 닭, 쥐, 파리의 장내 세균으로 살모넬라 식중독의 원인 식품은 달걀, 육류 및 어육 가공품, 우유 및 유제품 등 동물성 식품이다.

18 식물과 그 유독성분이 잘못 연결된 것은?

① 감자 – 솔라닌(Solanine)

② 청매 – 고시폴(Gossipol)

③ 피마자 – 리신(Ricin)

④ 독미나리 – 시큐톡신(Cicutoxin)

18 • 청매: 아미그달린(Amygdalin)

• 면실유: 고시폴(Gossipol)

19 웰치균(Clostridium perfringens)에 대한 설명으로 옳은 것은?

① 아포는 60℃에서 10분 가열하면 사멸한다.

② 혐기성 균주이다.

③ 냉장온도에서 잘 발육한다.

④ 당질식품에서 주로 발생한다.

19 웰치균

• 아포는 내열성에 강하여 가열하여도 잘 사멸되지 않는다.

• 혐기성 균주이다.

• 15~50℃에서 발육하며 최적 발육온도는 43~47℃이다.

• 주로 단백질 식품에서 발생한다.

20 덜 익은 매실, 살구씨, 복숭아씨 등에 들어 있으며, 인체 장내에서 청산을 생산하는 것은?

① 솔라닌(Solanine)

② 고시폴(Gossypol)

③ 시큐톡신(Cicutoxin)

④ 아미그달린(Amygdalin)

20 • 솔라닌(Solanine): 감자의 싹, 녹색부위

• 고시폴(Gossypol): 면실유(목화씨 기름)

• 시큐톡신(Cicutoxin): 독미나리

21 세균성 식중독 중 감염형 식중독의 원인균이 아닌 것은?

① 살모넬라균　　　　② 장염 비브리오
③ 병원성 대장균　　　④ 포도상구균

21 • 감염형 식중독균 : 살모넬라 균, 장염 비브리오, 병원성 대장균, 웰치균 등
• 독소형 식중독균 : 포도상구 균, 보툴리누스균 등

22 통·병조림과 같은 밀봉식품의 부패 원인이 되는 식중독은?

① 살모넬라 식중독
② 클로스트리디움 보툴리눔 식중독
③ 포도상 구균 식중독
④ 리스테리아균 식중독

22 • 클로스트리디움 보툴리눔 식 중독 : 통·병조림 식품과 소 시지, 식육 제품
• 살모넬라 식중독 : 식육, 달 걀, 유제품 등의 동물성 식품
• 포도상 구균 식중독 : 우유, 크림, 유과자, 버터, 치즈 등 유제품
• 리스테리아균 식중독 : 육류, 우유, 치즈, 채소 등

23 중금속에 의한 중독과 증상을 바르게 연결한 것은?

① 납중독 - 빈혈 등의 조혈장애
② 수은중독 - 골연화증
③ 카드뮴중독 - 흑피증, 각화증
④ 비소중독 - 사지마비, 보행장애

23 • 납중독 : 빈혈 등의 조혈장애
• 수은중독 : 신경장애, 사지마 비
• 카드뮴중독 : 신장의 세뇨관 손상으로 단백뇨, 골다공증, 이타이이타이병
• 비소중독 : 흑피증, 각화증, 비중격천공

24 알코올 발효에서 펙틴이 있으면 분해돼 생성될 수 있기 때문에 과일을 장기간 거르지 않은 과실주에 함유되어 있으며 과잉 섭취 시 두통, 현기증 등의 증상을 나타내는 것은?

① 붕산　　　　② 승홍
③ 메탄올　　　④ 포르말린

24 메탄올은 알코올 발효에서 펙틴 이 존재하면 생성되기 때문에 포도주 등 과실주와 정제 불충 분한 에탄올에 함유되어 있다.

25 유약을 바른 도자기를 통해 중독이 일어날 수 있다. 중독 시 안면 창백, 연연(鉛緣), 말초신경염 등의 증상이 나타나는 중금속은?

① 납　　　　② 주석
③ 구리　　　④ 비소

25 • 납: 쌀, 채소, 어패류가 주요 원인식품으로 굽는 온도가 불충한 도자기 그릇에 산성 식품을 담으면 납이 용출되 어 중독이 발생할 수 있다. 유기납은 중추신경계 장애 를, 무기납은 조혈기 중추신 경계 신장장애를 유발한다.
• 연연(鉛緣): 납 중독이 진행 된 증상으로 구강 치은부에 암청회색의 PBS가 침착하여 생긴 청회색선이다.

21 ④　　**22** ②　　**23** ①　　**24** ③　　**25** ①

26 식인성 병해 생성요인 중 식품의 조리나 가공과정 중 생성되는 유기 화합물인 식중독 원인물질은?

① 세균성 식중독균
② 방사선 물질
③ N-니트로소(N-nitroso) 화합물
④ 복어독

Part Ⅰ
식품위생 및 관련법규

27 독성분인 테트로도톡신(Tetrodotoxin)을 갖고 있는 것은?

① 조개
② 버섯
③ 복어
④ 감자

28 쌀뜨물 같은 설사와 구토, 극심한 설사를 유발하는 경구감염병의 원인균은?

① 살모넬라균
② 포도상구균
③ 장염 비브리오
④ 콜레라균

29 다음 식품 중 카드뮴이나 수은 등의 중금속 오염 가능성이 가장 큰 것은?

① 육류
② 어패류
③ 식용유
④ 통조림

30 최근 발생빈도가 높은 노로바이러스 식중독의 예방 및 확산방지 방법으로 틀린 것은?

① 오염지역에서 채취한 어패류는 85℃에서 1분 이상 가열하여 섭취한다.
② 항바이러스 백신을 접종한다.
③ 오염이 의심되는 지하수의 사용을 자제한다.
④ 가열 조리한 음식물은 맨손으로 만지지 않도록 한다.

26 ③　**27** ③　**28** ④　**29** ②　**30** ②

31 섭조개 속에 들어 있으며 특히 신경계통의 마비증상을 일으키는 독성분은?

① 무스카린　　　　② 시큐톡신
③ 베네루핀　　　　④ 삭시톡신

31 • 섭조개, 대합: 삭시톡신
• 모시조개, 굴, 바지락: 베네루핀

32 황색 포도상구균(Staphylococcus aureus)에 의한 독소형 식중독과 관계되는 독소는?

① 장독소　　　　② 간독소
③ 혈독소　　　　④ 암독소

32 엔테로톡신(Enterotoxin, 장독소)
황색 포도상구균 증식의 최적온도인 35~38℃에서 많이 생산되므로 5℃ 이하로 저장하면 독소의 생성을 억제할 수 있어 식중독 예방이 가능하다. 이 독소는 내열성이 강해 120℃에서 20분간 가열해도 파괴되지 않는다.

33 곰팡이에 의해 생성되는 독소가 아닌 것은?

① 아플라톡신　　　　② 시트리닌
③ 엔테로톡신　　　　④ 파툴린

33 • 아플라톡신(Aflatoxin): 간장독
• 황변미(Yellowed Rice): 시트리닌(신장독)
• 파툴린: 곰팡이의 진균독

34 식중독을 유발하는 유독성분 중 동물성 식품이 원인인 것은?

① 아마니타톡신　　　　② 솔라닌
③ 베네루핀　　　　④ 시큐톡신

34 • 베네루핀: 조개
• 아마니타톡신: 알광대버섯
• 솔라닌: 감자
• 시큐톡신: 독미나리

35 식품공전상 표준온도라 함은 몇 ℃인가?

① 5℃　　　　② 10℃
③ 15℃　　　　④ 20℃

35 식품 등의 기준규격인 식품공전에 의거하여 표준온도는 20℃, 상온은 15~20℃, 실온은 1~35℃이다.

31 ④　**32** ①　**33** ③　**34** ③　**35** ④

36 장염비브리오의 성질로 알맞은 것은?

① 염분이 있는 곳에서 잘 자란다.
② 아포를 형성한다.
③ 열에 강하다.
④ 독소를 생성한다.

36 비브리오는 해수 세균으로 3~4%의 소금 농도에서 잘 발육한다.

37 살모넬라 식중독의 발병에 대한 설명으로 맞는 것은?

① 동물에게만 발병한다.
② 인간에게만 발병한다.
③ 인수 공통 감염병이다.
④ 어린이에게만 발병한다.

37 살모넬라 식중독은 인축 모두에게 발병한다.

38 통조림 식품에서 유래될 수 있는 식중독의 원인 물질은?

① 납   ② 주석
③ 수은   ④ 카드뮴

38 통조림의 주요 원료인 주석은 금속을 보호하기 위한 코팅에 사용된다. 통조림의 내용물이 부식된 경우 통조림 캔으로부터 주석이 용출되어 식중독을 일으킬 수 있다.

39 음료수나 식품에 오염되어 신장 장애, 칼슘 대사에 이상을 유발하는 유해 물질은 무엇인가?

① 구리   ② 비소
③ 납   ④ 크롬

39 유해 물질
• 구리: 1회 500mg 섭취 시 중독되어 간세포의 괴사 및 호흡 곤란 유발
• 크롬: 비중격 천공증 유발
• 납: 최대 허용량 0.5ppm으로 칼슘 대사 이상을 유발
• 비소: 설사, 구토, 피부 증상, 빈혈 등을 유발

40 미나마타병의 원인이 되는 금속은?

① 비소   ② 구리
③ 수은   ④ 카드뮴

40 유해 물질에 의한 장애
• 미나마타병: 원인 – 수은, 증상 – 지각 마비
• 이타이이타이병: 원인 – 카드뮴, 증상 – 골연화증

36 ①   **37** ③   **38** ②   **39** ③   **40** ③

41 경구감염병과 세균성 식중독의 주요 차이점에 대한 설명으로 옳은 것은?

① 경구감염병은 다량의 균으로, 세균성 식중독은 소량의 균으로 발병한다.

② 세균성 식중독은 2차 감염이 많고, 경구감염병은 거의 없다.

③ 경구감염병은 면역성이 없고, 세균성 식중독은 있는 경우가 많다.

④ 세균성 식중독은 잠복기가 짧고, 경구감염병은 일반적으로 길다.

42 사시, 동공확대, 언어장애 등 특유의 신경마비 증상을 나타내며 비교적 높은 치사율을 보이는 식중독 원인균은?

① 황색 포도상구균

② 클로스트리디움 보툴리눔균

③ 병원성 대장균

④ 바실러스 세레우스균

43 냉장고에 식품을 저장하는 방법에 대한 설명으로 옳은 것은?

① 생선과 버터는 가까이 두는 것이 좋다.

② 식품을 냉장고에 저장하면 세균이 완전히 사멸된다.

③ 조리하지 않은 식품과 조리한 식품은 분리해서 저장한다.

④ 오랫동안 저장해야 할 식품은 냉장고 중에서 가장 온도가 높은 곳에 저장한다.

---

41 경구감염병
- 소량의 균으로 감염
- 2차 감염 많음.
- 면역성이 있는 경우가 많음.
- 잠복기가 길.

세균성 식중독
- 다량의 균으로 감염
- 2차 감염 거의 없음.
- 면역성 없음.
- 잠복기가 비교적 짧음.

42
- Botulinus균(Clostridium botulinum)에 오염된 식품이 혐기적인 상태에서 증식하여 신경독(Neurotoxin)을 생산한다.
- 신경계의 주증상은 복시, 동공산대, 안검하수, 연하곤란, 호흡곤란 등이며 세균성 식중독 중 치사율이 가장 높다.
- 이 독소는 80℃에서 20분 가열하거나 100℃에서 1~2분 이내에 불활성화된다.

43
- 냉장식품은 교차 오염이 되지 않도록 원료와 조리된 식품을 분리해 보관하고 가급적 빨리 소비해야 한다.
- 버터 등 유제품은 생선 등 냄새가 강한 식품과 함께 저장하지 않는다.
- 냉장고는 식품의 세균 증식 속도를 지연시키는 것으로 사멸시키지 않는다.
- 장기간 저장해야 할 식품은 냉장고 중에서 가장 온도가 낮은 곳에 보관한다.

---

41 ④   **42** ②   **43** ③

44 식품 중 멜라민에 대한 설명으로 틀린 것은?

① 잔류 허용 기준상 모든 식품첨가물에서 불검출되어야 한다.
② 생체 내 반감기는 약 3시간으로 대부분 신장을 통해 뇨로 배설된다.
③ 반수치사량(LD 50)은 3.2g/kg 이상으로 독성이 낮다.
④ 많은 양의 멜라민을 오랫동안 섭취할 경우 방광결석 및 신장 결석 등을 유발한다.

44 일반적인 식품의 멜라민 잔류 허용기준은 2.5ppm 이하이다.

45 감염형 세균성 식중독에 해당하는 것은?

① 살모넬라 식중독
② 수은 식중독
③ 클로스트리디움 보툴리눔 식중독
④ 아플라톡신 식중독

45 • 감염성 식중독: 살모넬라, 장염비브리오, 병원성 대장균, 웰치균
• 독소형 식중독: 포도상구균, 클로스트리디움 보툴리늄

46 체내 축척의 위험성이 큰 농약은 무엇인가?

① 비소제
② 유기인제
③ 구리계
④ 유기 염소제

46 유기 염소제 농약은 자연계에서 쉽게 분해되지 않으므로 사용시 주의한다.

44 ① **45** ① **46** ④

47 기생충의 인체 내 기생 부위 연결이 잘못된 것은?

① 구충증 - 폐   ② 간흡충증 - 간의 담도
③ 요충증 - 직장   ④ 폐흡충 - 폐

47 구충은 경피나 경구 감염되어 소장으로 옮겨지는 질병이다.

48 채소류로부터 감염되는 기생충은?

① 동양모양선충, 편충   ② 요충, 유구조충
③ 십이지장충, 선모충   ④ 회충, 무구조충

48 야채나 과일 섭취로 감염될 수 있는 기생충에는 회충, 편충, 십이지장충, 동양모양선충이 있다.

49 우유의 초고온순간살균법에 가장 적합한 가열온도와 시간은?

① 200℃에서 5초간   ② 162℃에서 5초간
③ 150℃에서 5초간   ④ 132℃에서 2초간

49 우유의 살균법
맛을 보존하면서 영양 손실을 줄이고 거의 완전 멸균을 기대할 수 있다.
- 저온 살균: 60~65℃에서 30분
- 고온 단시간 살균: 70~75℃에서 15~20초
- 초고온 순간 살균법: 130~140℃ 에서 1~2초

50 일반적으로 돼지고기 생식에 의해 감염될 수 없는 것은?

① 유구조충
② 무구조충
③ 선모충
④ 살모넬라

50 무구조충은 소고기를 생식하거나 충분히 가열하지 않고 섭취하였을 때 감염된다.

47 ①   **48** ①   **49** ④   **50** ②

51 민물고기를 생식하지 않았음에도 간디스토마에 걸렸다면, 가능한 경우는?

① 민물고기를 요리한 도마를 통해서
② 가재나 게의 생식을 통해서
③ 해삼이나 멍게의 생식을 통해서
④ 오염된 야채의 생식을 통해서

52 광절열두조충의 중간 숙주와 감염부위가 바르게 연결된 것은?

① 왜우렁이 – 붕어 – 간
② 다슬기 – 은어 – 소장
③ 물벼룩 – 연어 – 소장
④ 다슬기 – 가재 – 폐

53 소독약의 살균력 측정 지표가 되는 소독제는?

① 석탄산   ② 생석회
③ 알코올   ④ 크레졸

54 금속부식성이 강하고, 단백질과 결합하여 침전이 일어나므로 주의를 요하며 소독 시 0.1% 정도의 농도를 사용하는 소독약은?

① 석탄산   ② 승홍
③ 크레졸   ④ 알코올

55 우리나라에서 발생하는 장티푸스의 가장 효과적인 관리 방법은?

① 환경 위생 철저
② 공기 정화
③ 순화 독소(Toxoid) 접종
④ 농약 사용 자제

51 ①   **52** ③   **53** ①   **54** ②   **55** ①

56 순화 독소(Toxoid)를 사용하는 예방 접종으로 면역이 되는 질병은?

① 파상풍　　　　　　② 콜레라
③ 폴리오　　　　　　④ 백일해

57 소독약과 유효한 농도의 연결이 적합하지 않은 것은?

① 알코올 : 5%

② 과산화수소 : 3%

③ 석탄산 : 3%

④ 승홍수 : 0.1%

58 비교적 가격이 저렴하고 살균력이 있으며 쉽게 증발되어 잔여량이 없는 살균제는?

① 알코올　　　　　　② 요오드
③ 크레졸　　　　　　④ 페놀

59 소독약에 대한 설명 중 적합하지 않은 것은?

① 소독 시간이 적당할 것
② 소독 대상물을 손상시키지 않는 소독약을 선택할 것
③ 인체에 무해하며 취급이 간편할 것
④ 소독약은 항상 청결하고 밝은 장소에 보관할 것

60 물리적 살균법에 해당되지 않는 것은?

① 열을 가한다.
② 건조시킨다.
③ 물을 끓인다.
④ 포름알데히드를 사용한다.

61 소독약의 살균력 지표로 가장 많이 이용되는 것은?

① 알코올   ② 크레졸
③ 석탄산   ④ 포름알데히드

61 석탄산은 화학적 소독제로 석탄산 계수가 살균력의 지표로 사용되는데, 석탄산 계수가 클수록 소독 효과가 크다는 의미이다.

62 완전 멸균으로 가장 빠르고 효과적인 소독 방법은?

① 유통증기법   ② 간헐살균법
③ 고압증기법   ④ 건열소독법

62 고압증기멸균법은 고압증기멸균 솥을 이용한 살균 방법으로 가장 빠르고 효과적이다.

63 고압멸균기를 사용하여 소독하기에 가장 적합하지 않은 것은?

① 유리 기구   ② 금속 기구
③ 약제   ④ 가죽 제품

63 고압멸균기는 유리 기구, 초자 기구, 거즈, 자기류 소독에 적합하고, 가죽 제품은 석탄산수나 크레졸수 등을 사용한다.

64 다음 중 화학적 살균법이라고 할 수 없는 것은?

① 자외선 살균법
② 알코올 살균법
③ 염소 살균법
④ 과산화수소 살균법

64 화학적 살균법은 가스에 의한 멸균법, 알코올 살균법, 염소 살균법, 과산화수소 살균법 등이고, 자외선 살균법은 물리적 소독법에 속한다.

65 식품위생에서의 소독을 가장 잘 설명한 것은?

① 오염된 물질을 없애는 것
② 모든 미생물을 전부 사멸시키는 것
③ 모든 미생물을 사멸 또는 발육을 저지시키는 것
④ 물리 또는 화학적인 방법으로 병원 미생물을 사멸 또는 병원력을 약화시키는 것

65 소독이란 병원 미생물의 생활을 물리 또는 화학적 방법으로 사멸시켜 병원균의 감염력과 증식력을 억제하는 것이다.

61 ③   **62** ③   **63** ④   **64** ①   **65** ④

66 식품위생원의 손을 소독할 때 가장 적당한 것은?

① 역성 비누   ② 승홍수

③ 경성 세제   ④ 크레졸 비누

66 역성 비누: 원액(10%)을 200 ~400배 희석하여 0.01~0.1% 로 만들어 사용하며 식품 및 식기, 조리자의 손 소독에 이용된다.

67 음료수의 소독에 사용되지 않는 방법은?

① 염소 소독   ② 오존 소독

③ 역성 비누 소독   ④ 자외선 소독

67 역성 비누는 식품 및 식기, 조리사의 손 소독에 사용되며 음료수 소독에는 염소, 표백분, 차아염소산나트륨, 자외선 소독, 자비 소독 등이 이용된다.

68 음료수의 염소 소독에 의해 파괴되지 않는 것은?

① 유행성 간염 바이러스

② 장티푸스균

③ 파라티푸스균

④ 콜레라균

68 콜레라균, 파라티푸스균, 장티푸스균은 염소 소독으로 파괴가 되지만, 유행성 간염 바이러스는 파괴되지 않는다.

69 빵을 만들 때 이용되는 천연 팽창제는?

① 명반   ② 이스트

③ 탄산암모늄   ④ 탄산수소나트륨

69 팽창제: 빵이나 비스킷 등의 과자류를 부풀게 하여 적당한 크기의 형태와 조직을 갖게 하기 위해 사용하는 것이다.
- 인공 팽창제 – 탄산수소나트륨, 탄산암모늄, 중탄산나트륨, 명반
- 천연 팽창제 – 이스트(효모)

70 식품첨가물과 주요 용도의 연결이 바르게 된 것은?

① 안식향산 – 착색제

② 토코페롤 – 표백제

③ 질산나트륨 – 산화 방지제

④ 피로인산칼륨 – 품질 개량제

70
- 안식향산: 보존료
- 토코페롤: 산화 방지제
- 질산나트륨: 발색제

66 ①   **67** ③   **68** ①   **69** ②   **70** ④

71 식품의 조리·가공 시 거품의 발생을 억제하는 소포제로 사용하는 식품첨가물은?

① 규소수지(Silicone Resin)
② N-헥산(N-hexane)
③ 유동파라핀(Liquid Paraffin)
④ 몰포린 지방산염

71 두부, 간장, 과즙 제품 등 식품의 제조공정 시 생기는 거품 생성을 방지하거나 감소시키는 첨가물을 소포제라 한다. 규소수지는 소포제(거품 형성을 방지하거나 감소시키는 목적으로 사용)이다.

72 밀가루의 표백과 숙성으로 제빵의 품질이나 색상을 증진시키기 위해 밀가루나 반죽에 사용하는 식품첨가물은?

① 유화제 ② 개량제
③ 팽창제 ④ 점착제

72 제분 직후의 밀가루는 카로티노이드 등의 색소와 단백질 분해 효소 등을 함유하여 밀가루의 가공적성을 저하시킨다. 밀가루 품질 개량제는 밀가루의 표백과 숙성기간을 단축시키며 제빵 저해 물질의 파괴, 살균 등의 기능을 한다.

73 식품첨가물에 대한 설명으로 틀린 것은?

① 과황산암모늄은 밀가루 이외의 식품에 사용하여서는 안 된다.
② 규소 수지는 주로 산화방지제로 사용된다.
③ 과산화벤조일(희석)은 밀가루 이외의 식품에 사용하여서는 안 된다.
④ 보존료는 식품의 미생물에 의한 부패를 방지할 목적으로 사용된다.

73 규소수지: 소포제(거품 형성을 방지하거나 감소시키는 목적으로 사용)

74 식품첨가물 중 보존료의 목적을 가장 잘 표현한 것은?

① 산도 조절
② 미생물에 의한 부패 방지
③ 산화에 의한 변패 방지
④ 가공과정에서 파괴되는 영양소 보충

74 보존료는 미생물에 의한 변질을 방지하여 식품의 보존기간을 연장시키는 식품첨가물이다.

75 식품첨가물에 대한 설명으로 틀린 것은?

① 식품의 변질을 방지하기 위한 것이다.
② 식품제조에 필요한 것이다.
③ 식품의 기호성 등을 높이는 것이다.
④ 우발적 오염물을 포함한다.

75 **식품첨가물의 사용 목적**
• 식품의 변질 방지
• 기호 및 관능적 품질향상
• 영양을 강화
• 품질개량 및 보존성 증가

71 ① **72** ② **73** ② **74** ② **75** ④

76 식품위생법 용어의 정의상 식품을 제조, 가공 또는 보존함에 있어 식품에 첨가, 혼합, 침윤, 기타의 방법으로 사용되는 물질(기구 및 용기, 포장의 살균, 소독의 목적에 사용되어 간접적으로 식품에 옮아갈 수 있는 물질을 포함한다.)을 무엇이라 하는가?

① 식품
② 식품첨가물
③ 화학적 합성품
④ 기구

76 식품위생법 관련 용어 중 식품 첨가물에 대한 정의이다.

77 식품 등의 표시기준상 "유통기한"의 정의는?

① 해당식품의 품질이 유지될 수 있는 기한을 말한다.
② 해당식품의 섭취가 허용되는 기한을 말한다.
③ 제품의 출고일로부터 대리점으로의 유통이 허용되는 기한을 말한다.
④ 제품의 제조일로부터 소비자에게 판매가 허용되는 기한을 말한다.

77 • 식품 표시사항: 유통기한 또는 품질 유지 기한(식품 첨가물과 기구 또는 용기 · 포장은 제외한다.)을 표시하면 된다.
• 품질유지기한: 식품 등의 특성에 맞는 적절한 보존 방법이나 기준에 따라 보관할 경우 해당 식품 고유의 품질이 유지될 수 있는 기한을 말한다.

78 식품의 조리, 가공, 저장 중에 아민이나 아미드류와 반응하여 니트로소 화합물(니트로소아민)을 생성하는 성분은?

① 지질
② 아황산
③ 아질산염
④ 삼염화질소

78 육류의 발색제로 햄이나 소시지 가공에 첨가하는 아질산염은 식품을 가공하거나 보존 중에 아민이나 아미드류와 반응하여 발암 물질인 니트로소 화합물(니트로소아민)을 생성한다.

79 열경화성 합성수지제 용기의 용출시험에서 가장 문제가 되는 유독 물질은?

① 메탄올
② 아질산염
③ 포름알데히드
④ 연탄

79 합성수지(Plastic)
화학적으로 안정하여 식품 용기나 포장재질로 유해하지 않은 장점이 있다. 이중 열경화성 수지(페놀 수지, 요소 수지, 멜라민 수지 등)로 제조 시 가열, 가압조건이 부족할 때 미 반응 원료인 페놀이나 포름알데히드가 유리되어 용출될 수 있다.

80 식품첨가물을 사용하는 목적으로 맞지 않는 것은?

① 가격을 높이기 위하여
② 식품의 품질을 높이기 위하여
③ 보존성과 기호성을 높이기 위하여
④ 식품의 품질가치를 증진시키기 위하여

80 대부분의 식품첨가물은 식품의 품질가치를 증진시킨다.

76 ② **77** ④ **78** ③ **79** ③ **80** ①

81 유지나 버터가 공기 중의 산소와 작용하면 산패가 일어난다. 이를 방지하기 위한 첨가물은?

① 안식향산
② 아질산나트륨
③ 부틸히드록시아니솔
④ 디하이드로초산

81 식품첨가물
• 아질산나트륨: 육류 발색제
• 디하이드로초산: 치즈, 버터, 마가린에 허용된 방부제
• 안식향산: 청량음료 및 간장 등에 허용된 방부제
• 부틸히드록시아니솔: 지용성 항산화제로, 유지의 산화 방지에 이용

Part I
식품위생 및 관련법규

82 다음 중 인공 감미료에 속하지 않는 것은?

① 사카린나트륨
② 구연산
③ 글리실리진산나트륨
④ D - 소비톨

82 인공 감미료에는 사카린나트륨, 글리실리진산나트륨, D - 소비톨이 있다.

83 안식향산을 사용하는 목적으로 바른 것은?

① 식품의 부패를 방지하기 위하여
② 유지의 산화를 방지하기 위하여
③ 식품에 산미를 내기 위하여
④ 영양을 높이기 위하여

83 안식향산, 소르빈산, 디하이드로초산: 미생물의 발육을 억제

84 타르 색소의 사용이 허용되는 식품은?

① 식육
② 카레
③ 어묵
④ 과자류

84 타르 색소 사용 금지 식품
면류, 김치류, 생과일 주스, 묵류, 젓갈류, 꿀, 장류, 식초, 케첩, 고추장, 카레 등

85 다음 중 착색료가 아닌 것은?

① 캐러멜
② 타르 색소
③ 안식향산
④ 베타카로틴

85 안식향산: 방부제, 보존료

81 ③ **82** ② **83** ① **84** ④ **85** ③

86 식품의 점도를 증가시키고 유화 안정성을 높이는 식품첨가물은?

① 유화제　　　　　　② 산화 방지제
③ 화학 팽창제　　　　④ 호료

87 빵을 구울 때 기계에 달라 붙지 않고 분할이 쉽도록 하기 위하여 사용하는 첨가물은?

① 피막　　　　　　　② 감미료
③ 유화제　　　　　　④ 이형제

88 유해한 식품 보존료가 아닌 것은?

① 플루오르화합물
② 포름알데히드
③ 디하이드로초산
④ 붕산

89 식품첨가물과 그 용도의 연결이 바르지 않는 것은?

① 보존료 - 에르소르빈산
② 소포제 - 규소 수지
③ 발색제 - 아질산염
④ 산화 방지제 - 몰식자산프로필

86 호료
식품에 첨가하면 점착성을 증가시키고, 유화 안정성을 좋게 하며, 식품 가공 시 가열이나 보존 중의 변화에 관하여 선도를 유지하는 역할을 한다.

87 이형제
빵을 만들 때 방틀로부터 빵의 형태를 손상시키지 않고 분리하거나 비스킷 등의 제조 때 컨베이어에서 쉽게 분리해 내기 위하여 사용된다.

88 디하이드로초산은 치즈, 버터, 마가린 등에 사용 가능한 보존료이다.

89 • 보존료: 디하이드로초산, 안식향산나트륨, 소르빈산염
• 소포제: 규소 수지
• 산화 방지제: 몰식자산프로필
• 발색제: 아질산염

86 ④　87 ④　88 ③　89 ①

90 HACCP과 관련된 용어의 설명으로 옳지 않은 것은?

① 위해요소 분석(Hazard Analysis)이라 함은 식품 안전에 영향을 줄 수 있는 위해 요소와 이를 유발할 수 있는 조건이 존재하는지의 여부를 판별하기 위하여 필요한 정보를 수집하고 평가하는 일련의 과정을 말한다.

② 모니터링(Monitoring)이라 함은 중요 관리점에서의 위해 요소 관리가 허용 범위 이내로 충분히 이루어지고 있는지 여부를 판단할 수 있는 기준이나 기준치를 말한다.

③ 중요관리점(Critical Control Point)이라 함은 HACCP을 적용하여 식품의 위해를 방지·제거하거나 허용수준 이하로 감소시켜 당해 식품의 안전성을 확보할 수 있는 중요한 단계 또는 공정을 말한다.

④ 개선조치(Corrective Action)라 함은 모니터링 결과 중요 관리점의 한계기준을 이탈할 경우에 취하는 일련의 조치를 말한다.

91 HACCP의 7가지 원칙에 해당하지 않는 것은?

① 위해요소 분석
② 중요관리점(CCP) 결정
③ 개선조치 방법 수립
④ 회수 명령의 기준 설정

91 식품 위해요소 중점관리기준의 7원칙
① 위해요소 분석
② 중요관리점(CCP) 결정
③ CCP의 한계기준 설정
④ CCP 모니터링 체계 확립
⑤ 개선조치 방법 수립
⑥ 검증 절차 및 방법 수립
⑦ 문서화, 기록유지 방법 설정

92 식품의 위해요소 중점관리제도의 효과가 아닌 것은?

① 식품의 유지 기간 증대
② 식품의 안전성 제고
③ 생산량 증대에 따른 가격 안정성 확보
④ 미생물 오염 억제에 의한 부패 저하

93 위해요소 중점관리기준에 대한 실행 과정에서 위생 관리의 선행 요건이 아닌 것은?

① 표준 위생 관리 방법의 실시
② 표준적 제조 공정 및 절차 이행
③ 식품 영양소의 물리·화학적 검사의 실시
④ 우수 제조 기술 수립 프로그램의 운영 관리

90 ② **91** ④ **92** ③ **93** ③

94 HACCP의 의무적용 대상식품이 아닌 것은?

① 껌
② 빙과류
③ 비가열 음료
④ 레토르트 식품

95 조리장을 소독할 때 가장 우선적으로 생각할 것은?

① 소독력이 커야 한다.
② 소독 약품의 경제성을 고려해야 한다.
③ 모든 식품 및 식품 용기의 뚜껑을 꼭 닫아야 한다.
④ 소독 약품이 사용하기에 간편해야 한다.

96 식품취급자가 손을 씻는 방법으로 적합하지 않은 것은?

① 팔에서 손으로 씻어 내려온다.
② 손을 씻은 후 비눗물을 흐르는 물에 충분히 씻는다.
③ 살균 효과를 증대시키기 위해 역성 비누액에 일반 비누액을 섞어 사용한다.
④ 역성 비누 원액을 몇 방울 손에 받아 30초 이상 문지르고 흐르는 물로 씻는다.

97 식품위생법상 식품의 정의로 바른 것은?

① 모든 음식물을 뜻한다.
② 의약품을 제외한 모든 음식물을 뜻한다.
③ 모든 음식물과 식품 첨가물을 뜻한다.
④ 모든 음식물과 화학적 합성물을 뜻한다.

98 집단급식소의 정의가 아닌 것은?

① 1일 1회에 50명 이상에게 음식을 제공하는 것이다.
② 영리를 목적으로 하지 않는 기숙사, 학교 등의 급식 시설을 뜻한다.
③ 집단급식소에서는 조리사와 영양사를 두어야 한다.
④ 영리를 목적으로 하는 다중 이용 시설을 의미한다.

---

94 HACCP 의무적용 대상식품
- 어육 가공품 중 어묵류
- 냉동 수산 식품 중 어류, 연체류, 조미 가공품
- 냉동식품 중 피자류, 만두류, 면류
- 빙과류
- 비가열음료
- 레토르트식품
- 김치류 중 배추김치

95 조리장 소독 시 가장 우선적으로 고려할 것은 식품 및 식품 용기의 뚜껑을 꼭 닫아 소독약이 들어가게 하지 않는 것이다.

96 역성 비누 사용 시 보통 비누를 함께 사용하면 살균 효과가 떨어지므로 보통 비누로 씻어 낸 후 역성 비누로 소독하면 효과적이다.

97 식품의 정의(식품위생법 제2조)
의약으로 섭취하는 것을 제외한 모든 음식물을 말한다.

98 집단급식소
영리를 목적으로 하지 아니하고, 계속적으로 특정 다수인에게 음식물을 제공하는 기숙사, 학교, 병원, 기타 후생 기관 등의 급식 시설로 상시 50인 이상에게 식사를 제공하는 급식소를 뜻한다.

---

94 ① **95** ③ **96** ③ **97** ② **98** ④

99 식품위생심의위원회의 심의 내용이 아닌 것은?

① 식중독 방지에 관한 사항
② 식품 및 식품 첨가물 등의 생산에 관한 사항
③ 국민 영양 조사에 관한 사항
④ 식품 및 식품 첨가물의 공전 작성에 관한 사항

99 식품위생심의위원회의 심의 내용
• 식중독 방지에 관한 사항
• 농약 · 중금속 등 유독 · 유해 물질의 잔류 허용 기준에 관한 사항
• 식품 등의 기준과 규격에 관한 사항의 자문
• 국민 영양 조사 · 지도 및 교육에 관한 사항의 자문
• 기타 식품위생에 관한 중요 사항

100 식품위생법상 영업신고 대상이 아닌 것은?

① 위탁 급식 영업
② 식품 냉동 · 냉장업
③ 즉석 판매 제조 · 가공업
④ 양곡 가공업 중 도정업

100 영업신고를 하여야 하는 업종 (시행령 제28조)
• 식품제조 · 가공업
• 즉석판매 제조 · 가공업
• 식품첨가물제조업
• 식품운반업
• 식품소분 · 판매업
• 식품냉동 · 냉장업
• 용기 · 포장류 제조업(그 자신의 제품을 포장하기 위하여 용기 · 포장류를 제조하는 경우를 제외한다.)
• 휴게 음식점 영업, 일반 음식점 영업, 위탁 급식 영업, 제과점 영업

101 영업소에서 조리에 종사하는 사람이 건강진단을 받아야 하는 법정 기간은?

① 매년 1회
② 2년에 1회
③ 3개월마다
④ 6개월마다

101 건강진단
• 정기건강진단: 매년 1회(간염은 5년마다 1회) 실시
• 수시건강진단: 감염병이 발생하였거나 발생할 우려가 있을 때

102 식품첨가물 공전을 작성하는 사람은?

① 도지사
② 국무총리
③ 서울특별시장
④ 식품의약품안전처장

102 식품의약품안전처장은 식품, 식품 첨가물, 기구, 용기, 포장의 표시 기준을 수록한 식품 등의 공전을 작성, 보급하여야 한다.

103 식품공전에 따른 우유의 세균 수에 관한 규격으로 바른 것은?

① 1mL당 20,000마리 이하
② 1mL당 10,000마리 이하
③ 1mL당 5,000마리 이하
④ 1mL당 1,000마리 이하

103 • 식품공전에 따른 우유의 세균 수: 1mL당 20,000마리 이하
• 대장균군: 1mL당 2 이하

99 ② **100** ④ **101** ① **102** ④ **103** ①

104 식품접객업 중 일반음식점의 영업신고는 누구에게 하는가?

① 동사무소장
② 시장 · 군수 · 구청장
③ 식품 의약품 안전처장
④ 보건소장

105 식품의약품안전처장에게 영업허가를 받아야 할 업종은?

① 단란주점영업
② 유흥주점영업
③ 식품조사처리업
④ 일반음식점영업

106 다음 중 소분 · 판매할 수 있는 식품은?

① 벌꿀 제품   ② 어육 제품
③ 통조림 제품   ④ 레토르트 식품

107 허위 표시, 과대광고, 비방광고 및 과대포장의 범위에 해당되지 않는 것은?

① 건강증진, 체력유지, 체질개선, 식이요법 등에 도움을 준다는 표현
② 질병의 예방 또는 치료에 효능이 있다는 내용의 표시 · 광고
③ 제품의 원재료 또는 성분과 다른 내용의 표시 · 광고
④ 각종 상장 등을 이용하거나 "인증", "보증", "추천" 또는 이와 유사한 내용을 표현

---

104 영업 신고를 하여야 하는 업종 (시장, 군수, 구청장): 즉석판매 · 제조가공업, 식품운반업, 식품소분 · 판매업, 식품냉동 · 냉장업, 용기 · 포장류제조업, 휴게음식점영업, 일반음식점영업, 위탁급식영업, 제과점영업

105 • 영업허가를 받아야 하는 영업 및 허가관청: 식품조사처리업(식품의약품안전처장), 단란주점, 유흥주점(특별자치도지사 또는 시장, 군수, 구청장)
• 영업신고를 해야 하는 영업: 일반음식점

106 식품위생법시행규칙에 의거해 영업의 대상이 되는 식품 또는 식품 첨가물과 벌꿀(영업자가 채취하여 직접 소분 · 포장하는 경우는 제외함.)은 소분 · 판매가 가능하다.

107 허위표시, 과대광고로 보지 않는 표시 및 광고의 범위
• 인체의 건전한 성장 및 발달과 건강한 활동을 유지하는 데 도움을 준다는 표현
• 건강유지 · 건강증진 · 체력유지 · 체질개선 · 식이요법 · 영양보급 등에 도움을 준다는 표현
• 특정 질병을 지칭하지 않는 단순한 권장 내용의 표현
• 식품 영양학적으로 공인된 사실 또는 제품에 함유된 영양성분(비타민, 칼슘, 철, 아미노산 등)의 기능 및 작용에 관한 표현
• 특수 용도 식품으로 임신 수유기 영양 보급, 병후 회복 시 영양 보급, 노약자 영양 보급, 환자의 영양 보조 등에 도움을 준다는 표현

---

104 ②   105 ③   106 ①   107 ①

108 식품위생법상 특정 다수인에게 계속적으로 음식을 공급하는 집단 급식소는 1회 몇 명에게 식사를 제공하는 급식소인가?

① 20명 이상   ② 40명 이상
③ 50명 이상   ④ 100명 이상

108 식품위생법시행령에 따른 집단 급식소의 범위는 1회 50인 이상에게 식사를 제공하는 급식소를 말한다.

109 식품위생법상 식품위생의 정의는?

① 음식과 의약품에 관한 위생을 말한다.
② 농산물, 기구 또는 용기ㆍ포장의 위생을 말한다.
③ 식품 및 식품첨가물만을 대상으로 하는 위생을 말한다.
④ 식품, 식품첨가물, 기구 또는 용기ㆍ포장을 대상으로 하는 음식에 관한 위생을 말한다.

109 식품위생법에서는 식품을 모든 음식물(의약으로 섭취하는 것은 제외한다)로 정의하였다.

110 식품의 내용량을 식품 등의 표시기준에 의거하여 표시할 경우, 내용물이 고체 또는 반고체일 때 표시하는 방법은?

① 중량   ② 용량
③ 개수   ④ 부피

110 식품 등의 세부 표시기준에 따라 내용량은 고체 또는 반고체일 경우 중량으로, 액체일 경우 용량으로, 고체와 액체의 혼합물일 경우 중량 또는 용량으로 표시하여야 한다. 개수로 표시할 때는 중량 또는 용량을 괄호 속에 표시하여야 한다.

111 식품접객업을 신규로 하려는 자가 받아야 하는 식품 위생 교육 시간은 몇 시간인가?

① 2시간   ② 4시간
③ 6시간   ④ 8시간

111 위생 교육 시간
• 식품 접객업: 6시간
• 식품 제조ㆍ가공업, 즉석 판매 제조ㆍ가공업, 식품 첨가물 제조업: 8시간
• 식품 운반업, 식품 소분ㆍ판매업, 식품 보존업, 용기ㆍ포장지 제조업: 4시간

112 집단식중독 발생 시의 조치 사항으로 잘못된 것은?

① 원인식을 조사한다.
② 구토물 등은 원인균 검출에 필요하므로 버리지 않는다.
③ 해당 기관에 즉시 신고한다.
④ 소화제를 복용시킨다.

112 식중독 발생 대책
• 신속한 환자 구호
• 식중독 발생 즉시 신속히 보고
• 원인을 찾아 확대 방지

108 ③   **109** ④   **110** ①   **111** ③   **112** ④

113 조리사를 두지 않아도 가능한 영업은?

① 복어를 조리 · 판매하는 영업
② 국가가 운영하는 집단 급식소
③ 사회 복지 시설의 집단 급식소
④ 식사류를 조리하지 않는 식품 접객 업소

113 조리사를 두어야 하는 영업
• 복어를 조리 · 판매하는 영업
• 집단 급식소 운영자(국가 및 지방 자치 단체, 학교, 병원 및 사회 복지 시설, 공기업 중 보건 복지부 장관이 지정하여 고시하는 기관, 지방 공사 및 지방 공단, 특별법에 따라 설립된 법인)

114 다음 밑줄 친 조리 방법에 해당하지 않는 것은?

> **제12조** (육류 및 쌀 · 김치류의 원산지 등 표시)
> ① 제35조 제1항 제3호의 식품접객업 중 대통령령으로 정하는 영업을 영위하는 자 또는 제88조의 집단급식소를 설치 · 운영하는 자는 소고기 · 돼지고기 · 닭고기를 <u>대통령령으로 정하는 조리 방법</u>으로 조리하여 판매 · 제공하는 경우에는 공정한 거래 질서 확립과 생산자 및 소비자 보호 등을 위하여 육류의 원산지 및 종류를 표시하여야 한다.

① 구이   ② 탕
③ 찌개   ④ 튀김

114 대통령령이 정하는 조리 방법
구이, 탕, 육회, 찜, 튀김

115 식품위생법상 기구로 분류되지 않는 것은?

① 도마   ② 수저
③ 탈곡기   ④ 도시락 통

115 기구는 음식을 먹을 때 사용하거나 담는 것, 또는 식품이나 식품 첨가물을 채취 · 제조 · 가공 · 조리 · 저장 · 소분 · 운반 · 진열할 때 사용하는 것으로서 식품 또는 식품 첨가물에 직접 닿는 기계 · 기구나 그 밖의 물건(농업과 수산업에서 식품을 채취하는 데 쓰는 기계 · 기구나 그 밖의 물건은 제외)을 말한다.

116 식품 등의 표시 기준상 열량 표시에서 몇 kcal 미만을 "0"으로 표시할 수 있는가?

① 2kcal   ② 5kcal
③ 7kcal   ④ 10kcal

116 열량은 그 값을 그대로 표시하거나 그 값에 가장 가까운 5kcal 단위로 표시하여야 한다. 이 경우 5kcal 미만은 "0"으로 표시할 수 있다.

113 ④   **114** ③   **115** ③   **116** ②

117 사용 목적별 식품첨가물의 연결이 틀린 것은?

① 착색료 - 철클로로필린나트륨
② 소포제 - 초산 비닐 수지
③ 표백제 - 메타중아황산칼륨
④ 감미료 - 사카린나트륨

118 식품취급자가 손을 씻는 방법으로 적합하지 않은 것은?

① 살균 효과를 증대시키기 위해 역성 비누액에 일반 비누액을 섞어 사용한다.
② 팔에서 손으로 씻어 내려온다.
③ 손을 씻은 후 비눗물을 흐르는 물에 충분히 씻는다.
④ 역성 비누 원액을 몇 방울 손에 받아 30초 이상 문지르고 흐르는 물로 씻는다.

119 식품 등의 표시기준에 의해 표시해야 하는 대상성분이 아닌 것은?

① 나트륨　　　　② 지방
③ 열량　　　　　④ 칼슘

120 식품위생법시행규칙에 의거해 조리사가 면허취소 처분을 받은 경우 면허증을 반납하여야 할 기간은?

① 지체 없이　　　② 5일
③ 7일　　　　　④ 15일

---

117 초산 비닐 수지는 껌의 베이스나 피막제로 사용되며 거품을 방지하는 소포제로는 규소 수지가 사용된다.

118 역성 비누
• 소독력이 매우 강한 표면활성제로 제4급 암모늄염의 유도체이다.
• 통비누와 반대로 해리하여 양이온이 되므로 양성 비누라고도 하며 세포막 손상과 단백질 변성으로 살균 효과를 나타낸다.
• 결핵균, 포자, 간염 바이러스에는 전혀 효과가 없고 세정력은 약하나 살균력이 강하다.
• 주의 사항은 일반 비누와 병용하면 살균력이 없어진다.

119 식품 등의 세부표시기준에 의한 영양 성분 표시 중 표시 대상 영양소는 열량, 탄수화물(당류), 단백질, 지방(포화 지방, 트랜스지방), 콜레스테롤, 나트륨, 그 밖에 영양 표시나 영양 강조 표시를 하고자 하는 영양소기준치표의 영양성분이다.

120 조리사 면허증의 반납
조리사가 면허취소 처분을 받은 경우에는 지체 없이 면허증을 특별자치도지사, 시장, 군수, 구청장에게 반납하여야 한다.

117 ②　**118** ①　**119** ④　**120** ①

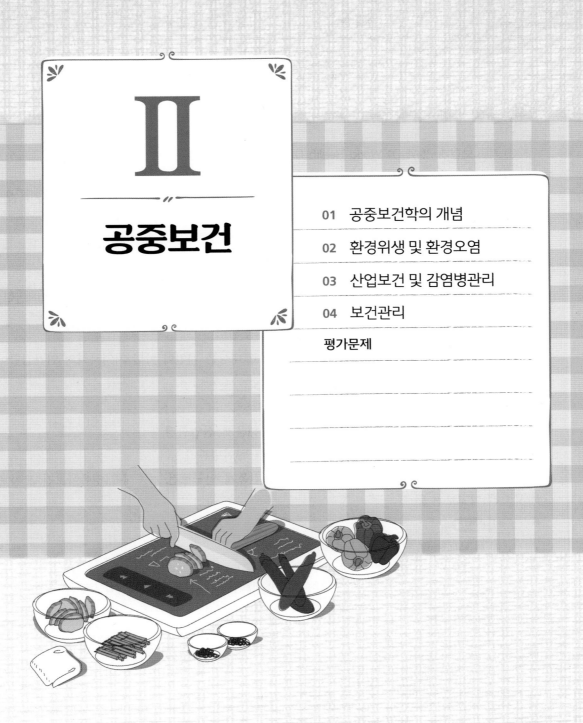

II

공중보건

공중보건학의 개념

1 공중보건의 정의

① 세계보건기구(WHO: World Health Organization)의 정의

> 공중보건이란, 질병은 예방하고 건강을 유지·증진시킴으로써 육체적, 정신적 능력을 발휘할 수 있게 하기 위한 과학적 지식을 사회의 조직적 노력으로 사람들에게 적용하는 기술이다.

② 윈슬로(C.E.A. Winslow 1920년)의 정의

> 공중보건은, 조직적인 지역사회의 노력을 통해서 질병을 예방하고 생명을 연장시키며, 신체·정신적 효율을 증가시키는 기술이며, 과학이다.

③ 대상: 보건사업을 적용하는 공중보건의 최초 대상은 개인이 아닌 지역사회의 인간집단이며, 나아가 국민 전체를 의미한다.

④ 범위
- 환경보건: 환경위생, 식품위생, 환경보전, 공해문제, 산업환경 등
- 질병관리: 감염병관리, 역학, 기생충질환관리, 성인병관리 등
- 보건관리: 보건행정, 보건교육, 보건영양, 보건통계, 인구보건, 가족계획, 영유아보건, 모자보건, 학교보건 등

> **하나 더**
>
> **세계보건기구**
> ① 본부 및 창설: 스위스 제네바, 1948년 4월 7일
> ② 우리나라의 가입과 소속: 1949년 6월 65번째 회원국으로 가입, 총 6개 사무소 중 서태평양 지역에 소속
> ③ 주요 기능
> - 국제적인 보건사업의 지휘 및 조정
> - 회원국에 대한 기술 지원 및 자료 공급
> - 전문가 파견에 의한 기술 자문활동
> ④ 보건헌장의 건강에 대한 정의
> "건강(Health)이란 단순한 질병이나 허약하지 않은 상태만을 의미하는 것이 아니고, 육체적·정신적·사회적으로 모두 완전한 상태"

2 보건수준의 평가지표

① WHO의 3대 지표
- 한 국가나 지역사회의 보건수준은 영아사망률, 조사망률(보통 사망률), 질병이환율 등을 이용하여 평가할 수 있다.
- WHO의 건강수준 평가지표로는 평균수명, 조사망률, 비례사망지수 등이 활용된다.

② 영아사망률: 영아는 환경악화나 비위생적인 환경에 가장 예민한 시기로, 국가의 보건수준을 나타내는 지표가 된다.

$$연간\ 영아사망률 = \frac{연간\ 생후\ 1년\ 미만\ 사망아\ 수}{연간\ 출생아\ 수} \times 1,000$$

③ 영아사망의 주요 원인
- 폐렴 및 기관지염
- 장염 및 설사
- 신생아 고유의 질환과 사고

[자료 제공: 통계청]

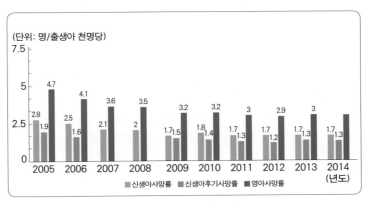

▲ 영아사망 추이

 **오**답 노트 **분**석하여 **만**점 받자!

오분만

① 공중보건사업의 최소단위는 [   ]이다.

② 국가나 지역사회의 보건수준을 비교하는 3대 지표는 [   ], 비례사망지수, 평균수명이다.

----

① 지역사회 ② 영아사망률

환경위생 및 환경오염

① 환경위생

(1) 일광

① 정의: 햇빛을 의미하며, 자연적인 환경요인이다.

② 종류

- 가시광선: 명암을 구분할 수 있는 파장으로 파장의 범위는 3,000~7,000Å(300~700nm)이다.
- 자외선

의미	• 일광의 세 부분 중에서 파장이 가장 짧음. • 파장의 범위는 2,000~4,000Å(200~400nm)
적용 범위	• 살균작용이 가장 강한 선은 2,500~2,800Å(250~280nm) 범위 • 도노선, 비타민선, 건강선은 2,800~3,100Å(280~310nm) 범위
자외선이 미치는 영향	• 색소침착, 피부홍반, 설안염, 피부암, 백내장, 부종, 수포형성, 결막염, 각막염 발생, 피부결핵, 혈압강하작용, 신진대사 촉진, 적혈구 생성 촉진, 관절염 치료 작용, 비타민 D의 형성을 촉진하여 구루병 예방 • 조리기구, 식품, 의복, 공기 등의 살균작용

- 적외선(열선)

의미	• 눈에 보이지 않지만 강력한 열이 감지되기 때문에 열선이라 함. • 일광의 세 부분 중에서 파장이 가장 긺, 범위는 7,800~30,000Å(7,800nm 이상)
적용 범위	• 방사선치료 • 온실효과
적외선이 미치는 영향	• 혈액 순환·피부 노폐물 배출 촉진 • 근적외선(진피 침투, 자극효과)과 원적외선(표피 전 침투, 진정효과)이 있음. • 신진대사 촉진 및 세포 내 화학적 변화를 증가시킴.

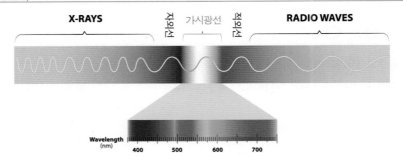

(2) 조명

① 채광

- 자연조명을 뜻하며 태양광선을 이용하는 것을 말한다.
- 창의 면적은 바닥 면적의 1/5~1/7 이상, 벽 면적의 70%가 적당하다.
- 창은 높을수록 밝으며, 천장에 있는 경우에는 보통의 약 3배나 밝은 효과를 얻을 수 있다.
- 개각은 4~5°, 입사각은 27~28° 이상, 채광의 방향은 남향이 좋다.

② 인공조명

의미	• 백열전구나 형광등과 같은 인공광을 이용 • 조리장의 조명도는 50~100Lx 이상
종류	• 직접조명: 광선 이용률이 커서 눈부시고, 강한 음영으로 눈에 피로를 줌. • 간접조명: 조명이 반사되어 빛이 온화하고, 눈의 피로감이 적음(이상적). • 반간접조명: 절충식으로 광선을 분사하여 비추고 반사시키므로 빛이 온화함.
인공조명 시 고려할 사항	• 조도는 충분해야 하며, 광색은 주광색에 가까워야 함. • 유해가스의 발생이 없어야 하고, 발화나 폭발의 위험이 없어야 함. • 균등한 조도에 취급이 간단하고 경제적이어야 함. • 광원은 작업상 간접조명이 좋고, 좌측 상방에 위치하도록 함.

하나 더

환경보건

① 목표: 환경보건의 목표는 인간을 둘러싸고 있는 환경을 조정, 개선하여 쾌적하고 건강한 생활을 영위할 수 있게 하는 데 있다.

② 정의: 인간의 신체발육, 건강 및 생존에 유해한 영향을 미칠 가능성이 있는 물리적인 모든 환경요소 뿐만 아니라, 일상생활에 직간접적으로 영향을 미칠 수 있는 모든 인자를 관리하는 것을 의미한다.

③ 생활환경
- 자연환경: 기후(기온 · 기습 · 기류 · 일광 · 기압), 공기, 물 등
- 인위적 환경: 채광, 조명, 환기, 냉방, 상하수도, 오물처리, 곤충의 구제, 공해
- 사회적 환경: 교통, 인구, 종교

④ 환경보건에 영향을 주는 기후 요인
- 기온(온도)
  - 쾌적한 실내온도는 18±2℃, 침실에서는 15±1℃
  - 지상 1.5m 백엽상에서의 건구 온도를 실외 온도라 하고, 실내기류를 측정할 때는 카타 온도계를 사용
- 기습(습도)
  - 인체에 적당한 습도는 60~65%(40~70%를 쾌적 습도라 함.)
  - 불쾌지수(Discomfortable Index): 인간이 느끼는 불쾌감의 정도를 기온과 습도로 조합하여 나타낸 수치
- 기류(바람)
  - 쾌감기류: 1m/sec
  - 불감기류: 0.2~0.5m/sec
  - 무풍: 0.1m/sec

2 공기 및 대기오염

(1) 공기

① 구성 성분

종류	함량	특징
질소(N₂)	78%	정상기압에서는 인체에 영향을 주지 않지만, 고기압 상태에서는 잠함병을 유발
산소(O₂)	21%(약 1/5)	• 물질의 산화나 연소 및 생물체의 호흡에 필요 • 공기 중에 10% 이하라면 호흡곤란을, 7% 이하라면 질식, 사망에 이르게 됨.
이산화탄소 (CO₂)	0.03~0.04%	• 실내공기의 오염도를 측정하는 지표로 사용 • 적외선의 복사열을 흡수하여 온실효과를 일으킴. • 허용기준 1,000ppm(0.1%) • 공기 중에 약 10% 이상이면 질식사, 7% 이상이면 호흡곤란 유발
일산화탄소 (CO)	공기 중에 0.01% 이하	• 탄소성분의 불완전 연소로 발생하는 무색·무미·무취의 맹독성 가스 • 헤모글로빈과의 친화력이 산소보다 250~300배 정도 강하며, 중독 시 중추신경계의 장애를 발생시킴.
아황산가스 (SO₂)	공기오염의 지표 수준 0.05ppm	• 대기오염의 주원인, 실외 대기오염의 지표 • 경유의 연소과정 중 다량 발생하는 자극성 있는 가스로 동물에게는 호흡곤란, 식물에는 고사에 영향을 줌(금속부식 등을 유발).

② 환기

의미	신선한 실외공기를 혼탁한 실내공기와 바꿔 인체에 유해작용이 발생하지 않도록 하는 수단
자연환기	• 실내와 실외의 온도차, 외기의 풍력, 기체의 확산력에 의한 것을 의미 • 환기량 측정은 CO₂를 기준으로 함.
인공환기	• 기계장치를 이용한 환기를 의미 • 조리장은 시간당 2~3회 이상 환기를 하고, 환기창의 크기는 바닥 면적의 5% 이상으로 함.
인공환기 시의 주의 사항	• 실내에서는 신선한 공기가 고르게 유지되도록 신속하게 환기하여, 생리적 쾌적감을 유지하게 해야 함. • 냉방: 실내 온도가 26℃ 이상일 때 하며, 실내·외의 온도차는 5~8℃ 이내로 하는 것이 좋고, 머리와 발의 온도차는 2~3℃가 바람직함. • 난방: 실내 온도가 10℃ 이하일 때 하며, 적당한 실내의 온도는 18±2℃, 습도는 40~70%를 유지하는 것이 바람직함.

▲ 자연환기

▲ 인공환기

③ 자정작용

의미	대기오염물질이 스스로 자체 정화되어 깨끗해지는 것을 의미	
작용 인자	• 바람에 의한 희석작용 증가 • 강우, 강설에 의한 희석작용 증가 • O_2(산소)나 O_3(오존), H_2O_2(과산화수소) 등에 의한 산화작용 • 자외선에 의한 살균작용 • 중력에 의한 침강작용 • 식물의 CO_2, O_2의 교환에 의한 탄소 동화작용 등	

군집독
① 정의: 한 공간에 다수인이 밀집되었을 때 두통, 현기증, 구토 등의 생리적 현상이 생기는 것
② 증상: 인체로부터 발산되는 열 때문에 실내 온도가 상승, 공기 중의 수증기나 땀 때문에 습도 상승
③ 예방: 환기

(2) 대기오염

① 정의
- 대기오염은 공기 중에 자연적 또는 인위적으로 만들어진 유해물질이 발생하거나 존재하는 물질의 농도가 증가되어 대기가 더럽혀지는 현상을 말한다.
- 이산화탄소의 증가로 인하여 지구의 온난화, 프레온가스로 인한 오존층의 파괴 등이 주요한 문제가 되고 있다.

② 분류

1차 오염물질	먼지, 매연, 검댕, 훈연, 연무, 수분 등
2차 오염물질	1차 오염물질 간 또는 다른 물질이 반응하여 생성된 물질로 오존, 질산과산화아세틸(PAN), 알데히드, 스모그 등
가스상물질	물질의 연소, 합성, 분해 시 발생되거나 물리적 성질에 의하여 발생하는 기체상의 물질로 황산화물, 질소산화물, 탄화수소, 일산화탄소 등

③ 영향 및 대책

영향	인체와 동식물에 직접적 영향, 지구의 온난화, O_3 파괴, 산성비 등
대책	에너지 사용 조절, 대기오염 방지에 대한 법적 규제, 오염방지기술을 위한 노력과 투자, 시간 등 대기오염의 대책 방안이 절실히 필요

대기오염에 따른 현상

① 기온역전: 대기 상부의 기온이 하부보다 높은 상태로, 상하층 간의 혼합이 일어나지 않기 때문에 오염도가 높아진다.

② 열섬: 도시의 기온이 주변 지역보다 높은 현상으로, 도시화 및 산업화로 인한 인구집중, 녹지면적 감소, 대기오염, 교통량 및 에너지 사용량 증가에 의해 나타나는 현상이다.

❸ 상하수도, 오물처리 및 수질오염

(1) 상하수도

① 의미

물	• 신체의 60~70%를 차지하는 중요 구성 성분으로 1일 필요량은 약 2~3L • 인체 내에서 음식물의 소화·운반, 영양소의 흡수, 노폐물의 배설, 체온조절 등 체내의 생리작용을 담당
상수도	• 상수: 음용수 등으로 사용하도록 가정 등에 보내는 맑은 물 • 상수도: 상수를 운반하는 시설 • 상수처리 과정 = 물의 정수 과정
하수도	• 하수: 일반적으로 가정이나 도시에서 배출되는 것 • 하수도: 배출된 하수를 운반하는 시설(합류식, 분류식, 혼합식) • 하수처리 방법과 과정: 물리적, 화학적, 생물학적 처리로 분류

② 상수처리 과정(물의 정수 과정)
- 수돗물의 공급 과정
- 취수 → 도수 → 정수(침사 → 침전 → 여과 → 소독) → 송수 → 배수 → 급수

▲ 취수

▲ 침사

▲ 여과 필터

▲ 여과지

③ 하수처리 과정[예비 처리(1차 침전) → 본처리 → 끝처리(오니처리)]

▲ 하수도

▲ 예비처리, 침전

▲ 빗물 화학 처리

▲ 수질 검사

1. 상수도

① **침사(취수)**: 수원에서 필요한 양만큼의 물을 모으는 것을 말한다.

② **침전**: 침전 여과 시 세균을 99% 제거한다.
- 보통침전: 중력을 이용하여 침전
- 약품침전: 응집제(황산알루미늄, 황산반토, 황산제1·2철, 명반)를 이용하여 침전

③ **여과**: 부유물질을 처리하는 것이다.
- 보통침전 시 완속여과(여과막 제거: 사면대치법)를 실시
- 약품침전 시 급속여과(여과막 제거: 역류세척법)를 실시

④ **염소소독**: 자정작용에 의한 정화로 인해 침전, 여과 등을 생략할 수 있으나 소독은 반드시 실시해야 하는 과정이다.

⑤ **염소소독의 장점 및 단점**
- 잔류효과가 크다.
- 살균력이 강하다.
- 조작이 간편하고, 가격이 싸다.
- 잔류염소량은 0.2ppm(제빙용수, 감염병 발생 시, 수영장은 잔류염소량 0.4ppm)이다.
- 냄새가 나고, 독성이 있다.

2. 하수도

① **예비처리**
- 보통침전: 스크린(제진망)을 설치하여 부유물질을 제거하고 유속을 느리게 하여 침전
- 약품침전: 약품 처리

② **본처리**
- 호기성 처리법: 하수에 산소를 공급하여 호기성균에 의한 처리(CO_2의 발생이 많음.)
- 혐기성 처리법: 유기물질의 농도가 높아 산소공급이 필요하지 않은 경우에는 혐기성균에 의한 처리를 함(CH_4의 발생이 많음).

③ **오니처리**
- 사상건조법: 모래 위에 펼쳐 건조하는 것으로 가장 많이 사용하는 방법
- 소화법: 소화 탱크에서 유기물을 분해, 미생물을 사멸시키는 혐기처리, 가장 진보된 기술
- 퇴비법: 가장 이상적인 방법

(2) 오물 · 분뇨처리

① 오물처리(진개처리): 쓰레기, 재, 오니, 분뇨, 동물의 사체 등을 처리하는 것이다.

2분법	주개와 잡개를 분리하여 처리하는 방법
매립법	• 저지대에 진개를 버린 후 복토하는 처리 방법 • 진개의 높이는 2m를 초과하지 않고, 복토의 두께는 60cm~1m가 적당
소각법	가장 위생적이지만, 대기오염의 원인이 됨.
퇴비법	발효시켜 퇴비로 이용, 악취나 파리, 쥐 등에 주의

② 분뇨처리
- 정의: 인간과 동물의 배설물 등을 처리하는 것이다.
- 방법
  - 가온식 소화처리: 28~35℃에서 1개월 실시
  - 무가온식 소화처리: 2개월 이상 실시
- 사용시 주의 사항
  - 퇴비로 사용할 경우
  - 충분한 부숙기간: 여름 1개월, 겨울 3개월

(3) 수질오염

① 수질오염 원인
- 자연적인 원인: 홍수, 화산활동의 결과 등
- 인위적인 원인: 농약, 화학약품, 도시하수, 공업용 약품 등

② 수질오염 물질: 카드뮴(Cd), 수은(Hg), 비소(As), 은(Ag), 시안(CN), 농약, 폴리염화비닐(PCB) 등이다.

③ 물의 소독방법: 열처리법, 자외선소독법, 오존소독법, 염소소독법이 있다.

④ 수질오염의 지표

생화학적 산소요구량(BOD)	• 하수오염의 지표, 보통 20℃에서 5일 간 측정할 때 20ppm 이하여야 함. • 물속의 유기물질을 미생물이 산화, 분해하여 안정화시키는 데 필요로 하는 산소량 • BOD가 높을수록 오염된 것을 의미
용존산소(DO)	• 물속에 녹아 있는 유기산소량 • 측정지 4~5ppm 이상이어야 함. • BOD가 높으면 DO는 낮음.
화학적 산소요구량(COD)	• 물속 유기물질의 오염된 양에 상당하는 산소량 • 인위적으로 분해시킬 때 소비되는 산화제의 양을 산소의 양으로 환산한 값 • 2~3시간 이내에 측정 가능
부유물질(SS)	물에 용해되지 않고 수중에 떠 있는 물질

⑤ 대책
- 수질에 대한 철저한 예방과 관리가 필요하다.
- 자가폐수처리장의 설치, 실태 파악과 오염방지 계몽, 처리기술 개발 등의 대책과 계획적 정비 및 법적 규제 등이 필요하다.

음용수

① **규정**: 먹는 물 관리법에서 암반 대수층 내의 지하수 또는 용천수 등 수질의 안전성을 계속 유지할 있는 자연상태의 깨끗한 물을 물리적 처리 등을 통해 먹는 데 적합하도록 제조한 물을 말한다.

② 수질기준
  • 미생물
    - 일반세균은 물 1mL 중 100CFU(Colony Forming Unit)를 넘지 아니할 것
    - 총대장균군은(분변, 수질 검사의 오염 지표) 물 100mL 중에서 검출되지 아니할 것
  • 유해 무기물

납	0.01mg/L를 넘지 아니할 것
불소	1.5mg/L를 넘지 아니할 것
비소	0.01mg/L를 넘지 아니할 것
세레늄	0.01mg/L를 넘지 아니할 것
수은	0.001mg/L를 넘지 아니할 것
시안	0.01mg/L를 넘지 아니할 것
암모니아성질소	0.5mg/L를 넘지 아니할 것
질산성질소	10mg/L를 넘지 아니할 것
카드뮴	0.005mg/L를 넘지 아니할 것

  • 유해 유기물

페놀	0.005mg/L를 넘지 아니할 것
총트리할로메탄	0.1mg/L를 넘지 아니할 것
벤젠	0.01mg/L를 넘지 아니할 것
다이아지논	0.02mg/L를 넘지 아니할 것
파라티온	0.06mg/L를 넘지 아니할 것
사염화탄소	0.002mg/L를 넘지 아니할 것
페니트로티온	0.04mg/L를 넘지 아니할 것
카바릴	0.07mg/L를 넘지 아니할 것
1.1.1.-트리클로로에탄	0.1mg/L를 넘지 아니할 것
테트라클로로에틸렌	0.01mg/L를 넘지 아니할 것
1,4-다이옥산	0.05mg/L를 넘지 아니할 것

• 심미적 영향물질

경도	300mg/L를 넘지 아니할 것
과망간산칼륨 소비량	10mg/L를 넘지 아니할 것
냄새와 맛	있어서는 안 됨(소독으로 인한 냄새와 맛은 제외).
동	1mg/L를 넘지 아니할 것
색도	5도를 넘지 아니할 것
음이온 계면활성제 등 세제	0.5mg/L를 넘지 아니할 것
수소이온 농도	pH 5.8~8.5 이하이어야 할 것
아연	3mg/L를 넘지 아니할 것
염소이온	250mg/L를 넘지 아니할 것
증발잔류물	500mg/L를 넘지 아니할 것
철 및 망간	각각 0.3mg/L를 넘지 아니할 것
탁도	0.5NTU를 넘지 아니할 것
황산이온	200mg/L를 넘지 아니할 것
알루미늄	0.2mg/L를 넘지 아니할 것

(4) 소음 및 진동

① 소음
- 불필요하고 듣기 싫은 음을 말하는 것으로, 건설현상이나 공장, 교통 혼잡음, 상가의 각종 소음 등을 의미한다.
- 측정단위는 dB(데시벨)이고, 소리의 상대적인 크기인 음압을 나타낸다.
- 스트레스, 수면 방해, 불안증, 두통, 식욕감퇴, 주의력 산만, 작업능률저하, 정신적 불안정, 불쾌감, 불필요한 긴장감 등을 유발한다.
- 불필요한 소음원을 규제하고, 소음확산을 방지하며, 도시계획의 합리화와 함께 소음방지 시설의 계몽, 법적 규제 등이 필요하다.

비행기 이착륙 소음 ▶

② 진동
- 일정한 점을 중심으로 하여 양쪽으로 흔들려 움직이는 운동을 의미하며, 신체의 전체나 일부가 떨림을 받을 때 피해가 나타난다.
- 레이노 증후군(Raynaud's Phenomenon): 손발이 과도하게 차가운 말초혈관 순환장애로, 손발 저림, 통증, 청색증 등이 나타난다.

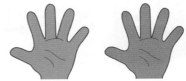

▲ 일반인과 청색증 환자의 손

Part Ⅱ

공중보건

(5) 구충구서

① 일반 원칙
- 발생원 및 서식처를 제거한다.
- 발생 초기에 실시한다.
- 광범위하게 동시에 실시한다.
- 구제 대상 동물의 생태, 습성에 따라 실시한다.

② 종류와 방제방법

해충	감염병	예방법
쥐	페스트, 재귀열, 발진열, 신증후군, 유행성 출혈열, 쓰쓰가무시병	청결, 서식처 제거, 살서제(쥐약), 쥐덫
파리	장티푸스, 파라티푸스, 이질, 콜레라, 디프테리아, 결핵, 기생충질환, 식중독	발생원 제거, 살충제, 끈끈이테이프
모기	사상충증, 뎅기열, 황열, 말라리아, 일본 뇌염	하수도의 고인 물과 같은 발생원에 정기적인 살충제 처리
바퀴	이질, 콜레라, 장티푸스, 폴리오	청결, 지속적인 살충제, 유인제 처리

오 답 노트 **분** 석하여 **만** 점 받자!

오분만

① 햇빛 중 가장 파장이 긴 것은 [   ]으로 열선이라고도 하는데, 방사선 치료와 온실에 활용된다.

② 눈의 피로감이 가장 적은 이상적인 조명은 [   ] 조명이고, 절충식인 반간접 조명도 많이 쓰인다.

③ 폐쇄된 공간에 다수가 밀집되었을 때 발생하는 군집독은 [   ]로 예방할 수 있다.

④ [   ]는 하수 오염의 지표로 활용되는데, 생화학적 산소 요구량을 의미한다.

① 적외선 ② 간접 ③ 환기 ④ 비오디(BOD)

03 Chapter 산업보건 및 감염병관리

1 산업보건

(1) 산업보건의 개념

① 산업보건
- 세계보건기구(WHO)와 국제노동기구(ILO)의 정의

> "모든 산업장 직업인들의 육체적, 정신적, 사회복지를 최고도로 증진, 유지하기 위하여 작업조건으로 인한 질병을 예방하고 건강에 유해한 작업조건으로부터 근로자들을 보호하여, 그들을 정서적으로나 생리적으로 알맞은 작업조건에서 일하도록 배치하는 것"

- 산업보건 행정: 작업환경의 질적향상과 복지시설 관리 및 안전교육을 통해서 직업병을 예방하는 데 목적이 있다.

② 산업보건사업(기본 원칙)

대치	물질의 변경, 공정의 변경, 시설의 변경, 작업 환경의 변경, 유해물질 관리 방법 중 가장 기본적이고 우선적으로 해야 하는 원칙
격리	저장물질의 격리, 시설의 격리, 공정의 격리, 작업자의 격리
환기	깨끗한 공기로 희석
보호	개인 보호구의 착용
교육	작업장의 청결 및 정돈, 직업병으로부터 자신을 보호하여 건강관리 능력을 증진

(2) 산업 피로

① 정의
- 정신적·육체적·신경적 노동의 부하로 인하여 충분히 휴식을 취하였음에도 회복되지 않는 피로이다.
- 본질은 생체의 생리적 변화, 피로 감각, 작업량의 변화에 있다.

② 구분
- 정신적 피로(중추신경계)
- 육체적 피로(근육 피로)

③ 대책

- 작업 방법의 합리화
- 개인차를 고려한 작업량 분배
- 적절한 휴식
- 효율적인 에너지 소모

▲ 산업 피로

(3) 산업재해

① 정의: 산업과정에서 발생하는 사고로 인해 발생하는 인적 · 물적 피해를 총칭한다.

② 분류: 업무상 사고, 업무상 질병, 과로사 등이 있다.

③ 원인

직접	• 불안전한 행동: 재해발생 비율이 가장 높음.
	  - 작업 태도의 불안전, 위험 장소의 출입, 보호구 미착용, 작업자의 실수, 작업자의 피로 등
	• 불안전한 상태: 업무 환경의 불안정성을 뜻함.
	  - 기계의 결함, 안전 장치의 부족, 불안정한 환경, 방호 장치의 결함, 불안정한 조명 등

간접	• 안전 교육의 미비, 안전 수칙의 부재, 잘못된 작업 관리 등 • 작업자의 개인적인 환경이나 사회적 불만 등(직접적인 원인 이외의 요인)
불가항력	• 지진, 태풍, 홍수 등의 천재지변 • 인간이나 기계의 한계로 인한 불가항력 등

④ 산업재해의 통계지표

건수율	• 조사시간 동안 산업체 종사자의 재해발생 건수 • 일정기간 중의 재해건수 / 일정기간 중의 평균종업원 수 × 1,000
도수율	• 산업재해의 발생 빈도를 국제·국내산업 간에 상호 비교하기 위한 표준적인 지표 • 일정기간 중의 재해건수 / 일정기간 중의 연작업시간수 × 1,000,000
강도율	• 연근로시간당 작업손실일수로 재해에 의한 손상의 정도를 나타냄. • 일정기간 중의 작업손실수 / 일정기간 중의 연작업시간수 × 1,000

(4) 직업병

① 정의: 직업이 가지고 있는 특정한 요인에 의해서 그 직업에 종사하는 사람에게만 발생하는 특정 질환을 뜻한다.

② 직업병의 원인과 발병에 따른 증상

원인	질병	증상
이상기온	열중증	• 고온다습한 작업환경에서 발생되는 질환이 원인
	열경련	• 탈수와 염분손실이 원인 • 사지경련, 현기증, 발작, NaCl 감소, 두통, 구토, 호흡곤란 등이 증상
	열사병(일사병)	• 체온이 높아지면서 뇌의 온도가 상승 • 극도로 쇠약, 현기증, 호흡 증가, 오심, 의식불명, 혼수상태 등이 증상
	열허탈증(열피로, 열실사)	• 혈관신경의 부조절, 심박출량 감소, 피부혈관 확장, 탈수 등이 원인 • 전신권태, 두통, 이명, 현기증 등이 증상
이상저온	참호족염(Trench Foot)	• 노출에 의한 혈관 수축이나 근육과 신경에 손상이 원인
	동상(Forostbite)	• 급성 일과성 염증 반응, 혈관 이상이 발생하거나 조직 자체가 동결하여 조직이 손상되는 현상
	동창	• 혈관이 막히면서 발적이나 부종, 가려움이 동반되는 현상
이상기압	고기압환경 – 잠함병 (질소 색전증)	• 바닷속에서 일하다가 급히 해면으로 올라올 때 신체 내에서 유지하던 산소와 질소의 평형이 흐트러지면서 나타나는 질병 • 주로 잠수부, 해녀, 광부 등의 직업병
	저기압 환경 – 고산병 (저산소증 ; Hypoxia)	• 높은 산에 올라가면 기압이 떨어지는 것이 원인 • 복부 팽만, 두통, 피로 등의 증상이 생기고 심하면 폐수종, 뇌수종을 유발
분진	석면폐증(Asbestosis)	• 석면 광산, 석면제품 작업소, 내화제 등이 원인 • 호흡곤란, 흉통 등의 증상, 폐암 유발
	규폐증(Silicosis)	• 토석 채취장, 도자기 공장, 주물 공장, 유리 공장, 등이 발생원 • 호흡곤란, 다량의 담액, 흉통 등의 증상으로 폐결핵을 유발
소음, 진동	직업성 난청	• 각종 작업장, 대로변, 공사현장 등 큰 소음에 노출된 사람에게 발생 • 청력 저하, 청력 상실 등이 증상
	전신진동	• 심장, 폐, 뇌, 장에 손상을 유발
	국소진동	• 뼈, 관절, 신경, 근육의 장애, 레이노 증후군 유발
조명불량		• 안정피로, 근시, 안구진탕증, 작업능률 저하 등을 유발
공업중독	메틸수은 중독증 (미나마타병)	• 살균제, 살충제, 각종 산업폐기물, 해수 등이 발생원 • 급성 중독은 신부전증을 유발, 만성 중독은 뇌의 손상, 단백뇨, 청각 장애 등을 유발
	카드뮴 중독증 (이타이이타이병)	• 만성 중독은 폐기종, 신장장애, 단백뇨 등을 유발
	납 중독증 (적혈구 감소)	• 납이 뼈나 콩팥에 축척되어 적혈구 감소, 빈혈, 소변의 코르프로르피린(Corprorphyrin) 검출, 연성 뇌질환, 어린이 정신발달 장애 등 급·만성질환을 유발

공업 중독	비소 중독증 (색소침착 – 흑피증)	• 급성 중독인 경우 심한 복통과 콩팥 괴사가 일어나고, 사지의 색소침 착증, 흑피증, 피부암을 유발
	크롬 중독증	• 비중격천공증, 피부부식, 폐암 등을 유발
	메탄올 중독증	• 과량섭취 시 신경독에 의해 사망, 소량섭취 시 눈의 각막과 신경에 손상을 주어 실명을 유발
	사염화 탄소(Carbon Tetrachloride) 중독증	• 세탁소 등의 작업장에서 세제 또는 용매 등에 의한 중독으로 발생 • 경련, 혼수상태를 초래하고 독성간염, 신부전증을 유발.

2 감염병관리

(1) 역학

① 정의
  • 질병의 관리와 예방을 목적으로 인간집단 속에 발생하는 질병의 발생과 분포를 관찰하고
    원인을 탐구하는 학문이다.
  • 질병의 원인과 발생에 관계되는 병인, 숙주, 환경의 관계를 연구하는 학문이다.

② 목적: 질병의 발생원인을 규명하여 효율적으로 질병을 예방하는 데 있다.

③ 기능: 질병을 지역사회별로 파악하여 그 대책을 수립하고 행정적으로 뒷받침한다.

④ 구분

기술역학	• 질병의 발생과 관련이 있다고 의심되는 속성과 질병 발생의 분포, 경향 등을 조사·연구 • 생물학적·사회적·지역적·시간적 변수가 영향을 미침.
분석역학	• 기술 역학의 결과를 바탕으로 의도적으로 계획하고 설정하여 인과관계를 밝혀냄. • 단면적 연구, 환자–대조군 연구, 코호트 연구가 있음.

(2) 급만성 감염병관리

① 감염병 발생의 3대 요인
  • 병원체(전염원): 직접적인 요인으로 질적·양적으로 질병을 유발시킬 수 있는 충분한 요인
  • 환경(전염 경로): 질병 발생의 외적 요인으로 병원체의 전파수단이 되는 환경요인
  • 숙주(감수성): 병원체에 대한 면역성은 없고 감수성이 있는 요인

② 감염병의 발생과정

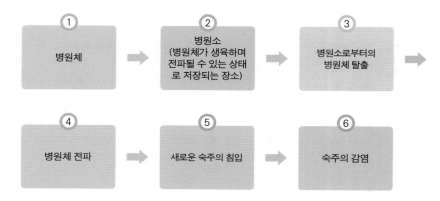

```
①              ②                    ③
병원체    →   병원소              →   병원소로부터의   →
             (병원체가 생육하며          병원체 탈출
             전파될 수 있는 상태
             로 저장되는 장소)

④              ⑤                    ⑥
병원체 전파  →  새로운 숙주의 침입  →   숙주의 감염
```

③ 법정 감염병(신고 주기 : 제1군 ~ 제4군 전염병은 지체없이, 제5군감염병과 지정감염병은 7일 이내)

제1군 감염병	마시는 물 또는 식품을 매개로 발생하고 집단 발생의 우려가 커서 발생 또는 유행 즉시 방역 대책을 수립하여야 하는 감염병	콜레라, 장티푸스, 파라티푸스, 세균성 이질, 장출혈성 대장균감염증, A형 간염
제2군 감염병	예방접종을 통하여 예방 및 관리가 가능하여 국가예방접종사업의 대상이 되는 감염병	디프테리아, 백일해, 파상풍, 홍역, 유행성 이하선염, 풍진, 폴리오, B형간염, 일본뇌염, 수두, B형헤모필루스인플루엔자, 폐렴구균
제3군 감염병	간헐적으로 유행할 가능성이 있어 계속 그 발생을 감시하고 방역 대책의 수립이 필요한 감염병	말라리아, 결핵, 한센병, 성홍열, 수막구균성 수막염, 레지오넬라증, 비브리오패혈증, 발진티푸스, 발진열, 쓰쓰가무시병, 렙토스피라증, 브루셀라증, 탄저, 공수병, 신증후군출혈열, 인플루엔자, 후천면역결핍증(AIDS), 매독, 크로이츠펠트-야콥병(CJD) 및 변종크로이츠펠트-야콥병(vCJD)
제4군 감염병	국내에서 새롭게 발생하였거나 발생할 우려가 있는 감염병 또는 국내 유입이 우려되는 해외 유행 감염병으로서 보건복지부령으로 정하는 감염병	페스트, 황열, 뎅기열, 바이러스성 출혈열, 두창, 보툴리눔독소증, 중증 급성호흡기 증후군(SARS), 동물인플루엔자 인체감염증, 신종인플루엔자, 야토병, 큐열(Q熱), 웨스트나일열, 신종감염병증후군, 라임병, 진드기매개뇌염, 유비저(類鼻疽), 치쿤구니야열, 중증열성혈소판감소증후군(SFTS), 중동 호흡기 증후군(MERS), 지카 바이러스 감염증
제5군 감염병	기생충에 감염되어 발생하는 감염병으로서 정기적인 조사를 통한 감시가 필요하여 보건복지부령으로 정하는 감염병	회충증, 편충증, 요충증, 간흡충증, 폐흡충증, 장흡충증

▲ 제1군감염병 장티푸스

▲ 제3군감염병 말라리아

▲ 제4군감염병 지카
(흰줄숲모기)

| 지정
감염병 | 제1군감염병부터 제5군감염병까지의 감염병 외에 유행 여부를 조사하기 위하여 감시활동이 필요하여 보건복지부장관이 지정하는 감염병 | C형간염, 수족구병, 임질, 클라미디아감염증, 연성하감, 성기단순포진, 첨규콘딜롬, 반코마이신내성황색포도알균 감염증, 반코마이신내성장알균 감염증, 메티실린내성황색포도알균 감염증, 다제내성녹농균감염증, 다제내성아시네토박터바우마니균 감염증, 카바페넴내성장내세균속균종 감염증, 장관감염증, 급성호흡기감염증, 해외유입기생충감염증, 엔테로바이러스 감염증 |

④ 감염병의 변화
- 장기변화(추세변화): 장기간을 주기로 유행하는 것으로 장티푸스 30~40년, 디프테리아 20년, 인플루엔자 20~30년이다.
- 단기변화(주기·순환변화): 단기간을 주기로 유행하는 것으로 일본 뇌염 3~4년, 백일해 2~4년, 홍역 2~3년이다.
- 계절적 변화: 외래감염병이 국내에서 유행하는 것으로 콜레라 등이 있다.

⑤ 감염병의 분류
- 잠복기에 따라

1주일 이내	• 인플루엔자(1~3일), 이질(2~7일), 성홍열(2~7일) • 콜레라(1~5일, 평균 3일, 때로는 수시간), 파라티푸스(4~10일, 평균 1주일) • 디프테리아(2~7일), 뇌염(48시간~수일), 인플루엔자(1~3일), 황열(3~5일, 때로는 6일) 등
1~2주일	• 장티푸스(7~30일, 평균 2주), 발진티푸스(5~20일, 보통 12일), 백일해(7~10일) • 폴리오(소아마비, 3~10일, 보통 10일), 홍역(8~10일), 수두(14~31일) • 유행성 이하선염(12~26일), 풍진(14~21일) 등
장기간	한센병(3~4년), 결핵(부정) 등

- 감염경로에 따라

분류	감염경로	감염병
직접접촉감염	피부	와일씨병, 십이지장충 등
	상처	파상풍, 매독, 한센병 등
	곤충, 동물에 의한 경피 침입	뇌염, 말라리아 등
간접접촉감염	환자나 보균자의 기침, 침, 재채기 등	디프테리아, 인플루엔자, 성홍열 등
진애감염	오염된 먼지의 흡입	나병, 결핵, 천연두, 디프테리아 등
개달물감염	서적, 의복, 음식물, 식기, 완구, 우유 등	나병, 결핵, 트라코마, 천연두 등
수인성감염	오염된 물	장티푸스, 파라티푸스, 이질, 콜레라, 소아마비 등
토양감염	오염된 흙	파상풍(경피 감염), 구충 등

⑥ 감염병의 관리방법

• 전파예방, 외래감염병의 국내침입방지, 병원소 제거 및 격리, 감염력의 감소, 환경위생관리 등을 실시한다.

• 면역력을 증강하기 위하여 영양관리, 운동, 충분한 수면, 예방접종, 혈청접종을 실시한다.

• 예방되지 못한 환자의 조치로 조기진단 및 치료 도모, 감염원에 대한 처치, 철저한 소독과 살균, 위생관리, 식품의 오염방지 등을 실시한다.

하나 더

예방접종표

연령	종류	
출생~1개월	B형간염(1주 이내), BCG(4주 이내)	
2개월	DTaP(1차)	**D**: 디프테리아(Diphtheria)
4개월	DTaP(2차)	**T**: 파상풍(Tetanus)
6개월	DTaP(3차)	**P**: 백일해(Pertussis)
15개월	MMR(홍역, 유행성 이하선염, 풍진), 수두	
3~15세	일본뇌염	

 **오분만** **오**답 노트 **분**석하여 **만**점 받자!

① [   ]은 골연화증과 이타이이타이병의 원인 물질이다.

② [   ]이 지속적으로 유발되는 작업 환경에 장기간 노출되면 레이노드 증후군이 생길 수 있다.

③ [   ]은 만성중독 시 비점막염증, 피부궤양, 비중격천공 등의 증상이 나타난다.

④ 접촉감염지수: 두창 · 홍역 95% 〉 백일해 60~80% 〉 성홍열 40% 〉 디프테리아 10% 〉

　　[   ] 0.1%

⑤ 소고기를 가열하지 않고 회로 먹을 때 생길 수 있는 가능성이 가장 큰 기생충은 [   ](민촌충) 이다.

① 카드뮴(Cd) ② 진동 ③ 크롬 ④ 폴리오 ⑤ 무구조충

04 보건관리

1 보건행정과 기구

(1) 보건행정

① 정의
- 공중보건학의 원리를 통해 국민의 건강과 정신적 안녕을 도모하는 목적을 달성하기 위해 수행하는 행정활동이다.
- 공공의 책임으로 국민보건향상을 위하여 시행하는 활동의 총칭으로, 보건지식과 기술을 하나로 묶은 기술행정을 의미한다.

② 분류
- 일반보건행정: 예방보건행정, 위생행정, 모자보건행정, 의무행정, 약무행정 등의 공중위생 행정
- 산업보건행정: 산업재해예방, 근로자의 건강유지 및 증진, 근로복지시설의 관리 및 안전교육 등 작업환경의 질적 향상 행정
- 학교보건행정: 학교급식, 건강교육, 학교체육 등의 학교보건 사업

③ 공중보건사업의 3대 요건
- 보건행정
- 보건법
- 보건교육(가장 효율적인 사업)

④ 범위
- 보건관련 기록보존
- 대중에 대한 보건교육
- 환경위생
- 모자보건
- 감염 질환의 관리
- 의료, 보건간호

(2) 국제보건기구

① 유엔아동기금(UNICEF): 원조 물품을 접수하여 필요한 국가에 원조하고, 정당한 분배와 이용을 확인하는데, 특히 모자 보건향상에 기여한다.

② 유엔식량농업기구(FAO): 인류의 영양기준 및 생활향상을 목적으로 설치된 기구이다.

③ 세계보건기구(WHO): 국제연합 산하의 전문기관으로 모든 인류의 최고건강 수준 달성을 목적으로 1948년 4월에 설립하였다.

Africa; HQ: Brazzaville, Congo
Americas; HQ: Washington, DC, USA
Europe; HQ: Copenhagen, Denmark
Eastern Med.; HQ: Cairo, Egypt
South East Asia; HQ: New Delhi, India
Western Pacific; HQ: Manila, Philippines

2 인구와 보건

(1) 인구

① 인구: 일정한 시점에서 일정 지역에 거주하는 사람들의 총 수를 말하여, 최초의 인구학자는 맬서스이다.

② 인구구성의 형태
  • 피라미드형(인구증가형): 출생률 증가, 사망률 감소형(후진국형)
  • 종형(인구정지형): 출생률과 사망률이 낮은 형(가장 이상적인 형)
  • 방추형(인구감소형): 출생률이 사망률보다 낮은 형(선진국형)
  • 별형: 생산인구가 전체인구의 1/2 이상인 형(도시 유입형)
  • 표주박형: 생산연령인구가 전체인구의 1/2 미만인 형(농촌형)

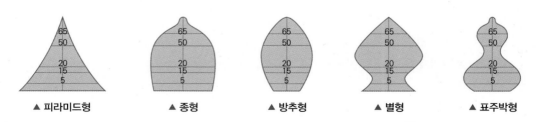

▲ 피라미드형   ▲ 종형   ▲ 방추형   ▲ 별형   ▲ 표주박형

③ 인구 문제
- 양적 문제
  - 3P(인구 : Population, 공해 : Pollution, 빈곤 : Poverty)
  - 3M(기아 : Malutrition, 질병 : Morbidity, 사망 : Mortality)
- 질적 문제: 열성 유전인자의 전파, 성·연령·계층 간의 인구구성 등

> **하나더**
>
> **인구론**
> ① 맬서스주의: 인구 증가를 식량 문제와 연관
> ② 신맬서스주의: 피임에 의한 산아 조절 주장
> ③ 인구증가 = 자연증가(출생인구 + 사망인구) + 사회증가(유입인구 + 유출인구)

(2) 보건영양

① 보건영양학의 개념
- 영양문제를 사회적 요인과의 관계로 취급하여 영양개선에 응용하는 학문이다.
- 인구집단 또는 지역사회의 영양상태 및 식생활을 평가하고, 더 나아가 질병예방 및 건강증진을 위해 계획하고 실행할 수 있도록 하는 학문을 의미한다.
- 우리나라는 3년마다 '국민 영양조사'를 실시하고 있다(최초 실시는 1969년).

② 영양상태의 판정
- 1966년 WHO의 영양판정전문위원회는 '영양판정지침서'를 만들었다.
- 생화학적 검사, 임상조사, 식사조사 등의 방법이 있다.
- 주관적 판정법(시진, 촉진)과 객관적 판정법(신체계측에 의한 판정)이 있다.

Kaup 지수(영유아)	체중(kg) / [신장(cm)]^2 × 10^4 • 22 이상: 비만 • 15 이하: 마른 아이
Rohrer 지수(학동기 이후 소아)	체중(kg) / [신장(cm)]^3 × 10^7 • 160 이상: 비만 • 110 미만: 마른 아이
Vervaek 지수	체중(kg) + 흉위(cm) / 신장 × 10^2
Broca 지수(성인의 비만)	• 표준 체중 = (신장 − 100) / 0.9 • 정상: 90~109
비만도(표중 체중 계산 방법)	(실측 체중 ÷ 표준 체중) × 100 (%)

③ 표준 영양 권장량

- 성인 남자의 연령을 20~49세, 체중을 67kg이라 가정할 때 1일분의 식품 구성량을 기준으로 한다.
- 여기에 안전율 10% 정도가 가산되어 식품의 섭취가 부족하여도 쉽게 결핍증에 걸리지 않게 된다.

④ 영양소결핍 시의 장애

- 탄수화물: 체중감소, 기력부족
- 단백질: 성장·발육저조, 소화기질환, 빈혈
- 지방: 체중감소, 기력부족, 성장·발육저조

⑤ 기타 영양 장애

- 식사 부적합으로 일어나는 감염병

과식이나 과다 지방식	비만증, 고혈압, 당뇨병, 관상동맥질환, 심장질환, 골 관절염 등
식염의 과다 섭취와 자극적인 음식	고혈압, 신장병, 심장병 등
비타민이나 무기질이 부족한 식사	각기병, 구루병, 펠라그라, 빈혈, 갑상선종, 충치 등
만성 감염병	결핵, 나병, 성병, AIDS 등

- 부모로부터 전염되거나 유전되는 감염병
  - 감염성 질환: 매독, 두창, 풍진 등
  - 비감염성 질환: 고혈압, 당뇨병, 알레르기, 혈우병, 통풍, 정신 발육 지연, 시력 및 청력 장애

하나 더

기초대사

① 생명체가 생명을 유지하는 데 필요한 최소한의 에너지대사이다.
② 성별, 연령, 체질, 계절, 시간 등에 따라 기초대사량이 다르다.
③ 우리가 하루에 소모하는 총 에너지의 60~70%를 차지하는데, 일반적으로 20~40세가 가장 높고, 남자가 여자보다 5~10% 더 높다.

펠라그라

① 옥수수를 주식으로 하는 사람들에게 자주 발생하는데, 니코틴산(비타민 B_3) 부족이 원인이다.
② 피부 질환과 신경 장애를 유발하는데, 주로 피부염·설사·치매가 특징이다.

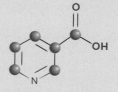

Vitamin B_3

3 모자보건, 성인 및 노인보건

(1) 모자보건

① 모자보건
- 대상: 가임여성, 6세 미만의 영·유아를 비롯한 임신, 분만, 산욕기, 수유기 여성이 해당된다.
- 모자보건법: 모성 및 영유아의 생명과 건강을 보호하고, 건전한 자녀의 출산과 양육을 도모함으로써 국민 보건 향상에 이바지함을 목적으로 한다.
- 중요성
  - 영유아 및 모성의 인구가 전체 인구의 60~70%를 차지한다.
  - 임산부와 영유아들은 건강 취약 대상이기 때문이다.

④ 모자 사망 원인
- 영아(생후 12개월): 폐렴·기관지염, 장염·설사, 선천적 기형, 신생아의 고유질환 및 사고
- 조산아(저체중아) 관리: 체온보호, 감염방지, 호흡관리, 영양관리
- 모성 사망의 3대 요인: 임신중독증, 출혈, 자궁 외 임신 등

[자료 제공: 통계청]

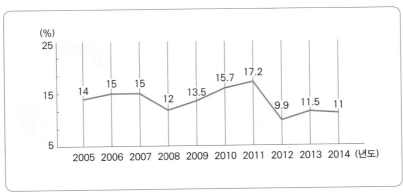

▲ 모성 사망비(출생아 10만 명당)

하나 더

가족계획
① 의미: 출산의 시기와 간격을 조절하여 자녀의 수를 제한하고, 불임 환자를 진단하여 치료하는 것을 뜻한다.
② 방법
- 일시적인 피임법: 콘돔, 성교중절법, 자궁 내 장치, 월경주기법, 기초체온법, 경구피임약 복용 등
- 영구 피임법: 난관수술, 정관수술 등

(2) 성인보건

- 40세 전후를 향로기 또는 중년기라고 하고, 45~55세를 초로기, 55~65세를 점로기, 65세 이상을 노쇠기라 한다.
- 중년기에는 질병을 예방하고 건강을 유지하기 위하여 균형 있는 영양 섭취 및 규칙적인 생활이 필요하다.
- 식생활관리: 정상 체중을 유지하도록 총 섭취량을 조절하고 당질의 양을 조절하며 과음이나 과식을 피한다.
- 생활습관개선: 스트레스 해소, 금연 및 금주, 과로와 수면 부족을 피하고 규칙적인 운동을 한다.

(3) 노인보건

① 정의
- 노인보건은 65세 전후의 노인에 대한 임상 의학적, 생물학적, 역사적, 사회학적 등 여러 가지 특성과 제반 문제들을 과학적으로 연구한다.
- 노인 인구의 신체적·사회적·정신적 건강을 유지하고 증진시키기 위하여 관련된 보건의료 자원을 효율적으로 조달하고 분배하며 관리하는 분야이다.

② 특성
- 개인차가 있긴 하지만 보통 40세가 넘으면 체력이 쇠퇴하고 노화가 진행된다.
- 노화 현상에서 생기는 노인성 질환을 노인병이라고 하며, 퇴행성 변화로 일어나는 동맥경화증, 만성 폐기종, 척추나 관절의 퇴행성 변화 등이 해당된다.

③ 노인성 질환: 고혈압, 치매, 퇴행성 관절염, 난청, 백내장 등이 있다.

4 학교보건

① 의미
- 학생 및 교직원의 건강을 보호·유지·증진할 수 있도록 건강서비스와 환경관리 및 보건교육을 제공하는 것이다.
- 학생의 신체적, 정신적, 사회적 건강수준을 향상시켜 효율적으로 학습목표를 달성하고, 평생 건강의 기틀을 마련하는 것이다.

② 중요성
- 학교인구는 전체 인구의 1/4을 차지하며, 집단생활이므로 보건사업을 추진하기에 유리하기 때문이다.
- 학생 시기는 학습능력이 뛰어나서 효율적인 보건교육이 가능하고, 이 시기의 건강한 습관은 성인기까지 이어져 궁극적으로 국민건강 향상에 기여하기 때문이다.
- 가정과 지역사회가 연계된 효율적인 보건사업을 추진할 수 있기 때문이다.

③ 분야

구분	내용
건강	• 학교 성교육 등 보건교육 • 학생건강관리, 학교건강검사 • 학생 정서·행동 특성검사 및 관리 • 교내감염병 예방관리 • 학생흡연 등 약물 오·남용 예방 • 학교 심폐소생술 교육
환경	• 학교 환경위생정화구역 등 교육환경 보호 제도관리 • 학교 석면관리 • 학교 먹는 물 위생관리 • 학교 교사 내 공기질 등 환경위생개선
급식	• 학교급식운영 • 학교급식 안전관리 • 영양관리 및 식생활지도 • 안전하고 우수한 식재료 사용 • 저소득층 및 농어촌지역 학교급식비 지원 • 학교급식 지도·감독 및 행정지원

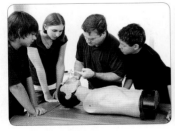

▲ 건강

▲ 환경

▲ 급식

오분만

오 답 노트 분 석하여 만 점 받자!

① 3P는 [　　　], 공해, 빈곤이다.

② 3M은 기아, 질병, [　　　]이다.

③ 출생률과 사망률이 모두 낮아 가장 이상적인 인구형은 [　　　]이다.

① 인구 ② 사망 ③ 종형

01 공중보건에 대한 설명으로 틀린 것은?

① 질병예방, 수명연장, 정신적 · 신체적 효율 증진이 목적이다.
② 공중보건의 최소단위는 지역사회이다.
③ 환경위생 향상, 감염병 관리 등이 포함된다.
④ 주요 사업대상은 개인의 질병 치료이다.

02 공중보건의 대상은 어느 것인가?

① 지역사회 주민　　　　② 개인 또는 가족
③ 학생　　　　　　　　④ 직장 또는 단체

03 WHO 보건헌장에 의한 건강의 정의는?

① 질병이 걸리지 않은 상태
② 육체적으로 편안하며 쾌적한 상태
③ 육체적, 정신적, 사회적 안녕이 완전한 상태
④ 허약하지 않고 심신이 쾌적하며 식욕이 왕성한 상태

04 다음 중 공중보건의 목적은?

① 질병예방, 생명연장, 건강증진
② 건강증진, 생명연장, 질병치료
③ 조기치료, 조기발견, 격리치료
④ 생명연장, 건강증진, 조기발견

05 자외선이 인체에 미치는 영향이 아닌 것은?

① 살균작용　　　　② 일사병 예방
③ 피부색소침착　　④ 구루병 예방

01 공중보건에서 치료의 영역은 포함하지 않는다.

02 공중보건사업의 최소단위는 지역사회의 인간집단이며, 더 나아가 국민전체를 대상으로 한다.

03 건강이란, 단순한 질병이나 허약의 부재 상태만을 의미하는 것이 아니고 육체적 · 정신적 · 사회적으로 모두 완전한 상태를 말한다.

04 공중보건의 목적은 질병은 예방하고, 수명을 연장시키며, 신체적 · 정신적 효율의 증진에 있고, 이것을 달성하기 위한 수단은 지역사회의 노력을 통해 이루어진다.

05 자외선은 살균작용, 비타민 D를 형성하여 구루병의 예방, 신진대사 촉진, 적혈구 생성 촉진, 혈압강하작용을 한다.

01 ④　　**02** ①　　**03** ③　　**04** ①　　**05** ②

06 살균력이 강한 자외선의 파장은?

① 2,000~2,200 Å   ② 2,400~2,800 Å

③ 3,000~3,200 Å   ④ 3,200~3,600 Å

06 자외선은 파장의 범위가 2,500~2,800 Å일 때 살균력이 가장 강하다.

07 실내온도와 습도로 적절한 것은?

① 14±2°C, 70~80%   ② 18±2°C, 40~70%

③ 20±2°C, 20~40%   ④ 22±2°C, 70% 이상

07
- 쾌감 온도: 18±2°C
- 쾌적한 습도: 40~70%
- 공기의 흐름: 일반적으로 1m/sec 전후의 기류

08 실내공기 오염을 나타내는 대표적인 지표는?

① CO_2 ② CO

③ O_2 ④ N_2

08 이산화탄소는 실내공기 오탁의 지표로 쓰이고, 대기공기의 오탁을 나타내는 대표적인 지표는 아황산가스(SO_2)이다.

09 여러 사람이 밀집한 실내의 공기가 물리 · 화학적 조성의 변화로 불쾌감, 두통, 권태, 현기증 등을 일으키는 것은?

① 군집독   ② 곰팡이독

③ 진균독   ④ 산소중독

09 군집독
한 공간에 여러 사람이 밀집되었을 때 두통, 현기증, 구토 등의 생리적 현상이 생기는 것이다.

10 공기를 조성하는 기체 중 가장 많은 것은?

① 질소   ② 아르곤

③ 산소   ④ 헬륨

10 대기 중의 공기는 질소가 78%로 가장 많이 함유되어 있다.

06 ②   **07** ②   **08** ①   **09** ①   **10** ①

11 다음 중 대기오염을 일으키는 요인으로 가장 영향력이 큰 것은?

① 고기압일 때   ② 저기압일 때
③ 바람이 불 때   ④ 기온 역전일 때

12 감각온도(체감온도)의 3요소에 속하지 않는 것은?

① 기온   ② 기습
③ 기압   ④ 기류

12 감각온도: 기온, 기습, 기류

13 다음 중 일산화탄소(CO)에 대한 설명으로 틀린 것은?

① 헤모글로빈과의 친화성이 매우 강하다.
② 일반 공기 중 0.1% 정도 함유되어 있다.
③ 탄소를 함유한 유기물이 불완전연소할 때 발생한다.
④ 제철, 도시가스 제조과정에서 발생한다.

13 일산화탄소(CO): 공기 중에서 0.01% 이하로 존재(불완전 연소 과정에서 발생하는 무색, 무미, 무취의 맹독성 가스)

14 공기의 자정작용과 관계가 없는 것은?

① 희석작용   ② 세정작용
③ 환원작용   ④ 살균작용

15 일반적으로 냉방 시 가장 적당한 실내외의 온도 차는?

① 5~7℃ 내외   ② 9~11℃ 내외
③ 13~15℃ 내외   ④ 17~19℃ 내외

15 실내의 온도가 26℃ 이상일 때 냉방이 필요하다. 실내와 실외의 온도 차는 5~8℃ 이내로 유지하는 것이 바람직하고, 머리 측과 발 측의 온도 차이는 2~3℃가 바람직하다.

11 ④   **12** ③   **13** ②   **14** ③   **15** ①

16 다음 중 자외선을 이용한 살균 시 가장 유효한 파장은?

① 250~260nm ② 350~360nm
③ 450~460nm ④ 550~560nm

16 자외선: 250~280nm(2,500~2,800Å)

17 하수처리방법 중 혐기성 분해처리에 해당하는 것은?

① 부패조 ② 활성오니법
③ 살수여과법 ④ 산화지법

17 **하수처리방법**
예비처리 → 본처리(혐기성 처리: 임호프 탱크 및 부패조 처리법, 호기성 처리 : 활성오니법과 살수여상법) → 끝처리(오니 처리)의 순서

Part Ⅱ
인중보건

18 수질의 오염정도를 파악하기 위한 BOD(생화학적 산소요구량)의 측정 시 일반적인 온도와 측정 기간은?

① 10℃에서 10일간 ② 20℃에서 10일간
③ 10℃에서 5일간 ④ 20℃에서 5일간

18 BOD란 세균이 호기성 상태에서 유기물질을 20℃에서 5일간 안정화시키는 데 소비한 산소량을 말한다.

19 먹는 물 소독에 가장 적합한 것은?

① 염소 ② 알코올
③ 과산화수소 ④ 생석회

19 음용수 소독에는 100℃ 이상으로 끓이는 열처리법, 염소소독법, 표백분소독법, 자외선소독법, 오존소독법 등이 있다.

20 다음 상수처리과정에서 가장 마지막 단계는?

① 급수 ② 취수
③ 정수 ④ 도수

20 **상수의 처리과정**
침사(취수) → 도수 → 정수 → 송수 → 배수 → 급수

16 ① 17 ① 18 ④ 19 ① 20 ①

21 다음 중 이타이이타이병의 유발물질은?

① 수은(Hg)　　　　② 납(Pb)

③ 칼슘(Ca)　　　　④ 카드뮴(Cd)

22 작업환경조건에 따른 질병의 연결이 맞는 것은?

① 고기압 – 고산병　　　② 저기압 – 잠함병

③ 조리장 – 열 쇠약　　　④ 채석장 – 소화 불량

23 수인성 감염병의 역학적 유행특성이 아닌 것은?

① 환자 발생이 폭발적이다.

② 잠복기가 짧고 치명률이 높다.

③ 성별과 나이에 무관하게 발생한다.

④ 급수지역과 발병지역이 거의 일치한다.

24 우리나라에서 발생하는 장티푸스의 가장 효과적인 관리방법은?

① 철저한 환경위생

② 공기정화

③ 순화독소(Toxoid) 접종

④ 농약사용 자제

25 상수도 기준에서 검출되어서는 안 되는 것은?

① 대장균　　　　② 염소 이온

③ 일반세균　　　④ 질산성 질소

21
- 카드뮴(Cd) 중독: 이타이이타이병, 골연화증, 단백뇨
- 수은(Hg) 중독: 미나마타병, 지각 마비
- 납(Pd) 중독: 신장장애, 칼슘대사이상, 소변 중 코프로포피린 검출

22
- 고기압: 잠함병
- 저기압: 고산병
- 채석장: 진폐증

23 수인성 감염병: 치명률이 낮고, 2차 감염이 거의 없다.

24 수인성 질병의 가장 효과적인 관리방법은 환경 위생을 철저히 하는 것이다.

25 음료수의 판정 기준
- 염소 이온은 150ppm을 넘지 아니할 것
- 일반세균 수는 1cc 중 100을 넘지 아니할 것
- 질산성 질소는 10ppm을 넘지 아니할 것
- 대장균은 50cc 중에서 검출되지 아니할 것

21 ④　**22** ③　**23** ②　**24** ①　**25** ①

26 음료수 소독 시의 허용 잔류염소량은?

① 0.2ppm　　　　　　② 0.3ppm

③ 0.5ppm　　　　　　④ 0.8ppm

27 작업장 내의 부적당한 조명이 인체에 미치는 주된 영향은?

① 식중독　　　　　　② 군집독

③ 소화불량　　　　　④ 안정 피로

28 고열 장애로 인한 직업병이 아닌 것은?

① 열경련　　　　　　② 일사병

③ 열 쇠약　　　　　　④ 참호족

29 다음 중 공해로 분류되지 않는 것은?

① 식품오염　　　　　② 수질오염

③ 대기오염　　　　　④ 진동, 소음

30 음료수 오염의 지표가 되는 것은?

① 증발잔류량　　　　② 탁도

③ 경도　　　　　　　④ 대장균 수

---

26 음료수 소독 시 잔류염소량은 0.2ppm이며, 식용얼음이나 수영장의 잔류염소량은 0.4ppm이다.

27 작업장 내의 조명 불량으로 인한 직업병으로 안정피로, 근시, 안구진탕증이 있다.

28 참호족은 발을 오랜 시간 비위생적이고 차가운 상태에 노출하여 일어나는 질병이다.

30 음료수에서 오염의 지표가 되는 것은 대장균 수이며, 50cc 중에서 검출되지 않아야 한다.

Part Ⅱ
공중보건

26 ①　**27** ④　**28** ④　**29** ①　**30** ④

31 모기 구제의 가장 효과적인 방법은?

① 모기의 먹이를 없앤다.
② 환경개선으로 발생원을 제거한다.
③ 방충망을 설치한다.
④ 성충을 구제하기 위하여 살충제를 사용한다.

31 구충구서의 가장 효과적인 방법은 발생원 제거이다.

32 바퀴벌레의 방제방법으로 옳지 않은 것은?

① 청결한 위생관리
② 미끼를 이용
③ 40°C로 내부 온도 유지
④ 화학약품을 이용

32 바퀴는 5°C에서 비활동적이 되므로, 냉장과 냉동온도는 바퀴의 수를 감소시킬 수 있다.

33 진드기의 번식 조건이 아닌 것은?

① 습도   ② 수분함량
③ 온도   ④ 일광

33 진드기는 20°C 이상, 습도 75% 이상이거나 식품 내 수분 함량이 13%일 때 잘 증식한다.

34 쥐에 물렸을 때 스피로헤타가 몸 안에 침범하여 일으키는 병은?

① 쓰쓰가무시병   ② 이질
③ 선모충   ④ 서교증

34 서교증은 약 2~3주일의 잠복기를 거쳐 물린 자리가 붓고 아프기 시작하여 떨리고 열이 난다.

35 구충구서의 가장 근본적인 방법은 무엇인가?

① 화학적인 방법   ② 물리적인 방법
③ 환경적인 방법   ④ 생물학적 방법

35 가장 근본적인 방법은 환경적인 것으로, 서식처 및 발생원을 제거하는 것이다.

36 다음 중 진개 처리방법에 속하지 않는 것은?

① 소각법
② 고속 퇴비화
③ 위생매립법
④ 활성 오니법

36 진개 처리방법
소각법, 해양투기법, 비료화법, 매립법 등이 있으며, 활성오니법은 하수의 호기성 분해 처리 방법이다.

37 1일 8시간을 기준으로 허용되는 소음은 얼마인가?

① 50dB
② 90dB
③ 120dB
④ 150dB

37 소음측정은 장애물이 없는 지점에서 지면 위 1.2~1.5m의 높이에서 실시하는데, 1일 8시간 기준으로 90dB를 넘어서는 안 된다.

38 소음공해의 영향으로 옳은 것은?

① 시력감퇴
② 수면유도
③ 작업능률 저하
④ 피부질환

38 소음으로 인한 직업병으로 직업성 난청을 들 수 있으며, 소음으로 인하여 작업능률이 저하되므로 방지책으로 귀마개 사용·방음벽 설치·작업방법 개선 등을 들 수 있다.

39 다음 중 병원체가 세균인 질병은?

① 폴리오
② 백일해
③ 발진티푸스
④ 홍역

39 • 백일해: 세균
• 폴리오, 홍역: 바이러스
• 발진티푸스: 리케차

40 다음 중 DPT 예방접종과 관계가 없는 감염병은?

① 페스트
② 디프테리아
③ 백일해
④ 파상풍

40 • D: 디프테리아
• P: 백일해
• T: 파상풍

36 ④   **37** ②   **38** ③   **39** ②   **40** ①

41 법정 감염병 제1군에 속하는 것은?

① 일본뇌염　　　　② 성홍열

③ 장티푸스　　　　④ 성병

41 제1군 감염병
환자 발생 즉시 환자격리가 필요한 감염병으로 콜레라, 페스트, 장티푸스, 파라티푸스, 세균성 이질, 장출혈성 대장균 감염증(O-157) 등이 속한다.

42 다음 중 공중보건사업과 거리가 먼 것은?

① 보건교육　　　　② 보건행정

③ 인구보건　　　　④ 감염병치료

42 공중보건은 치료가 아니라, 예방의학의 목적을 가지고 있다.

43 공기 중에 일산화탄소가 많을 때 중독이 되는 이유는?

① 혈당의 상승　　　　② 근육의 경직

③ 조직 세포의 산소 부족　　④ 간세포의 섬유화

43 일산화탄소는 혈액 속의 헤모글로빈과의 친화력이 산소보다 높기 때문에 혈중 산소 농도를 떨어뜨려 조직 세포에 공급할 산소가 부족하게 되고, 결과적으로 무산소증이 일어난다.

44 이상적인 인구구성형은?

① 감소형　　　　② 정지형

③ 도시형　　　　④ 발전형

44 인구구성은 연령층의 분포로 나타내며 인구의 증감이 거의 없는 정지형이 이상적이다.

45 우리나라에서 공중보건행정을 담당하는 기관은?

① 국립보건원　　　　② 국립의료원

③ 지역 보건소　　　　④ 보건복지부

45 우리나라 공중보건행정은 보건복지부에서 담당하고 있다.

41 ③　　**42** ④　　**43** ③　　**44** ②　　**45** ④

46 세계보건기구의 주요 기능이 아닌 것은?

① 회원국에 대한 기술지원 및 자료 공급
② 국제적인 보건사업의 지휘 및 조정
③ 개인의 정신보건향상
④ 전문가 파견에 의한 기술자문활동

47 다음 중 산업재해의 지표로 쓰이는 것이 아닌 것은?

① 건수율　　　　② 이환율
③ 도수율　　　　④ 강도율

47 산업재해의 지표로는 도수율, 강도율, 건수율이 있다.

48 인구의 사회적인 증감 없이 자연적·생물학적인 출생과 사망에 의해서 형성되는 인구는 무엇인가?

① 폐쇄인구　　　② 안정인구
③ 정지인구　　　④ 준안정인구

48
• **폐쇄인구:** 자연적인 출생과 사망에 의해서만 형성되는 인구
• **안정인구:** 출생률과 사망률의 비율이 안정되어 일정한 인구구성을 유지하는 인구
• **정지인구:** 안정인구에서 자연 인구 증가율이 0인 인구로, 인구의 증감이 없는 가상적 인구

49 다음 질병 중 양친에게서 유전되는 병이 아닌 것은?

① 정신분열증　　② 결핵
③ 진성간질　　　④ 색맹

49 **양친에게서 유전되는 질병**
• **감염병:** 매독, 두창, 풍진 등
• **비감염성 질환:** 혈우병, 통풍, 고혈압, 당뇨병, 알레르기, 정신발육 지연, 시력 및 청력장애 등

50 국가가 지역사회의 건강수준을 나타내는 지표로서 대표적인 것은?

① 질병 이환률　　② 영아사망률
③ 신생아사망률　　④ 조사망률

50 영아 사망률이란 출생아 1,000명당 1년간 생후 1년 미만 영아의 사망자 수의 비율로, 한 국가의 건강 수준을 나타내는 대표적인 지표로 사용된다.

51 감염병 예방법상 제2군 감염병인 것은?

① 장티푸스 ② 말라리아
③ 유행성 이하선염 ④ 세균성 이질

51 장티푸스와 세균성 이질은 제1군 감염병, 말라리아는 제3군 감염병이다.

52 법정 감염병 중 제3군 감염병에 속하는 것은?

① 후천면역결핍증 ② 장티푸스
③ 일본뇌염 ④ B형간염

52 장티푸스는 제1군, 일본뇌염과 B형 간염은 제2군 감염병이다.

53 파리에 의해 주로 전파될 수 있는 감염병은?

① 페스트 ② 장티푸스
③ 사상충증 ④ 황열

53 파리에 의해 전파 가능한 질병은 장티푸스, 이질, 소아마비, 파라티푸스, 콜레라, 결핵, 디프테리아 등이다.

54 산업 피로의 본질과 가장 관계가 먼 것은?

① 생체의 생리적 변화 ② 피로 감각
③ 산업구조의 변화 ④ 작업량 변화

54 산업 피로는 정신적, 육체적, 작업량 등의 변화에 따른 피로감이며, 산업구조의 변화와는 본질적 관계가 없다.

55 실내에 여러 사람이 밀집한 상태에서 실내 공기의 변화는?

① 기온 상승 – 습도 증가 – 이산화탄소 감소
② 기온 하강 – 습도 증가 – 이산화탄소 감소
③ 기온 상승 – 습도 증가 – 이산화탄소 증가
④ 기온 상승 – 습도 감소 – 이산화탄소 증가

55 실내에 여러 사람이 밀집하면 기온이 상승하고 습도가 증가하며 이산화탄소가 증가한다.

51 ③ **52** ① **53** ② **54** ③ **55** ③

56 출생률보다 사망률이 낮으며 14세 이하 인구가 65세 이상 인구의 2배를 초과하는 인구구성형은?

① 피라미드형   ② 종형
③ 항아리형   ④ 별형

57 진동이 심한 작업장 근무자에게 다발하는 질환으로 청색증과 동통, 저림 증세를 보이는 질병은?

① 레이노 증후군   ② 진폐증
③ 열경련   ④ 잠함병

58 한 국가나 지역사회 간의 보건수준을 비교하는 데 사용되는 대표적인 3대 지표는?

① 영아사망률, 비례사망지수, 평균수명
② 영아사망률, 사인별사망률, 평균수명
③ 유아사망률, 모성사망률, 비례사망지수
④ 유아사망률, 사인별사망률, 영아사망률

59 눈을 보호하는 데 가장 좋은 인공조명방식은?

① 간접조명   ② 직접조명
③ 반직접조명   ④ 전반확산조명

60 일정 기간 중 평균 실제 근로자 수 1,000명당 발생하는 재해 건수의 발생빈도를 나타내는 지표는?

① 도수율   ② 건수율
③ 강도율   ④ 이환율

56 ①   **57** ①   **58** ①   **59** ①   **60** ②

III

식품학

식품학의 기초

1 식품

(1) 정의

- 식품위생법상 식품이란 모든 음식물을 말한다.
- 질병의 치료를 목적으로 섭취하는 것은 식품에서 제외한다.

(2) 구비조건

① 영양성: 영양소를 골고루 함유하여 생명 유지 및 성장, 활동에 도움을 주는 식품이다.
② 위생성: 안전성이 있어 인체에 위해가 되지 않는 식품이다.
③ 기호성: 영양소를 섭취할 목적이 아닌 기호를 만족시키기 위해 섭취하는 것으로 심리적, 생리적 욕구를 만족시키기 위한 식품이다.
④ 경제성: 영양이 좋은 식품을 저렴하게 구입할 수 있어야 한다.

(3) 영양과 영양소

① 영양: 건강과 질병에 대한 식품, 영양소, 그 속에 포함된 물질들의 작용 · 상호작용 · 균형 및 식 품의 섭취 · 소화 · 흡수 · 운반 · 이용 · 배설하는 등의 일련의 과정이다.
② 영양소
- 인체에서 에너지, 신체구성, 생체반응을 조절하는 인자이다.
- 사람의 건강을 유지시키는 역할을 한다.
③ 식품의 분류

식품군	섭취
곡류	매일 2~4회 정도
고기 · 생선 · 달걀 · 콩류	매일 3~4회 정도
채소류	매 끼니 2가지 이상(나물, 생채, 쌈 등)
과일류	매일 1~2개
우유 · 유제품류	매일 1~2잔

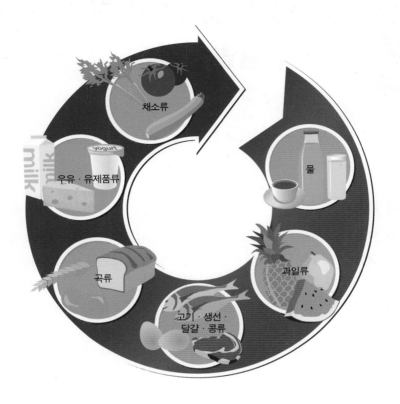

오답 노트 분석하여 만점 받자!

오분만

① [   ]이란 모든 음식물(의약으로 섭취하는 것은 제외)을 말한다.

② 식품의 구비조건으로 [   ], 위생성, 기호성, 경제성이 고려된다.

① 식품 ② 영양성

 **식품의 일반성분**

1 수분

(1) 수분의 정의

① 수분은 식품의 고유한 특성, 기호성, 저장성, 가공성 등과 밀접한 관계가 있다.

② 식품의 품질을 판정하거나 조리, 가공, 저장방법 등을 고안하기 위해서는 식품의 수분을 이해할 필요가 있다.

③ 보통 수분함량은 %로 표시하는 경우가 많으나, 이때 식품의 수분함량은 상대습도에 영향을 받는다.

④ 미생물 증식에서의 식품 수분함량은 전체 수분함량이 아닌 미생물이 실제 이용할 수 있는 수분함량(유리수)이 문제가 된다.

⑤ 식품의 전체 수분함량보다 수분활성도(Aw; Water Activity)를 사용하는 것이 바람직하다.

(2) 식품 중 물의 형태

① 유리수(자유수): 식품 중 유리 상태로 존재하는 물이다.

② 결합수: 식품 중 탄수화물이나 단백질 분자의 일부분을 형성하는 물이다.

③ 유리수와 결합수의 차이

유리수	결합수
• 수용성 물질을 잘 녹임. • 0°C 이하에서 동결 • 건조가 잘됨. • 미생물의 생육, 발아에 이용 • 압착 시 제거 가능 • 비점과 융점이 높음.	• 용질에 대해 용매로 작용하지 않음. • 0°C 이하에서도 동결하지 않음. • 건조되지 않음. • 미생물의 생육, 발아에 이용되지 못함. • 압착해도 제거되지 않음. • 유리수보다 밀도가 큼. • 냉동식품에서 변질의 원인이 됨.

(3) 수분활성도(Water Activity)

① 수분활성도란 어떤 임의의 온도에서 식품이 나타내는 수증기압에 대한 순수한 물의 최대수증기압의 비율을 의미한다.

$$\text{수분활성도(Aw)} = \frac{\text{식품의 수증기압}(P)}{\text{순수한 물의 최대수증기압}(P_0)}$$

예제 1: 식품이 나타내는 수증기압이 1.3기압, 그 온도에서 순수한 물의 수증기압이 1.5기압 식품의 수분활성도는?

정답: $A_w = \dfrac{1.3}{1.5} = 0.87$

예제 2: 20%의 수분(분자량: 18)과 25%의 설탕(분자량: 342)을 함유하는 식품의 이론적인 수분 활성도는?

정답: $A_w = \dfrac{\dfrac{20}{18}}{\dfrac{20}{18} + \dfrac{25}{342}} = 0.94$

해설 설탕이나 소금과 같은 용질의 용해에 의한 순수한 물의 수증기압의 상대적인 감소는 용질의 몰분율에 직접적으로 비례하므로

증기압 강하율 $\dfrac{P_0 - P}{P_0} = \dfrac{\text{용질의 몰수}}{\text{용액의 전 몰수}} = \dfrac{n_2}{n_1 + n_2} \cdots (n_1 = \text{물의 몰수},\ n_2 = \text{용질의 몰수})$

$1 - P/P_0 = 1 - A_w = \dfrac{n_2}{n_1 + n_2}$ 정리하면, $A_w = \dfrac{\text{용질의 몰수}}{\text{용액의 전 몰수}}$

② 물의 수분활성도(Aw)는 1이다.

③ 일반식품의 수분활성도는 항상 1보다 작다.

④ 미생물은 수분활성도가 낮으면 증식이 억제된다.

⑤ 곡류나 건조식품 등은 육류, 과일, 채소류보다 수분활성도가 낮다.

하나 더

미생물의 성장에 필요한 최저한의 수분활성

• 세균 0.91 > 효모 0.88 > 곰팡이 0.8 > 내건성 곰팡이 0.65 > 내삼투압성 효모 0.6

(4) 수분의 중요성

① 모든 생명체가 생명을 유지하는 데 꼭 필요한 성분이다.

② 각종 영양소와 노폐물 운반, 체온 조절, 전해질 평형, 혈액, 관절액 등의 성분 및 관절의 윤활 작용을 한다.

③ 체내 총 수분량의 손실 정도에 따라 1~2% 손실하면 갈증, 4~5% 손실하면 근육 피로, 12% 손실하면 외부 온도에 대한 적응력 상실로 무기력에 빠지며, 20% 이상 손실하면 사망한다.

2 탄수화물(Carbohydrate)

(1) 정의

① 물분자를 함유하는 탄소 화합물로 Cn(H₂O)m의 일반식으로 표시할 수 있다.

② 예외적인 것도 있어 당질(Glucide)이라고도 한다.

③ 탄수화물은 C : H : O로 구성되며 1 : 2 : 1의 비율이다.

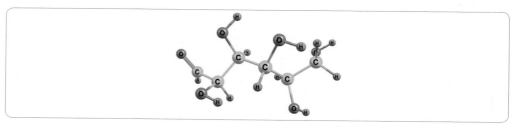

▲ $C_6H_{12}O_6$(포도당)

(2) 기능

① 1g당 4kcal의 열량을 공급한다.

② 혈당 유지, 단백질 절약작용, 지질 대사의 조절, 생리활성 물질(당지질, 당단백질, 핵산 등)의 구성성분, 단맛과 향미 제공, 섬유소의 공급, 식품의 물성향상 등을 한다.

(3) 분류

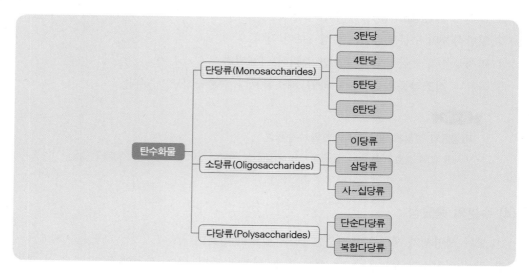

① 단당류(Monosaccharides): 분자 중의 탄소원자 수에 따라 이탄당, 삼탄당, 사탄당, 오탄당, 육탄당으로 구별되지만 자연에 존재하는 것은 주로 오탄당과 육탄당이다. 이탄당, 삼탄당, 사탄당은 당대사 과정에서 중간산물로 존재한다.

오탄당	• 자연계에 단당류로 존재하기보다는 여러 개가 결합, 펜토산(Pentosan) 형태로 존재 • 식물의 검질류(Gums), 색소 등의 구성분, 동식물의 핵산의 구성성분으로 존재 • 인체 내에서는 소화에 이용하지 못하지만, 장 건강 및 가공식품의 품질 개량제로 사용	아라비노오스(Arabinose), 리보오스(Ribose), 디옥시리보오스(Deoxyribose), 자일로스(Xylose), 람로스(Rhamnose) 등
육탄당	• 동식물계에 단당류로 존재하거나 소당류 및 다당류의 구성성분으로 광범위하게 분포 • 인체 내에서 소화 흡수 시 소장에서 단당류 상태로 흡수 　－ 포도당(Glucose): 덱스트로스(Dextrose)라고도 하며 과일, 특히 포도의 시원한 단맛 성분, 인체 혈액의 혈당성분이며 공복 시 정상 혈당 농도는 0.1g%(100mg%) 이하 　－ 과당(Fructose): 과일, 꿀에 다량 존재하며 이당류의 설탕, 다당류의 이눌린(Inulin) 구성 성분, 흡습성이 높아 식품의 보습성을 높일 수 있고, 천연 당류 중 감미도가 가장 높음(감미도 110~140). 　－ 갈락토오스(Galactose): 단당류 형태로 거의 존재하지 않으며, 이당류의 유당, 당지질의 구성성분으로 유즙, 뇌신경계, 해조류 등에 함유	포도당, 과당, 갈락토오스, 만노스 등
단당류 관련 물질	• 인체 내에서 영양생리상 특수한 기능을 나타내기도 함. 　－ 단당류 유도체: 당알코올, 유황당(Thio sugar), 아미노당(Amino sugar), 당산 등 　－ 배당체: 단당류와 비당류가 결합한 것으로 식물계에 광범위하게 분포 　－ 소르비톨(Sorbitol), 자일리톨(Xylitol), 만니톨(Mannitol): 대표적인 당알코올로 시원한 단맛을 내며, 소화·흡수되지 않아 저칼로리 감미료로 사용, 보습력이 강하고, 충치균에 반응하지 않아 검류에 쓰임. 절임식품, 조미건포류, 어묵류, 사탕류 등에 사용, 과량 섭취 (20g/1일 이상)하면 설사, 구토 등 부작용 발생	당알코올, 유황당(Thio sugar), 아미노당(Amino sugar), 당산 등

② 이당류(Disaccharides): 단당류가 2개 결합한 것으로 설탕, 맥아당, 유당 등이 있다.

설탕 (서당, 자당, Sucrose, Sugar)	• 포도당 1분자와 과당 1분자가 결합한 것 • 식물에 널리 분포, 특히 사탕수수의 줄기, 사탕무의 뿌리에 많음. • 가장 많이 이용하는 감미료로 감미의 표준물질이며, 감미도는 100 • 이당류로 되면서 환원성이 있는 포도당의 알데히드기와 과당의 케톤기가 결합에 쓰였기 때문에 비환원성 당이며, 화학적으로 안정하여 감미의 표준물질이 됨.
맥아당 (엿당, Maltose)	• 포도당 2분자가 결합한 것 • 맥아(麥芽) 즉, 보리가 싹이 날 때 생기는 당화효소(β-amylase)가 전분을 맥아당 단위로 분해해서 생성됨. • 식혜, 엿 등을 만들 때 엿기름(맥아)으로 전분(밥)을 당화시킴.
유당 (젖당, Lactose)	• 포도당 1분자와 갈락토오스 1분자가 결합한 것 • 유즙에 존재하며, 감미도는 30으로 낮음. • 용해성이 낮아 빙과류에서 유당이 첨가되면 모래를 씹는 듯한 느낌을 줄 수 있음. • 영유아에게 유당은 갈락토오스(Galactose) 급원으로 뇌신경계 발달에 중요 • 장내 젖산균의 증식을 도와 이때 생산되는 젖산으로 인해 장내 pH가 낮아져 정장작용은 물론 무기질의 흡수가 잘 됨. • 당류의 용해도와 감미도는 대체로 비례관계에 있으며, '과당 > 설탕 > 포도당 > 엿당 > 유당'의 순서임.

③ 소당류(올리고당, Oligosaccharides)

- 단당류가 2개에서 10개 결합한 상태의 중간 화합물의 탄수화물이다.
- 콩류, 돼지감자, 마늘 등에 1.5~3% 정도 소량 함유되어 있다.
- 전분과 설탕으로부터 공업적으로 대량생산되어 물엿과 설탕 대신 요리당, 발효유, 음료 등에 감미료로 이용이 증가되고 있다.
- 시판되고 있는 올리고당 중 이소말토올리고당(Isomaltooligosaccharides)은 요리당·음료로, 프락토올리고당(Fructooligosaccharides)은 음료 등에, 갈락토올리고당(Galactooligo-saccharides)은 영유아 제품의 조제유 등의 이유식, 유제품 등에 주로 이용되고 있다.
- 올리고당은 인체에서 소화 흡수가 어렵고 장에서 유익한 유산균을 활성화해 장 건강에 도움이 되는 저칼로리 감미료이다.

④ 다당류(Polysaccharides)

- 다당류의 개념
  - 소당류 이상의 탄수화물로 보통 3,000개 이상의 단당류로 구성되어 있다.
  - 물에 콜로이드 형태로 분산되어 있거나 불용성으로 침전한다.
  - 감미가 없으며, 비환원성이다.
- 다당류의 종류
  - 구성 당에 따라 한 종류만의 단당류로 결합된 단순다당류(전분, 글리코겐, 셀룰로오스, 이눌린 등)와 두 종류 이상의 단당류로 결합된 복합다당류(헤미셀룰로오스, 펙틴, 카라기난 등)로 나뉜다.
  - 인체의 소화효소 유무에 따라 소화성 다당류(전분, 글리코겐 등)와 난소화성 다당류(식이 섬유소)로 구분할 수 있다.

• 다당류의 분류
  - 전분

특징	• 식물에 널리 분포되는 저장 탄수화물로 종자, 뿌리, 땅속줄기, 잎 등에 주로 존재 • 물보다 무거워 물속에서 침전 • 식물의 종류에 따라 특유의 모양과 크기가 있음.
분자 구조	• 아밀로스(Amylose), 아밀로펙틴(Amylopectin)으로 구성 • 아밀로스는 포도당이 $\alpha-1$, 4 결합의 직쇄상(Straight Chain), 아밀로펙틴은 포도당이 $\alpha-1$, 4 와 $\alpha-1$, 6 결합에 의한 가지가 달린 나뭇가지 형태 • 멥쌀에는 아밀로스가 20% 정도 함유, 찹쌀은 거의 아밀로펙틴으로만 구성 • 아밀로스와 아밀로펙틴의 분자구조 차이로 멥쌀보다 찹쌀의 침수 시간이 길며, 찹쌀밥은 노화 가 더딤.
물리적 변화 (호화, 노화)	• 호화(α화): 전분(생전분, β전분)에 물을 넣고 가열하면 분자구조 속으로 물분자가 스며들어 규 칙적인 미셀(Micell) 구조가 파괴되어 부피가 팽윤되면서 불규칙적인 구조의 호화전분(α전분)이 생성, 탄수화물 식품의 조리과정에서 흔히 볼 수 있는 현상으로 밥, 떡, 찐 옥수수·감자·고구 마 등이 이에 속함. • 노화(β화): 호화된 전분이 굳어져서 생전분(β전분)으로 되돌아가는 현상
화학적 변화 (호정화)	• 전분을 산, 알칼리, 효소에 의해 가수분해했을 때 포도당과 맥아당을 제외한 모든 가수분해물 을 덱스트린(호정화물)이라 함. • 물을 첨가하지 않고 고열(160℃ 이상)에서 볶거나, 굽거나, 팽화하면 일부 덱스트린이 생성(누 룽지, 미숫가루, 토스트 식빵 등) • 전분은 가수분해되면서 단맛, 소화성, 흡습성, 용해성, 환원성, 용액의 투명도가 증가하며 점도 가 감소됨. • 소화성이 향상된 덱스트린은 탄수화물 공급원으로 이유식, 노인식, 병인식 등에 첨가 • 흡습성이 강한 분말식품(차, 스프 등)의 경우 고결방지제, 증량제 등으로 널리 이용

하나 더

노화에 영향을 미치는 인자
• 전분의 종류: 지상 전분(곡류 등)이 지하 전분(감자, 고구마, 타피오카 등)에 비해 노화 속도가 빠르다.
• 전분 분자의 구조적 차이(아밀로스와 아밀로펙틴 함량 차이): 찰 전분이 노화가 느리다.
• 온도
  - 온도가 높아지면 노화가 지연되며, 60℃에서는(보온밥솥, 온장고 이용) 거의 일어나지 않는다.
  - 노화가 가장 잘 일어나는 온도는 2~5℃로 냉장 온도이다.
  - 냉동하면 노화 현상은 감소된다.
• 수분 함량: 식품의 수분 함량이 30~60%일 때 노화가 가장 잘 일어나며, 이보다 적거나 많으면 잘 일 어나지 않는다.
• pH: 산성에서 노화가 잘 일어난다.

노화 억제 방법

- 수분 함량 조절: α전분의 수분 15% 이하일 때 노화가 효과적으로 억제, 10% 이하(비스킷, 라면, 건빵 등)에서는 거의 일어나지 않는다.
- 냉동: 찐옥수수, 냉동 찹쌀떡 등
- 설탕 첨가: 양갱 등
- 유화제 사용: 빵이나 과자류의 노화방지

- 식이섬유소(Dietary Fiber)

특징	• 난소화성 탄수화물로 영양적 가치는 낮지만, 보수성, 흡착성이 뛰어나 변비에 효과적임. • 물에 녹는 성질에 따라 수용성과 불용성 식이섬유소로 구분 • 수용성 식이섬유소가 성인병 예방에 효과적인 것으로 알려짐.
장점	• **난소화성**: 포만감을 주는 저열량 탄수화물로 체중조절, 당질의 흡수 속도를 느리게 하여 당뇨병 예방 등에 응용, 또한 장내 유익균의 성장을 도와 정장작용, 장 건강 유지에 도움 • **보수력**: 장에서 변을 무르게 하여 변비예방 및 독소 희석 등으로 대장암 예방을 기대 • **흡착성**: 중금속, 담즙산과 결합하여 중금속을 배출하고, 콜레스테롤 저하효과
단점	• 난소화성으로 영양가치가 낮음 • 위염, 위궤양 등의 환자에게 물리적 자극이 될 수 있음. • 무기질을 흡착하여 흡수를 저하시킴. • 장내 가스를 생성하여 복통 및 불쾌감을 줄 수 있음.

PEAS
FIBER 8.8 G.
PER CUP,COOKED

BRUSSELS SPROUTS
FIBER 4.1 G.
PER CUP,BOILED

ARTICHOKES
FIBER 10.3 G.
PER MEDIUM VEGETABLE,COOKED

BROCCOLI
FIBER 5.1 G.
PER CUP,BOILED

BLACK BEANS
FIBER 15 G.
PER CUP,COOKED

BLACKBERRIES
FIBER 7.6 G.
PER CUP,RAW

LENTILS
FIBER 15.6 G.
PER CUP,COOKED

PEAR
FIBER 5.5 G.
PER MIDIUN FRUIT,RAW

LIMA BEANS
FIBER 13.2 G.
PER CUP,COOKED

AVOCADO
FIBER 7.6 G.
PER HALF,RAW

RASBERRIES
FIBER 8 G.
PER CUP,RAW

BRAN FLAKES
FIBER 7 G.
PER CUP,RAW

WHOLE-WHEAT PASTA
FIBER 6.3 G.
PER CUP,COOKED

PEARLED BARLEY
FIBER 4 G.
PER CUP,COOKED

▲ 식이 섬유가 풍부한 음식

3 지질(Lipids)

(1) 정의

① 상온에서 액체인 유(油, Oil)와 고체인 지(脂, Fat)로 구분할 수 있으며, 이를 '유지'라 한다.

② 열량소로 1g당 9kcal의 열량을 공급하며, 물에 녹지 않고 유기용매에 녹는다.

③ 대부분 글리세롤(Glycerol) 1분자에 3개의 지방산(Fatty acids)이 결합한 중성지질(TG; Triglycerides)의 형태로 존재한다.

④ 결합되는 지방산에 따라 종류가 다양하다.

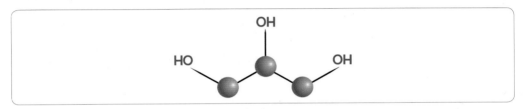

▲ 글리세롤의 분자 구조

(2) 분류

① 단순지질: 지방산과 알코올족의 결합 형태인 중성지질, 왁스 등이 있다.

② 복합지질: 지방산, 알코올족 이외에 다른 화합물의 결합 형태로 당지질, 인지질, 지단백질 등이 있다.

③ 유도지질: 단순지질, 복합지질을 가수분해하여 얻어지는 물질이며, 지방산, 알코올족 등이 있다.

하나더

복합지질 중 혈청 지단백질의 밀도에 따른 분류 및 기능

분류	주된 구성 성분	생성 장소	기능
킬로미크론 (Chylomicron)	TG	소장	• 식이성 TG를 운반, TG가 풍부하여 밀도가 가장 낮음. • 공복상태에서는 존재하지 않으며 생성 후 분해속도가 빠름.
VLDL (초저밀도 지단백)	TG	간	간에서 합성되는 중성지질을 조직으로 운반
LDL (저밀도 지단백)	CE (Cholesterol Ester)	혈액	• VLDL의 최종 분해산물로 CE가 가장 많은 지단백 • CE를 조직으로 운반 • 동맥경화의 원인 물질(동맥경화성 지단백)
HDL (고밀도 지단백)	단백질	간	• 아포B가 없는 유일한 지단백 • 조직에서 간으로 콜레스테롤을 운반 • 항동맥경화성 지단백

(3) 지방산의 분류

① 지방산의 이중결합 유무에 따른 분류
- 포화지방산(지방산에 이중결합이 없을 때)
  - 화학적으로 안정하다.
  - 육류 지질에 많이 함유되어 있다.
  - 포화지방산의 함량이 높으면, 융점이 높아 실온에서 고체 상태로 존재한다.
  - 다량 섭취 시 심혈관 질환(고지혈증, 고혈압, 동맥경화증, 비만 등)의 원인물질로 알려져 있다.
- 불포화지방산(이중결합이 1개 이상 있을 때)
  - 화학적으로 불안정하여 산패가 잘 일어난다.
  - 식물성유지에 많이 함유되어 있으며, 함유량이 높을수록 융점이 낮아 실온에서 액체상 태이다.
  - 심혈관계 질환 예방 및 피부건강, 성장 등에 도움을 준다.

분류		융점	형태	식품	종류	특징
포화지방산		높음.	고체	육류	팔미트산, 스테아르산	심혈관계 질환의 원인
불포화 지방산	단일(이중 결합 1개)	낮음.	액체	올리브유, 카놀라유, 땅콩기름 등	올레산(Oleic Acid)	섭취 시 콜레스테롤을 증가시키지 않아 심혈관계 질환을 예방하는 데 효과가 있다고 알려짐.
	다가(이중 결합 2개 이상)			들기름, 콩기름, 포도씨유, 어유 등	필수지방산, DHA, EPA	섭취 시 콜레스테롤 감소

② 지방산의 탄소 수(길이)에 따른 분류
- 지방산의 길이가 길수록 물에 대한 용해성이 저하되고, 소화흡수율도 낮다.
  - 단쇄지방산: $C_4 \sim C_8$
  - 중쇄지방산: $C_{10} \sim C_{14}$
  - 장쇄지방산: $C_{16} \sim C_{24}$

③ 필수 지방산
- 리놀레산(Linoleic acid), 리놀렌산(Linolenic acid), 아라키돈산(Arachidonic acid)
- 합성되지 않아 식품으로 섭취(아라키돈산은 리놀산으로부터 체내 생성)
- 하루 한 큰술 정도의 식물성기름을 섭취하면 필요한 양 충족
- 성장, 피부건강, 생식 기능발달에 도움

④ 오메가 3(ω−3)계 지방산

- 'ω명명법'에 의해 분류한 것
- 불포화지방산 중 말단의 메칠기를 시작으로 3번째의 탄소에 이중결합이 시작되는 모든 지방산을 총칭
- EPA, DHA, 리놀렌산 등이 해당
- 혈청 콜레스테롤과 중성지질(TG)를 감소시키고, 혈액 응고 저해, 혈관 이완 등으로 심혈관계질환 예방, 관절염 및 천식 완화, 암 발생 억제 등을 기대할 수 있음.

▲ 오메가 3를 함유한 식품(견과류, 등푸른 생선, 들기름 등)

(4) 유지의 물리적 성질

① 용해성: 유기용매에 녹으며, 물에 불용성이다.
② 녹는점(융점): 구성 지방산은 불포화도가 높을수록 융점이 낮아 상온에서 액체로 존재한다.
③ 가소성: 고체에 힘을 가해 변형이 일어났을 때 힘이 제거된 후에도 그 변형이 유지되는 성질 (버터, 마가린, 초콜릿 등)을 뜻한다.
④ 비중: 물보다 가벼우며, 지방산의 길이가 짧은 지방산이 많을수록 비중이 증가된다.
⑤ 굴절률
- 일반적인 굴절률은 1.45~1.47이다.
- 산가, 검화가(비누화가) 높을수록, 요오드가 낮을수록 굴절률이 낮다.
- 불포화지방산의 함량이 높은 식물성유는 굴절이 높고, 또한 유리가 산화될수록 굴절률이 증가한다.
⑥ 발연점
- 유지를 가열할 때 유지의 표면에서 푸른색의 연기가 발생될 때의 온도를 뜻하고, 이때 연기 성분을 아크롤레인(Acrolein)이라 한다.
- 발연점 이상에서 튀길 때 연기로 인해 좋지 못한 풍미가 이행될 뿐만 아니라 눈·코·목 등의 점막을 상하게 하므로, 발연점 이하에서 조리한다(튀김 시 발연점이 높은 튀김유를 사용하는 것이 바람직함).

발연점이 낮아지는 경우

• 유리지방산이 높을수록(산가가 높을 때)
• 노출된 유지의 표면적이 클수록(튀김 시 깊은 프라이팬 사용)
• 이물질이 많을수록(튀김 시간과 횟수가 증가할수록)

⑦ 유화성

• 글리세롤 1분자에 지방산 1분자 결합 시 모노글리세라이드(MG; Monoglyceride)라 하고, 2분자의 지방산이 결합되면 디글리세라이드(DG; Diglycerides)라 한다.
• MG와 DG는 유화제 기능을 갖는다.

유화제

• 한 분자 안에 물에 녹는 극성기(친수기)와 물에 녹지 않는 비극성기(소수기)를 동시에 갖고 있어 물에도 녹고 기름(유기 용매)에도 녹는 화합물로, 물과 기름이 섞이게 한다.
• 천연 유화제로는 달걀노른자의 레시틴(Lecithin) 등이 있다(달걀노른자의 레시틴을 이용하여 마요네즈 제조).

지방의 유화 형태

• 수중유적형(O/W): 우유, 마요네즈, 아이스크림, 사골국 등
• 유중수적형(W/O): 버터, 마가린, 쇼트닝 등

(5) 유지의 화학적 성질을 이용한 측정값

① 검화가

• 유지의 알칼리 용액을 넣어 가열하면 글리세롤과 지방산염(비누)이 형성되는 것을 검화 또는 비누화라고 한다.
• 비누화가(Saponification value, 검화가): 유지 1g을 완전하게 분자량을 비누화하는 데 필요한 KOH의 밀리그램(mg) 수이며, 보통 유지의 검화가는 180~200이다.
• 유지의 비누화가는 유지를 구성하는 지방산의 분자량에 반비례하므로, 단쇄지방산이 많을수록 값이 커지고, 장쇄지방산이 많을수록 그 값은 작아진다.
• 비누화가를 상대 비교함으로써 구성 지방산의 탄소 길이의 길고 짧음을 비교할 수 있다.

② 산가

• 신선한 유지는 거의 유리지방산을 함유하고 있지 않으나, 유지의 품질이 열화됨에 따라 유리지방산이 증가한다.
• 유지 1g 중에 존재하는 유리지방산을 중화하는 데 필요한 KOH의 밀리그램(mg) 수를 산가 (Acid value)라 한다.
• 식용유지의 산가는 보통 1.0 이하이다.

③ 첨가

수소 첨가	• 유지를 구성하고 있는 불포화지방산에 니켈(Ni) 촉매 하에 수소를 첨가하면, 불포화지방산이 포화되면서 경화유가 만들어짐. • 유지는 수소 첨가에 의해 고체로 되면서 산화 안정성, 제과 제빵 적성 향상, 이때 불포화지방산의 이중결합의 기하학적 구조가 Cis형에서 일부 Trans형으로 바뀜. • 경화유의 트랜스지방산(Trans fatty acids)으로 인한 여러 가지 영양적 문제가 대두
요오드 첨가	• 유지를 구성하고 있는 불포화지방산의 이중결합에 요오드를 첨가, 유지 100g에 첨가되는 요오드의 g수를 요오드가(Iodine value)라 함. • 요오드가는 지방산 중 불포화도와 비례 관계 • 유지는 요오드가에 따라 130 이상인 경우 건성유, 100~130인 경우 반건성유, 100 이하인 경우 불건성유로 분류

트랜스지방산

불포화지방산의 이중결합의 기하학적 구조가 Cis형에서 Trans형으로 바뀜에 따라 포화지방산처럼 체내 축적이 되어 심혈관계 질환을 일으키며, 생체막에서 막의 고유기능인 선택적 투과기능을 상실하게 하여 결국 세포막 파괴, 면역력 저하, 암 발생 등을 일으킨다.

(6) 유지의 종류

① 식물성 유지
- 대두, 옥수수 배아, 참깨, 들깨 등의 기름이다.
- 튀김 기름은 열에 의해 갈변이 되고 풍미 저하 및 거품·점도가 증가되므로, 열안전성이 높은 발연점을 선택한다.
- 샐러드유는 0℃에서 5시간 방치해도 침전되지 않아 끈적이지 않는 산뜻한 풍미로 냉음식의 이용에 적합하다(샐러드유로는 올리브유, 포도씨유 등이 적합).

▲ 아보카도 열매유, 참기름, 올리브유, 포도씨유, 옥수수유

동유공정(Winterization)

샐러드유 제조공정에서 기름을 저온(0℃)에 보존하면서, 이중 융점이 높아 탁해지거나 침전되는 것을 여과하여 맑은 여액의 샐러드유를 만든다. 따라서 저온의 샐러드에 첨가 시 산뜻하고 좋은 식감이 된다.

② 동물성 유지

- 버터와 라드(돼지기름)가 있다.
- 버터는 유지방 성분이며, 단쇄지방산이 함유되어 소화가 잘된다.
- 라드는 돼지의 체지방으로서 가장 품질이 좋은 것은 콩팥 주변의 지방이다.

③ 가공 유지

- 수소 첨가에 의한 경화유로 마가린과 쇼트닝이 있다.
- 마가린은 가공 버터로 유지에 물, 유제품 등을 유화시켜 만든다.
- 쇼트닝은 제과·제빵에 널리 쓰이며, 제조 방법은 마가린과 비슷하나 물을 거의 넣지 않는 유화 공정이다.
- 중쇄지방(MCT Oil, Medium Chain Triglycerides)은 구성 지방산의 탄소수가 6~12개의 짧은 지방산의 합성유지로서 소화·흡수에 담즙산의 필요 없이 문맥계로 흡수되며, 소화가 잘되고 흡수도 빠르다.
- 중쇄지방은 또한 체지방으로 축적되지 않으며, 혈액의 콜레스테롤을 저하시켜 이유식, 노인식, 병인식, 체중조절용 등으로 활용되고 있다.

(7) 지질의 산패

① 정의: 식용 유지나 지질 함량이 높은 유지 식품이 저장 및 가공 중에 여러 가지 원인에 의해 불쾌한 냄새와 맛을 형성하여 품질이 저하되는 것이다.

② 종류

- 가수분해에 의한 산패
  - 유지가 물, 산, 알칼리, 효소에 의하여 유리지방산과 글리세롤로 분해되어 불쾌한 냄새나 맛을 내는데, 수분함량이 많은 낙농 제품에서 특히 문제가 된다.
  - 미강유, 올리브유, 팜유 등 착유 시 효소에 의한 산패가 나타난다.
- 산화에 의한 산패
  - 자동산화과정과 가열산화과정이 있다.
  - 식용유나 유지 함량이 높은 견과류 등은 저장 시 자동산화 될 수 있다.
  - 튀김 기름 및 튀김 식품은 가열산화로 인한 산패가 염려된다.
- 변향(Flavor Reversion)에 의한 산패

- 보통 콩기름, 옥수수유 등에서 산화적 산패가 일어나기 전에 불쾌한 냄새와 맛(콩 비린내, 풀 비린내 등)을 나타내는 경우를 변향이라 한다.
- 자동산화에 의한 산패보다 전에 일어나므로 산화적 산패와 구별한다.
• 외부의 바람직하지 않은 이취를 흡수하여 산패되는 경우도 있음.

> **하나 더**
>
> **가열에 의한 산화**
> • 유지의 가열산화는 공기 중에서 고온으로 가열 시 일어나는 산패이다.
> • 튀김요리 시 식용유지의 풍미, 색, 점도, 영양가, 독성 등 변화를 가져올 수 있다.
> • 유리지방산 생성(탄소수가 작은 단쇄지방산이나, 불포화지방산의 함량이 높을수록 생성량 증가), 카르보닐(Carbonyl) 화합물의 형성, 중합반응(점도 증가)이 증가한다.

③ 지질의 산패속도에 영향을 주는 인자

지방산 조성	이중결합의 수, 위치, 기하이성질체에 따라 차이가 있음.
온도	온도가 높을수록 화학반응 속도는 증가, 식품을 냉동보관하였을 때 얼음 결정이 석출되어 수용성 잔여 부분에 금속촉매의 농도 증가, 결과적으로 자동산화촉진
산소	농도가 높을수록 촉진
표면적	표면적이 클수록 촉진
수분	산화촉진제로 작용, 그러나 수분함량이 매우 낮은 건조식품(수분활성도 약 0.1 이하)에서는 오히려 유지의 산화속도가 증가, 수분함량이 증가하여 수분활성도가 약 0.3이 되면 최저의 산화속도를 나타냄.
금속	촉매제로 작용
광선	빛은 산화촉진제이므로, 유지보관 시 갈색병에 보관하여 차광시킴.
효소	산화효소, 가수분해효소 등에 의해 촉진

> **하나 더**
>
> **산화방지제(항산화제)**
> 유지의 산화 속도를 억제해 주는 물질로 라디칼 저해제, 금속불활성화제, 과산화물 분해제와 함께 있을 때 자유 라디칼 수용체로 작용하여 산화방지 작용을 증진시킨다.
> • 천연 항산화제
>   - 주로 식물성 유지에 존재
>   - 식물성 유지가 동물성에 비해 불포화도가 높음에도 불구하고 산화에 대한 안정성 우수
>   - 일부 정제하지 않은 식용유가 정제유보다 산화 안정성이 좋음.
>   - 참기름의 세사몰, 목화씨의 고시폴(Gossypol: 독성이 강해 정제 시 반드시 제거되어야 함), 종자유의 토코페롤, 콩의 폴리페놀성 화합물, 일부 향신료와 향신유(로즈마리, 세이지)
> • 상승제
>   - 항산화력은 없으나 항산화제와 공존 시 항산화력을 상승시킴.
>   - 비타민 C, 구연산, 주석산, 인산 등의 산성화합물(금속과 결합)이 이에 속함.

4 단백질

(1) 정의

① 생명유지에 필수적인 영양소로 당질이나 지질과 달리 탄소, 수소, 산소 외에 질소를 함유하는 질소화합물로 아미노산이 펩티드 결합을 하여 이루어진 고분자화합물이다.
② 천연에 총 20개의 L-아미노산이 단백질을 구성한다.
③ 인체에서 합성할 수 없는 8개의 아미노산을 필수아미노산이라 하고, 나머지 12개의 아미노산을 비필수아미노산이라 한다.

필수아미노산

라이신, 류신, 아이소류신, 메싸이오닌, 트레오닌, 트립토판, 발린, 페닐알라닌 8가지(단, 어린이는 이외에 히스티딘, 아르기닌을 추가하여 필수아미노산으로 분류).

(2) 분류

① 화학적 분류
- 단순단백질: 아미노산 외에 다른 화학성분을 함유하지 않는 단백질이다.
- 복합단백질: 아미노산 외에 다른 화학성분을 함유하며, 비아미노산 부분을 보결기라 하며, 단백질의 생물학적 기능에 중요한 역할을 한다.
- 유도단백질: 단백질이 열, 산, 알칼리 등의 작용으로 변성되거나 분해된 단백질로 젤라틴(1차 유도단백질), 펩톤(2차 유도단백질) 등이 있다.

복합단백질의 분류

분류	보결기	예
지단백질	지방질	카일로미크론, VLDL, LDL, HDL
당단백질	탄수화물	소장 점액 중의 뮤신, 점액 단백질, 혈중 면역글로불린 G
인단백질	인산기	우유의 카세인
헴단백질	헴	혈중 헤모글로빈
플라빈단백질	플라빈 뉴클레오티드	숙신산 탈수소효소
금속단백질	철, 아연, 칼슘, 구리 등	철저장단백질, 알코올 탈수소효소, 칼모둘린

② 영양학적 분류
- 완전 단백질: 동물의 성장, 생명유지에 필요한 모든 필수아미노산이 골고루 들어 있는 단백질로 젤라틴을 제외한 동물성 단백질과 콩 단백질이 이에 속한다.
- 부분적 불완전 단백질: 생명유지에는 도움이 되지만 성장에 도움이 되지 못하는 아미노산으로 밀의 글리아딘, 보리의 호르데인 등이 있다.
- 불완전 단백질: 생명유지와 성장 모두 도움을 주지 못하는 단백질로 동물의 성장이 지연되고 체중이 감소하며, 생명유지에 지장을 초래한다(동물성 단백질의 젤라틴, 옥수수 단백질의 제인 등).

(3) 단백질의 질

① 제한 아미노산: 식품 단백질의 필수아미노산을 기준 필수아미노산과 각각 비교하여 가장 낮은 비율의 필수아미노산을 제1제한 아미노산이라 한다(제한 아미노산에 의해 각 식품 단백질의 질이 결정).

② 단백질 질의 보충 효과: 단백질 영양의 질을 향상시키기 위해 서로 다른 제한 아미노산의 식품을 혼합하여 섭취한다.

③ 식물성 식품의 제한 아미노산과 단백질 보충 효과

식품	제한 아미노산	혼합 식품
콩류	메티오닌	곡류
곡류	리신, 트레오닌	두류
견과 및 종실류	리신	콩
채소	메티오닌	곡류, 견과류 등
옥수수	트립토판, 리신	달걀 등의 동물성 식품

(4) 구조

① 1차 구조: 아미노산의 카복실기와 이웃하는 다른 아미노산의 아미노기와의 결합을 펩티드 결합이라 하며, 아미노산 배열이다.

② 2차 구조: 1차 구조의 아미노산 배열이 회전, 접힘 등으로 α-헬릭스나 β-시트 등의 모양으로 된 것이며, 수소결합에 의해 안정화된다.

③ 3차 · 4자 구조
- 단백질 기능의 수행을 위한 3차원적인 구상의 입체구조이다.
- 수소결합, 반데르발스 힘, 이온결합, 소수성결합 등의 비공유결합 또는 이황화결합에 의해 안정화된다.

• 둘 이상의 3차 구조가 상호작용한 것이 4차 구조이며, 생리기능을 갖는 최소 단위이다.

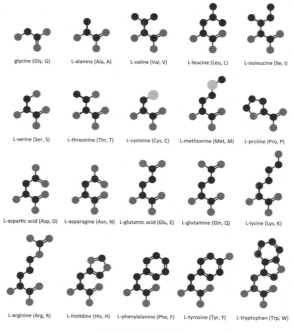

glycine (Gly, G)　L-alanine (Ala, A)　L-valine (Val, V)　L-leucine (Leu, L)　L-isoleucine (Ile, I)

L-serine (Ser, S)　L-threonine (Thr, T)　L-cysteine (Cys, C)　L-methionine (Met, M)　L-proline (Pro, P)

L-aspartic acid (Asp, D)　L-asparagine (Asn, N)　L-glutamic acid (Glu, E)　L-glutamine (Gln, Q)　L-lysine (Lys, K)

L-arginine (Arg, R)　L-histidine (His, H)　L-phenylalanine (Phe, F)　L-tyrosine (Tyr, Y)　L-tryptophan (Trp, W)

▲ 아미노산의 종류와 구조

(5) 단백질의 변성

① 단백질 활성 형태인 3차원적 입체구조가 물리·화학적 변화에 의해 단백질의 물리적·화학적·생물학적 성질이 변화되는 것이다.

② 변성되면 단백질의 형태가 풀려 활성기들이 증가하며 효소의 작용을 받기 쉬워 소화가 잘되지만, 과도한 변성은 활성기들이 서로 2차적인 결합을 하여 불용성이 증가되면서 소화율이 저하된다.

③ 변성 단백질은 용해성·수화성의 변화, 효소 활성, 호르몬 작용, 항원성 등의 생물학적 특성이 손실되고, 화학적 활성의 변화로 소화율 및 분자량과 분자형태 등의 변화가 따른다.

④ 변성은 단백질 식품의 저장, 가공 및 조리과정에서 일어나는데, 급격히 저어주거나(달걀 흰자의 거품) 가열할 때(달걀의 반숙·완숙) 또는 산(요구르트, 치즈 등), 알칼리(피단), 무기염류(두부) 등의 작용에 의해서 일어난다.

⑤ 단백질의 겔화도 변성에 해당되는데, 생선살에 소금을 넣고 갈았을 때 염용성 단백질인 미오신이나 액토미오신이 용해되고 가열하면 겔화하며, 이를 이용하여 어묵을 만든다.

⑥ 결체조직인 콜라겐 단백질을 물과 함께 가열하면 분해되어 수용성의 젤라틴이 생성되며, 뜨거운 졸(Sol) 용액을 냉각하면 반고체의 겔(Gel)을 형성(젤라틴은 과즙을 함유한 젤리 생산 등에 활용)한다.

Part Ⅲ

하나 더

육류의 연육작용

단백질 식품인 육류 조리 시 물리 · 화학적 처리 등으로 고기를 부드럽게 조리할 수 있다.

- 물리적 방법: 연육기에 통과시키거나 고기 망치로 두드린다.
- 화학적 방법: 과일에 들어있는 단백질 분해효소를 이용한다(파인애플-브로멜린, 무화과- 피신, 키위-액티니딘, 파파야-파파인, 배 등).

(6) 체내 기능

① 새로운 조직의 합성과 보수
② 혈장단백질 구성
③ 효소 및 호르몬 형성
④ 항체 형성
⑤ 삼투압과 수분 평형 조절
⑥ 산 · 염기 조절
⑦ 포도당 신생 및 에너지원(1g당 4kcal, 전체 열량의 15% 섭취)

5 무기질

(1) 특성

① 무기질은 탄수화물, 단백질, 지방 등의 유기화합물을 태운 후, 회화(550~600℃)하여 재로 남는 것이다.
② 체내 여러 생리기능의 조절 및 골격 등을 구성한다.
③ 하루 필요량이 100mg 이상인 경우 다량무기질(칼슘, 인, 칼륨, 마그네슘, 황 등), 100mg 이하인 경우 미량무기질(철, 아연, 요오드, 구리, 셀레늄 등)로 분류한다.
④ 체중의 4%가 무기질로 구성되어 있다.
⑤ 흡수율이 낮지만 성장기, 임신기, 수유기, 영양결핍 등으로 필요량이 증가할 때나 장내 pH 저하 시에는 흡수율이 높아진다.
⑥ 식이섬유소, 피틴산, 수산, 탄닌 등은 흡수율을 저하시킨다.

(2) 기능

① 체내 pH, 삼투압을 조절한다.
② 뼈, 치아의 중요 구성성분이다.
③ 수분의 평형을 유지한다.
④ 신경의 자극전달, 근육탄력을 유지한다.
⑤ 효소작용의 촉매로 이용된다.

(3) 종류 및 기능

이름	체내 기능	급원 식품	결핍증/과잉증
칼슘(Ca)	• 골격 및 치아 구성, 근육의 수축과 이완, 혈액응고 • 유당, 비타민 C·D는 칼슘의 흡수를 도와주고, '칼슘 : 인'의 비율이 '1~2 : 1'일 때 흡수가 잘됨.	우유 및 유제품, 뼈째 먹는 생선	성장저해, 골다공증, 골격과 치아의 발육불량
인(P)	• 골격 및 치아 구성, 에너지 대사, 핵산 구성성분, 비타민 조효소 활성화에 관여 • 칼슘과 인의 섭취비율은 정상 성인은 1:1, 성장기 어린이는 2:1이 좋음. • 최근 가공식품 섭취 증가에 따른 인산화합물 첨가물로 인한 칼슘과 인의 섭취 비율이 적절하지 않아 칼슘 영양에 악영향을 끼침.	곡류, 육류, 가금류, 생선	골격과 치아의 발육불량
마그네슘(Mg)	• 골격과 치아를 형성, 신경 자극전달, 근육 이완	견과, 대두, 통밀	근육수축, 신경불안
불소(F)	• 골격과 치아를 단단하게 하며 충치 예방	쇠고기, 굴, 게, 새우, 전곡류, 두류	결핍-우치(충치) 과잉증-반상치
나트륨(Na)	• 세포외액의 주된 양이온 • 수분과 전해질, 산·알칼리 평형 유지, 신경 자극전달 • 우리나라에서는 과잉섭취가 우려됨.(1일 3,000mg 이하)	소금	고혈압 유발, 심장병의 원인
칼륨(K)	• 세포내액의 주된 양이온 • 수분과 전해질, 산·알칼리 평형 유지, 근육의 수축과 이완 • 나트륨 배설, 혈류량 감소로 혈압 저하 효과	과일, 채소	심장의 부정맥
철(Fe)	• 헤모글로빈의 구성성분으로 조혈 작용 • 무기질 중 흡수율이 낮아 식품 섭취 시 흡수율이 좋은 동물성 식품의 헴철을 선택하는 것이 좋음.	간, 난황, 육류, 녹황색 채소류	철결핍성 빈혈
코발트(Co)	• 조혈작용	간, 어류, 채소류	악성 빈혈
구리(Cu)	• 철분흡수, 운반	간, 호두, 홍차	빈혈
아연(Zn)	• 생체 내 여러 금속효소의 구성, 생체막의 구조 유지 • 면역기능, 성장과 발열에 중요	해조류, 고등어, 굴 등의 어패류	성장 지연, 성적 발달, 피부염
요오드(I)	• 갑상선호르몬을 구성, 에너지대사 조절 • 유즙 분비 촉진	미역, 다시마 등의 해조류	갑상선종
셀레늄(Se)	• 항산화 효소인 글루타티온 퍼옥시다아제의 구성성분 • 강력한 항산화 작용, 비타민 E의 절약 • 지질의 과산화 방지, 중금속해독작용	어육류, 내장류, 패류, 견과류	근육통, 심장의 과산화물 축적
염소(Cl)	• 위액의 산성유지, 소화	소금	식욕부진

(4) 산성 식품과 알칼리성 식품

산성 식품	인(P), 황(S), 염소(Cl) 등의 음이온을 다량 함유한 식품	곡류, 어류, 육류 등
알칼리성 식품	칼슘(Ca), 나트륨(Na), 칼륨(K), 마그네슘(Mg) 등의 양이온을 다량 함유한 식품	과일, 채소, 해조류, 우유 등

6 비타민

(1) 특성 및 기능

① 비타민은 세포의 정상적인 대사활동을 위하여 반드시 필요한 조절 영양소이다.

② 대부분 체내에서 합성되지 않거나 합성되더라도 필요량을 충족할 수 없어 식품으로 섭취해야 한다.

③ 일부 비타민은 전구체에 의해 합성된다(베타카로틴 → 비타민 A, 트립토판 → 나이아신, 콜레스테롤 → 비타민 D).

④ 장내세균으로부터 비타민 K, 비오틴, 판토텐산 등이 생성된다.

⑤ 녹는 성질에 따라 수용성 비타민(B군, C)과, 지용성 비타민(A, D, E, K)으로 나뉜다.

⑥ 지용성 비타민의 소화흡수는 지질과 같으며, 체내에 흡수되면 쉽게 배설되지 않아 과량섭취 시 독성이 나타날 수 있다.

⑦ 수용성 비타민은 필요량 초과섭취 시 소변으로 배설되기 때문에 소량씩 자주 섭취할 것을 권장하며, 일반적으로 열에 불안정하다(비타민 B는 빛에 불안정).

(2) 구분

종류		체내 기능	급원 식품	결핍증
지용성 비타민	비타민 A (Retinol)	시각관련 기능, 세포분화, 항산화 기능 등	간, 난황, 시금치, 당근 등	야맹증, 안구건조증, 모낭 각화증 등
	비타민 D (Calciferol)	혈중 칼슘농도 조절, 골격 형성, 세포의 증식과 분화 등	생선의 간유, 간, 생선, 버섯류 등	구루병, 골연화증, 골다공증 등
	비타민 E (Tocopherol)	항산화 기능(특히 생체막에서 불포화지방산의 항산화제 역할 → 생체막 보호)	곡류·종자의 배아, 식물성 기름 등	미숙아, 용혈성 빈혈(적혈구막 약화) 등
	비타민 K	혈액응고	녹황색 채소, 콩, 달걀 등	혈액응고 지연
수용성 비타민	비타민 B₁ (Thiamin)	에너지대사의 조효소(TPP), 신경 자극전달 등	돼지고기, 곡류의 배아, 콩류, 내장육 등	각기병, 식욕부진 등
	비타민 B₂ (Riboflavin)	성장촉진, 피부점막 보호	유제품, 간, 육류, 달걀 등	구순구각염, 설염 등
수용성 비타민	비타민 B₆ (Pyridoxine)	아미노산과 단백질 대사, 혈구세포 합성, 신경전달 물질 합성 등	간, 육류, 생선류, 가금류, 난황, 효모, 바나나, 현미 등	피부염, 빈혈, 구토, 우울증, 심혈관계 질환 등
	비타민 B₁₂ (Cobalamin)	조혈작용, 신경계 유지 등	주로 동물성 식품(육류, 가금류, 어패류, 치즈 등), 김	악성 빈혈, 신경계 장애, 심혈관계 질환 등
	엽산 (Folic acid)	세포분열, 아미노산 합성, 적혈구 헤모글로빈 합성 등	오렌지주스, 쇠간, 녹황색 채소 등	태아의 신경관 손상(임신초기 결핍), 거대적아구성 빈혈, 심혈관계 질환 등
	비타민 C (Ascorbic acid)	항산화 작용, 콜라겐 합성, 신경전달물질 합성 등	녹황색 채소, 과일, 감자, 고구마 등	괴혈병

① 미생물의 증식에서는 식품의 전체 수분함량이 아닌 미생물이 실제 이용할 수 있는 수분인 [   ]가 중요하다.

② 어떤 임의의 온도에서 식품이 나타내는 수증기압에 대한 순수한 물의 최대수증기압의 비율을 [   ]라 한다.

③ 탄수화물, 단백질, 지방을 일컬어 [   ]라 한다.

④ 일반적인 탄수화물은 C : H : O가 1 : [   ] : 1의 비율로 구성된다.

⑤ 지방은 1g당 [   ]kcal의 열량을 공급한다.

⑥ 유지의 [   ]는 지방산의 분자량에 반비례하므로, 단쇄지방산이 많을수록 커지고 장쇄지방산이 많을수록 작아진다.

① 유리수 ② 수분활성도(Aw) ③ 열량소(열량 에너지) ④ 2 ⑤ 9 ⑥ 비누화가

식품의 특수성분

1 식품의 맛

(1) 기본적인 맛

① 단맛
- 천연감미료에는 설탕, 포도당, 맥아당 등의 당류와 감차, 감초 등의 방향족화합물이 있다.
- 인공감미료에는 가용성 사카린 등이 있다.

② 짠맛
- 염화나트륨(소금), 염화칼륨, 요오드화나트륨 등이 있으며 소금이 조미료로 많이 쓰인다.
- 짠맛에 신맛을 더하면 짠맛이 강해지고, 단맛을 더하면 약해진다.

③ 신맛
- 적당량의 산미는 식욕을 증진시키는 효과가 있다.
- 식초, 주석산, 구연산 등이 있다.

④ 쓴맛
- 다른 맛에 쓴맛을 소량 더하면 맛을 두드러지게 한다.
- 커피와 초콜릿의 카페인, 양귀비의 모르핀, 맥주의 호프 등이 있다.

(2) 기타 맛

종류	특징
매운맛	• 미각이라기보다 미각신경을 강하게 자극할 때 느끼는 통감이라 할 수 있음. • 캡사이신(고추), 황화아릴류(마늘), 쇼가올(생강) 등
떫은맛	• 단백질의 응고 작용으로 일어나는 불쾌한 맛 성분 • 미숙한 과일에 포함된 탄닌 성분은 인체 내에서 변비를 일으킴.
아린맛	• 쓴맛, 떫은맛이 혼합된 맛 • 감자, 죽순, 고사리, 가지 등
감칠맛	• 식욕을 돋우는 입에 당기는 맛 • 글루탐산(다시마), 이노신산(가다랭이포), 구아닌산, 리신 등

(3) 맛의 여러 가지 현상

현상	특징	예
대비	서로 다른 두 맛이 작용하여 주된 맛의 성분이 강해짐.	단팥죽에 약간의 소금을 첨가하면 단맛이 증가
변조	한 가지 맛을 느낀 직후 다른 맛을 보면 원래 맛이 다르게 느껴짐.	오징어를 먹은 직후 밀감을 먹으면 쓰게 느껴짐.
미맹	PTC라는 화합물에 대해 쓴맛을 느끼지 못함.	-
상쇄	두 가지 맛의 성분이 혼합되어 각각의 맛을 느끼지 못함.	커피와 설탕의 혼합
억제	서로 다른 맛 성분이 혼합되어 주된 성분의 맛이 약화됨.	김치의 짠맛, 신맛

2 식품의 향미(색, 냄새)

(1) 식품의 색

① 식물성 색소
- 카로티노이드(Carotenoid) – 지용성 색소
  - 노랑, 주황, 적색을 나타내고, 지용성으로 구조가 비슷한 색소인 카로틴류(Carotenes)와 크산토필류(Xanthophylls)를 뜻한다.
  - 당근, 호박, 고구마, 난황, 토마토, 감, 옥수수, 고추 등의 녹황색 채소류, 갈조류 등의 해조류, 달걀노른자, 새우, 게 등의 동물성 식품에 들어 있는 색소이다.

  - 열, 약한 산·알칼리에서 비교적 안정하나 산소, 광선, 조직의 손상 시 효소에 의해 산화가 일어나 색소가 분해되어 퇴색된다.
  - 냉동 건조한 식품인 경우 식품의 조직이 다공질이어서 광선에 의한 탈색이 문제가 된다.
- 엽록소(Chlorophyll)
  - 대부분 카로티노이드와 공존하며, 중심이 마그네슘 착염의 포르피린(Porphyrin)이다.
  - 지용성 색소로 채소의 녹색 색소이다.
  - 산성에서 엽록소는 중심원자가 수소로 치환되어 갈색의 페오피틴(Pheophytin)으로 변하기 때문에 조리 시 식초는 먹기 직전에 넣는다.

- 산성에서의 엽록소 변화는 각종 김치류의 숙성 동안 유기산이 생성됨으로써 배추, 무청, 파, 오이 등의 색이 갈변하는 것에서 볼 수 있다.
- 채소를 데칠 때는 뚜껑을 열어 휘발성 유기산으로 인한 엽록소의 갈변을 최소화한다.
- 조리수를 다량 사용함으로써 비휘발성 유기산의 농도를 희석시키고, 급격한 온도 저하를 막는다.
- 효소 또는 알칼리에 의해 수용성이 되며, 짙은 초록색으로 변한다.
- 금속에 대한 영향으로 구리 엽록소(Cu-chlorophyll)는 선명한 청록색을 띠는데, 이것은 완두콩 통조림 등에 적용된다.
- 채소를 데칠 때 색을 선명하게 하기 위해 약간의 소금을 첨가하는 것이 좋다(중조를 첨가하기도 하나 비타민 파괴, 조직 연화 등을 불러오기 때문에 바람직하지 않음).

- 플라보노이드(Flavonoid) - 지용성 색소
  - 수용성 색소로 안토크산틴(Anthoxanthins) 또는 플라본(Flavone), 안토시안(Anthocyan), 탄닌 등이 속한다.
  - 무색에서 담황색의 안토크산틴은 채소, 과피, 꽃 등에 널리 분포하고 무, 양파, 복숭아, 바나나, 배추, 감자, 옥수수, 밀 등의 색소이다.
  - 조리 시 금속 이온과 반응해서 착화합물을 형성하여 약간 황색으로 변하므로 알루미늄, 철제 등의 조리기구 사용 시 주의하여야 한다.

  - 산에는 안정하지만, 알칼리에는 불안정해 황색이 짙어지는데, 이는 수타면을 만들 때 알칼리 첨가로 인해 국수의 색이 노르스름해지는 원리이다.
  - 적자색의 안토시안은 꽃이나 과일의 적·청·자색의 수용성 색소를 총칭한다(포도, 가지, 블루베리, 검은콩, 석류, 적양배추 등).
  - 안토시안은 매우 불안정해 가공이나 저장 중에 급속히 갈변하므로, 식품의 품질을 저하시킨다.
  - pH에 따라 산성에서는 적색, 중성에서는 자색, 알칼리에서는 청색 또는 녹색을 나타낸다.
  - 무색의 탄닌류는 산화효소에 의해 갈변되고 양파, 연근, 우엉, 사과, 감, 바나나, 감자, 녹차, 커피 등에 있다.
  - 산화효소도 공존하여 식물 조직이 상해를 받으면 효소의 작용으로 갈변이 일어난다.

② 동물성 색소
- 헤모글로빈: 혈액색소로 철(Fe)을 함유한다.
- 미오글로빈: 근육색소로 가열하면 갈색이나 회색으로 변한다.
- 헤모시아닌: 문어, 오징어 등 연체류에 포함되어 있고 익히면 적자색으로 변한다.
- 아스타신: 새우, 게, 가재 등에 포함되어 있다.

아스타잔틴

새우나 게 껍데기는 회녹색 또는 청록색을 나타내는데, 이것은 아스타잔틴 (Astaxanthin) 색소가 단백질과 결합되었기 때문이다. 이 식품을 가열하면 단백질의 변성으로 결합이 끊어져서 아스타잔틴의 적색이 나타난다. 이 아스타잔틴은 공기 중에서 계속 가열하면 산화되어 선홍색의 아스타신(Astacin)으로 변한다.

(2) 식품의 냄새

① 식물성 냄새

알코올 및 알데히드류	주류, 감자, 복숭아, 계피, 오이
테르펜류	녹차, 찻잎, 오렌지, 레몬
에스테르류	과일향
황화합물	마늘, 파, 양파, 무, 고추, 부추, 냉이

② 동물성 냄새

아민류 및 암모니아류	육류, 어류 등
카르보닐 화합물 및 지방산류	치즈, 버터 등 유제품

3 식품의 갈변

(1) 비효소적 갈변

마이얄(Maillard) 반응 (아미노카르보닐 반응)	• 단백질의 아미노기와 탄수화물의 카르보닐기가 반응 • 다른 비효소적 갈색화 반응과 달리 자연 발생적으로 일어남. • 단백질과 탄수화물이 공존하는 대부분의 식품에서 일어나는 갈색화 반응 • 먹음직스러운 색과 풍미를 향상 • 고추장·된장에서는 품질을 저하시키는 원인이 되기도 함.
캐러멜화 반응	• 당류를 가열하면 녹는점에서 녹기 시작하여 그 이상의 온도에서 점성이 있는 갈색물질이 생성(고온에서 비교적 장시간 가열) • 당의 함량이 많은 식품의 조리, 사탕 가공 중에 흔히 일어남. • 색과 풍미에 영향을 줌.
비타민 C의 산화	• 비타민 C는 그 자체가 환원력을 가진 항산화제이지만, 비가역적으로 산화된 후에는 갈변반응의 산화과정이 일어남. • 비타민 C 함량이 높은 감귤류 주스, 오렌지 분말 등에서 제품의 질을 저하시키는 원인이 됨.

(2) 효소적 갈변

① 식품에 함유된 페놀류에 폴리페놀옥시다아제(Polyphenol oxidase)가 작용하여 산화·중합되는 갈색화 반응(사과나 감자의 갈변, 홍차의 색을 생성)이다.

② 효소적 갈변의 억제: 효소적 갈변에는 효소·기질·산소가 필요하므로, 효소의 활성을 억제 하거나 산소를 제거한다.

효소의 불활성화 활성 억제	• 끓는 물에 데치는 것으로 효소를 불활성화 시키거나, 효소의 최적조건을 피함. • 온도저하(냉동), pH 조절(식초 등 산 첨가) 등
산소 제거	• 압축 진공포장, 질소 충전, 소금물·설탕물 등에 침지하여 공기 중 산소와 접촉을 피함.
기질 제거	• 식품의 기질을 제거할 수 없으나, 고구마는 기질이 대부분 껍질에 있으므로 껍질을 벗기고 물에 담가 갈변 억제
환원제 사용	• 비타민 C와 같은 환원제를 첨가하여 갈변 억제 • 비타민 C가 비가역적인 형태의 산화형이 되면 그 자체가 갈변 반응에 들어감.

4 기타 특수 성분

생선 비린내	트라이메틸아민(Trimethylamin)	참기름	세사몰(Sesamol)
마늘	알리신(Allicin)	고추	캡사이신(Capsaicin)
생강	진저론(Zingerone)	후추	캐비신(Chavicine)
겨자	시니그린(Sinigrin, 배당체), 알릴이소티오시아네이트(Allylisothiocyanate)		

▲ 생선비린내(Trimethylamine)

▲ 알리신(마늘)

▲ 캡사이신(고추)

오분만

① 식품의 기본적인 [   ]에는 단맛, 짠맛, 신맛, 쓴맛이 있고, 이 외에 매운맛, 떫은맛, 아린맛, 감칠맛 등도 있다.

② [   ]은 감자, 죽순, 고사리 등에서 느낄 수 있는 맛으로 쓴맛과 떫은맛의 혼합이다.

③ 엽록소로 알고 있는 [   ]은 지용성 녹색 색소이다.

④ 적자색의 [   ]은 pH에 따라 불안정하여 변색된다.

⑤ 생선은 [   ]이라는 성분으로 인하여 비린내가 날 수 있다.

① 맛 ② 아린맛 ③ 클로로필 ④ 안토시아닌 ⑤ 트라이메틸아민

식품과 효소

1 효소

(1) 효소의 정의

① 효소는 극미량으로 생체에서 일어나는 화학반응에 촉매역할을 하는 생체 촉매이다.

② 식품에 여러 종류의 효소가 함유되어 식품의 보존 · 가공 · 저장 중에 품질에 영향을 준다.

③ 효소의 단백질 성질을 이용하여 필요 시 효소를 활성 또는 불활성화하여 응용한다.

④ 1878년 W. 퀴네(Kuhne)가 '효모 속에 존재하는 것'을 뜻하는 그리스어로 명명하였다.

(2) 효소의 특징

① 세포 내에 존재하며 각 효소는 한 종류의 반응에만 작용한다.

② 활성화 에너지를 낮추어 생체반응을 촉진시킨다.

③ 고분자 단백질로 구성되어 있으며, 효소 활성에 적정온도와 pH 등을 변화시켜 반응속도를 조절할 수 있다.

④ 식품과 관련된 효소는 주로 산화환원효소와 가수분해효소이다.

(3) 효소의 분류

① 가수분해효소: 아밀라아제(아밀레이스), 말타아제(말테이스), 우레아제(유레이스)

② 산화환원효소: 옥시다아제, 탈수소효소

③ 전이효소: 크레아틴키나아제

④ 제거효소: 카탈라아제, 카르복실라아제

⑤ 합성효소: 시트르산 합성효소, 글루탐산 합성효소

① 식품과 관련된 효소에는 주로 산화환원효소와 [   ]이다.

① 가수분해효소

② 식품과 효소

(1) 효소를 이용한 식품

① 김치, 절임채소, 간장, 된장, 젓갈, 소시지, 햄, 치즈, 유산균 음료, 맥주, 포도주, 빵, 식초 등은 효소의 작용으로 영양소와 향미가 개선된 것이다.

▲ 절임채소

▲ 젓갈(액젓)

② 자연에 존재하는 효소를 활용하여 새로운 가공식품으로 생산하거나 바람직하지 않은 효소를 불활성화함으로써 식품의 품질을 개선해 왔다.

(2) 효소의 역할

바람직한 반응을 일으키는 경우	바람직하지 않은 반응을 일으키는 경우
• 과실의 숙성, 맥아 생산에서 전분 분해과정, 어류 및 육류의 숙성, 커피 원두의 발효 등 • 미생물이 관여하는 과채류의 발효과정, 제빵, 알코올 음료, 유제품의 발효 등	• 과채류의 연화현상, 밀가루의 산패, 변색, 오이의 쓴 맛, 기타 발효과정에서의 부정적 영향 • 가열처리에 의해 효소를 불활성화하거나 훈연, 질산염의 첨가, 가염, 건조, 냉장 및 냉동의 방법을 이용하여 감소시킬 수 있음.

오분만 **오**답 노트 **분**석하여 **만**점 받자!

② 아밀라아제, 말타아제, 우레아제는 [　　　　　] 효소에 속한다.

③ 시트르산, 글루탐산은 [　　　] 효소에 속한다.

④ 효소를 이용한 식품에는 [　　　], 절임채소, 간장, 된장, 소시지, 햄, 치즈 등이 있다.

② 가수분해 ③ 합성 ④ 김치

01 식품에 대한 설명으로 맞지 않는 것은?

① 먹는 것
② 의약으로 섭취하는 것
③ 음식물
④ 마시는 것

02 영양에 대한 설명 중 맞지 않는 것은?

① 영양은 인체의 건강과 관련이 깊다.
② 신체는 여러 가지 생리 기능을 조절하기 위해 영양소를 섭취해야 한다.
③ 영양가가 높은 식품을 한 가지만 먹는 것보다 영양가가 낮은 음식을 여러 가지 섞어 섭취하는 것이 더 바람직하다.
④ 탄수화물, 지방, 단백질, 무기질, 수분을 일컬어 5대 영양소라고 한다.

03 자유수와 결합수에 대한 설명 중 틀린 것은?

① 식품 내의 어떤 물질과 결합되어 있는 물을 결합수라 한다.
② 식품 내 여러 성분 물질을 녹이거나 분산시키는 물을 자유수라 한다.
③ 식품을 냉동시키면 자유수, 결합수 모두 동결된다.
④ 자유수는 식품 내의 전체 수분량에서 결합수를 뺀 양이다.

04 물은 인체의 몇 %를 차지하고 있는가?

① 60%   ② 50%
③ 40%   ④ 20%

01 ②   **02** ④   **03** ③   **04** ①

05 수분이 체내에서 하는 일이 아닌 것은?

① 체온을 조절한다.
② 영양소와 노폐물을 운반한다.
③ 내장의 장기를 보호한다.
④ 인체의 에너지원으로 사용된다.

05 수분은 영양소와 노폐물 운반, 체온 조절, 내장의 장기보존, 생리 반응에 도움을 주는 기능을 한다.

06 영양 섭취기준 중 권장섭취량을 구하는 식은?

① (평균 필요량 + 표준편차) × 2
② 평균 필요량 + 표준편차
③ (평균 필요량 + 충분섭취량) × 2
④ 평균 필요량 + 충분섭취량

06 권장섭취량(RI) = (평균 필요량 + 표준편차)의 2배

07 다음 중 다당류에 속하는 탄수화물은?

① 전분   ② 포도당
③ 과당   ④ 갈락토오스

07
• 단당류 : 포도당, 과당, 갈락토오스
• 다당류 : 전분, 글리코겐, 수용성 식이섬유소, 불용성 식이섬유소

08 다당류에 속하는 탄수화물은?

① 펙틴   ② 포도당
③ 과당   ④ 갈락토오스

08 펙틴은 수용성 식이섬유소로 다당류이다.

09 칼슘과 단백질의 흡수를 돕고 정장 효과가 있는 것은?

① 설탕 　　　　　　　　② 과당

③ 유당 　　　　　　　　④ 맥아당

09 유당 : 장내 유익균인 유산균의 증식을 도와 장내 pH가 산성이 되고, 병원균 증식이 억제되어 정장 작용과 칼슘흡수를 촉진한다.

10 전분에 대한 설명으로 틀린 것은?

① 찬물에 쉽게 녹지 않는다.

② 달지는 않으나 온화한 맛을 준다.

③ 동물 체내에 저장되는 탄수화물로 열량을 공급한다.

④ 가열하면 팽윤되어 점성을 갖는다.

10 전분은 식물성 다당류이고, 글리코겐(Glycogen)은 동물성 다당류이다.

11 당류 중에 가장 단맛이 강한 것은?

① 포도당 　　　　　　　② 과당

③ 설탕 　　　　　　　　④ 맥아당

11 과당은 과일, 꽃, 벌꿀 등에 널리 존재하며 감미도 110~140으로 천연 당류 중 가장 단맛이 강하다. 감미도는 과당 〉 설탕 〉 포도당 〉 맥아당 순이다.

12 고구마 등의 전분으로 만든 얇고 부드러운 전분피로 냉채 등에 이용되는 것은?

① 양장피 　　　　　　　② 해파리

③ 한천 　　　　　　　　④ 무

12 고구마 전분 양장피는 냉채에 많이 이용하며, 한천은 우뭇가사리를 주원료로 하여 양갱을 만들 때 팥을 굳히는 역할을 한다.

13 다음 식품의 분류 중 곡류에 속하지 않는 것은?

① 보리 　　　　　　　　② 조

③ 완두 　　　　　　　　④ 수수

13 완두는 두류로 콩류에 속한다.

09 ③　**10** ③　**11** ②　**12** ①　**13** ③

14 전화당의 구성 성분과 그 비율로 옳은 것은?

① 포도당 : 과당이 3 : 1인 당
② 포도당 : 맥아당이 2 : 1인 당
③ 포도당 : 과당이 1 : 1인 당
④ 포도당 : 자당이 1 : 2인 당

14 전화당은 설탕의 선광성이 우선성에서 분해되어 포도당과 과당이 1 : 1인 등량 혼합물을 말하며, 이때 선광성이 좌선성으로 바뀌어 전화당이라 한다.

15 호화와 노화에 관한 설명 중 틀린 것은?

① 전분의 가열온도가 높을수록 호화시간이 빠르며 점도는 낮아진다.
② 전분입자가 크고 지질함량이 많을수록 빨리 호화된다.
③ 수분함량이 0~60%, 온도가 0~4°C일 때 전분의 노화는 쉽게 일어난다.
④ 60°C 이상에서는 노화가 잘 일어나지 않는다.

15 호화 : 전분입자가 클수록, 수분 함량이 많을수록, 가열 온도가 높을수록 호화가 잘된다.

16 곡물의 저장 과정에서 변화에 대한 설명으로 옳은 것은?

① 곡류는 저장 시 호흡작용을 하지 않는다.
② 곡물 저장 시 벌레에 의한 피해는 거의 없다.
③ 쌀의 변질에 가장 관계가 깊은 것은 곰팡이이다.
④ 수분과 온도는 저장에 큰 영향을 주지 못한다.

16 황변미 중독
푸른곰팡이(Penicillium)가 번식하여 시트리닌(신장독), 시트리오비리딘(신경독), 아이슬랜디톡신(간장독) 등을 일으킨다.

17 밀가루를 물로 반죽하여 면을 만들 때 반죽의 점성에 관계하는 주성분은?

① 글로불린(Globulin)
② 글루텐(Gluten)
③ 아밀로펙틴(Amylopectin)
④ 덱스트린(Dextrin)

17 밀가루의 단백질 중 글리아딘(Gliadin)과 글루테린(Glutelin)을 물로 반죽하면 점탄성의 글루텐(Gluten)이 형성된다.

Part Ⅲ
식품학

14 ③　**15** ②　**16** ③　**17** ②

18 된장의 발효숙성 시 나타나는 변화가 아닌 것은?

① 당화작용
③ 지방산화
② 단백질 분해
④ 유기산 생성

19 다음 중 젤라틴과 관계없는 것은?

① 양갱
③ 아이스크림
② 족편
④ 젤리

20 건조 한천을 물에 담그면 물을 흡수하여 부피가 커지는 현상은?

① 이장
③ 투석
② 응석
④ 팽윤

21 버터의 수분함량이 17%라면 버터 15g은 몇 칼로리(kcal) 정도의 열량을 내는가?

① 10kcal
③ 210kcal
② 112kcal
④ 315kcal

22 지방산패의 촉진인자가 아닌 것은?

① 빛
③ 비타민 E
② 지방분해효소
④ 산소

---

18 된장의 발효과정에서 단백질, 탄수화물 등이 분해되고 유기산이 생성되어 발효 풍미를 갖게 된다.

19 • 젤라틴 : 동물성 응고제, 과일 젤리, 족편, 무스, 결정 형성 방해물질로 아이스크림을 만드는 데 사용
• 한천 : 식물성 응고제, 과일 젤리, 양갱 등을 만드는 데 사용

20 팽윤
• 물질을 액체에 침지시켰을 때 이를 흡수하여 부풀어 오르는 현상이다.
• 예로는 호화과정 중 생 쌀의 결정 부분에 물이 흡수되어 무정형이 되는 것이다.

21 $(15g \times 0.83) \times 9kcal/g = 112kcal$

22 비타민 E(토코페놀)는 유지의 산화속도를 억제하는 항산화제 역할을 한다.

18 ③   **19** ①   **20** ④   **21** ②   **22** ③

23 라드(Lard)는 무엇을 가공하여 만든 것인가?

　① 돼지의 지방　　　　② 우유의 지방
　③ 버터　　　　　　　④ 식물성 기름

23 라드는 돼지의 체지방으로서 가장 품질이 좋은 것은 콩팥 주변의 지방이다.

24 기름을 오랫동안 저장하여 산소, 빛, 열에 노출되었을 때 색깔, 맛, 냄새 등이 변하게 되는 현상은?

　① 발효　　　　　　　② 부채
　③ 산패　　　　　　　④ 변질

24 기름을 오랫동안 저장하여 산소, 빛, 열에 노출되었을 때 불쾌한 냄새와 맛을 형성하여 품질이 저하되는데, 이를 산패라 한다.

25 지방의 산패를 촉진시키는 요인이 아닌 것은?

　① 효소　　　　　　　② 자외선
　③ 금속　　　　　　　④ 토코페롤

25 토코페롤(비타민 E)은 항산화제로 산패를 억제한다.

26 다음 식품 성분 중 지방질은?

　① 프로라민　　　　　② 글리코겐
　③ 카라기난　　　　　④ 레시틴

26 레시틴(포스파티딜 콜린)은 인지질로 복합지질에 속한다.

27 다음 중 유도지질(Derived Lipids)은?

　① 왁스　　　　　　　② 인지질
　③ 지방산　　　　　　④ 단백지질

27 유도지질이란 단순지질, 복합지질의 가수분해로 얻어지는 물질이며, 지방산, 알코올 등이 있다.

23 ①　**24** ③　**25** ④　**26** ④　**27** ③

28 난황에 들어 있으며, 마요네즈 제조 시 유화제 역할을 하는 성분은?

① 레시틴   ② 오브알부민
③ 글로불린   ④ 갈락토오스

29 육류 조리 시의 향미 성분과 관계가 먼 것은?

① 유리아미노산   ② 유기산
③ 핵산분해물질   ④ 전분

30 생선의 육질이 육류보다 연한 주된 이유는?

① 콜라겐과 엘라스틴의 함량이 적으므로
② 미오신과 액틴의 함량이 많으므로
③ 포화지방산의 함량이 많으므로
④ 미오글로빈 함량이 적으므로

31 다음 중 단백가가 100으로, 표준단백질이 되는 식품은?

① 우유   ② 달걀
③ 두부   ④ 쇠고기

28 레시틴은 분자 내에 친수성과 소수성을 공유하여 유화제 역할을 한다.

29 핵산분해물질, 유기산류, 유리 아미노산은 가열하여 조리된 육류의 향미 성분이다.

30 생선은 육류보다 콜라겐과 엘라스틴 함량이 적어 살이 연하다.

31 달걀은 단백가 및 생물가가 100으로, 단백질 평가의 기준이 되는 영양 식품이다.

32 단백질의 구성 단위는?

① 포도당   ② 지방산
③ 젖당   ④ 아미노산

33 다음 중 무기질만으로 짝지어진 것은?

① 칼슘, 인, 요오드
② 지방, 비타민 A, 수분
③ 단백질, 염소, 비타민 C
④ 단백질, 지방, 아연

34 성인의 1일 나트륨 권고량으로 맞는 것은?

① 1g   ② 2g
③ 15g   ④ 무제한

35 다음 중 요오드와 관련 있는 호르몬은?

① 성호르몬   ② 부신호르몬
③ 신장호르몬   ④ 갑상샘호르몬

32 단백질은 20여 종의 아미노산이 결합된 고분자 화합물이다.

33 무기질은 회분이라고도 하는데, 인체의 약 4%를 차지하는 조절 영양소이다. 칼슘, 인, 칼륨, 황, 나트륨, 염소, 마그네슘, 철, 아연, 요오드, 불소, 크롬 등이 있다.

34 성인의 1일 소금 권고량은 5g 이하, 나트륨은 2g 이하이다.

35 요오드는 갑상샘호르몬의 구성 성분으로, 기초대사를 조절하며, 대표적으로 해조류에 많이 들어 있다.

Part Ⅲ

식품학

32 ④   **33** ①   **34** ②   **35** ④

36 과실 중 밀감이 쉽게 갈변되지 않는 가장 주된 이유는?

① 비타민 A의 함량이 많으므로
② Cu, Fe 등의 금속 이온이 많으므로
③ 섬유소 함량이 많으므로
④ 비타민 C의 함량이 많으므로

36 과실 중 갈변이 되지 않는 것은 비타민 C의 함량이 많기 때문이다.

37 비타민 A의 함량이 가장 많은 식품은?

① 쌀　　　　　　　　② 당근
③ 감자　　　　　　　④ 오이

37 비타민 A는 지용성 비타민으로 생선 간유, 녹황색 채소류 중에 다량 함유되어 있다. 당근, 시금치 등에 프로비타민 A인 β-카로틴의 형태로 존재한다.

38 비타민에 관한 설명 중 틀린 것은?

① 카로틴은 프로비타민 A이다.
② 비타민 E는 토코페롤이라고도 한다.
③ 비타민 B_{12}는 코발트를 함유한다.
④ 비타민 C가 결핍되면 각기병이 발생한다.

38
• 비타민 C 겹핍증 – 괴혈병
• 비타민 B_1 결핍증 – 각기병

39 비타민 A의 전구물질로 당근, 호박, 고구마, 시금치에 많이 들어 있는 성분은?

① 안토시아닌　　　　② 카로틴
③ 리코펜　　　　　　④ 에르고스테롤

39 카로틴은 비타민 A의 전구물질로 $6 \mu g$의 베타카로틴은 $1 \mu g$ RE (레티놀 당량)로 전환한다.

36 ④　　**37** ②　　**38** ④　　**39** ②

40 다음 중 비타민 D의 전구물질로 프로비타민 D로 불리는 것은?

① 프로게스테론(Progesterone)
② 에르고스테롤(Ergosterol)
③ 시토스테롤(Sitosterol)
④ 스티그마스테롤(Stigmasterol)

41 다음 중 물에 녹는 비타민은?

① 레티놀　　　　　② 토코페롤
③ 리보플라빈　　　④ 칼시페롤

42 다음 중 산미도가 가장 높은 것은?

① 주석산　　　　　② 사과산
③ 구연산　　　　　④ 아스코르브산

43 고추의 매운맛 성분은?

① 무스카린(Muscarine)　　② 캡사이신(Capsaicin)
③ 뉴린(Neurine)　　　　　④ 몰핀(Morphine)

40 효모, 버섯 등에 들어 있는 에르고스테롤(Ergosterol)은 자외선에 노출되면 비타민 D₃로 전환되므로 프로비타민 D(비타민 D 전구체)라고도 한다.

41 **수용성 비타민**
비타민 B₁(티아민), 비타민 B₂(리보플라빈), 나이아신, 비오틴, 비타민 B₆(피리독신), 비타민 B₁₂(코발라민), 엽산, 비타민 C(아스코르브산), 판토텐산

42 주석산의 산도가 높다.

43 • 캡사이신(Capsaicin) – 고추
• 무스카린(Muscarine), 뉴린(Neurine) – 독버섯
• 몰핀(Morphine) – 양귀비에서 추출한 아편의 주성분

Part Ⅲ
식품학

40 ②　　**41** ③　　**42** ①　　**43** ②

44 쓴 약을 먹은 직후 물을 마시면 단맛이 나는 것처럼 느끼게 되는 현상은?

① 변조현상   ② 소실현상

③ 대비현상   ④ 미맹현상

44 변조현상은 한 가지 맛을 느낀 직후 다른 맛을 보면 원래 맛이 다르게 느껴지는 것이다.

45 감칠맛 성분과 소재 식품의 연결이 잘못된 것은?

① 베타인(Betaine) - 오징어, 새우

② 크레아티닌(Creatinine) - 어류, 육류

③ 카노신(Carnosine) - 육류, 어류

④ 타우린(Taurine) - 버섯, 죽순

45 • 타우린(Taurine) - 오징어, 문어의 감칠맛 성분
• 구아닌산(Guanylic acid), 이노신산(Inosinic acid) - 표고버섯, 송이버섯의 감칠맛 성분

46 다음 식품 중 이소티오시아네이트(Isothiocyanates) 화합물에 의해 매운맛을 내는 것은?

① 양파   ② 겨자

③ 마늘   ④ 후추

46 겨잣가루를 따뜻한 물과 함께 섞어 40℃로 유지하면 효소인 미로시나제(Myrosinase)가 활성화되어 시니그린(배당체)을 가수 분해하여 겨자유 성분의 이소티오시아네이트가 생성된다.

47 다음 중 화학조미료는?

① 구연산

② HAP

③ 글루탐산나트륨

④ 효모

47 화학조미료의 주성분은 글루탐산나트륨(MSG)이다.

44 ①   **45** ④   **46** ②   **47** ③

48 양배추를 삶았을 때 증가되는 단맛의 성분은?

① 아크롤레인(Acrolein)

② 트라이메틸아민(Trimethylamine)

③ 디메틸 설파이드(Dimethyl Sulfide)

④ 프로필 메르캅탄(Propyl Mercaptan)

49 난황에 함유되어 있는 색소는?

① 클로로필   ② 안토시아닌

③ 카로티노이드   ④ 플라보노이드

50 색소성분의 변화에 대한 설명 중 맞는 것은?

① 엽록소는 알칼리성에서 갈색화

② 플라본 색소는 알칼리성에서 황색화

③ 안토시안 색소는 산성에서 청색화

④ 카로틴 색소는 산성에서 흰색화

51 철과 마그네슘을 함유하는 색소를 순서대로 나열한 것은?

① 안토시아닌, 플라보노이드

② 카로티노이드, 미오글로빈

③ 클로로필, 안토시아닌

④ 미오글로빈, 클로로필

---

48 양배추, 양파 등을 삶으면 단맛이 증가하는데, 이는 매운맛 성분인 황화알릴(Allyl)이 단맛의 알킬 메르캅탄으로 변화되기 때문이다.

49 난황의 노랑, 주황색은 카로티노이드 색소이다.

Part Ⅲ

식품학

50 플라보노이드 : 산성에서는 백색, 알칼리성에서는 황색으로 변화

51 근육색소인 미오글로빈은 철(Fe)을 함유하고, 엽록소인 클로로필은 마그네슘(Mg)을 함유한다.

52 오이나 배추의 녹색이 김치를 담갔을 때 점차 갈색을 띠게 되는 것은 어떤 색소의 변화 때문인가?

① 카로티노이드(Carotinoid)
② 클로로필(Chlorophyll)
③ 안토시아닌(Anthocyanin)
④ 안토크산틴(Anthoxanthin)

53 클로로필에 대한 설명으로 틀린 것은?

① 산을 가해 주면 Pheophytin이 생성된다.
② Chlorophyllase가 작용하면 Chlorophyllide가 된다.
③ 수용성 색소이다.
④ 엽록체 안에 들어 있다.

54 냉장의 목적과 가장 거리가 먼 것은?

① 미생물의 사멸
② 신선도 유지
③ 미생물의 증식 억제
④ 자기 소화 지연 및 억제

55 다음 채소류 중 일반적으로 꽃 부분을 식용하지 않는 것은?

① 브로콜리(Broccoli)
② 콜리플라워(Cauliflower)
③ 비트(Beets)
④ 아티초크(Artiohoke)

---

52 오이나 배추로 김치를 담그면 익으면서 발효에 의해 형성된 젖산이 클로로필과 작용하여 페오피틴(갈색 물질)을 형성하기 때문이다.

53 클로로필은 아세톤이나 벤젠 등에 잘 녹으며 물에는 녹지 않는다.

54 냉장온도에서는 미생물의 증식이 억제된다.

55 • 화채류(식물의 꽃) : 브로콜리, 콜리플라워, 아티초크
• 근채류(식물의 뿌리) : 비트, 당근, 양파

 ② ③ **54** ① ③

56 쓴 약을 먹고 물을 마시면 단맛이 나는 현상은?

① 맛의 대비　　　　② 맛의 미맹

③ 맛의 변조　　　　④ 맛의 상쇄

56 변조: 한 가지 맛을 느낀 후 다른 맛을 보면 원래 식품의 맛이 다르게 느껴지는 현상이다.

57 다음 중 쓴맛을 느끼게 하는 성분은?

① 만니트　　　　② 구연산

③ 맥아당　　　　④ 카페인

57 단맛: 포도당, 과당, 맥아당 등
신맛: 구연산, 주석산, 사과산 등
쓴맛: 카페인, 테인
짠맛: 염화나트륨

58 떫은맛과 관련 있는 현상은?

① 당분의 응고　　　　② 배당체 현상

③ 단백질의 응고　　　　④ 지방의 응고

58 떫은맛은 혀 표면에 있는 점성 단백질이 일시적으로 응고되고, 미각 신경이 마비되어 일어나는 감각이다.

Part Ⅲ

59 토마토의 붉은 색은 주로 무엇에 의한 것인가?

① 안토시안　　　　② 클로로필

③ 미오글로빈　　　　④ 카로티노이드

59 카로티노이드 색소
당근, 늙은 호박, 토마토에 들어 있는 붉은 색소산이나 알칼리에서 색깔 변화가 일어나지 않고, 비타민 A의 기능이 있다.

60 효소에 대한 설명이 바르지 못한 것은?

① 효소는 극미량으로 생체에서 일어나는 화학 반응에 촉매 역할을 한다.

② 식품에 여러 종류의 효소가 함유되어 식품의 보존·가공·저장 중 품질에 영향을 준다.

③ 효소의 단백질 성질을 이용하여 필요 시 효소를 활성 또는 불활성화하여 응용한다.

④ 1878년 독일의 생리학자 W. 퀴네가 발견하고, 독일어로 이름을 지었다.

60 효소는 1878년 독일의 생리학자 W. 퀴네가 효모 속에 존재하는 것을 뜻하는 그리스어로 명명하였다.

56 ③　57 ④　58 ③　59 ④　60 ④

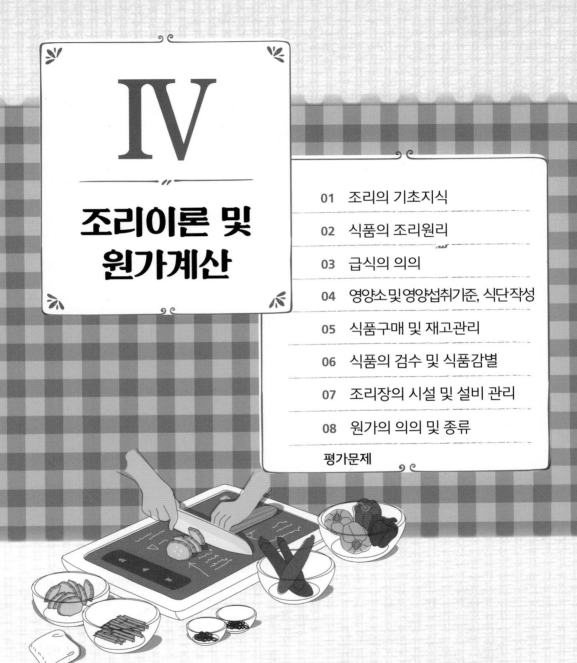

IV

조리이론 및 원가계산

Chapter 01 조리의 기초지식

1 조리의 기초지식

(1) 조리의 정의 및 목적

① 정의: 식품을 구입한 후 다듬는 과정부터 먹기 전까지 물리적, 화학적 조작을 가하여 섭취할 수 있는 음식물로 만드는 과정을 뜻한다.

② 목적
- 기호성: 음식의 외관, 맛, 풍미를 향상시킨다.
- 영양성: 여러 식품이나, 양념들의 첨가로 영양적 효율을 높인다.
- 소화성: 식품을 잘게 자르거나 여러 가지 조리법으로 익혀서 소화가 용이하도록 한다.
- 안전성: 식품의 세척, 가열 등을 통하여 위생상 안전하도록 만든다.
- 저장성: 염분이나 당을 첨가하여 저장성을 향상시킨다.

(2) 요리별 성격에 따른 요리 구분

① 한국 요리: 조미료 배합이 우수한 요리로 수육, 생선, 콩, 채소를 주재료로 하여 독특한 양념을 사용하며, 구이, 찜, 부침, 무침 등을 주로 한다.

② 서양 요리: 조리법이 다채롭고 향신료 등을 많이 사용한 소스가 발달하였으며, 유럽과 미국의 요리를 총칭한다(향의 요리).

③ 중국 요리: 많은 양의 기름을 이용하여 맛을 내는 요리로, 재료의 사용 범위가 넓고 지방에 따라 다양한 특색이 있다.

▲ 한식 상차림

▲ 양식 상차림

▲ 중식 상차림

② 조리의 준비조작

(1) 계량하기

① 계량: 재료의 무게나 부피를 정확하게 측정하는 것이다.

② 재료에 따른 계량 방법

밀가루	체로 친 다음 계량컵에 수북하게 담고, 윗면을 편편하게 깎아 계량
백설탕	계량컵에 담은 후 윗면을 편편하게 깎아 계량
지방(버터, 마가린)	실온에서 부드러워질 때까지 방치한 후 계량컵에 눌러 담아 윗면을 편편하게 깎아 계량
곡류(쌀, 콩)	계량컵에 가득 담아 살짝 흔들어 수평이 되도록 깎은 후 계량
액체	용기를 수평하게 놓고 눈금과 액체 표면의 아랫부분을 일치시켜 측정

③ 계량의 단위

1컵	200cc = 200mL		1큰술(Ts)	3ts = 15mL	
1작은술(ts)	5mL		1온스(oz)	30mL	
1파운드(Pound)	16온스(oz)		1쿼트(Quart)	32온스(oz)	

(2) 조리기기 준비

① 필러(Peeler): 감자, 무, 당근, 토란 등의 껍질을 벗기는 기기이다.

② 식품절단기

- 육류를 저며 내는 슬라이서
- 채소를 여러 가지 형태로 썰어 주는 커터
- 식품을 다져 내는 푸드 초퍼

▲ 생선비린내(Trimethylamine)

▲ 알리신(마늘)

▲ 슬라이서(식품절단기)

③ 전기 그릴(electric grill, salamander): 가스나 전기가 열원인 하향식 구이용 기기로 생선, 스테이크 구이에 많이 사용한다.

④ 그리들(griddle): 가스를 열원으로 하여 두꺼운 철판 위에서 조리하는 일종의 프라이팬으로 전, 부침, 버거 등의 부침 요리에 적합하다.

⑤ 브로일러(broiler): 복사열을 직·간접적으로 이용하여 구이에 적합하며, 석쇠에 구운 모양을 나타내는 시각적 효과로 스테이크에 많이 사용한다.

▲ 전기 그릴　　　　　　▲ 그리들　　　　　　▲ 브로일러 팬

⑥ 믹서(mixer): 식품의 혼합 및 교반에 이용하며, 블렌더와 믹서가 있다.

⑦ 스쿠프(scoop): 아이스크림이나 채소의 모양을 뜨는 데 사용한다.

▲ 믹서　　　　　　▲ 블렌더　　　　　　▲ 스쿠프

(3) 조리 온도 확인하기

① 끓이기: 국은 100°C에서 가열한다.

② 찌기: 수증기 속의 100°C에서 가열하지만, 요리에 따라 85~90°C에서 가열하는 경우도 있다.

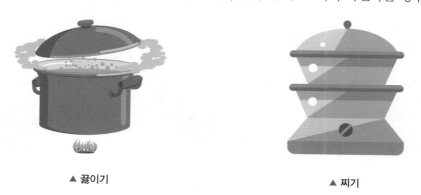

▲ 끓이기　　　　　　　　　▲ 찌기

③ 굽기: 식품을 오븐에 굽는 간접적인 방법과 금속판이나 석쇠의 열(160℃ 이상)에 바로 굽는 직접적인 방법이 있다.

④ 튀기기: 적정 튀김 온도는 일반적으로 160~180℃이지만, 수분이 많은 식품은 150℃, 튀김 껍질이 없는 것은 130~140℃ 등 상황에 따라 차이가 있다.

▲ 굽기   ▲ 튀기기

3 기본조리법 및 다량조리 기술

(1) 기본조리법

① 생식품의 조리
- 열을 사용하지 않으며 식품 본연의 맛을 그대로 느낄 수 있는 조리법이다.
- 가열 조리에 비해 조리 시간이 단축되는 장점이 있지만, 기생충에 오염될 가능성도 있다.

② 조리 전 과정

세척	• 식품의 불순물·유해물 제거
담그기	• 세척 다음 단계로 수분을 주어, 흡수·팽윤·연화시키는 효과를 내며, 불필요한 성분을 용출
썰기	• 식품을 먹기 좋은 크기나 모양으로 잘라 폐기부분을 제거하고 외관을 좋게 정리 • 열의 이동과 조미성분의 침투가 용이
분쇄	• 식품의 수분을 제거한 후 분말 상태로 만들어 소화율과 저장성을 높임.
혼합, 교반	• 유화, 기포 형성, 점탄성 등을 증가시킴.
냉각, 냉장	• 미생물의 번식을 억제
동결	• 미생물의 번식 및 효소 작용을 억제
해동	• 냉동식품을 융해, 단백질의 변성으로 액즙이 유출되어 질감이 달라질 수 있음. • 드립 현상: 해동할 때 가용성 물질이 분리되어 나오는 것, 모양이 변화될 수 있음.

하나더

폐기량과 정미량
① 폐기량: 식품 조리 시 버려지는 부분
② 정미량: 폐기량을 제외한 먹을 수 있는 부분

③ 가열조리

종류		특징
습열 조리	끓이기	• 100 ℃의 액체에서 식품을 가열하는 방법 • 건조식품은 물에 먼저 담가 수분을 흡수시킨 후 끓임. • 다량의 음식을 한 번에 조리 가능 • 조미가 간편 • 딱딱한 식품을 부드럽게 할 수 있음.
	찜	• 수증기의 잠재열(1g당 593kcal)을 이용하여 식품을 가열하는 방법 • 영양 손실이 적고 온도 분포도가 일정하므로 탈 염려가 없음. • 시간이 다소 걸린다는 단점이 있음. • 서양식 요리법에는 스튜, 브레이징, 시머링 등이 해당
	조림	• 양념장을 넣어 국물 맛이 배도록 조리하는 방법 • 단단한 재료에서 무른 순으로 넣어 조리 • 센 불에서 시작하여 끓기 시작하면 불을 줄여 눌러 붙지 않도록 함.
	삶기, 데치기	• 식품조직이 연화되고 맛이 없는 성분이 제거 • 지방 제거가 되며, 부피가 축소되어 탈기 • 효소를 제거하여 소독 가능 • 서양식 요리법에는 포칭이 해당
건열 조리	볶기	• 구이와 튀김의 중간 정도의 조리법 • 고열 단시간 조리하므로 영양 손실이 적음 • 조리가 간편하고 지용성 비타민의 흡수를 촉진 • 서양식 조리법 중 소테가 해당
	튀기기	• 보통 160~180 ℃의 온도에서 조리하는 방법 • 고온 단시간 처리로 영양 손실이 가장 적음. • 콩기름, 면실유, 옥수수유 등 향미가 좋고 산도가 높지 않은 식물성이 좋음. • 튀김옷은 글루텐 함량이 적은 박력분이 좋으며 찬물로 반죽 • 수분함량이 높은 식품은 미리 수분을 제거한 뒤 조리
	굽기	• 전분은 호화되고 단백질은 응고하며 세포는 열을 받아 식품이 연화됨. • 지방의 분해, 당질의 캐러멜화로 맛있는 향기가 남. • 재료에 직접 화기가 닿는 직접구이와 프라이팬, 오븐 등을 이용한 간접구이가 있음. • 식품 본래 맛이 유지되나 온도 조절이 어려운 단점 • 서양식 조리법으로 로스팅, 그릴, 브로일링, 베이킹 등이 해당
복합 조리	극초단파	• 초단파로 짧은 시간에 고열로 조리 • 가열시간이 짧아 영양소 파괴가 적으나 식품 수분 감소가 큼. • 알루미늄 제품, 법랑, 캔, 석쇠, 도금한 식기, 크리스털 제품 등은 전자레인지에서 사용 불가능

④ 다량조리 기술

종류	특징
국	• 단체급식에서 영양적·기호적으로 토장국을 선호 • 건더기는 국물의 1/3 정도가 좋고, 국물 맛을 내는 멸치, 육류 등을 넣고 끓인 후 나중에 넣음.
찌개	• 센 불에서 끓이다 어느 정도 끓으면 약하게 하여 약 20분간 끓여 냄. • 건더기는 국물의 2/3 정도가 적합
조림	• 국물 맛을 내기보다 재료에 맛을 들게 하는 조리법으로, 물을 적당량 붓고 양념을 넣어 끓임. • 생선은 너무 오래 조리하지 않아야 영양 손실이 적고 살이 부서지지 않음.
튀김	• 깨끗하게 튀겨야 하는 것은 새 기름을, 두 번 이상 사용한 기름은 볶음에 사용. • 식물성 기름을 사용하는 것이 좋으며, 단체급식에서는 국보다 3배 정도의 조리시간이 소요
구이	• 미리 달군 석쇠·오븐에 굽거나 소금구이를 이용 • 여러 번 뒤집으면 생선살이 부서지므로 유의
나물	• 생채는 고춧가루, 소금, 설탕, 간장을 넣고 무친 후 식초나 화학조미료를 첨가함. • 푸른 채소는 끓는물에 살짝 데쳐 먹기 직전에 무침.

▲ 다량조리 기술이 필요한 급식

 **오**답 노트 **분**석하여 **만**점 받자!

① 조리의 목적은 크게 기호성, 영양성, 안정성, [   ]으로 구분할 수 있다.

② 일반적인 조리 방법은 [   ]에 의한 것으로, 습열·건열·전자레인지 등을 이용하게 된다.

③ 액체, 지방, 가루 등 재질에 따라 [   ]하는 방법이 달라진다.

④ [   ]를 이용한 복합조리과정에서는 가열시간이 짧아 영양소 파괴가 적지만, 식품의 수분이 크게 줄어드는 단점이 있다.

① 저장성 ② 가열 ③ 계량 ④ 극초단파

02 Chapter 식품의 조리원리

1 농산물의 조리 및 가공·저장

(1) 쌀

① 쌀의 구조

현미	벼에서 왕겨 층을 제거한 것, 영양은 좋지만 섬유소로 인해 소화율이 낮음.
백미	현미를 도정하여 배유만 남은 것, 일반 쌀

② 가공 및 저장

가공품	• 강화미: 비타민 B₁을 첨가하여 영양 가치를 높인 쌀 • 팽화미: 쌀을 고압으로 가열하여 급히 압출한 것
저장품	• 저장성은 벼 → 현미 → 백미 순으로 좋음. • 도정도가 높을수록 영양소는 적어지지만, 소화율은 높아짐.

③ 밥 짓기

쌀 씻기	비타민 B의 손실 방지를 위해 3회 정도 가볍게 씻음.
수침	멥쌀은 30분, 찹쌀은 50분 정도 물에 담갔을 때 물을 최대로 흡수
물의 분량	쌀의 종류와 수침 시간에 따라 다르며, 잘된 밥은 쌀의 2.5~2.7배 정도가 됨.

④ 물의 분량

- 쌀은 15%, 밥을 지었을 때는 65% 정도의 수분을 함유한다.
- 백미는 쌀 중량의 1.5배, 용량의 1.2배의 물을 붓는다.
- 햅쌀은 쌀 중량의 1.4배, 용량의 1.1배의 물을 붓는다.
- 찹쌀은 쌀 중량의 1.1~1.2배, 용량의 0.9~1배의 물을 붓는다.
- 불린 쌀은 쌀 중량의 1.2배, 용량과 같은 양의 물을 붓는다.

밥맛의 구성 요소

- pH 7~8일 때 밥맛이 가장 좋고, 산성이 높아질수록 밥맛은 나빠진다.
- 약간(0.03%)의 소금을 넣으면 밥맛이 좋아진다.
- 묵은 쌀보다 햅쌀이 밥맛이 좋다.
- 쌀의 품종과 재배지역의 토질에 따라 다르다.

미강

미강은 쌀눈과 쌀겨로 구성되며 백미의 영양소(5%)에 비해 월등한 영양성분(95%)을 함유하고 있다. 각종 식이섬유와 천연 토코페롤의 약 200배에 해당하는 항산화 기능을 하며, 감마 오리자놀을 포함하고 있어 건강에 유익한 소재로 다양한 조리방법으로 이용하는 식재료이다.

(2) 밀가루

① 특징

- 밀가루에 물을 가하면 밀의 단백질인 글리아딘(Gliadin)과 글루테닌(Glutenin)이 결합하여 글루텐(Gluten)을 형성한다.
- 반죽을 오래할수록 질기고 점성이 강한 글루텐이 형성되는데, 글리아딘은 탄성을, 글루테닌은 점성을 강하게 한다.

② 종류

강력분	13% 이상	식빵, 마카로니, 스파게티
중력분	10~13%	국수, 만두피
박력분	10% 이하	케이크, 튀김옷, 카스텔라, 약과

③ 밀가루의 가공 및 저장

- 밀은 가루로 만들어 사용하면 글루텐이 포함되어 단단하고 탄력 있는 반죽을 만들 수 있다.
- 밀가루는 숙성과 표백을 위해 과산화벤조일, 이산화염소, 브롬산칼륨 등의 소맥분 개량제를 사용한다.
- 빵에는 이스트의 발효로 생긴 CO_2를 이용해서 만든 발효빵과 팽창제에 의해 생긴 CO_2를 이용해 만든 무발효빵이 있다.
- 가공원료는 효모, 설탕, 베이킹파우더, 소금, 지방, 달걀 등이다.

④ 반죽에 영향을 주는 물질

물질	영향
팽창제	이스트·베이킹파우더·중조, 탄산가스를 발생시켜 가볍게 부풀게 함.
지방	파이처럼 층을 형성하여 음식을 부드럽고 바삭하게 만듦.
설탕	음식 표면을 착색시켜 보기 좋게 하지만, 글루텐을 분해하므로 반죽을 구우면 부풀지 못하고 꺼짐.
소금	글루텐의 늘어나는 성질이 강해져 잘 끊어지지 않음.
달걀	밀가루 반죽 형태의 형성을 돕지만, 많이 사용하면 음식이 질겨짐.

하나더

글루텐 형성

도움을 주는 물질	방해하는 물질
달걀, 소금, 물, 우유	지방, 설탕, 탈지분유

(3) 감자 · 고구마

① 특징

	감자	고구마
성분	수분이 70~80 %, 당질이 15~16 %, 비타민 B, C, 칼륨(K) 등이 풍부	수분이 71~77 %, 당질이 23 %, 무기질, 비타민 K가 많은 알칼리성 식품
종류	• 점질감자(찜, 조림, 볶음용) • 분질감자(매시트포테이토, 오븐 요리용)	• 밤고구마 – 육질이 단단하고 물기가 없음. • 호박고구마 – 수분과 당분이 풍부해 소화가 잘됨. • 자색고구마 – 생식을 권장하며 안토시아닌 성분의 함량이 높음.
기타	• 감자의 유독 성분 • 솔라닌(외피의 발아부) • 셉신(부패된 감자)	**고구마의 당화 작용** 당분은 1~3 % 함유하며, 전분이 β-아밀라아제에 의해 맥아당으로 전환되어 단맛이 증가한다.

② 가공 및 저장

- 전분, 감자 칩, 곤약 등의 가공품이 있다.
- 감자는 2°C에서 냉장 저장하면 당분이 증가하고, 10~13°C에서는 전분이 당으로 변하는 것을 방지한다.

- 고구마는 32~34°C, 습도 90%, 4~6일간 큐어링 처리하면 오래 보존할 수 있다.

하나 더

고구마 큐어링

고구마 수확 시 생긴 상처를 온도 30°C에서 10일 정도 보관하면, 상처에 코르크의 보호층이 생겨 병원균의 침입을 막아 저장 중 부패가 예방된다.

하나 더

녹말(전분)

① 구조

- 곡류의 주성분인 탄수화물의 대부분이 해당된다.
- 멥쌀 녹말에 아밀로스가 20% 정도 함유되어 있다.
- 찹쌀, 찰 보리, 찰옥수수 등의 곡류는 대부분 아밀로펙틴으로 이루어져 있다.

② 성분 비교

아밀로스(amylose)	아밀로펙틴(amylopectin)
• 500~2,000개의 글루코스가 중합 • α-1, 4결합 • 적쇄 구조 • 엉키는 성질	• 100~수십 만 개의 글루코오스가 중합 • α-1, 4결합과 α-1, 6결합 • 적쇄 구조에 가지로 연결 • 끈기 있는 성질

③ 호화(α화)

- 정의: 생녹말 상태인 베타(β)를 물로 가열하면 물 분자가 녹말로 들어가는 팽윤 과정에서 점성이 높은 반투명의 콜로이드 상태가 되는 것이다.

$$\text{생녹말}(\beta\text{녹말}) + \text{물} \times \text{가열}(70\text{~}75°C) = \text{호화 녹말}(\alpha \text{ 녹말})$$

- 촉진 조건: 쌀의 도정률이 클수록, 수침 시간이 길수록(최대 수분 흡수량 20~30%), 밥물이 알칼리성일 때, 가열 온도가 높을 때, 전분의 입자가 클수록 호화가 잘된다.

④ 노화(β화)

- 정의: 호화된 α 녹말이 실온이나 냉장 온도에 오래 방치하여 생녹말의 구조로 변화하는 것이다.
- 촉진 조건: 수분이 30~60%일 때, 온도가 0~5℃일 때, 녹말 분자 중 아밀로스의 함량이 많을수록 노화가 잘된다.

  * 노화(β화)를 억제하는 조건
  – 수분 함량을 60% 이상 또는 15% 이하로 맞춘다.
  – 0℃ 이하로 동결시키거나 60℃ 이상으로 온장시킨다.
  – 설탕이나 유화제를 첨가한다.

④ 호정화(Dextrin화)

- 녹말을 160℃ 이상의 건열로 가열하면 여러 단계의 가용성 녹말 상태를 거쳐 덱스트린으로 분해된다.
- 물에 잘 녹고, 오래 저장할 수 있어 뻥튀기, 미숫가루, 팝콘, 강냉이, 냉동 빵 등에 활용된다.

⑤ 당화

- 전분에 묽은 산을 넣고 가열하여 최적 온도를 유지하면 포도당이 가수분해되어 단맛이 증가한다.
- 물엿, 조청, 시럽, 식혜 등이 활용 사례이다.

⑥ 겔화

- 녹말을 냉수에 풀어서 열을 가해 호화된 녹말이 급속히 식으면서 아밀로스가 부분적으로 결정을 만들어서 굳어지는 현상이다.
- 각종 묵, 중국 음식의 류우차이, 서양 음식의 루를 이용한 수프나 소스 등이 활용 사례이다.

(4) 두류

① 두류의 분류와 용도

구분	분류	용도
대두, 낙화생	• 식용유지의 원료로 사용 • 단백질과 지방 함량이 많음.	• 대두는 단백질 함량이 40% 정도 • 두부제조에 많이 이용
팥, 녹두, 강낭콩, 동부	• 단백질, 전분 함량이 많음.	• 전분을 추출하여 떡과 과자의 소, 고물로 이용 • 전분이 많아 가열하면 쉽게 무름.
풋완두, 껍질콩	• 비타민 C 함량이 많음.	• 채소로 취급

② 두류의 조리 및 가열에 의한 변화

- 대두, 팥에는 용혈독성분(사포닌)이 있지만, 가열 시 파괴된다(독성 물질의 파괴).
- 날콩에는 안티트립신(트립신 분비 억제), 소인(혈소판의 응집을 야기)이 들어 있지만 가열 시 파괴된다(단백질 이용률과 소화율의 증가).
- 콩의 단백질인 글리신은 약염기에서 수용성이므로 콩을 삶을 때 식용 소다(중조)를 첨가하면 콩이 쉽게 무르지만, 비타민 B_1(티아민)의 손실이 크다(조리수의 pH와 조리).

③ 두류의 가공 및 저장

두부의 제조	장(된장, 간장, 청국장)을 담그는 메주용 대두
• 두부 – 콩단백질을 응고시켜 만든 것 • 유부 – 두부의 수분을 뺀 뒤 기름에 튀긴 것 • 두부 응고제로는 염화마그네슘, 황산칼슘, 염화칼슘 등이 사용 • 0.5%의 식염수를 사용하면 두부가 풀어지는 것을 방지할 수 있음.	• 콩을 불릴 때 연수를 사용 • 소금물에 담갔다가 그 물로 삶음. • 탄산수소나트륨 등 알칼리성 물질을 섞어서 삶음.

(5) 채소

① 분류

분류	식용 부위	종류
엽채류	잎을 이용	배추, 양배추, 쑥갓, 상추, 시금치 등
근채류	뿌리를 이용	무, 당근, 고구마, 마, 우엉, 감자, 생강 등
과채류	열매를 이용	호박, 참외, 고추, 완두, 딸기 등
종실류	종자를 이용	옥수수, 수수, 콩 등
경채류	줄기를 이용	아스파라거스, 죽순, 샐러리 등

② 성분

- 수분이 85~95%, 비타민과 무기질이 다량 함유되어 있다.
- 탄수화물이 2~10%(녹말, 당분, 섬유질) 함유되어 있다.

③ 조리 방법

- 채소를 씻을 때 흐르는 물에 5회 이상 씻어 사용하거나 중성세제 0.2% 용액을 이용한다.
- 샐러드나 초무침을 할 때 수분이 많은 채소는 삼투압으로 물이 빠져 나오므로 먹기 직전에 소금을 뿌린다.
- 무와 당근에는 비타민 C를 파괴하는 아스코르비나아제가 있어 오이와 함께 섭취하면 비타민 C의 손실이 있다(단, 열·산 처리하면 불활성화).
- 녹황색 채소는 비타민 A를 많이 함유하므로, 기름을 이용하여 조리하면 흡수가 잘된다.
- 흰색 채소(죽순, 우엉, 토란, 연근)는 쌀뜨물, 식초 물에 삶으면 색을 유지시키고 단단한 섬유질을 연하게 할 수 있다.

▲ 죽순

▲ 우엉

▲ 토란

▲ 연근

(6) 과일

① 성분
- 수분이 85~95%, 당분과 섬유질로 이루어진 탄수화물이 10~12%이다.
- 비타민과 무기질이 풍부한 알칼리성 식품이다.

② 저장 방법: 잼, 젤리, 마멀레이드 등이 있다.

③ 갈변 방지법
- 고농도의 설탕 용액에 담근다.
- 저농도의 소금물에 담근다.
- 레몬즙이나 구연산 등 산성 처리한다.

▲ 과일 저장 방법

④ 조리에 의한 색의 변화

색소	색깔	함유 채소	산과의 반응	염기와의 반응
클로로필 (chlorophyll)	엽록소색	녹색 야채	불안정 (식초 – 누런색)	안정 (식소다 – 녹색)
안토시안 (Anthocyan)	빨간색, 보라색	사과, 적채, 가지	안정 (식초 – 빨간색)	불안정 (백반 – 청자색)
플라보노이드 (Flavonoid)	흰색, 노란색	콩, 감자, 연근	안정 (식초 – 흰색)	불안정 (소다 – 황색)
카로티노이드 (Carotinoid)	황색, 주황색	당근, 호박, 토마토, 난황	안정	안정

❷ 축산물의 조리 및 가공·저장

(1) 육류

① 육류의 조직
- 근육조직은 고기라고 불리는 횡문근과 내장기관을 구성하는 평활근, 심근으로 구성된다.
- 결합조직은 콜라겐과 엘라스틴으로 구성된다.
- 근육색소는 미오글로빈, 혈액 색소는 헤모글로빈이다.
- 지방조직은 내장기관의 주위, 피하, 복강 내에 분포된다.

② 가열에 의한 고기의 변화
- 고기 단백질이 응고되고 근섬유가 수축하여 연한 정도가 감소된다.
- 결합조직의 콜라겐이 젤라틴으로 바뀌어 연화된다.
- 색과 맛, 영향의 변화가 생긴다.

③ 연화 방법
- 기계적 방법: 고기 결을 반대로 썰거나 두들기거나 칼로 다지거나 칼집을 넣는다.
- 단백질 분해효소 첨가: 배즙의 프로테아제, 키위의 액티니딘, 파파야의 파파인, 파인애플의 브로멜라인, 무화과의 피신을 첨가한다.
- 가열조리: 장시간 물에 끓이면 콜라겐이 가수분해되어 연해진다.
- 동결: 고기를 얼리면 고기 속 수분이 단백질보다 먼저 얼어서 용적이 팽창하며 조직이 파괴되므로 고기가 연해진다.
- 설탕 첨가: 육류의 연화가 가속된다.
- 숙성: 숙성기간을 거치면 고기가 연해진다.

(2) 가공 및 저장

① 도살 후 사후경직과 자가소화, 부패의 변화가 일어나므로 가공 · 저장하여 이용한다.

② 대표 종류

햄	돼지고기의 넓적다리 살을 이용하고, 식염·설탕·아질산염·향신료 등을 섞어 훈제한 것
베이컨	돼지고기의 등과 옆구리 살의 피를 제거하고 햄과 같은 방법으로 만든 것
소시지	햄, 베이컨을 가공하고 남은 고기에 기타 잡고기를 섞어 조미한 후, 동물의 창자나 인공 케이싱에 채운 후 가열, 훈연 또는 발효시킨 것

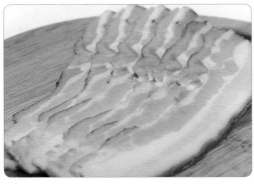

(3) 부위별 용도

① 소

부위	용도
등심, 안심	전골, 구이, 볶음
장정	편육, 전골, 조림
양지	편육, 전골, 조림, 탕
갈비	찜, 탕, 구이
설도	조림, 불고기
채끝	찌개, 구이, 조림
소머리	편육, 찜
우둔	포, 조림, 구이, 산적
홍두깨·중치	조림, 탕
사태	탕, 조림, 편, 찜
대접	구이, 조림, 포, 육회
족	족편, 탕
꼬리	탕, 찜

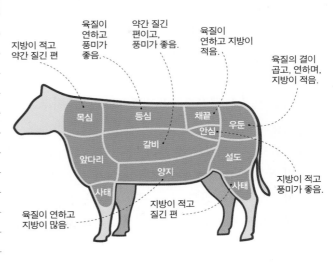

② 돼지

부위	용도
머리	편육
등심	구이, 찜, 찌개
안심	구이, 찜
갈비	구이, 찜, 탕
삼겹살	편육, 구이, 조림
볼깃살	조림, 편육
넓적다리	구이, 편육
족	탕, 찜

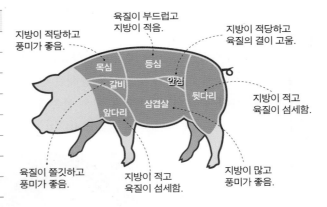

하나 더

육류의 감별법

① 쇠고기
- 색이 빨갛고 윤택이 나며 얄팍하게 썰었을 때 손으로 찢기 쉬운 것이 좋다.
- 수분을 충분하게 함유한 것으로 손가락으로 눌렀을 때 탄력성이 있는 것이 좋다.
- 고기의 빛깔이 너무 빨간 것은 오래되었거나 늙은 고기, 노동을 많이 한 것으로 질기고 좋지 못하다.

② 돼지고기
- 기름지고 윤기가 있으며, 두껍고 살코기의 색이 엷은 선홍색인 것이 좋다.
- 살코기의 색이 지나치게 빨간 것은 늙은 돼지고기이다.

③ 수산물의 조리 및 가공·저장

(1) 어류

① 어류의 성분

- 수분: 어류는 65~75%, 패류는 75~85%, 오징어와 문어는 82% 정도를 함유하고 있다.
- 단백질: 어류는 근장 단백질(글로빈, 마이오젠), 근원섬유 단백질(액틴), 유기 단백질(콜라겐, 엘라스틴)이 있다.
- 지방: 어류는 불포화지방이 70~80% 정도이고, 나머지는 포화지방으로 구성된다.

② 어류의 특징

- 서식하는 물의 성질에 따라 담수어와 해수어로 구분된다.
- 흰 살 생선에는 가자미, 도미, 광어가 있고, 붉은 살 생선에는 꽁치, 고등어, 청어 등이 있다.
- 산란기 직전이 살도 찌고, 지방이 많아 생선 맛이 가장 좋다.
- 생선의 사후경직이 끝나면 단백질 분해 효소의 작용으로 어육 단백질이 분해되는 자가소화가 일어난다(생선은 자가소화 전 단계인 사후경직 시기에 조리).

③ 어패류의 조리법

- 생선구이의 경우 생선 중량의 2~3% 소금을 뿌리면 탈수되지 않고, 간이 적절하다.
- 생선 조림 시 생선은 결합조직이 적으므로 물이나 양념장이 끓을 때 넣어야 원형을 유지하고 영양 손실도 줄일 수 있다.
- 생선 튀김 시 생선 튀김옷은 박력분을 사용하고, 180°C에서 2~3분 간 튀기는 것이 좋다.
- 생선 조림 국물이 식은 후 굳는 것은 용해된 단백질과 젤라틴 때문이다.
- 오징어와 같이 결제조직이 치밀한 것은 안쪽에 칼집을 넣으면 모양을 살리고, 소화도 도울 수 있다.

(2) 어취 제거 방법

① 비린내는 트릴메틸아민 옥사이드가 환원되어 트라이메틸 아민으로 변화되면서 나는 것이다.

② 생선을 조릴 때 처음 몇 분 동안 뚜껑을 열어 비린내를 휘발 시킨다.

③ 물에 씻으면 트릴메틸아민의 양이 줄어든다.

④ 식초, 레몬즙 등의 산을 첨가한다.

⑤ 고추장, 된장, 간장을 첨가한다.

⑥ 생강, 파, 마늘, 겨자, 고추냉이, 술 등의 향신료를 사용한다.

⑦ 우유에 미리 담갔다가 조리하면 우유의 카세인이 트릴메틸 아민을 흡착하여 비린내가 약해진다.

(3) 수산물의 가공 및 저장

① 어패류

- 연제품류: 어육에 전분, 조미료, 설탕을 넣어 으깨서 성형하여 찌거나 굽거나 튀긴 것이다.
- 건제품: 어패류와 해조류를 건조시켜 미생물이 번식하지 못하도록 저장성을 향상시킨 제 품이다.
- 훈제품: 어패류를 염지하여 적당한 염미를 부여한 후 훈연하여 보존성을 높인 것이다.
- 젓갈: 어패류의 살, 내장, 알 등에 소금이나 방부제를 넣어 보존하는 것으로 굴젓, 조개젓, 새우젓 등이 있다.

▲ 연제품

▲ 건제품

▲ 훈제

▲ 젓갈

② 해조류

- 녹조류(파래, 청각), 갈조류(미역, 톳, 다시마), 홍조류(김, 우뭇가사리)로 나뉜다.
- 무기질, 비타민을 공급하고 요오드 함유량이 많아 갑상샘 기능저하를 치료할 수 있다.
    - 김: 칼륨, 칼슘, 철이 많이 들어 있고, 비타민 A가 다량 함유되어 있다(아미노산의 함량이 높아 감칠맛을 냄).
    - 한천: 우뭇가사리 등의 홍조류를 삶아 즙액을 젤리 모양으로 응고·동결시킨 후 수분을 용출 시켜 건조한 해조가공품으로 양갱, 양장피의 원료로 이용된다.

하나 더

한천(우뭇가사리)

① 영양가가 없고 체내에서 소화되지 않지만, 물을 흡착하여 팽창함으로써 장의 연동운동을 높여 변비를 예방한다.
② 물에 담그면 흡수·팽윤하며, 팽윤한 한천을 가열하면 쉽게 녹는다. 농도가 낮을수록 빨리 녹고, 2% 이상이면 녹기 힘들다.
③ 용해된 한천액을 냉각시키면 점도가 증가하여 유동성을 잃고 젤화된다.
④ 한천에 설탕을 첨가하면 점성과 탄성이 증가하고 투명감도 증가한다. 또한 설탕 농도가 높을수록 젤의 농도도 증가한다.
⑤ 한천의 응고 온도는 38~40℃이며, 조리에 사용하는 한천 농도는 0.5~3% 정도이다.

젤라틴

① 동물의 가죽이나 뼈에 다량 존재하는 단백질인 콜라겐의 가수 분해로 생긴 물질이다.
② 조리에 사용하는 젤라틴 젤리의 농도는 3~4%이며, 13℃ 이상의 온도에서는 응고하기 어려우므로, 10℃ 이하나 냉장고 또는 얼음을 이용하는 것이 좋다.
③ 젤리, 족편, 마시멜로, 아이스크림 및 기타 얼린 후식 등의 유화제로 쓰인다.

4 유지 및 유지 가공품

(1) 유지

① 유지의 정의
- 상온에서 액체인 것을 유(油)라 한다.
- 상온에서 고체인 것을 지(脂)라 한다.
- 가수분해되면 지방산과 글리세롤이 된다.

② 유지의 종류
- 동물성 유지: 쇠기름, 돼지기름(라드), 버터 등
- 식물성 유지: 대두유, 면실유, 참기름, 옥수수유 등
- 가공 유지: 마가린, 쇼트닝 등

(2) 유지의 성질

① 유지의 발연점
- 기름을 가열하면 일정한 온도에서 열분해를 일으켜 연기가 나기 시작하고, 이때의 온도를 발연점이라 한다.
- 발연점에 도달하면 청백색의 연기와 함께 자극성 취기가 발생하는데, 기름이 분해하면서 아크롤레인이 생성되기 때문이다.
- 유리지방산의 함량이 많을수록, 이물질 함량과 사용횟수가 많을수록 발연점이 낮아진다.
- 각각 포도씨유 250°C, 옥수수유 240°C , 버터 280°C, 라드 190°C, 올리브유 175°C의 발연점을 갖는다.

② 유지의 유화
- 수중유적형: 물속에 기름이 분산된 형태로 우유, 아이스크림, 마요네즈 등이 있다.
- 유중수적형: 기름이 분산된 형태로, 버터나 마가린 등이 있다.

③ 유지의 산패
- 유지나 유지 함량이 많은 식품은 장기간 저장하거나 가열을 반복하면 미생물, 온도, 금속 등에 의해 산화된다.
- 산패를 막기 위해 공기의 접촉을 적게 하고, 냉암한 곳에 저장한다.

④ 유지의 가공
- 압착법, 용출법, 추출법을 이용하여 채취한다.
- 가공유지로는 마가린, 쇼트닝이 있다.

달걀

① 구조
- 난간, 난각막, 난백(흰자), 난황(노른자)으로 이루어져 있다.
- 난백은 농도와 점조성에 따라 농후난백, 수양난백으로 나눈다.
- 난백은 90%가 수분이고, 나머지는 대부분 단백질이다.
- 난황은 50%가 고형분이고 단백질 외에도 많은 양의 지방과 인(P), 철(Fe)이 포함된다.

② 특징

달걀의 응고성	• 난백은 60~65℃, 난황은 65~70℃에서 응고 • 설탕을 넣으면 응고 온도가 높아짐. • 소화시간은 반숙, 완숙, 생달걀, 프라이 순으로 오래 걸림.
달걀의 유화성	• 난황의 지방 유화력은 레시틴으로 유화를 안정시킴. • **유화성을 이용한 음식: 마요네즈·프렌치드레싱, 잣 미음, 크림수프, 케이크 반죽 등**
난백의 기포성	• 신선할수록 농후난백이 많은데, 농후난백보다 수양난백이 거품 형성이 잘됨. • 난백은 30℃에서 거품이 잘 일고, 냉장고보다 실온 저장 시 기포 형성이 잘됨. • 설탕, 기름, 우유는 기포 형성을 저해하고, 산은 기포 형성을 촉진함. • 달걀을 젓는 그릇은 밑이 좁고 둥근 바닥을 가진 것이 효과적, 젓는 속도가 빠를수록 기포력이 커짐.

③ 신선도 판정 방법
- 난각은 두껍고 윤택이 나지 않아야 한다.
- 달걀은 흔들어 소리가 나면 오래되고 기실이 커진 것이다.
- 깨뜨려 보아 난황의 높이, 냄새, 반점 유무 등을 확인하여 신선도를 판단할 수 있다.
- 물 1컵에 식염 1큰술(6%)을 녹인 후 달걀을 넣어 가라앉으면 신선한 것, 위로 뜨면 오래된 것이다.
- 오래된 달걀일수록 난황·난백계수가 작다.

▲ 신선한 달걀 VS 오래된 달걀

④ 난황계수와 난백계수 측정법
- 난황계수 = 난황의 높이 / 난황의 지름 → 0.36 이상이면 신선
- 난백계수 = 난백의 높이 / 난백의 지름 → 0.14 이상이면 신선

⑤ 달걀 보존 중의 품질 변화: 수분의 증발, 농후난백의 수양화, 난황막의 약화, 산도 증가 등이 나타난다.

5 냉동식품의 조리

(1) 냉동방법

① 미생물이 10°C 이하에서 생육이 억제되고, 0°C 이하에서 거의 작용을 하지 못하는 성질을 이용한다.

② 냉동은 −15°C 이하에서 축산물 · 수산물의 장기 저장에 이용된다.

③ 냉동에 의한 식품의 품질저하를 막기 위해 −40°C 이하에서 동결시키는 급속동결법을 이용한다.

(2) 해동방법

육류, 어류	높은 온도에서 해동하면 맛과 영양 손실이 크므로 냉장고나 흐르는 냉수에서 필름에 싼 채 해동하는 것이 좋음.	
채소류	끓는 물에 2~3분간 끓여 해동과 조리를 동시에 함(찌거나 볶을 때는 동결된 채로 조리).	
튀김류	빵가루를 묻힌 것은 동결상태 그대로 다소 높은 온도에서 튀김.	
빵, 과자류	자연해동이나 오븐을 이용하여 해동	
과일류	먹기 직전에 냉장고나 실온의 흐르는 물에 해동	

우유와 유제품

① 우유
- 주성분: 칼슘과 단백질이다.
- 카세인: 산이나 레닌에 의해 응고되며 치즈를 만든다.
- 지방: 미세한 구상의 지방구로 유화액을 형성하여 소화가 용이하다.
- 조리 방법
  - 조리 전 생선을 우유에 담가 두면 비린내를 제거할 수 있다.
  - 단백질의 겔 강도를 높여 커스터드, 푸딩 등에 이용한다.
  - 우유를 가열할 때 피막이 생기는 것은 단백질, 지질, 무기질이 흡착되어 열변성한 것이다.

② 유제품
- 버터: 우유의 지방분을 모아 가열, 살균한 후 젖산균을 넣어 발효시키고 소금으로 간을 한 것이다(비타민 A, D, 카로틴 등이 풍부하고 소화 흡수가 잘됨).
- 크림: 우유를 장시간 방치하여 생긴 황백색의 지방층을 거두어 만든 것으로, 지방 함량에 따라 커피크림, 휘핑크림이 있다.
- 치즈: 우유 단백질을 레닌으로 응고시켜 만든 것으로, 우유보다 단백질, 칼슘이 풍부하다.
- 분유: 우유의 수분을 제거하여 분말로 만든 것으로 전지분유, 탈지분유, 가당분유, 조제분유가 있다.
- 연유: 16%의 설탕을 첨가하여 약 1/3의 부피로 농축시킨 가당연유와 우유를 1/3의 부피로 농축시킨 무당연유가 있다.

6 조미료 및 향신료

(1) 조미료

① 정의 : 모든 식품의 맛, 향기, 색에 풍미를 가해 주는 물질로 여러 종류가 있다.

② 종류
- 조미료(감칠맛): 멸치, 화학조미료, 된장
- 감미료(단맛): 설탕, 엿, 인공 감미료
- 함미료(짠맛): 식염, 간장
- 산미료(신맛): 양조초, 빙초산
- 고미료(쓴맛): 홉
- 신미료(매운맛): 고추, 후추, 겨자

(2) 향신료

① 정의 : 특수한 향기와 맛이 있고 미각, 후각을 자극하여 식욕을 촉진시키는 효력이 있지만, 사용하는 양이 많으면 소화 기관에 자극을 준다.

② 종류

- 후추: 매운맛을 내는 카비신(chavicine)이 육류의 누린 냄새와 생선의 비린내를 제거한다.
- 고추: 매운맛을 내는 캡사이신이 소화와 혈액순환을 촉진시킨다.
- 겨자: 매운맛을 내는 시니그린이 분해되어 자극성이 강하다.
- 생강: 생강의 매운맛과 특수성분은 진저롤 때문이며 생선의 비린내, 돼지고기와 닭고기의 누린내를 제거한다.

▲ 후추　　　　　　▲ 고추　　　　　　▲ 겨자　　　　　　▲ 생강

- 파: 매운맛은 황화알릴 때문인데, 휘발성 자극의 방향과 매운맛을 갖고 있다.
- 마늘: 알리신 성분이 매운맛을 내며 자극성이 강하고 살균력이 있다.
- 기타: 계피, 박하, 월계수 잎, 카레, 정향 등이 있다.

▲ 파　　　　　　　　▲ 계피　　　　　　　　▲ 박하

  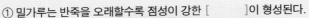

오분만　오답 노트 분석하여 만점 받자!

① 밀가루는 반죽을 오래할수록 점성이 강한 [　　　　]이 형성된다.

② 고구마는 [　　　] 과정을 통해 저장 중 부패를 예방할 수 있다.

③ 콩을 삶을 때 식용 소다를 넣으면 쉽게 무르지만, [　　　]의 손실이 크다.

① 글루텐　② 큐어링　③ 티아민(비타민 B₁)

03 Chapter 급식의 의의

1 단체급식의 정의와 목적

① 정의: 공장, 사업장, 학교, 병원, 기숙사 같은 곳에서 집단으로 생활하는 특정인을 대상으로 상시 식수 인원 50인 이상에게 식사를 공급하는 비영리 급식시설의 급식 방법을 뜻한다.

② 학교급식의 목적
- 식사에 대한 올바른 이해와 바람직한 식습관을 기른다.
- 식생활의 합리화와 영양개선 및 건강증진을 도모한다.
- 학교생활을 풍족하게 하고, 밝은 사회성을 길러 준다.
- 식량 증산, 분배, 소비 등에 관하여 올바른 이해력을 돕는다.

③ 산업체급식의 목적
- 영양개선을 통해 건강을 유지하게 함으로써 작업능률을 향상시킨다.
- 건강과 행복을 증진시켜 원만한 인간관계를 유지시킨다.

④ 병원 급식의 목적

- 병의 악화를 방지하거나 치료를 위해서 유익한 식사를 제공하여 자연 치유력을 증가시킨다.
- 질병 치유와 병증 상태의 회복을 촉진한다.

② 단체급식 시의 고려 사항

① 급식 대상자의 영양량을 산출한다.
② 지역적인 식습관을 고려하여 새로운 식습관을 개발한다.
③ 피급식자의 생활시간 조사에 따른 3식의 영양량을 배분한다.
④ 가장 우선적으로 공급되어야 할 영양소는 단백질이다.
⑤ 단백질은 전체 공급량의 1/3으로 양질의 단백질을 취한다.

하나더

단체급식의 발주량 및 비용 계산법

① 발주량 $= \dfrac{\text{정미중량} \times 100}{100 - \text{폐기율}} \times \text{인원수}$

② 필요 비용 $= \text{필요량} \dfrac{100}{\text{가식부율}} \times 1kg\text{당 단가}$

오분만 **오**답 노트 **분**석하여 **만**점 받자!

① [   ]이란 집단으로 생활하는 특정의 사람을 위하여 상시 1회 [   ]인 이상에서 계속적으로 식사를 공급하는 비영리를 목적으로 하는 급식을 의미한다.

② 급식을 할 때는 피급식자의 생활시간 조사에 따른 [   ]의 영양량을 배분할 수 있어야 한다.

③ [   ]은 재료에서 먹을 수 있는 부분을 뜻하는 것으로, 100 – 폐기율로 구할 수 있다.

④ 단체급식에서는 영양적인 면과 기호적인 면에서 많은 사람들이 선호하는 [   ]의 종류인 토장국이 좋다.

⑤ 생선 [   ]를 할 때는 석쇠나 오븐을 미리 달구고, 20~30분 간 소금 간을 미리 해 두는 것이 좋다.

① 단체급식, 50 ② 3식 ③ 가식률 ④ 국 ⑤ 구이

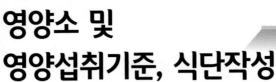

04 Chapter

영양소 및 영양섭취기준, 식단작성

1 영양섭취기준

(1) 기준 설정의 목적

① 인간의 건강을 최적상태로 유지한다.

② 영양 필요충족과 만성질환, 과다섭취의 예방을 모두 고려해야 한다.

③ 우리나라에서도 건강증진을 위한 식사 섭취방향을 제시하기 위해 평균필요량, 권장섭취량 등 새로운 영양섭취기준을 설정하였다.

(2) 기준의 구성

① 평균필요량: 대상집단을 구성한 건강한 사람들의 절반에 해당하는 사람들의 일일 필요량을 충족시키는 값이다.

② 권장섭취량: 평균필요량에 표준편차의 2배를 더하여 정한다.

③ 충분섭취량: 영양소 필요량에 대한 정확한 자료가 부족하거나 필요량의 중앙값과 표준편차를 구하기 어려워 RDA(recommended daily allowance)를 산출할 수 없는 경우에 제시된다.

④ 상한섭취량: 인체 건강에 유해영향이 나타나지 않는 최대 영양소 섭취수준이다.

> **하나 더**
>
> **기초식품군과 대치식품**
>
> ① 기초식품군: 제1군(단백질), 제2군(칼슘), 제3군(무기질 및 비타민), 제4군(탄수화물), 제5군(지방)
>
> ② 대치식품: 원하는 식품과 비슷한 영양소를 가진 다른 식품으로 대체 가능
>
> $$대치식품량 = \frac{원래식품함량}{대치식품함량} \times 원래식품량$$

2 식단작성

(1) 의의와 목적

① 의의: 영양지식, 조리법, 식품위생 등을 바탕으로 인체에 필요한 영양을 균형적으로 보급하고 기호를 충족하는 합리적인 식생활 습관을 도모하는 데 있다.

② 목적
- 영양과 기호를 충족한다.
- 시간과 노력을 절약한다.
- 합리적인 식습관을 형성한다.
- 식품비율을 조절하고 식품을 절약한다.

(2) 식단작성 시 고려할 사항

① 영양적 측면: 우리나라 식사 구성안의 식품군을 고루 이용하고 영양 필요량에 따라 알맞은 식품의 양을 선택한다.

② 경제적 측면: 신선하고 값이 저렴한 식품 또는 제철 식품을 이용하고 경제 사정을 고려한다.

③ 기호적 측면: 편식을 피하기 위해 광범위한 식품 또는 요리를 선택한다.

④ 지역적 측면: 지역 실정에 맞추어 해당 지역에서 나는 재료를 충분히 활용한다.

⑤ 능률적 측면: 음식의 종류와 조리방법을 고려하여 주방의 설비, 조리기구 등을 선택하고 인스턴트식품과 가공식품을 효율적으로 이용한다.

(3) 식단작성의 순서

① 영양기준량 산출: 한국인의 영양섭취기준을 바탕으로 성별, 연령별, 노동강도를 고려하여 산출한다.

② 식품섭취량 산출: 식품군별, 식품별로 산출한다.

③ 3식의 배분 결정: 하루에 필요한 섭취영양량에 따라 식품량을 1일 단위로 계산하여 주식의 단위는 1 : 1 : 1로, 부식은 1 : 1 : 2로 나누어 3식을 배분한다.

④ 음식 가짓수 및 요리의 이름 결정: 식단에 사용할 음식의 수를 정하고, 섭취식품량이 다 들어갈 수 있도록 고려하여 요리 이름을 정한다.

⑤ 식단작성의 주기 결정: 1주일, 10일, 1개월 등으로 식단작성 주기를 결정하고, 주기 내 식사 횟수를 결정한다.

⑥ 식량배분 계획: 20~49세 성인 남자 1인 1일분의 식량구성량에 평균 성인 환산치와 날짜를 곱한 식품량을 계산한다.

⑦ 식단표 작성: 실시 예정일, 요리명, 식품명, 중량, 대치식품, 단가 등을 기입한다.

2016 여름 방학 식단표

씨마스 고등학교

구분	월	화	수	목	금
날짜	7월 4일	7월 5일	7월 6일	7월 7일	7월 8일
중식 열량: 827kcal 단백질: 37g 칼로리: 317kcal	보리밥 얼갈이 된장국 (5, 6) 닭갈비(5, 13) 깻잎나물(5) 열무김치(9) 과일	현미밥 미역 냉국 햄버그스테이크(1, 5, 10) 펜네 파스타(1, 2, 5, 6, 10, 12) 콩나물 냉채(5) 배추김치(9)	쌀밥 자장면(5,6) 군만두(5,6,10) 배추김치(9) 과일 화채(11)	현미밥 북어 어묵국(1, 5, 6, 13) 무생채 천사채 샐러드(1, 5, 6) 깍두기(9)	보리밥 들깨가루 미역국 돈육갈비찜(5, 6, 10) 시금치나물 배추김치(9) 과일
석식 열량: 827kcal 단백질: 37g 칼로리: 317kcal	현미밥 콩나물국(5) 메추리알 돈육장조림(1, 5, 6) 브로콜리, 초장(5, 6) 오이무침 배추김치(9)	소고기 야채볶음밥(5) 감자채전(5, 6) 마늘종 무침 배추김치(9) 과일 화채(11)	현미밥 감자떡국(1) 달걀장조림(1, 5, 6) 연두부(5,6), 양념장 잡채(5, 6, 8, 10) 배추김치(9)	쌀밥 장각백숙 콩나물비빔쫄면(5, 6, 13) 석박지 과일	흑미밥 순두부국(5, 9) 닭야채 조림(5) 양배추 무침 진미채 무침(5, 6) 배추김치(9)

※ 식 재료는 수급사정에 따라 유사품목으로 변경 가능함.
※ 쇠고기: 한우(육우) / 돈육: 국내산 / 닭: 국내산 / 쌀: 국내산 / 김치: 국내산(배추, 고춧가루)
※ 식품 알레르기 정보: (1) 난류, (2) 우유, (3) 메밀, (4) 땅콩, (5) 대두, (6) 밀, (7) 고등어, (8) 게, (9) 새우, (10) 돼지고기, (11) 복숭아, (12) 토마토

(4) 특수 식단

노인	• 지방은 식물성 식품으로 섭취하게 하며, 칼슘과 채소, 과일을 충분히 공급함. • 양질의 단백질과 섬유질·비타민이 많은 식품, 소화가 잘되는 조리법을 선택
소아	• 성장발육을 위해 충분한 영양이 필요 • 양질의 동물성 단백질, 칼슘을 충분히 공급 • 발육 및 성장에 관여하는 비타민 A, B_1, B_2, D와 충분한 철분이 필요함.
임산부	• 임산부와 태아의 건강을 위해 양질의 단백질, 칼슘, 철분을 충분히 공급함. • 채소와 과일을 충분히 섭취시켜 변비를 방지 • 자극적인 음식은 피하도록 함.

우리나라의 전통 상차림

① 반상: 밥을 주식으로 하는 식사 상을 뜻한다.

기본상	밥, 국, 김치, 종지
3첩 반상	밥, 탕, 김치, 종지 1개, 반찬 3가지
5첩 반상	밥, 탕, 김치, 종지 2개, 조치 1가지, 반찬 5가지
7첩 반상	밥, 탕, 김치, 종지 2개, 조치 2가지, 반찬 7가지
9첩 반상	밥, 탕, 김치, 종지 3개, 조치 2가지, 반찬 9가지
12첩 반상	밥, 탕, 김치, 종지 3개, 조치 2가지, 반찬 12가지

② 교자상: 손님에게 내는 상으로 5첩 이상의 반상을 품교자상이라 하며, 연회식으로 사용한다.

③ 주안상: 술을 접대할 때 차리는 상으로 육포, 어포, 마른안주를 사용하며 찜, 신선로, 찌개 등의 진안주를 사용한다.

④ 면상: 면류인 국수를 주식으로 하고, 주로 점심에 많이 사용하는데, 깍두기 · 장아찌 · 밑반찬 · 젓갈 등은 사용하지 않는다.

오 답 노트 분 석하여 만 점 받자!

오분만

① [   ]을 짤 때는 우리나라의 식품군을 고루 이용하고 영양 필요량에 따라 알맞은 양을 선택해야 한다.

② 식단작성의 순서를 살펴보면, ' 영양 기준량의 산출 → [   ] 식품량의 산출 → 3식의 영양 배분 결정 → 음식 수 및 요리 명 결정 → 식단 작성 주기 결정 → 식단 배분 계획서 작성 → [   ] 작성'으로 정리할 수 있다.

③ 우리나라는 기초식품군을 모두 [   ]가지로 구분하고 있다.

④ 한국인의 표준 영양 권장량은 [   ]kcal이다.

⑤ 생선의 [   ] 식품으로는 쇠고기, 두부 등이 있다.

⑥ 우리나라의 식사 예법에 따른 반상은 밥을 주식으로 하는 상차림으로 반찬의 수에 따라 3첩, 5첩, 7첩, 9첩, [   ]첩 반상이 있다.

① 식단 ② 섭취, 식단표 ③ 6 ④ 2,500 ⑤ 대체(대치) ⑥ 12

05 Chapter 식품구매 및 재고관리

① 식품구매

① 구매 시 주의할 사항

• 식품의 가격과 출회표를 고려한다.

• 지역특산물, 계절식품, 대치식품을 적절히 이용한다.

• 영양이 풍부하고, 폐기율이 낮은 식품을 구입한다.

• 과채류는 산지, 품종을 고려하여 필요할 때마다 수시로 구입한다.

• 곡류와 건어물 등 부패성이 적은 식품은 일정 한도 내에서 일시 구입한다.

• 가공식품은 제조일과 유통기한을 따져 구입한다.

• 쇠고기는 중량과 부위, 색깔을 고려하여 구입한다.

② 구매절차

• 업자선정: 적은 양은 근처에서 구입하고, 구입량이 많을 때는 전문업자에게 구입한다.

• 발주: 식단표에 의해 1주~10일 단위로 발주한다.

• 검수: 품질, 수량, 신선도, 형태 등을 확인한다.

• 보관: 식품의 특성에 따라 보관하며 저장기간이 오래되지 않도록 관리한다.

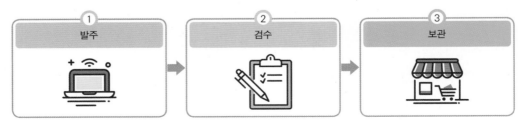

① 발주	② 검수	③ 보관

2 재고관리

① 중요성
- 재고관리를 통하여 물품 부족으로 인한 급식 생산 계획의 차질을 미리 방지할 수 있고, 도난과 부주의 및 부패로 인한 손실을 최소화할 수 있다.
- 정확한 재고수량을 파악하여 적정한 주문량을 결정할 수 있으므로, 구매비용을 절감할 수 있다.

② 폐기량: 식품의 총량에서 가식부분(먹을 수 있는 부분)를 뺀 나머지 부분을 뜻한다.

③ 정미량: 폐기량을 제외한 가식부분을 뜻한다.

④ 폐기율(%) 계산법: (폐기량 ÷ 전체 중량) × 100

⑤ 식품 발주량
- 폐기량이 없는 경우 = 정미중량 × 인원수
- 폐기량이 있는 경우 = {정미중량 × (100 − 폐기율)} × 인원수 × 100

오답 노트 **분**석하여 **만**점 받자!

오분만

① 폐기율은 34%, 정미중량이 60인 삼치를 구우려고 할 때 1인당 발주량은 [   ]g이 된다.

② 총 발주량은 (정미중량 × 100) / (100 − 폐기율) × [   ]로 구한다.

① 90.9g ② 인원수

06 Chapter 식품의 검수 및 식품감별

1 식품의 검수

① 검수 공간: 식품을 판별할 수 있도록 충분한 조도가 확보되어야 한다.
② 운반: 계측기나 운반차 등을 구비해 두면 편리하다.
③ 저장 공간의 크기: 식품 반입의 횟수, 저장식품의 양 등을 고려해야 한다.

2 식품감별

① 감별 목적

• 부정식품, 불량식품을 적발한다.
• 위해한 성분을 검출하여 위생에 해가 되는 식중독 등의 사고를 미연에 방지한다.

▲ 식품의 검수 방법

② 감별 방법

• 맛, 향기, 색, 광택 등 외관적 관찰에 의한 관능검사 방법이 있다.
• 화학적, 물리학, 생화학적, 세균학적 방법을 이용한다.

▲ 식품의 저장 방법

③ 주요 식품의 감별법

쌀	• 잘 건조되고 광택이 있으며 타원형인 것이 좋음. • 냄새와 이물질이 있지 않아야 함. • 깨물었을 때 '딱' 소리가 나는 것이 좋음.
밀가루	• 가루의 결정이 미세한 것으로 뭉쳐 있지 않아야 함. • 색이 희고 잘 건조되어 있어야 함. • 손으로 문질렀을 때 부드러운 것이 좋음.
채소, 과일	• 색이 선명하고 본래의 형태가 갖추어져야 함. • 상처가 없고 윤기가 있어야 함. • 건조된 것은 좋지 않음.
어류	• 색이 선명하고 껍질에 광택이 있어야 함. • 눈이 맑고 돌출되며 아가미는 선홍색이 신선한 것임. • 비늘은 윤택이 나고 고르게 밀착되어 있어야 함. • 신선한 어류는 물에 가라앉고, 오래된 것은 물위로 뜸.
어육 연제품	• 표면에 끈적이는 점액이 있는 것은 오래된 것임. • 2 %의 염산 용액에 살짝 댔을 때 흰 연기가 나면 신선하지 않은 것임.
육류	• 색이 곱고, 습기와 탄력이 있어야 함. • 암갈색을 띠고 표면이 건조한 것은 오래된 것임. • 고기를 얇게 잘라 투명하게 비쳐 봤을 때 반점이 있는 것은 기생충이 있는 것임. • 병육은 피비린내가 남.
달걀	• 껍질이 꺼칠꺼칠하고 혀를 댔을 때 둥근 부분이 따뜻하고 뾰족한 부분이 찬 것이 신선한 것임. • 깨뜨렸을 때 노른자가 볼록하고 흰자가 퍼지지 않아야 함. • 빛에 비쳐 봤을 때 밝게 보이는 것은 신선하고, 어둡게 보이는 것은 오래된 것임. • 흔들었을 때 소리가 나지 않는 것이 좋음. • 6 %의 식염수에 뜨는 것은 오래된 것임.
우유	• 끈기가 없고 침전물이 없어야 함. • 컵의 물에 한 방울 떨어뜨렸을 때 구름같이 퍼지는 것이 신선한 것임. • 신선한 우유의 산도는 젖산으로 0.18 이하(pH 6.6) • 정상 우유의 비중은 1.032 정도이며, 1.028 이하인 것은 물을 섞은 우유임.
버터	• 버터 속에 수분, 유분이 들어 있는 것은 좋지 않음. • 고유의 색과 향미를 가져야 함. • 녹색 또는 흑색의 곰팡이가 있는 것이나 녹였을 때 탁한 것은 좋지 않음. • 입에 넣었을 때 자극미가 없고 이상한 냄새가 나지 않아야 함.
통조림	• 외관상 녹슬거나 팽창, 변형된 것은 변질 가능성이 높음. • 내용물은 고유의 색을 유지하고 이미, 이취가 없어야 함. • 제조일, 무게, 내용물, 첨가물 등의 사항을 내용물과 확인하도록 함.

 오분만

오답 노트 **분**석하여 **만**점 받자!

① [   ]을 구입할 때는 산지, 상자당 개수, 품종 등을 고려해서 구입해야 한다.

② 겉표면의 색이 선명하고 윤택이 나며 비닐이 고르게 밀착되어 있는 것이 [   ]를 판별하는 기준이 된다.

① 과일 ② 어류

Chapter 07 조리장의 시설 및 설비 관리

1 조리장의 시설 관리

(1) 위치 조건

① 통풍, 채광, 배수가 용이하고 악취, 먼지, 소음, 가스, 공해 등이 없어야 한다.
② 물건의 구입, 반출이 편리하고, 종업원의 출입이 편리한 곳이어야 한다.
③ 변소, 오물처리장 등에서 떨어져 있는 것이 좋다.
④ 손님에게 피해가 가지 않는 위치여야 한다.
⑤ 비상 시 출입문과 통로에 방해가 되지 않는 위치여야 한다.

(2) 관리 조건

① 충분한 내구력이 있는 구조로 객실과 객석이 구분되어야 한다.
② 바닥과 바닥으로부터 1m까지의 내벽은 타일, 콘크리트 등 내구성 자재를 사용한다.
③ 위생적인 세척시설과 종업원 전용 수세시설을 갖추고, 배수와 청소가 쉬워야 한다.

(3) 공간 조건

① 조리장 면적: 식당 넓이의 1/3
② 1인당 급식소 면적: 일반 1.0m², 학교 0.3m², 기숙사 0.3m², 병원(침대 1개당) 0.8~1m²
③ 작업대: 높이는 신장의 52% 정도, 너비는 55~60cm가 적합

2 조리장의 설비 관리

급수시설	• 급수는 수돗물이나 공공시험기관에서 음용수용으로 적합하다고 인정하는 것을 사용 • 일반적으로 수압은 0.35 kg/m² 이상 • 우물일 경우 화장실에서 20m, 하수관에서 3m 떨어진 것을 사용
환기시설	• 창에 팬을 설치하거나 후드를 설치하여 환기를 함. • 후드 모양은 환기속도, 주방의 위치에 따라 달라지는데, 4방형이 가장 효율적임.
조명기기	• 식품위생법상 기준조명은 객석은 30룩스, 유흥음식점은 10룩스, 단란주점은 30룩스, 조리실은 50룩스 이상이어야 함.
방충·방서 시설	• 창문, 조리장, 출입구, 화장실, 배수구에는 쥐나 해충의 침입을 방지하는 설비를 해야 함. • 조리장의 방충망은 30메시 이상이어야 함.
화장실	• 남녀용으로 구분된 구조로 사용하는 데 불편이 없어야 함. • 내수성 자재로 손 씻는 시설을 갖춰야 함.

▲ 화장실

▲ 환기 시설

▲ 조명 시설

하나 더

조리장의 3원칙

① 위생성   ② 능률성   ③ 경제성

식당의 면적

필요 면적 + 식기 회수 공간 10%

 오답 노트 분석하여 만점 받자!

① 조리장 작업장의 창문 넓이는 벽 면적을 기준으로 [ ]%가 적당하다.

② 일반적으로 조리장의 면적은 식당 넓이의 [ ]이 기준이다.

③ 조리장은 종업원의 피로 예방을 위해 [ ]lx 이상 밝아야 한다.

① 70   ② 1/3   ③ 50

Part Ⅳ
조리이론 및 원가계산

08 Chapter 원가의 의의 및 종류

1 원가의 의의 및 종류

(1) 정의와 목적

① 정의
- 특정한 제품의 제조, 판매, 서비스 제공을 위해 소비된 경제가치이다.
- 기업이 제품을 생산하는 데 소비한 경제 가치이다.

② 목적
- 가격 결정 목적
- 예산 편성의 목적
- 원가 관리 목적
- 재무제표 작성의 목적

(2) 원가의 종류

① 원가의 3요소

재료비	제품 제조에 소비되는 물품의 원가로, 단체급식시설의 재료비는 급식재료비를 의미
노무비	제품 제조를 위해 소비되는 노동의 가치로, 임금·급료·잡금 등으로 구분
경비	제품 제조를 위해 소비되는 재료비, 노무비 외에 수도·광열비·전력비·감가상각비 등이 있음.

② 직접원가, 제조원가, 총원가

직접원가	직접재료비 + 직접노무비 + 직접경비
제조원가	제조간접비 + 직접원가
총원가	판매관리비 + 제조원가

③ 실제원가, 예정원가, 표준원가

실제원가	제품이 제조된 후 실제로 소비된 원가
예정원가	제품 제조 이전에 제품 제조에 소비될 것으로 예상되는 원가를 예상 산출한 사전 원가
표준원가	기업이 이상적으로 제조활동을 할 경우에 예상되는 원가로 실제원가와 비교 분석하기 위한 것

2 원가분석 및 계산

(1) 원가계산의 원칙

① 진실성의 원칙
② 발생 기준의 원칙
③ 계산 경제성의 원칙
④ 확실성의 원칙
⑤ 정상성의 원칙
⑥ 비교성의 원칙
⑦ 상호 관리의 원칙

(2) 원가계산의 구조

① [제1단계] 요소별 원가계산

재료비, 노무비, 경비의 직접비·간접비를 계산한다.

② [제2단계] 부문별 원가계산

전 단계에서 파악된 원가 요소를 분류·집계한다.

③ [제3단계] 제품별 원가계산

최종적으로 각 제품의 제조원가를 계산하는 절차이다.

(3) 재료비 계산

① 정의: 제품이 제조과정에서 실제로 소비되는 재료의 가치를 화폐액수로 표시한 금액이다.

$$재료비 = 재료소비량 \times 재료 소비단가$$

② 소비량의 계산법

계속기록법	재료를 동일한 종류별로 분류하고 들어오고 나갈 때마다 수입, 불출 및 재고량을 계속하여 기록함으로써 재료소비량을 파악하는 방법
재고조사법	전기의 재료 이월량과 당기의 재료 구입량의 합계에서 기말 재고량을 차감함으로써 재료의 소비된 양을 파악하는 방법
역계산법	일정 단위를 생산하는 데 소요되는 재료의 표준소비량을 정하고 그것에 제품의 수량을 곱하여 전체의 재료소비량을 산출하는 방법

③ 재료소비가격의 계산법

개별법	재료를 구입단가별로 가격표를 붙여서 보관하다가 출고할 때 그 가격표에 붙어 있는 구입단가를 재료의 소비가격으로 하는 방법
선입선출법	먼저 구입한 재료를 먼저 소비한다는 가정 하에 재료의 소비가격을 계산하는 방법
후입선출법	나중에 구입한 재료부터 먼저 사용한다는 가정 하에 재료의 소비가격을 계산하는 방법으로, 소득세를 줄이기 위해 원가를 최대화하고 재고 가치를 최소화하고자 할 때 활용됨.
단순평균법	일정기간 동안 구입단가를 구입횟수로 나눈 구입단가의 평균을 재료소비단가로 하는 방법
이동평균법	구입단가가 다른 재료를 구입할 때마다 재고량과의 가중평균가를 산출하여 이를 소비재료의 가격으로 하는 방법

(4) 감가상각

① 정의 : 기업의 자산 중 고정자산은 대부분 시일이 경과함에 따라 가치가 떨어지는데, 그것을 '감가상각'이라 하고 그 금액을 '감가상각액'이라 한다.

② 계산 공식: 감가상각을 하려면 기초가격, 내용연수, 잔존가격을 결정해야 한다.

$$감가상각비 = \frac{기초가격 - 잔존가격}{내용연수}$$

③ 계산 방법

정액법	고정자산의 감가총액을 내용연수로 균등하게 할당하는 방법
정률법	기초가격에서 감가상각액 누계를 차감한 미상각액에 대하여 매년 일정률을 곱하여 산출한 금액을 상각하는 방법

오분만 **오**답 노트 **분**석하여 **만**점 받자!

① 원가계산의 실시 기간은 일반적으로 [　]개월을 원칙으로 한다.

② [　　　]는 제품의 제조를 위하여 노동력을 소비함으로써 발생하는 원가를 의미한다.

③ 원가의 3요소에는 재료비, 노무비, [　　]가 있다.

④ [　　　]에는 총 원가에 기업 이익이 포함되어 있다.

⑤ 실제원가는 보통원가라고도 하고, [　　　　]라고도 한다.

① 1　② 노무비　③ 경비　④ 판매가격　⑤ 확정원가

조리이론 |평|가|문|제|

01 식품의 조리 목적에 해당하지 않는 것은?

① 기호성　　　　　② 영양성
③ 안전성　　　　　④ 보충성

02 우리나라 계량 기구의 표준 용량을 나타낸 것 중 틀린 것은?

① 1컵 = 200mL　　　② 1큰술 = 25mL
③ 1작은술 = 5mL　　④ 1국자 = 100mL

02 1큰술은 15mL이다.

03 식품 계량에 대한 설명 중 맞는 것만 묶인 것은?

> ㉠ 밀가루는 계량컵으로 직접 떠서 계량한다.
> ㉡ 꿀 등 점성이 높은 것은 할편 계량컵을 사용한다.
> ㉢ 흑설탕은 가볍게 흔들어 담아 계량한다.
> ㉣ 마가린은 실온일 때 꼭꼭 눌러 담아 계량한다.

① ㉠, ㉡　　　　　② ㉠, ㉢
③ ㉡, ㉣　　　　　④ ㉢, ㉣

03 ㉠ 밀가루는 측정 직전에 체로 쳐서 수저를 이용해 가만히 수북하게 담아 직선 주걱으로 깎아 측정한다.
㉡ 흑설탕은 꼭꼭 눌러 잰다.

04 녹말 입자는 어떻게 구성되어 있는가?

① 글루테닌과 글리아딘
② 아밀로스와 아밀로펙틴
③ 알부민과 글로불린
④ 지방산과 글리세린

04 녹말은 보통 아밀로스와 아밀로펙틴으로 구성되어 있는데, 그 비율은 20 : 80이다.

05 밀가루 반죽을 부풀게 하는 베이킹파우더의 양은 밀가루 1컵에 얼마 정도가 적당한가?

① 1ts　　　　　② 2ts
③ 1TS　　　　　④ 2TS

05 베이킹파우더는 밀가루 1컵에 1티스푼이 적당하다.

06 쌀의 호화를 돕기 위해 밥을 짓기 전에 침수시키는데, 이때 최대 수분 흡수량은?

① 5~10%   ② 20~30%

③ 55~65%   ④ 75~85%

07 아밀로펙틴에 대한 설명으로 틀린 것은?

① 찹쌀은 아밀로펙틴으로만 구성되어 있다.
② 기본단위는 포도당이다.
③ α-1, 4 결합과 α-1, 6 결합으로 되어 있다.
④ 요오드와 반응하면 갈색을 띤다.

08 녹말의 호정화는 일반적으로 언제 일어나는가?

① 녹말에 물을 넣고 100℃로 끓일 때
② 녹말에 물을 넣지 않고 160℃ 이상으로 가열할 때
③ 녹말에 액화효소를 가할 때
④ 녹말에 염분류를 가할 때

09 아밀로펙틴만으로 구성된 것은?

① 고구마 전분   ② 멥쌀 전분
③ 보리 전분   ④ 찹쌀 전분

10 밀가루 반죽에 달걀을 넣었을 때 달걀의 작용으로 틀린 것은?

① 반죽에 공기를 주입하는 역할을 한다.
② 팽창제의 역할을 해서 용적을 증가시킨다.
③ 단백질 연화작용으로 제품을 연하게 한다.
④ 영양, 조직 등에 도움을 준다.

06 쌀의 호화를 돕기 위한 최대 흡수량은 20~30%이다.

07 아밀로펙틴은 요오드와 반응 시 보라색, 아밀로스와 반응 시 청색, 글리코겐과 반응 시 갈색을 띤다.

08 녹말의 호정화
• 녹말에 물을 넣지 않고 160℃ 이상으로 가열하면 여러 과정의 가용성 단계를 거쳐 덱스트린으로 분해되는 현상을 말한다.
• 미숫가루, 튀밥(뻥튀기), 토스트 등이 있다.

09 찹쌀과 찰옥수수, 찰보리는 100% 아밀로펙틴으로 구성되어 있다.

10 단백질 연화작용으로 제품을 연하게 하는 것은 지방의 역할이다.

06 ②   **07** ④   **08** ②   **09** ④   **10** ③

11 튀김옷에 대한 설명 중 잘못된 것은?

① 중력분에 10~30%의 전분을 혼합하면 박력분과 비슷한 효과를 얻을 수 있다.

② 달걀을 넣으면 글루텐 형성을 돕고 수분 방출을 막아 주므로 장시간 두고 먹을 수 있다.

③ 튀김옷에 0.2% 정도의 중조를 혼입하면 오랫동안 바삭한 상태를 유지할 수 있다.

④ 튀김옷을 반죽할 때 적게 저으면 글루텐 형성을 방지할 수 있다.

12 오이나 배추의 녹색이 김치를 담갔을 때 점차 갈색을 띠게 되는데, 이것은 어떤 색소의 변화 때문인가?

① 카로티노이드　　　　② 클로로필
③ 안토시아닌　　　　　④ 안토크산틴

13 축육의 결합조직을 장시간 물에 넣어 가열했을 때의 변화로 맞는 것은?

① 콜라겐이 젤라틴으로 된다.
② 액틴이 젤라틴으로 된다.
③ 미오신이 젤라틴으로 된다.
④ 엘라스틴이 젤라틴으로 된다.

14 생선의 어취 제거 방법으로 옳지 않은 것은?

① 미지근한 물에 담갔다가 그 물과 함께 조리
② 조리 전 우유에 담갔다가 꺼내어 조리
③ 식초나 레몬즙 첨가
④ 고추나 겨자 사용

15 냉동어의 해동법으로 가장 좋은 방법은?

① 저온에서 서서히 해동시킨다.
② 얼린 상태로 조리한다.
③ 실온에서 해동시킨다.
④ 뜨거운 물속에 담가 빨리 해동시킨다.

11 달걀은 물에 쉽게 용해되고, 단백질과 지질을 함유하고 있어 글루텐 형성이 어렵다. 단백질이 열에 응고될 때 수분을 방출하기 때문에 튀김이 더 바삭하게 튀겨진다.

12 녹색 채소의 잎이나 줄기가 초록색을 띠는 것은 클로로필류의 엽록소(Chlorophylls)들에 의해서이다.

13 육류는 가열에 의해 콜라겐이 젤라틴으로 변하면서 결합 조직의 연화가 이루어진다.

14 생선을 담가 두었던 물과 함께 조리하면 어취가 제거되지 않는다.

15 육류, 어류 해동법
• 냉장고 내에서 저온으로 해동(0~5℃)시켜 즉시 요리하는 것이 바람직하다.
• 높은 온도에서 해동하면 조직이 상하면서 드립(Drip)이 많이 나온다.

Part Ⅳ
조리이론 및 원가계산

11 ②　**12** ②　**13** ①　**14** ①　**15** ①

16 연제품 제조에서 어육단백질을 용해하며 탄력성을 주기 위해 꼭 첨가해야 하는 물질은?

① 소금   ② 설탕

③ 녹말   ④ 글루탐산소다

16 연제품은 어육이 가지고 있는 미오신(Myosin) 단백질이 소금에 용해되어 풀처럼 녹아 탄력성을 얻게 된다.

17 생선을 조릴 때 어취를 제거하기 위하여 생강을 넣는다. 이때 생선을 미리 가열하여 열변성시킨 후 생강을 넣는 주된 이유는?

① 생강을 미리 넣으면 다른 조미료가 침투되는 것을 방해하기 때문에

② 열변성이 되지 않은 어육 단백질이 생강의 탈취작용을 방해하기 때문에

③ 생선의 비린내 성분이 지용성이기 때문에

④ 생강이 어육 단백질의 응고를 방해하기 때문에

17 열변성되지 않은 어육 단백질이 생강의 탈취작용을 방해하기 때문에 생선이 거의 익은 후 생강을 넣는 것이 효과적인 어취 제거 방법이다.

18 불포화지방산을 포화지방산으로 변화시키는 경화유에는 어떤 물질이 첨가되는가?

① 산소   ② 수소

③ 질소   ④ 칼슘

18 경화유는 불포화 지방산에 니켈과 백금을 촉매제로 하여 수소를 첨가해 액체유를 고체형으로 만든 유지이다(마가린, 쇼트닝).

19 튀김 중 기름으로부터 생성되는 주요 화합물이 아닌 것은?

① 중성지방(Triglyceride)

② 유리지방산(Free Fatty acid)

③ 하이드로과산화물(Hydroperoxide)

④ 알코올(Alcohol)

19 중성지방은 트리글리세라이드라고도 하며, 지방산 1분자의 글리세롤과 에스테르의 결합이다. 동물의 저장지방이나 식사 중의 지질성분은 중성지방이다.

20 식품의 냉동에 대한 설명으로 틀린 것은?

① 육류나 생선은 원형 그대로 혹은 부분으로 나누어 냉동한다.

② 채소류는 블랜칭(Blanching)한 후 냉동한다.

③ 식품을 냉동 보관하면 영양적인 손실이 적다.

④ -10℃ 이하에서 보존하면 장기간 보존해도 위생상 안전하다.

20 냉동법은 -40℃에서 급속 동결하여 -20℃에서 보관하는 방법이다.

16 ①   **17** ②   **18** ②   **19** ①   **20** ④

21 마요네즈의 저장 중 분리되는 경우가 아닌 것은?

① 얼렸을 경우
② 고온에 저장할 경우
③ 뚜껑을 열어 건조시킨 경우
④ 실온에 저장할 경우

22 조리에서 후춧가루의 작용과 가장 거리가 먼 것은?

① 생선 비린내 제거
② 식욕증진
③ 생선의 근육 형태 변화방지
④ 육류의 누린내 제거

23 다음 중 향신료와 그 성분이 잘못 연결된 것은?

① 후추 – 차비신(Chavicine)
② 생강 – 진저롤(Gingerol)
③ 참기름 – 세사몰(Sesamol)
④ 겨자 – 캡사이신(Capsaicin)

24 다음 설명 중 이것은 어떤 조미료를 말하는가?

> • 수란을 뜰 때 끓는 물에 이것을 넣고 달걀을 넣으면 난백의 응고를
>   돕는다.
> • 작은 생선을 사용할 때 이것을 소량 가하면 뼈까지 부드러워진다.
> • 기름기 많은 재료에 이것을 사용하면 맛이 부드럽고 산뜻해진다.
> • 생강에 이것을 넣고 절이면 예쁜 적색이 된다.

① 설탕　　　　　　　② 후추
③ 식초　　　　　　　④ 소금

25 굵은 소금이라고도 하며, 오이지를 담글 때나 김장 배추를 절이는
용도로 사용하는 소금은?

① 천일염　　　　　　② 재제염
③ 정제염　　　　　　④ 꽃소금

21 마요네즈를 얼렸거나, 고온, 뚜껑을 열어 건조시키면 분리가 된다.

22 후추의 차비신(Chavicine) 성분은 매운맛을 내는 성분으로 식욕증진과 생선의 비린내 및 육류의 누린내를 없앤다.

23 • 겨자 – 시니그린(Sinigrin)
• 고추 – 캡사이신(Capsaicin)

24 단백질은 산에 응고하는 성질이 있으므로 수란을 할 때 끓는 물에 식초를 넣으면 단백질의 응고를 도와 빨리 흰자가 익는다.

25 천일염은 염전에서 일차적으로 채취한 굵고 거친 소금으로 주로 장을 담그거나 김장 배추를 절일 때 쓰인다.

Part Ⅳ 조리이론 및 원가계산

21 ④　　**22** ③　　**23** ④　　**24** ③　　**25** ①

26 다음 중 버터의 특성이 아닌 것은?

① 독특한 맛과 향기를 가져 음식에 풍미를 준다.
② 냄새를 빨리 흡수하므로 밀폐하여 저장하여야 한다.
③ 포화지방산과 불포화지방산을 모두 함유하고 있다.
④ 성분은 단백질이 80% 이상이다.

26 버터는 우유지방을 모아서 굳힌 것으로 버터의 성분은 80%가 지방이고, 나머지 20%는 수분이다.

27 다음 유지 중 건성유는?

① 참기름　　　　② 면실유
③ 아마인유　　　④ 올리브유

27 요오드값(Iodine Value)
• 100g의 유지 중에 흡수되는 요오드의 g수로, 요오드값이 높을수록 불포화도가 높다.
• 건성유(요오드값 130 이상)
　– 들깨, 잣, 호두, 아마인유 등
• 반건성유(요오드값 100~130)
　– 대두유, 참기름, 면실유 등
• 불건성유(요오드값 100 이하)
　– 동백기름, 올리브유, 낙화생유

28 달걀의 조리 중 상호관계로 가장 거리가 먼 것은?

① 응고성 – 달걀찜　　② 유화성 – 마요네즈
③ 기포성 – 스펀지케이크　④ 가소성 – 수란

28 가소성
• 외부의 응력이 어느 정도를 넘어서면 응력을 제거해도 원상태로 회복되지 않는 성질을 말한다.
• 버터, 마가린, 쇼트닝, 초콜릿 등

29 달걀을 삶았을 때 난황 주위에 일어나는 암녹색의 변색에 대한 설명으로 옳은 것은?

① 100℃의 물에서 5분 이상 가열 시 나타난다.
② 신선한 달걀일수록 색이 진해진다.
③ 난황의 철과 난백의 황화수소가 결합하여 생성된다.
④ 낮은 온도에서 가열할 때 색이 더욱 진해진다.

29 달걀의 녹변현상은 난황의 철과 황화수소가 결합하여 생성되며 가열 시간이 길고 높을수록 녹변이 더 짙고 빠르게 나타난다. 또 오래된 달걀일수록 녹변현상이 잘 일어난다.

30 달걀의 난황 속에 있는 단백질이 아닌 것은?

① 리포비텔린　　　② 리포비텔리닌
③ 리비틴　　　　　④ 레시틴

30 레시틴은 난황 속 인지질(지방)이다.

26 ④　**27** ③　**28** ④　**29** ③　**30** ④

31 체온유지 등을 위한 에너지 형성에 관계하는 영양소는?

① 탄수화물, 지방, 단백질
② 물, 비타민, 무기질
③ 무기질, 탄수화물, 물
④ 비타민, 지방, 단백질

32 오월 단오날(음력 5월 5일)의 절식은?

① 준칫국
② 오곡밥
③ 진달래 화채
④ 토란탕

33 마멀레이드(Marmalade)에 대하여 바르게 설명한 것은?

① 과일즙에 설탕을 넣고 가열·농축한 후 냉각시킨 것이다.
② 과일의 과육을 전부 이용하여 점성을 띠게 농축한 것이다.
③ 과일즙에 설탕, 과일의 껍질, 과육의 얇은 조각이 섞여 가열·농축된 것이다.
④ 과일을 설탕시럽과 같이 가열하여 과일이 연하고 투명한 상태로 된 것이다.

34 금속을 함유하는 색소끼리 짝을 이룬 것은?

① 안토시아닌, 플라보노이드
② 카로티노이드, 미오글로빈
③ 클로로필, 안토시아닌
④ 미오글로빈, 클로로필

35 젤라틴과 한천에 관한 설명으로 틀린 것은?

① 젤라틴은 동물성 급원이다.
② 한천은 식물성 급원이다.
③ 젤라틴은 젤리, 양과자 등에서 응고제로 쓰인다.
④ 한천용액에 과즙을 첨가하면 단단하게 응고한다.

31
- 열량소 – 탄수화물, 지방, 단백질(인체 에너지 공급)
- 구성소 – 단백질, 무기질(발육을 위해 몸의 조직을 생성)
- 조절소 – 비타민, 무기질(각 기관의 활동과 섭취된 영양소의 효율을 위한 보조 역할)

32
- 설날 세배상(음력 1월 1일)
  – 떡국이나 만둣국, 전유어, 나박김치, 인절미, 식혜·수정과
- 정월 대보름(음력 1월 15일)
  – 오곡밥, 각색 나물, 약식, 산적, 부럼
- 추석상(음력 8월 15일)
  – 햅쌀 송편, 토란탕, 화양적, 화채
- 단오날(음력 5월 5일)
  – 증편, 애호박, 준칫국

33 마멀레이드는 당장법을 이용한 과일 가공이다.

34
- 미오글로빈 – 근육색소, 철(Fe)을 함유
- 클로로필 – 식물의 녹색 색소, 마그네슘(Mg)을 함유

35 한천용액에 우유, 팥 앙금, 과즙을 첨가하면 Gel 강도가 약화되어 한천의 농도를 높여 주어야 한다.

31 ① **32** ① **33** ③ **34** ④ **35** ④

36 하루 동안에 섭취한 음식 중에 단백질 70g, 지질 35g, 당질 400g이 있었다면 이때 얻을 수 있는 열량은?

① 1,995kcal　　　　　② 2,095kcal

③ 2,195kcal　　　　　④ 2,295kcal

37 다음 중 식품에서 흔히 볼 수 있는 푸른곰팡이는?

① 누룩곰팡이속(Aspergillus)

② 페니실리움속(Penicllium)

③ 거미줄곰팡이속(Rhizopus)

④ 푸사리움속(Fusarium)

38 다음 중 두부의 응고제가 아닌 것은?

① 염화마그네슘($MgCl_2$)　　　② 황산칼슘($CaSO_4$)

③ 염화칼슘($CaCl_2$)　　　　④ 탄산칼륨(K_2CO_3)

39 밀가루 반죽에 달걀을 넣었을 때 달걀의 작용으로 틀린 것은?

① 반죽에 공기를 주입하는 역할을 한다.

② 팽창제의 역할을 해서 용적을 증가시킨다.

③ 단백질 연화작용으로 제품을 연하게 한다.

④ 영양, 조직 등에 도움을 준다.

40 아밀로펙틴만으로 구성된 녹말은?

① 보리　　　　　　　② 찹쌀

③ 고구마　　　　　　④ 멥쌀

---

36 • 탄수화물 – 400g × 4kcal = 1,600kcal
• 단백질 – 70g × 4kcal = 280kcal
• 지방 – 35g × 9kcal = 315kcal
따라서 1,600kcal + 280kcal + 315kcal = 2,195kcal

37 페니실리움속은 푸른곰팡이라고도 하며, 누룩균과 함께 세계에 널리 분포하고 있다.

38 두부의 응고제 : 염화마그네슘, 염화칼슘, 황산칼슘, 황산마그네슘

39 단백질 연화작용으로 제품을 연하게 하는 것은 지방의 역할이다.

40 찹쌀과 찰옥수수, 찰보리는 100% 아밀로펙틴으로 구성되어 있다.

---

36 ③　**37** ②　**38** ④　**39** ③　**40** ②

41 중조수를 넣고 콩을 삶을 때의 문제점은?

① 콩이 잘 무르지 않는다.
② 조리수가 많이 필요하다.
③ 비타민 B_1의 파괴가 촉진된다.
④ 조리 시간이 길어진다.

41 콩을 삶을 때 식용 소다(중조)를 첨가하여 삶으면 콩이 빨리 무르긴 하지만, 비타민 B_1(티아민)이 손실되는 단점이 있다.

42 무기염류에 의한 단백질 변성을 이용한 식품은?

① 곰탕　　　　　② 젓갈
③ 두부　　　　　④ 요구르트

42 콩 단백질인 글리시닌이 염화칼슘 등의 염류에 응고되는 성질을 이용하여 만든 것이 두부이다.

43 사과, 감자 등의 절단면에서 일어나는 갈변현상을 막기 위한 방법이 아닌 것은?

① 칼의 위생에 신경을 쓴다.
② 레몬즙에 담가 둔다.
③ 설탕물에 담가 둔다.
④ 희석된 소금물에 담가 둔다.

43 칼의 금속 면이 닿으면 갈변현상이 촉진된다.

Part Ⅳ

조리이론 및 원가계산

44 일반적으로 채소 조리 시 손실되기 쉬운 성분은?

① 비타민 A　　　② 비타민 C
③ 비타민 E　　　④ 비타민 B_6

44 비타민 C는 불안정하여 조리 시나 공기 중에 방치해 두면 산화하여 파괴된다.

45 감자에 대한 설명 중 틀린 것은?

① 점질의 감자는 감자조림에 적합하다.
② 분질의 감자는 감자튀김에 적합하다.
③ 감자의 갈변은 티로신에 의해 일어난다.
④ 감자의 갈변을 막는 방법은 물속에 담그는 것이다.

45 점질의 감자는 찌거나 구울 때 부서지지 않아 조림, 볶음 요리에 적합하며, 분질의 감자는 잘 부서지므로 매시트포테이토나 포슬포슬 분이 나게 감자를 삶을 때 적합하다.

41 ③　　**42** ③　　**43** ①　　**44** ②　　**45** ②

46 유지의 발연점에 영향을 미치지 않는 것은?

① 유리 지방산의 함량
② 노출된 기름의 면적
③ 용해도
④ 외부에서 들어온 미세한 입자상 물질들의 존재

46 노출된 유지의 표면적이 넓을수록, 유리 지방산의 함량이 많을수록, 외부에서 혼입된 이물질이 많을수록 유지의 발연점은 낮아진다.

47 튀김용 기름으로 적당한 것은?

① 발연점이 높은 것이 좋다.
② 융점이 높은 것이 좋다.
③ 융점이 낮은 것이 좋다.
④ 동물성 기름이 좋다.

47 튀김을 할 때 발연점이 낮으면 기름을 많이 흡수하게 되므로, 발연점이 높은 식물성 기름이 좋다.

48 다음 중 유화된 식품이 아닌 것은?

① 마가린　　　② 마요네즈
③ 버터　　　　④ 소시지

48 유화액에는 물속 기름이 분산된 수중 유적형(마요네즈, 우유, 아이스크림)과 기름에 물이 분산된 유중 수적형(버터, 마가린)이 있다.

49 동물성 식품의 부패 경로가 올바른 것은?

① 사후 경직 → 자가 소화 → 부패
② 사후 경직 → 부패 → 자가 소화
③ 자가 소화 → 부패 → 사후 경직
④ 자가 소화 → 사후 경직 → 부패

49 동물은 도살된 후 조직이 단단해지는 사후경직 현상이 일어나고, 시간이 지나면 근육 자체의 효소에 의해 자가소화가 일어나면서 고기가 연해지게 된다. 그런데 이러한 숙성기간이 지나치면 부패하게 된다.

50 다음 중 융점이 가장 낮은 고기는?

① 닭고기　　　② 쇠고기
③ 양고기　　　④ 돼지고기

50 고체 지방이 열에 의해 액체 상태로 될 때의 온도를 융점이라 하는데, 닭고기는 융점이 낮아 식어도 맛을 잃지 않는 요리를 할 수 있다.

46 ③　**47** ①　**48** ④　**49** ①　**50** ①

51 새우, 가재, 게의 색깔이 변하는 시기는?

① 열에 익혔을 때
② 죽었을 때
③ 술에 담갔을 때
④ 얼었을 때

52 어류 지방의 불포화 지방산과 포화 지방산에 대한 일반적인 비율로 옳은 것은?

① 불포화 지방산 : 포화 지방산 = 40 : 60
② 불포화 지방산 : 포화 지방산 = 80 : 20
③ 불포화 지방산 : 포화 지방산 = 60 : 40
④ 불포화 지방산 : 포화 지방산 = 20 : 80

53 생선 비린내를 유발하는 것은?

① 수분 ② 세사몰
③ 암모니아 ④ 트릴메틸아민

54 달걀의 알칼리 응고성을 이용한 제품은?

① 케이크 ② 피단
③ 머랭 ④ 마요네즈

55 다음 중 한천이 속한 영양군은?

① 지방 ② 단백질
③ 탄수화물 ④ 무기질

51 새우, 가재, 게 등을 가열하여 익히면 단백질에서 유리된 아스타잔틴이 적색을 띠게 된다.

52 생선의 지방은 불포화 지방산 약 80%와 포화 지방산 20%로 구성되어 있다.

53 생선의 비린내 성분은 트릴메틸아민으로 표피에 많고, 해수어보다 담수어가 냄새가 더 강하며, 신선도가 떨어질수록 많이 난다.

54 케이크와 머랭은 달걀의 기포성을, 마요네즈는 달걀의 유화성을 이용한 제품이다.

55 한천은 우뭇가사리와 같은 홍조류의 세포 성분으로, 갈락토오스로 이루어진 다당류이다.

Part Ⅳ 조리이론 및 원가계산

51 ① 52 ② 53 ④ 54 ② 55 ③

56 마요네즈를 만들 때 난황이 유화제 작용을 할 수 있는 이유는?

① 철분
② 색소
③ 수분
④ 레시틴

57 양갱 제조에서 팥소를 굳히는 작업을 하는 것은?

① 갈분
② 한천
③ 밀가루
④ 젤라틴

58 냉동된 생선의 해동 방법으로 영양 손실이 가장 적은 것은?

① 5~6°C 냉장고 속에서 해동한다.
② 18~22°C의 실온에 방치한다.
③ 40°C의 미지근한 물에 담근다.
④ 비닐봉지에 넣어서 물속에 담가 둔다.

59 조리를 할 때 열원으로부터 식품으로 열이 전달되는 방법 중 가장 속도가 느린 것은?

① 전도
② 대류
③ 복사
④ 굴절

60 어패류의 조리원리에 대한 설명으로 옳은 것은?

① 신선한 흰 살 생선은 약한 불로 오래 조려야 맛이 좋아진다.
② 생선을 조릴 때는 처음부터 생강을 넣어야 탈취 효과가 크다.
③ 지방 함량이 높은 생선이 구이에 적합하다.
④ 선도가 낮은 생선은 직접법으로, 선도가 높은 생선은 간접법으로 굽는다.

56 레시틴은 기름을 물에 분산시키는 작용인 유화성을 가지고 있는데, 달걀노른자에 많이 들어 있다.

57 삶은 팥을 으깨어 설탕, 한천을 녹인 물을 부어 굳히면 양갱이 만들어진다. 한천은 젤라틴보다 응고력이 강해 양갱 등의 식물성 식품의 응고제로 쓰인다.

58 냉장고에서 서서히 해동하는 것이 가장 좋은 방법이다.

59 열전달 속도 = 복사 〉 대류 〉 전도

60 붉은 살 생선은 양념을 하여 비교적 오래 조리는 것이 좋고, 어패류는 살아 있을 때 조리하는 것이 원칙적으로 가장 좋다. 또한 흰 살 생선의 경우 최소한으로 가열 조리해야 한다.

56 ④　**57** ②　**58** ①　**59** ①　**60** ③

61 식단작성의 순서로 옳은 것은?

① 음식의 가짓수 결정, 식품 섭취량 산출, 3식 영양 배분 결정,
영양 기준량 산출

② 영양 기준량 산출, 음식의 가짓수 결정, 식품 섭취량 산출,
3식 영양 배분 결정

③ 3식 영양 배분 결정, 영양 기준량 산출, 음식의 가짓수 결정,
식품 섭취량 산출

④ 영양 기준량 산출, 식품 섭취량 산출, 3식 영양 배분 결정,
음식의 가짓수 결정

61 식단작성의 순서
영양 기준량 산출 → 섭취 식품량 산출 → 3식의 영양 배분 결정 → 음식의 가짓수 및 요리 이름 결정 → 식단 작성 주기 결정 → 식품 배분 계획서 작성 → 식단표 작성

62 식단표의 작성 항목이 아닌 것은?

① 요리 이름   ② 대치 식품
③ 성인 환산치   ④ 각 재료와 그 분량

62 식단표에는 요리명, 식품명, 중량, 대치 식품, 단가 등을 기재한다. 성인 환산치는 영양 섭취량 및 그에 따른 식품량을 산출하기 위한 것이다.

63 식단을 작성할 때 영양적인 면에서 가장 중요한 것은?

① 계절 식품을 이용한다.
② 값이 싼 것으로 고른다.
③ 모든 영양소가 포함되어야 한다.
④ 맛이 좋아야 한다.

63 식단을 작성할 때는 영양적인 면, 경제적인 면, 기호 면, 능률 면, 지역적인 면 등을 고려해야 한다. 그중 영양적인 면에서 가장 중요한 것은 영양의 균형이다.

64 한국인의 표준 영양 권장량(19~29세 성인 남자 1일 1인분)의 열량은 몇 칼로리인가?

① 2,000칼로리   ② 2,200칼로리
③ 2,400칼로리   ④ 2,600칼로리

64 한국인 19~29세 성인 남자 1일 필요 열량은 2,600kcal이고, 19~29세 성인 여자 1일 필요 열량은 2,100kcal이다.

61 ④   **62** ③   **63** ③   **64** ④

Part Ⅳ
조리이론 및 원가계산

65 식단을 작성할 때 고려할 영양 섭취 비율은?

① 당질 65%, 지질 20%, 단백질 15%
② 당질 50%, 지질 30%, 단백질 20%
③ 당질 40%, 지질 45%, 단백질 15%
④ 당질 85%, 지질 10%, 단백질 5%

66 대치 식품끼리 잘못 짝지어진 것은?

① 밥 – 국수 – 빵
② 우유 – 버터 – 치즈
③ 생선 – 쇠고기 – 두부
④ 시금치 – 쑥갓 – 아욱

67 우리나라의 3첩 반상에 포함되지 않는 것은?

① 구이   ② 냉채
③ 숙채   ④ 회

68 면상에 올라가지 못하는 것은?

① 약식, 김치   ② 깍두기, 젓갈
③ 나박김치, 전유어   ④ 겨자채, 편육

69 식수가 1,000명인 단체 급식소에서 1인당 20g의 풋고추조림을 주려 한다. 발주할 풋고추의 양은?(단, 풋고추의 폐기율은 6%이다.)

① 18kg   ② 20kg
③ 22kg   ④ 25kg

---

65 식단 작성 시 총열량 권장량 중 당질 65%, 지방 20%, 단백질 15%의 비율로 한다.

66 대치식품이란 영양면에서 주된 영양소가 공통으로 함유된 것을 뜻한다.

67 3첩 반상에는 생채, 조림 또는 구이, 장아찌, 7첩 반상에는 회가 포함된다.

68 면상은 국수를 주식으로 준비하며 깍두기, 장아찌, 밑반찬, 젓갈 등은 사용하지 않는다.

69 총발주량

$$= \frac{정미중량 \times 100}{100 - 폐기율} \times 인원수$$

$$= \frac{20 \times 100}{100 - 6} \times 1,000$$

$$= \frac{2,000}{94} \times 1,000 = 21,276.5$$

---

64 ①   **66** ②   **67** ④   **68** ②   **69** ③

70 고등어 150g을 돼지고기로 대체하려고 한다. 고등어의 단백질 함량을 고려했을 때 돼지고기는 약 몇g 필요한가?(단, 고등어 100g당 단백질 함량 20.2g, 지질 10.4g, 돼지고기 100g당 단백질 함량 18.5g, 지질 13.9g)

① 137g ② 152g
③ 164g ④ 178g

71 다음 식단 작성의 순서를 바르게 나열한 것은?

a. 영양기준량의 산출
b. 음식수 계획
c. 식품섭취량 3식 영양 배분 결정
d. 주 · 부식 구성의 결정
e. 식단표 작성

① a → c → d → b → e ② a → b → c → d → e
③ a → c → b → d → e ④ a → b → c → e → d

72 한국인 영양섭취기준(KDRIs)의 구성 요소가 아닌 것은?

① 평균 필요량 ② 권장 섭취량
③ 하한 섭취량 ④ 충분 섭취량

70 대체식품량 = 원래식품함량
× 원래식품량 / 대치식품함량
= 20.2g × 150g / 18.5g
= 164g

71 표준 식단 작성 순서
영양기준량의 산출 → 식품섭취량의 산출 → 3식의 배분 결정 → 음식수 및 요리명 결정 → 식단표 작성

72 한국인의 영양섭취기준 : 평균 필요량, 권장 섭취량, 충분 섭취량, 상한 섭취량

Part Ⅳ

조리이론 및 원가계산

 **70** ③ **71** ③ **72** ③

73 다음의 식단 구성 중 편중되어 있는 영양가의 식품군은?

> 완두콩밥, 된장국, 장조림, 명란알 찜, 두부조림, 생선구이

① 탄수화물군　　　　② 단백질군
③ 비타민 · 무기질군　　④ 지방군

74 미역국을 끓이는 데 1인당 사용되는 재료와 필요량, 가격은 다음과 같다. 미역국 10인분을 끓이는 데 필요한 재료비는?(단, 총 조미료의 가격 70원은 1인분 기준임.)

재료	필요량(g)	가격(원/100당)
미역	20	150
쇠고기	60	850
총 조미료	–	70(1인분)

① 610원　　　　　② 6,100원
③ 870원　　　　　④ 8,700원

74 1인분 끓이는 데 필요한 재료비
$(20g \times 1.5) + (60g \times 8.5) + 70$
$= 30 + 510 + 70 = 610$원이다.
10인분 = 610원 × 10인
$= 6,100$원

75 단체급식의 목적으로 적당하지 않은 것은?

① 국가의 식량 정책 방향을 제시한다.
② 피급식자에게 영양지식을 제공한다.
③ 피급식자의 올바른 식습관을 유도한다.
④ 피급식자의 건강 유지 및 증진을 도모한다.

73 ②　　**74** ②　　**75** ①

76 각 식품에 대한 대체식품의 연결이 적합하지 않은 것은?

① 돼지고기 – 두부, 소고기, 닭고기
② 고등어 – 삼치, 꽁치, 동태
③ 닭고기 – 우유 및 유제품
④ 시금치 – 깻잎, 상추, 배추

77 변성된 단백질 분자가 집합하여 질서정연한 망상 구조를 형성하는 단백질의 기능성과 관계가 먼 식품은?

① 두부　　　　　　　② 어묵
③ 빵 반죽　　　　　　④ 북어

78 다음 중 당알코올로 충치 예방에 가장 적당한 것은?

① 맥아당　　　　　　② 글리코겐
③ 펙틴　　　　　　　④ 소비톨

79 다음 당류 중 단맛이 가장 강한 것은?

① 맥아당　　　　　　② 포도당
③ 과당　　　　　　　④ 유당

80 단체급식에 대한 설명으로 틀린 것은?

① 싼값에 제공되는 식사이므로 영양적 요구는 충족시키기 어렵다.
② 식비의 경비 절감은 대체 식품 등으로 가능하다.
③ 피급식자에게 식(食)에 대한 인식을 고양하고 영양 지도를 한다.
④ 급식을 통해 연대감이나 정신적 안정을 갖는다.

---

76 닭고기의 주요 영양소는 단백질의 급원식품이며 어육류(소, 돼지, 생선)로 대체할 수 있다. 우유 및 유제품의 주요 영양소는 칼슘이다.

77 북어는 명태를 건조한 것으로 단백질의 망상구조를 이루는 두부, 어묵, 빵 반죽과는 거리가 멀다.

78 소비톨은 당알코올이며 상쾌한 청량감과 천연의 감미를 가진 식품첨가제로 저칼로리, 저감미, 난충치성 등의 특징이 있다.

79 당류의 감미도
과당 〉 전화당 〉 서당 〉 포도당 〉 맥아당(엿당) 〉 갈락토오스 〉 유당

80 단체급식은 영양사의 계획하에 식단이 짜여지므로 저렴한 가격에 영양을 충족시킬 수 있다.

76 ③　　77 ④　　78 ④　　79 ③　　80 ①

81 식단의 형태 중 자유 선택 식단(카페테리아 식단)의 특징이 아닌 것은?

① 피급식자가 기호에 따라 음식을 선택한다.
② 적온급식설비와 개별식기의 사용은 필요하지 않다.
③ 셀프서비스가 전제되어야 한다.
④ 조리 생산성은 고정 메뉴식보다 낮다.

82 꽁치 160g의 단백질 양은?(단, 꽁치 100g당 단백질 양 24.9g)

① 28.7g   ② 34.6g
③ 39.8g   ④ 43.2g

82 $24.9g \times 160g/100 = 39.84g$

83 단체급식의 식품구입에 대한 설명으로 잘못된 것은?

① 폐기율을 고려한다.
② 값이 싼 대체 식품을 구입한다.
③ 곡류나 공산품은 1년 단위로 구입한다.
④ 제철 식품을 구입하도록 한다.

83 곡류나 건어물 등은 일정 한도 내 일시 구입을 원칙으로 1개월분을 한꺼번에 구입한다.

84 단체급식에서 생길 수 있는 문제점으로 틀린 것은?

① 심리면에서 가정식에 대한 향수를 느낄 수 있다.
② 비용면에서 물가상승으로 인한 부식비 부족으로 재료비가 충분치 못하다.
③ 대량조리 중 불청결로 위생상의 사고위험이 있다.
④ 불특정인을 대상으로 하므로 영양관리가 안 된다.

84 단체급식은 특정 다수를 대상으로 하기 때문에 급식 대상자의 영양을 도모한다.

85 식초의 기능에 대한 설명으로 틀린 것은?

① 생선에 사용하면 생선 살이 단단해진다.
② 비트(Beet)에 사용하면 선명한 적색이 된다.
③ 양파에 사용하면 황색이 된다.
④ 마요네즈 만들 때 사용하면 유화액을 안정시켜 준다.

85 양파의 플라보노이드계 색소는 산성에 대해 안정하기 때문에 식초를 첨가하여도 흰색을 유지한다.

81 ②   **82** ③   **83** ③   **84** ④   **85** ③

86 튀김유의 보관 방법으로 바람직하지 않은 것은?

① 공기와의 접촉을 막는다.
② 튀김 찌꺼기를 여과해서 제거한 후 보관한다.
③ 광선의 접촉을 막는다.
④ 사용한 철제 팬의 뚜껑을 덮어 보관한다.

86 튀김유는 금속류와 접촉 시 자동산화가 급속히 촉진된다.

87 조개류의 조리 시 독특한 국물 맛을 내는 주요 물질은?

① 탄닌   ② 알코올
④ 구연산   ④ 호박산

87 조개류의 독특하고 시원한 맛을 내는 성분은 호박산이다.

88 우유의 살균처리방법 중 다음과 같은 살균 처리는?

> 71.1~75℃로 15~30초간 가열 처리하는 방법

① 저온살균법   ② 초저온살균법
③ 고온단시간살균법   ④ 초고온살균법

88 고온단시간살균법은 'HTST'라고도 하며 우유를 71~75℃에서 15초간 가열 살균하는 방법이다.

89 조리실의 후드(Hood)는 어떤 모양이 가장 배출효율이 좋은가?

① 1방형   ② 2방형
③ 3방형   ④ 4방형

90 조리장의 관리에 대한 설명 중 부적당한 것은?

① 충분한 내구력이 있는 구조일 것
② 배수 및 청소가 쉬운 구조일 것
③ 창문, 출입구 등은 방서·방충을 위한 금속망 설비 구조일 것
④ 바닥과 바닥으로부터 10cm까지의 내벽은 내수성 자재의 구조일 것

90 조리장의 구조는 바닥과 바닥으로부터 1m까지의 내벽에 타일, 콘크리트 등의 내수성 자재를 사용해야 한다.

Part Ⅳ 조리이론 및 원가계산

91 작업장에서 발생하는 작업의 흐름에 따라 시설과 기기를 배치할 때 작업의 흐름이 순서대로 연결된 것은?

> ㄱ. 전처리 　　　　　　　ㄴ. 장식, 배식
> ㄷ. 식기 세척, 수납 　　　ㄹ. 조리
> ㅁ. 식재료의 구매, 검수

① ㅁ → ㄱ → ㄹ → ㄴ → ㄷ
② ㄱ → ㄴ → ㄷ → ㄹ → ㅁ
③ ㅁ → ㄹ → ㄴ → ㄱ → ㄷ
④ ㄷ → ㄱ → ㄹ → ㅁ → ㄴ

91 작업의 순서 : 식재료의 구매와 검수 → 전처리 → 조리 → 장식과 배식 → 식기 세척과 수납

92 조리대배치 시 동선을 줄이는 효율적인 방법이 아닌 것은?

① 조리대의 배치는 오른손잡이를 기준으로 생각할 때 일의 순서에 따라 우에서 좌로 배치한다.
② 조리에 필요한 용구나 기기 등의 설비를 가까이 배치한다.
③ 각 작업공간이 다른 작업의 통로로 이용되지 않도록 한다.
④ 식기와 조리용구의 세정장소와 보관장소를 가까이 두어 동선을 절약시킨다.

93 다음 중 직접비에 포함되는 것은?

① 임금 　　　　　　② 수도료
③ 보험료 　　　　　④ 광열비

93 직접비
• 직접재료비 : 주요재료비
• 직접노무비 : 임금 등
• 직접경비 : 외주가공비 등

94 급식 원가요소에서 직접원가의 급식재료비가 아닌 것은?

① 조미료비 　　　　② 급식용구비
③ 보험료 　　　　　④ 조리제 식품비

94 보험료는 간접경비에 해당한다.

95 입고 순으로 출고하여 출고단가를 결정하는 방법은?

① 선입선출법 　　　② 후입선출법
③ 이동평균법 　　　④ 총평균법

95 선입선출법은 구입일자가 빠른 재료의 구입단가를 소비가격으로 하는 방법이다.

96 총원가에서 판매비와 일반관리비를 제외한 원가는?

① 직접원가
② 제조원가
③ 제조간접비
④ 직접재료비

96 • 직접원가 = 직접재료비 + 직접노무비 + 직접경비
• 제조원가 = 직접원가 + 제조간접비(간접재료비 + 간접노무비 + 간접경비)
• 총원가 = 제조원가 + 판매관리비

97 어떤 음식의 직접원가는 500원, 제조원가는 800원, 총원가는 1,000원이다. 이 음식의 판매관리비는?

① 200원
② 300원
③ 400원
④ 500원

97 • 총원가 = 제조원가 + 판매관리비
• 판매관리비 = 총원가(1,000원)
− 제조원가(800원)
= 200원

98 다음 원가요소에 따라 산출한 총원가로 옳은 것은?

직접재료비	250,000원
직접노무비	100,000원
직접경비	40,000원
제조간접비	120,000원
판매경비	60,000원
이익	100,000원

① 390,000원
② 510,000원
③ 570,000원
④ 610,000원

98 • 직접원가 = 직접재료비 + 직접노무비 + 직접경비
250,000 + 100,000 + 40,000
= 390,000원
• 제조원가 = 직접원가 + 제조간접비
= 390,000 + 120,000
= 510,000원
• 총원가 = 제조원가 + 판매관리비
= 510,000 + 60,000
= 570,000원

99 재고관리 시의 주의점이 아닌 것은?

① 재고 회전율 계산은 주로 한 달에 1회 산출한다.
② 재고 회전율이 표준치보다 낮으면 재고가 과잉임을 나타내는 것이다.
③ 재고 회전율이 표준치보다 높으면 생산지연 등이 발생할 수 있다.
④ 재고 회전율이 표준치보다 높으면 생산비용이 낮아진다.

99 재고 회전율
일정 기간의 제품, 원재료, 저장품 등의 출고량과 재고량의 비율이다. 재고 회전율이 높으면 재고관리의 효율이 좋거나 판매량이 높다는 것을 의미한다.

Part IV
조리이론 및 원가계산

96 ② **97** ① **98** ③ **99** ④

100 다음 제품의 원가구성 중에서 제조원가는 얼마인가?

이익	20,000원
직접노무비	23,000원
직접재료비	10,000원
판매관리비	17,000원
제조간접비	15,000원
직접경비	15,000원

① 40,000원　　　　　② 63,000원
③ 80,000원　　　　　④ 100,000원

101 집단급식에서 조리 시 식품취급에 관한 설명 중 잘못된 것은?

① 식품을 취급할 때는 손보다 집게와 같은 도구를 이용한다.
② 모든 음식을 골고루 섭취해야 하기 때문에 조개류나 생선회도 괜찮다.
③ 그 날 조리한 음식이 다음날까지 가는 일이 없도록 한다.
④ 조리된 식품과 신선한 식품을 취급하는 기구는 구분하여 사용한다.

102 가식부율이 70%인 식품의 출고계수는?

① 2.00　　　　　② 1.64
③ 1.43　　　　　④ 1.25

103 다음 중 쇠고기 구입 시 가장 유의해야 할 것은?

① 색깔, 부위　　　　　② 색깔, 부피
③ 중량, 부위　　　　　④ 중량, 부피

100 • 직접원가 = 직접재료비 + 직접노무비 + 직접경비
• 제조원가 = 직접원가 + 제조간접비
따라서 10,000 + 23,000 + 15,000 + 15,000 = 63,000원

101 집단 급식에 있어서 식중독을 일으키기 쉬운 조개류나 생선회는 피하는 것이 좋다.

102 • 식품의 출고계수 = 필요량 1개 / 가식부율
• 가식부율 70% = 0.7 = 70 /100
따라서 1 / 0.7 = 1.428 = 1.43

103 쇠고기 구입 시 중량과 부위를 살펴 구입해야 한다.

100 ②　**101** ②　**102** ③　**103** ③

104 사과나 배 등의 과일을 구입할 때 알아야 할 점은?

① 산지, 포장, 색깔
② 상자 형태, 포장, 중량
③ 산지, 상자당 개수, 품종
④ 상자 형태, 상자당 개수, 색깔

104 과일을 구할 때는 산지, 상자당 개수, 품종 등을 유의하여 구입한다.

105 육류를 감별하는 방법 중 부적당한 것은?

① 조직에 피가 많이 흐를 것
② 빛깔이 곱고 습기가 있을 것
③ 탄력성이 있을 것
④ 선홍색을 띠는 것

105 신선한 육류는 색이 곱고, 습기가 있으며, 탄력성이 있고 선홍색을 띤다.

106 식품을 감별할 때의 일반적인 기준은?

① 기능적   ② 감각적(관능적)
③ 사회 심리적   ④ 경제적

106 식품을 감별할 때에는 일반적으로 식품의 색, 냄새, 맛과 같은 감각을 이용하여 판별한다.

107 부패된 어류에서 나타나는 현상은?

① 육질에 탄력이 있다.
② 물에 담그면 위로 뜬다.
③ 아가미 색깔이 선홍색이다.
④ 비늘에 광택이 있고 점액이 없다.

107 어류의 감별법
• 색이 선명해야 하고, 비늘이 고르게 밀착되어야 한다.
• 고기가 연하고 탄력성이 있어야 한다.
• 눈은 튀어나오고 아가미의 색은 선홍색이어야 한다.
• 신선한 것은 물에 가라앉고 부패된 것은 떠오른다.

 **104** ③   **105** ①   **106** ②   **107** ②

108 일반적인 식품 구입 방법에 대한 설명으로 틀린 것은?

① 냉장 시설이 되어 있으면 생선류는 일주일분 정도를 한꺼번에 구입한다.
② 냉장 시설이 잘되어 있으면 쇠고기는 일주일분 정도를 한꺼번에 구입해도 된다.
③ 곡류나 건어물 같이 부패성이 없는 것은 1개월분을 구입해도 된다.
④ 채소류는 매일 구입한다.

108 생선, 과채류는 필요에 따라 매일 구입한다.

109 조리 작업장의 창문 넓이는 벽 면적을 기준으로 할 때 몇 %가 적당한가?

① 40%   ② 50%
③ 60%   ④ 70%

109 창의 면적은 벽 면적의 70%, 바닥 면적의 20~30%가 적당하다.

110 원가를 계산하는 최종적인 목표는?

① 비목별 원가   ② 요소별 원가
③ 부문별 원가   ④ 제품 1단위당의 원가

111 가장 이상적인 조리장 작업대의 높이는?

① 50cm 이하   ② 70~75cm
③ 80~85cm   ④ 90~95cm

111 작업대 높이는 신장의 52% (80~85cm) 가량이며, 55~60cm 너비인 것이 효율적이다.

108 ①   **109** ④   **110** ④   **111** ③

112 밀가루를 계량하는 방법으로 적당한 것은?

① 계량컵으로 눌러서 담는다.
② 체에 친 후 스푼으로 담고 계량컵과 수평이 되게 한다.
③ 계량컵에 담고 살짝 흔들어 수평이 되게 한다.
④ 체에 친 후 계량컵이 평평하게 되도록 흔들어 준다.

113 다음 중 조리기기 사용이 잘못된 것은?

① 필러: 감자, 당근의 껍질 벗기기
② 슬라이서: 쇠고기 갈기
③ 세척기: 조리 용기의 세척
④ 믹서: 재료의 혼합

114 다음 중 조리장을 신축할 때 고려해야 할 사항으로 바른 것은?

| ㉠ 위생 | ㉡ 능률 | ㉢ 경제 |

① ㉢ – ㉡ – ㉠
② ㉡ – ㉠ – ㉢
③ ㉠ – ㉡ – ㉢
④ ㉡ – ㉢ – ㉠

115 재료의 소비에 의해서 발생한 원가는 무엇인가?

① 간접비
② 노무비
③ 잡비
④ 재료비

112 밀가루는 측정 직전에 체로 쳐 스푼으로 담고, 계량컵과 수평이 되게 한다(누르지 않음.).

113 슬라이서는 육류를 얇게 저며 내는 기계이고, 쇠고기를 가는 것은 미트 그라인더(meat grinder)이다.

114 조리장을 신축 또는 개축할 때는 위생·능률·경제의 3요소를 기본으로 하며, '위생 – 능률 – 경제' 순으로 고려되어야 한다.

115 제품의 제조를 위해 재료의 소비로 발생한 원가를 재료비라 한다.

Part Ⅳ

조리이론 및 원가계산

112 ② 113 ② 114 ③ 115 ④

116 노년기의 식생활에서 주의해야 할 성분으로 옳지 않은 것은?

① 열량
② 식염
③ 동물성 지방
④ 비타민

116 노인식은 양질의 단백질을 공급하고, 총 칼로리 섭취량을 제한한다. 지방은 식물성 식품으로부터 섭취하고 칼슘 식품인 우유와 유제품을 충분히 섭취하며 채소와 과일도 많이 섭취하는 것이 좋다.

117 총원가에 대한 설명으로 알맞은 것은?

① 판매가격을 말한다.
② 제조원가와 판매 관리비의 합계액을 말한다.
③ 직접재료비 · 직접노무비 · 직접경비와 판매관리비의 합계액이다.
④ 재료비, 노무비, 경비의 합계로 판매관리비는 포함되지 않는 금액이다.

117 · 직접원가 = 직접재료비 + 직접노무비 + 직접경비
· 제조원가 = 직접원가 + 제조간접비
· 총원가 = 제조원가 + 판매관리비
· 판매원가 = 총원가 + 이익

118 다음 중 원가계산의 원칙이 아닌 것은?

① 현금 결제의 원칙
② 진실성의 원칙
③ 확실성의 원칙
④ 정상성의 원칙

118 **원가계산의 7원칙**
진실성 · 발생 기준 · 계산 경제성 · 정상성 · 확실성 · 비교성 · 상호 관리의 원칙

119 원가계산의 첫 단계로 재료비, 노무비, 경비를 각 요소별로 계산하는 방법은?

① 부문별 원가계산
② 요소별 원가계산
③ 제품별 원가계산
④ 종합 원가계산

119 **원가계산의 구조**
요소별 원가계산은 재료비, 노무비, 경비의 3가지 원가 요소를 몇 가지 분류 방법에 따라 세분하여 각 원가별로 계산하는 것이다.

120 손익분기점이란 무엇인가?

① 이익을 발생시킨 점
② 수익과 총비용이 일치하는 점
③ 손실을 발생시킨 점
④ 판매량 · 생산량을 알리는 도표

120 수익과 총비용(고정비 + 변동비)이 일치하는 점으로, 이 점에서는 이익도 손실도 발생하지 않는다.

116 ④ **117** ② **118** ① **119** ② **120** ②

실전 모의고사

조리기능사 실전 모의고사 (1회)

자격 종목		코드	시험 시간	문항 수	수험 번호	성명
조리기능사		7910	60분	60		

01 식품위생법상의 식품에 대한 정의로 올바른 것은?

① 사람이 먹을 수 있는 모든 음식이다.
② 모든 음식물과 식품 첨가물을 말한다.
③ 모든 음식물·화학적 합성품을 말한다.
④ 의약으로서 섭취하는 것을 제외한 모든 음식물이다.

02 우리나라에서 허가된 발색제가 아닌 것은?

① 질산나트륨　　② 질산칼륨
③ 아질산칼륨　　④ 아질산나트륨

03 세균 번식이 잘되는 식품이 아닌 것은?

① 산이 많은 식품
② 습기가 많은 식품
③ 영양분이 많은 식품
④ 온도가 적당한 식품

04 복어 독에 중독되었을 경우의 치료법으로 알맞지 않은 것은?

① 위세척
② 진통제 투여
③ 호흡 촉진제 투여
④ 최토제 투여

05 빵을 만들 때 사용하는 보존료는?

① 안식향산　　② 프로피온산
③ 구아닐산　　④ 아세토초산에틸

06 사카린나트륨염에 대한 설명 중 옳은 것은?

① 모든 식품에 사용될 수 있다.
② 사용량의 제한이 없다.
③ 모든 식품에 쓸 수 있지만, 양의 제한이 있다.
④ 허용되는 식품과 사용하는 양의 제한이 있다.

07 식품 등의 표시기준에 명시된 사항이 아닌 것은?

① 업소 이름
② 성분의 이름과 함량
③ 판매자 이름
④ 유통 기한

08 세균성 식중독 중에서 독소형 식중독은?

① 포도상 구균 식중독
② 살모넬라 식중독
③ 리스테리아 식중독
④ 장염 비브리오 식중독

09 식품의 신선도 또는 부패의 이화학적 판정에 이용되는 항목이 아닌 것은?

① 히스타민 함량
② 트라이메틸아민 함량
③ 당 함량
④ 휘발성 염기 질소 함량

10 채소·과일류의 살균에 사용되는 것은?

① 규소 수지
② 이산화염소
③ 초산 비닐 수지
④ 차아염소산 나트륨

11 식품위생법상 영업신고를 하지 않는 업종은?

① 식품운반업
② 식품소분판매업
③ 즉석판매제조·가공업
④ 양곡도정업

12 식중독을 유발하는 버섯의 독성분은?

① 아마니타톡신(amanita toxin)
② 솔라닌(solanine)
③ 아트로핀(atropine)
④ 엔테로톡신(enterotoxin)

13 식품위생행정을 주로 담당하는 부서는?

① 보건복지부
② 교육부
③ 식품의약품안전처
④ 산업통상자원부

14 조리사를 두지 않아도 가능한 영업은?

① 국가가 운영하는 집단 급식소
② 복어를 조리·판매하는 영업
③ 사회 복지 시설의 집단 급식소
④ 식사류를 조리하지 않는 식품 접객 업소

15 식품에 존재하는 유기물질을 고온으로 가열한 경우, 단백질이나 지방이 분해되어 생기는 유해물질은?

① 카르밤산 에틸(ethyl carbamate)
② 다환 방향족 탄화수소(polycystic aromatic hydrocarbon)
③ 메탄올(methanol)
④ 엔-니트로사민(N-nitrosoamine)

16 감염병예방 대책에 속하지 않는 것은?

① 병원소의 제거
② 환자의 격리
③ 감염력의 감소
④ 식품의 고온 처리

17 탕수육의 조리과정 중 녹말을 물에 풀어서 넣을 때 이 용액의 성질은?

① 젤(gel)
② 현탁액
③ 유화액
④ 콜로이드 용액

18 환경위생 개선으로 발생이 줄어드는 감염병과 가장 거리가 먼 것은?

① 이질
② 콜레라
③ 홍역
④ 장티푸스

19 다음 중 병원체가 세균인 질병은?

① 백일해
② 홍역
③ 발진티푸스
④ 폴리오

20 다수인이 밀집한 실내 공기가 물리·화학적 조성의 변화로 불쾌감, 두통, 권태, 현기증 등을 일으키는 것은?

① 자연 독
② 군집독
③ 산소 중독
④ 진균독

21 소독제의 살균력을 비교하는 데 이용되는 것은?

① 알코올
② 크레졸
③ 과산화수소
④ 석탄산

22 하천수에 용존산소가 적다는 것은 무엇을 뜻하는가?

① 오염이 되지 않았다.
② 물이 비교적 깨끗하다.
③ 유기물 등이 잔류하여 오염도가 높다.
④ 호기성 미생물과 어패류가 살기 좋은 환경이다.

23 쥐가 매개하는 질병이 아닌 것은?

① 페스트
② 살모넬라증
③ 유행성 출혈열
④ 아니사키스증

24 1일 8시간 기준으로 허용이 되는 소음은 몇 이하인가?

① 50dB ② 70dB
③ 90dB ④ 110dB

25 만성중독 시 비점막염증, 피부궤양, 비중격 천공 등의 증상을 나타내는 것은?

① 크롬 ② 수은
③ 벤젠 ④ 카드뮴

26 중성지방의 구성성분으로 알맞은 것은?

① 아미노산
② 지방산과 글리세롤
③ 탄소와 질소
④ 포도당

27 식품의 갈변현상 중 그 성질이 다른 것은?

① 홍차의 적색
② 된장의 갈색
③ 감자 절단면의 갈색
④ 다진 양송이의 갈색

28 고기의 결합조직을 장시간 물에 넣어 가열 했을 때의 변화로 알맞은 것은?

① 액틴이 젤라틴이 된다.
② 콜라겐이 젤라틴이 된다.
③ 미오신이 젤라틴이 된다.
④ 엘라스틴이 젤라틴이 된다.

29 필수아미노산의 종류가 아닌 것은?

① 라이신(lysine)
② 메티오닌(methionine)
③ 아이소류신(isoleucine)
④ 글루탐산(glutamic酸)

30 두부는 콩 단백질의 어떠한 성질을 이용한 것인가?

① 열 응고
② 산 응고
③ 효소에 의한 응고
④ 금속염에 의한 응고

31 밥을 짓기 전에 침수를 시키면 쌀의 호화가 촉진된다. 이때 최대 수분흡수량은?

① 5~15%　　② 20~30%

③ 55~60%　　④ 90% 이상

32 메일라드(Maillard) 반응에 영향을 주는 요소가 아닌 것은?

① 효소　　② 수분

③ 온도　　④ 당의 종류

33 10g의 버터(지방 80%, 수분 20%)가 내는 열량은?

① 36kcal　　② 50kcal

③ 72kcal　　④ 100kcal

34 단백질에 대한 설명 중 옳은 것은?

① 당단백질은 단순 단백질에 지방이 결합한 것이다.

② 지단백질은 단순 단백질에 당이 결합한 것이다.

③ 인단백질은 단순 단백질에 인산이 결합한 것이다.

④ 핵단백질은 단순 단백질, 복합 단백질이 화학적, 산소에 의해 변화된 것이다.

35 우유 100mL 속에 칼슘이 170mg 들어 있다면, 우유 350mL에는 몇 mg의 칼슘이 들어 있는가?

① 520mg　　② 595mg

③ 620mg　　④ 695mg

36 녹말의 호화에 대한 설명으로 맞는 것은?

① 온도가 낮으면 호화 시간이 빨라진다.

② 녹말이 덱스트린으로 분해되는 과정이다.

③ 녹말의 미셀(micelle) 구조가 파괴되는 것이다.

④ α-전분이 β-전분으로 변화하는 현상이다.

37 달걀의 거품 형성을 도와주는 물질은?

① 산, 수양난백

② 지방, 소금

③ 우유, 소금

④ 우유, 설탕

38 연제품 제조에서 어육 단백질을 용해하며, 탄력성을 주기 위해 꼭 첨가해야 하는 것은?

① 소금　　② 설탕

③ 녹말(전분)　　④ 글루탐산소다

39 불포화지방산을 포화지방산으로 변화시키는 경화유에는 어떤 물질이 첨가되는가?

① 산소　　　　② 수소
③ 칼슘　　　　④ 질소

40 식품이 나타내는 수증기압이 0.75기압이고, 그 온도에서 순수한 물의 수증기압이 2.5기압일 때 식품의 수분 활성도(Aw)는?

① 0.3　　　　② 0.5
③ 0.7　　　　④ 0.9

41 단팥죽에 설탕 외에 약간의 소금을 넣으면 단맛이 더 크게 느껴진다. 이에 대한 맛의 현상은?

① 대비 효과　　　② 상승 효과
③ 변조 효과　　　④ 상쇄 효과

42 냉동 전에 채소를 먼저 데치는 이유가 아닌 것은?

① 수분의 감소 방지
② 산화 반응의 억제
③ 효소의 불활성화
④ 미생물 번식의 억제

43 한천과 젤라틴에 대한 설명 중 틀린 것은?

① 한천으로는 양갱을, 젤라틴으로는 젤리를 만든다.
② 한천의 응고 온도는 25~35°C, 젤라틴은 10~15°C이다.
③ 한천의 용해 온도는 30°C, 젤라틴은 85°C이다.
④ 한천은 해조류에서 추출한 식물성 재료이고, 젤라틴은 육류에서 추출한 동물성 재료이다.

44 조리장 내에서 사용되는 기기의 주요 재질별 관리방법으로 알맞지 않은 것은?

① 철강제의 구이 기계류는 오물을 세제로 씻고 습기를 건조시킨다.
② 알루미늄 냄비는 거친 솔을 사용하여 알칼리성 세제로 닦는다.
③ 주철로 만든 국솥 등은 씻은 후 습기를 건조시킨다.
④ 스테인리스 스틸제의 작업대는 스펀지를 사용하여 중성 세제로 닦는다.

45 다음 중 간장의 지미성분은?

① 글루코오스
② 녹말
③ 글루탐산
④ 아스코르브산

46 떡의 노화방지 방법이 아닌 것은?

① 설탕을 더 많이 넣는다.
② 급속 냉동으로 보관한다.
③ 찹쌀가루의 함량을 높인다.
④ 수분 함량을 30~60%로 유지한다.

47 마요네즈를 만들 때 기름 분리를 막아 주는 성분은?

① 난백   ② 난황
③ 식초   ④ 소금

48 돼지고기에만 있는 부위는?

① 갈매기살
② 사태
③ 채끝
④ 안심살

49 당질의 기능에 대한 설명 중 틀린 것은?

① 혈당을 유지한다.
② 단백질을 절약해 준다.
③ 당질은 평균 1g당 4kcal의 에너지를 공급한다.
④ 당질 섭취가 부족하더라도 체내 대사 조절에는 영향이 없다.

50 식품의 동결건조에 이용되는 주요현상은?

① 기화   ② 액화
③ 승화   ④ 융해

51 식혜를 만들 때 당화온도를 50~60℃ 정도로 유지하는 이유는?

① 밥알을 노화시키기 위해서
② 아밀라아제의 작용을 활발하게 하기 위해서
③ 엿기름을 호화시키기 위해서
④ 프티알린의 작용을 활발하게 하기 위해서

52 우유에 첨가하면 응고현상을 일으키는 것들로만 짝지어진 것은?

① 설탕 - 레닌 - 토마토
② 레닌 - 설탕 - 소금
③ 식초 - 레닌 - 페놀 화합물
④ 소금 - 설탕 - 카세인

53 어류의 신선도를 판별하는 방법으로 틀린 것은?

① 해당 생선 특유의 빛을 띠는 것이 신선한다.
② 생선의 육질이 단단하고 탄력성이 있는 것이 신선하다.
③ 눈의 수정체가 투명하지 않고 아가미 색이 어두운 것은 신선하지 않다.
④ 트라이메틸아민이 많이 생성된 것이 신선하다.

54 튀김한 기름을 보관하는 방법으로 옳지 않은 것은?

① 이물질을 걸러 광선의 접촉을 피해 보관한다.
② 철제 팬에 튀긴 기름은 다른 그릇에 옮겨 보관한다.
③ 직경이 넓은 팬에 담아 서늘한 곳에 보관한다.
④ 갈색 병에 담아 서늘한 곳에 보관한다.

55 조리실의 후드(Hood)는 어떤 모양이 가장 배출효율이 좋은가?

① 4방형   ② 3방형
③ 2방형   ④ 1방형

56 어떤 제품의 원가구성이 다음과 같다면, 이 제품의 제조원가는 얼마인가?

이익	20,000원	제조 간접비	15,000원
판매 관리비	17,000원	직접 재료비	10,000원
직접 노무비	23,000원	직접 경비	15,000원

① 50,000원   ② 63,000원
③ 80,000원   ④ 90,000원

57 일정 기간 내에 기업의 경영활동으로 발생한 경제가치의 소비액을 뜻하는 것은?

① 감가상각비
② 손익분기점
③ 비용
④ 이익

58 가식부율이 80%인 식품의 출고계수는?

① 1   ② 2
③ 0.75   ④ 1.25

59 총원가에 대한 설명으로 옳은 것은?

① 판매관리비와 제조원가의 합이다.
② 판매관리비와 제조간접비, 이익의 합이다.
③ 제조간접비와 직접원가의 합이다.
④ 직접재료비, 직접노무비, 직접경비, 직접원가, 판매관리비의 합이다.

60 급식소의 배수시설에 대한 설명으로 옳은 것은?

① 배수를 위한 물매는 1/10 이상으로 한다.
② 찌꺼기가 많은 경우는 곡선형 트랩이 적합하다.
③ S트랩은 수조형에 속한다.
④ 트랩을 설치하면 하수도로부터 악취를 방지할 수 있다.

정답   :: 실전 모의고사 1회

01	02	03	04	05	06	07	08	09	10
④	③	①	②	②	④	③	①	③	④
11	12	13	14	15	16	17	18	19	20
④	①	③	④	②	④	②	③	①	②
21	22	23	24	25	26	27	28	29	30
④	③	④	③	①	②	②	②	④	④
31	32	33	34	35	36	37	38	39	40
②	①	③	③	②	③	①	①	②	①
41	42	43	44	45	46	47	48	49	50
①	①	③	②	③	④	②	④	①	③
51	52	53	54	55	56	57	58	59	60
②	③	④	③	①	②	③	②	①	④

조리기능사 실전 모의고사 (2회)

자격 종목		코드	시험 시간	문항 수	수험 번호	성명
조리기능사		7910	60분	60		

01 다음 중 곰팡이독소와 독성 물질의 연결이 잘못된 것은?

① 아플라톡신 – 신경 독
② 오크라톡신 – 간장 독
③ 시트리닌 – 신장 독
④ 스테리그마토시스틴 – 간장 독

02 의료진이 식중독 환자를 진단하였다면 먼저 누구에게 보고하여야 하는가?

① 식품의약품안전처장
② 보건복지부장관
③ 국립보건원원장
④ 보건소장

03 기존의 위생관리 방법과 비교한 HACCP의 특징으로 옳은 것은?

① 위생상의 문제 발생 후 조치하는 사후 처리이다.
② 주로 완제품을 위주로 관리하는 방식이다.
③ 시험 분석 방법에 오랜 시간이 소요된다.
④ 가능성 있는 모든 위해 요소를 예측하고 대응할 수 있다.

04 일반음식점의 영업신고대상은 누구인가?

① 관할보건소장
② 동사무소장
③ 관할시장·군수·구청장
④ 관할지방식품의약품안전처장

05 다음 중 중온균의 최적온도는?

① 5°C 이하
② 10~12°C
③ 25~40°C
④ 55~60°C

06 다음 중 유해보존료에 해당하지 않는 것은?

① 붕산
② 소르빈산
③ 불소 화합물
④ 포름알데히드

07 우유의 살균 방법으로 130~150℃에서 0.5~5초간 가열하는 방식은?

① 초고온 순간 살균법
② 고온 단시간 살균법
③ 고압 증기 살균법
④ 저온 살균법

08 식품위생법에 관련한 설명 중 옳은 것은?

① 기구: 식품 또는 식품 첨가물을 넣거나 싸는 물품
② 표시: 식품, 식품 첨가물, 기구 또는 용기·포장에 적는 문자, 숫자 또는 도형
③ 집단 급식소: 영리를 목적으로 불특정 다수에게 음식물을 공급하는 대형 음식점
④ 식품첨가물: 화학적 수단으로 원소 또는 화합물의 분해반응 외에 화학반응을 일으켜 얻는 물질

09 우리나라의 식품위생법의 목적과 거리가 먼 것은?

① 국민 보건 증진을 위하여
② 식품영양의 질적 향상을 위하여
③ 부정식품 제조에 대한 단속을 위하여
④ 식품으로 인한 위생상의 위해를 방지하기 위하여

10 일반적으로 식품 1g 중에 생균의 수가 얼마 이상일 때를 초기부패로 판정할 수 있는가?

① 10^5 ② 10^7
③ 10^9 ④ 10^3

11 유독 금속화합물에 의해서 식중독이 가능한 경우는?

① 칼슘 강화 우유
② 요오드 강화 밀가루
③ 철분 강화 식품
④ 유기수은제 살균 콩나물

12 식품 등의 표시기준상 과자류에 해당되지 않는 것은?

① 껌 ② 유바
③ 빙과류 ④ 캔디류

13 감자의 싹과 녹색 부위에서 생성되는 독성의 물질은?

① 리신 ② 아미그달린
③ 솔라닌 ④ 무스카린

14 식품이 부패할 때 생성되는 물질이 아닌 것은?

① 트라이메틸아민
② 암모니아
③ 글리코겐
④ 아민

15 다음 식품첨가물 중 사용 목적이 다른 것은?

① 아질산나트륨
② 이산화염소
③ 과산화벤조일
④ 과황산암모늄

16 공기의 자정작용에 속하지 않는 것은?

① 세정작용
② 여과작용
③ 산소, 오존 및 과산화수소에 의한 산화
　작용
④ 공기 자체의 희석작용

17 경단백질로서 가열에 의해 젤라틴으로 변하는 것은?

① 케라틴　　　　② 콜라겐
③ 아미노산　　　④ 엘라스틴

18 하수처리 방법 중 혐기성처리 방법은?

① 임호프탱크법
② 활성오니법
③ 산화지법
④ 살수여과법

19 리케차(rickettsia)에 의해서 발생되는 감염병은?

① 세균성 이질
② 파라티푸스
③ 발진티푸스
④ 디프테리아

20 모기가 매개하는 감염병이 아닌 것은?

① 황열
② 장티푸스
③ 일본 뇌염
④ 사상충증

21 카드뮴 만성 중독의 주요 3대 증상이 아닌 것은?

① 빈혈
② 폐기종
③ 신장 기능 장애
④ 단백뇨

22 기생충과 인체감염원인 식품의 연결이 틀린 것은?

① 무구조충 – 쇠고기
② 유구조충 – 돼지고기
③ 동양모양선충 – 민물고기
④ 아니사키스 – 바닷물고기

23 실내공기의 오염지표로 사용되는 것은?

① 오존
② 이산화탄소
③ 질소
④ 일산화탄소

24 주로 정상기압에서 고기압으로 변화하는 환경에서 발생하는 직업병은?

① 잠함병
② 고산병
③ 군집독
④ 참호족

25 위생해충과 이들이 전파하는 질병의 관계가 잘못 연결된 것은?

① 모기 – 말라리아
② 바퀴 – 사상충증
③ 쥐 – 유행성 출혈열
④ 파리 – 장티푸스

26 냉장의 목적과 거리가 가장 먼 것은?

① 신선도 유지
② 미생물의 사멸
③ 미생물의 증식 억제
④ 자기 소화 지연 및 억제

27 명태 식해의 가공원리는?

① 염장법
② 당장법
③ 냉동법
④ 건조법

28 우유의 가공에 관한 설명으로 맞지 않는 것은?

① 크림의 주성분은 우유의 지방 성분이다.

② 저온 살균법은 61.1~65.6°C에서 30분간 가열하는 것이다.

③ 분유는 전유, 탈지유, 반탈지유 등을 건조시켜 분말로 만든 것이다.

④ 무당연유는 살균 과정을 거치지 않고, 유당연유만 살균 과정을 거친다.

29 다음 탄수화물 중 단당류에 속하는 것은?

① 포도당

② 유당

③ 녹말

④ 맥아당

30 결합수와 자유수에 대한 설명 중 맞는 것은?

① 결합수는 용매로 작용한다.

② 자유수는 4°C에서 비중이 제일 크다.

③ 자유수는 표면 장력과 점성이 작다.

④ 결합수는 자유수보다 밀도가 작다.

31 식품 갈변현상을 억제하기 위한 방법이 아닌 것은?

① 열처리

② 아황산 첨가

③ 효소의 활성화

④ 당이나 염류의 첨가

32 식품의 색소에 관한 설명 중 옳은 것은?

① 클로로필은 마그네슘을 중성 원자로 하고 산에 의해 클로로필린이라는 갈색 물질이 된다.

② 카로티노이드 색소는 카로틴과 크산토필 등이 있다.

③ 플라보노이드 색소는 산성 - 중성 - 알칼리성으로 변함에 따라 적색 - 자색 - 청색으로 된다.

④ 동물성 색소 중 근육 색소는 헤모글로빈이고, 혈색소는 미오글로빈이다.

33 버터의 수분함량이 23%인 경우, 버터 10g은 몇 칼로리인가?

① 69.3kcal ② 138.6kcal

③ 153.6kcal ④ 240kcal

34 식품의 수분활성도에 대한 설명 중 옳은 것은?

① 임의의 온도에서 식품의 수분함량

② 임의의 온도에서 식품이 나타내는 수증기압

③ 임의의 온도에서 식품과 동량의 순수한 물의 최대 수증기압

④ 임의의 온도에서 식품이 나타내는 수증기압에 대한 같은 온도에 있어서 순수한 물의 수증기압의 비율

35 아미노카르보닐 반응에 대한 설명 중 틀린 것은?

① 갈색 색소인 캐러멜을 형성하는 반응이다.
② 비효소적인 갈변반응이다.
③ 메일라드(maillard) 반응이라고 한다.
④ 당의 카르보닐 화합물과 단백질 등의 아미노기가 관여하는 반응이다.

36 밀가루의 표백과 숙성을 위해 사용하는 식품첨가물은?

① 유화제
② 개량제
③ 팽창제
④ 점착제

37 식품위생법상 집단급식소는 상시 1회 몇 명에게 식사를 제공하는 급식소인가?

① 100명 이상
② 50명 이상
③ 30명 이상
④ 20명 이상

38 지방산의 불포화도에 의해서 값이 달라지는 것으로 짝지어진 것은?

① 산가, 유화가
② 융점, 산가
③ 융점, 요오드값
④ 검화가, 요오드값

39 단백질의 분해효소로 식물성 식품에서 얻을 수 있는 것은?

① 레닌
② 파파인
③ 펩신
④ 트립신

40 동물성 식품의 대표적인 색소성분은?

① 안토시아닌
② 페오피틴
③ 미오글로빈
④ 안토크산틴

41 생선을 가열조리할 때 일어나는 변화가 아닌 것은?

① 지방의 용출
② 열 응착성의 약화
③ 근육 섬유 단백질의 응고 및 수축
④ 결합 조직 단백질인 콜라겐의 수축 및 용해

42 과일류 갈변을 방지하는 방법으로 옳지 않은 것은?

① 설탕물에 담가 둔다.
② 희석한 소금물에 담가 둔다.
③ 레몬 즙이나 오렌지 즙에 담가 둔다.
④ -10°C의 온도에서 동결시킨다.

43 호화와 노화에 대한 설명으로 옳은 것은?

① 설탕의 첨가는 노화를 지연시킨다.
② 쌀과 보리는 물이 없어도 호화가 잘된다.
③ 떡의 노화는 냉장고보다 냉동고에서 더 잘 일어난다.
④ 호화된 녹말을 80° 이상에서 급속히 건조하면 노화가 촉진된다.

44 다음 식단 구성 중 편중되어 있는 영양소는?

> 완두콩밥, 된장국, 장조림, 명란 알 찜, 두부조림, 생선구이

① 지방군
② 단백질군
③ 탄수화물군
④ 비타민·무기질군

45 조리기기와 그 용도의 연결이 옳게 된 것은?

① 필러(Peeler) - 달걀흰자의 거품을 낼 때
② 초퍼(Chopper) - 고기를 일정한 두께로 저밀 때
③ 슬라이서(Slicer) - 당근을 다질 때
④ 그라인더(Grinder) - 고기를 다질 때

46 트랜스 지방은 식물성 기름에 어떤 원소를 첨가하는 과정에서 발생하는가?

① 질소
② 수소
③ 산소
④ 탄소

47 생선을 조릴 때 비린내를 제거하기 위하여 생강을 넣는데, 이때 생선을 가열한 후에 생강을 넣어야 하는 이유는?

① 생선의 비린내 성분이 지용성이므로
② 생강이 어육 단백질의 응고를 방해하므로
③ 열 변성이 되지 않은 어육 단백질이 생강의 탈취 작용을 방해하므로
④ 생강을 미리 넣으면 다른 조미료의 침투를 방해하므로

48 밀가루 반죽 시에 달걀을 넣었을 때 달걀의 작용으로 틀린 것은?

① 영양, 조직 등에 도움을 준다.
② 반죽에 공기를 주입하는 역할을 한다.
③ 팽창제의 역할을 해서 용적을 증가시킨다.
④ 단백질의 연화 작용으로 제품을 연하게 한다.

49 비타민 B$_2$가 부족하면 어떤 증상이 생기는가?

① 구각염　　　　② 각기병
③ 괴혈병　　　　④ 야맹증

50 구이에 의한 식품의 변화 중 틀린 것은?

① 기름이 녹아 나온다.
② 생선의 살이 단단해진다.
③ 수용성 성분의 유출이 매우 크다
④ 식욕을 돋구는 맛있는 냄새가 난다.

51 체내 산·알칼리 평형 유지에 관여하며 가공 치즈나 피클에 많이 함유된 영양소는?

① 황　　　　　② 철분
③ 나트륨　　　④ 요오드

52 조리용 도구의 용도를 옳게 설명한 것은?

① 필러(Peeler) - 야채의 껍질을 벗길 때
② 믹서(Mixer) - 재료를 다질 때
③ 그라인더(Grinder) - 내용물을 반죽할 때
④ 휘퍼(Whipper) - 식품을 혼합, 교반할 때

53 마요네즈를 만들 때 안정된 마요네즈를 형성하는 경우는?

① 달걀흰자만 사용할 때
② 약간 뜨거운 기름을 사용할 때
③ 빠르게 기름을 많이 넣을 때
④ 유화제 첨가량에 비하여 기름의 양이 많을 때

54 젓갈 제조 방법 중 큰 생선이나 지방이 많은 생선을 서서히 절이고자 할 때, 생선을 일단 얼렸다가 절이는 방법은?

① 혼합법　　　　② 냉염법
③ 습염법　　　　④ 냉동염법

55 주방의 바닥조건으로 알맞은 것은?

① 바닥 전체의 물매는 1/20이 적당하다.
② 산이나 알칼리에 약하고 습기, 열에 강해야 한다.
③ 조리 작업을 드라이 시스템화 할 경우의 물매는 1/100이 적당하다.
④ 고무 타일, 합성수지 타일 등이 잘 미끄러지지 않으므로 적당하다.

56 급식 부분의 원가요소 중 인건비가 속하는 것은?

① 직접원가 　　② 간접원가
③ 직접재료비 　④ 제조간접비

57 기초대사량에 대한 설명으로 옳은 것은?

① 여자가 남자보다 대사량이 더 크다.
② 단위 체표 면적에 비례한다.
③ 근육 조직의 비율이 낮을수록 더 크다.
④ 정상 시보다 영양 상태가 불량할 때 더 크다.

58 어떤 음식의 직접원가는 500원, 제조원가는 700원, 총원가는 1,000원이다. 이 음식의 판매관리비는 얼마인가?

① 200원 　　② 300원
③ 400원 　　④ 500원

59 재고관리 시의 주의할 점이 아닌 것은?

① 재고 회전율이 표준치보다 낮다면, 재고가 과잉된 것이다.
② 재고 회전율치의 계산은 주로 한 달에 1회 산출한다.
③ 재고 회전율이 표준치보다 높다면, 생산 지연 등이 발생할 수 있다.
④ 재고 회전율이 표준치보다 높다면, 생산 비용이 낮아지게 된다.

60 식단을 작성할 때 필요한 사항이 아닌 것은?

① 음식수의 계획
② 영양 기준량 산출
③ 3식 영양량의 배분 결정
④ 식품의 구입 방법

정답

01	02	03	04	05	06	07	08	09	10
①	④	④	③	③	②	①	②	③	②
11	12	13	14	15	16	17	18	19	20
④	②	③	③	①	②	②	①	③	②
21	22	23	24	25	26	27	28	29	30
①	③	②	①	②	②	①	④	①	②
31	32	33	34	35	36	37	38	39	40
③	②	①	④	①	②	②	③	②	③
41	42	43	44	45	46	47	48	49	50
②	④	①	②	④	②	③	④	①	③
51	52	53	54	55	56	57	58	59	60
③	①	②	④	④	①	②	②	④	④

조리기능사 실전 모의고사 (3회)

자격 종목			코드	시험 시간	문항 수	수험 번호	성명
조리기능사			7910	60분	60		

01 식품의 변질과 부패를 일으키는 주요 원인은?

① 미생물　　　　② 자연독
③ 기생충　　　　④ 화학물질

02 경구 감염병과 세균성 식중독의 주요 차이점을 옳게 설명한 것은?

① 세균성 식중독은 잠복기가 짧고, 경구 감염병은 일반적으로 길다.
② 세균성 식중독은 2차 감염이 많고, 경구 감염병은 거의 없다.
③ 경구 감염병은 면역성이 없고, 세균성 식중독은 있는 경우가 많다.
④ 경구 감염병은 다량의 균으로, 세균성 식중독은 소량의 균으로 발병 가능하다.

03 동공확대, 언어장애 등 특유의 신경마비 증상을 나타내고, 비교적 높은 치사율을 보이는 식중독 원인균은?

① 포도상구균
② 병원성 대장균
③ 세레우스균
④ 클로스트리디움 보툴리눔균

04 빵을 구울 때 용기와 분리하기 쉽도록 사용하는 식품첨가물은?

① 피막제　　　　② 이형제
③ 조미료　　　　④ 유화제

05 엔테로톡신(Enterotoxin)이 원인이 되는 식중독은?

① 살모넬라 식중독
② 장염 비브리오 식중독
③ 황색 포도상 구균 식중독
④ 병원성 대장균 식중독

06 집단 식중독이 발생하였을 때의 조치로 옳지 않은 것은?

① 보건소나 해당 관청에 신고한다.
② 원인 음식을 조사한다.
③ 원인을 조사하기 위해 환자의 가검물을 보관한다.
④ 의사 처방전이 없더라도 항생 물질을 즉시 복용하도록 한다.

07 식품위생감시원의 직무가 아닌 것은?

① 시설 기준의 적합 여부의 확인 및 검사
② 과대광고 금지 위반 여부에 관한 단속
③ 생산과 품질 관리 일지 작성 여부 단속
④ 조리사·영양사의 법령 준수 사항 이행 여부 확인 및 지도

08 살모넬라에 대한 설명으로 옳지 않은 것은?

① 내열성이 강한 독소를 만든다.
② 그람 음성, 간균으로 동·식물계에 널리 분포한다.
③ 장티푸스를 유발하기도 한다.
④ 발육 최적 온도는 37°C이고, 10°C 이하에서는 거의 발육하지 않는다.

09 미생물의 발육을 억제하여 식품의 부패를 방지할 목적으로 사용하는 첨가물은?

① 안식향산나트륨
② 실리콘 수지
③ 글루탐산나트륨
④ 호박산나트륨

10 식중독에 대한 설명으로 옳지 않은 것은?

① 발열, 구역질, 구토, 설사, 복통 등의 증세가 나타난다.
② 세균, 곰팡이, 화학 물질 등이 원인 물질이다.
③ 대표적으로 콜레라, 세균성 이질, 장티푸스가 있다.
④ 자연 독이나 유해 물질이 함유된 음식물을 섭취할 때 생긴다.

11 일반적인 가열 조리법으로 예방하기 어려운 식중독은?

① 웰치균에 의한 식중독
② 살모넬라에 의한 식중독
③ 포도상 구균에 의한 식중독
④ 병원 대장균에 의한 식중독

12 식육제품을 가공했을 때 첨가되는 아질산과 이급아민이 반응하면서 생기게 되는 발암물질은?

① 엔-니트로사민(N-nitrosoamine)
② 말론알데히드(Malonaldehyde)
③ 벤조피렌(Benzopyrene)
④ PCB(Poly chlorinated biphenyl)

13 식품이 부패할 때 생성되는 불쾌한 냄새의 물질이 아닌 것은?

① 인돌　　　　② 포르말린
③ 암모니아　　④ 황화수소

14 내용물이 산성인 통조림이 개봉된 후 용해되어 나올 가능성이 있는 유해 금속은?

① 주석　　　　② 아연
③ 비소　　　　④ 카드뮴

15 식품접객업 중 음주가 허용되지 않는 영업은?

① 단란주점 영업
② 일반 음식점 영업
③ 휴게 음식점 영업
③ 유흥 주점 영업

16 카드뮴에 만성 중독되었을 때 나타나는 주요 증상이 아닌 것은?

① 빈혈　　　　　② 단백뇨
③ 폐기종　　　　④ 신장 기능 장애

17 생활 쓰레기를 분류할 때 부엌에서 발생하는 동·식물성 유기물은?

① 주개　　　　　② 불연성 진개
③ 가연성 진개　　④ 재활용성 진개

18 법정 감염병 중 제1군에 속하지 않는 것은?

① 콜레라
② 백일해
③ 세균성 이질
④ 장출혈성 대장균 감염증

19 용존산소에 대한 설명 중 옳지 않은 것은?

① 용존산소는 수중의 온도가 높을 때 증가한다.
② 용존산소의 부족은 오염도가 높다는 의미이다.
③ 용존산소가 부족하면 혐기성 분해가 일어난다.
④ 용존산소는 수질 오염을 측정하는 항목 중 하나이다.

20 음료수 소독에 사용하는 소독약은?

① 염소　　　　　② 생석회
③ 알코올　　　　④ 포름알데히드

21 다음 중 고열과 관련되는 직업병이 아닌 것은?

① 일사병　　　　② 열경련
③ 참호족　　　　④ 열쇠약

22 아기가 태어나서 가장 처음 예방 접종하게 되는 것은?

① 홍역　　　　　② 결핵
③ 장티푸스　　　④ 백일해

23 물에 의해 전파되는 감염병이 아닌 것은?

① 세균성 이질
② 홍역
③ 콜레라
④ 장티푸스

24 수질판정기준과 그 지표 간의 연결이 옳지 않은 것은?

① 대장균 균수: 분변의 오염 지표
② 질산성 질소: 유기물의 오염 지표
③ 일반 세균 수: 무기물의 오염 지표
④ 과망간산칼륨의 소비량: 유기물의 간 접적 지표

25 일정 기간 중 실제 평균근로자수 1,000명당 발생하는 재해건수의 발생빈도를 나타내는 지표는?

① 건수율   ② 강도율
③ 도수율   ④ 재해 일수율

26 메일라드 반응에 영향을 미치는 인자가 아닌 것은?

① 수분   ② 온도
③ 효소   ④ 당의 종류

27 올리고당의 특징이 아닌 것은?

① 충치 촉진
② 저칼로리 당분
③ 변비의 개선
④ 장내 세균총을 개선

28 과일 중 밀감이 쉽게 갈변되지 않는 가장 중요한 이유는?

① 섬유소가 많이 들어 있어서
② 비타민 C가 많이 들어 있어서
③ 비타민 A가 많이 들어 있어서
④ Cu^{++}나 Fe^{++}가 많이 들어 있어서

29 녹말(전분)의 이화학적 처리 또는 효소 처리에 의해 생산되는 제품이 아닌 것은?

① 덱스트린
② 가용성 녹말
③ 과당 옥수수 시럽
④ 사이클로 덱스트린

30 육류가 사후 경직되는 원인 물질은?

① 콜라겐
② 젤라틴
③ 엘라스틴
④ 액토미오신

31 사과의 갈변현상과 관련 없는 것은?

① 산소   ② 페놀류
③ 섬유소   ④ 산화 효소

32 다음 중 황을 함유한 아미노산은?

① 글리신   ② 프로린
③ 트레오닌   ④ 메타오닌

33 다음 중 동물성 색소는?

① 안토시안(Anthocyan)
② 플라보노이드(Flavonoid)
③ 헤모글로빈(Hemoglobin)
④ 클로로필(Chlorophyll)

34 어떤 식품의 수분활성도(Aw)가 0.96이었고, 수증기압이 1.39일 때 상대습도는 몇 %인가?

① 0.69%   ② 1.45%
③ 139%   ④ 96%

35 식품의 pH를 결정하는 기준성분은?

① 구성 무기질
② 구성 탄수화물
③ 필수 지방산 존재 여부
④ 필수 아미노산 존재 유무

36 아밀로펙틴만으로 구성된 것은?

① 찹쌀 전분   ② 멥쌀 전분
③ 고구마 전분   ④ 보리 전분

실전 모의고사

37 고등어 160g의 단백질 양은?(단, 고등어 100g당 단백질의 양은 24.9g)

① 28.7g　　② 34.6g
③ 39.8g　　④ 43.2g

38 다음에서 결핍되면 갑상선종이 발생될 수 있는 무기질은?

① 인(P)　　② 요오드(I)
③ 칼슘(Ca)　　④ 마그네슘(Mg)

39 고추에 들어 있는 매운맛의 성분은?

① 뉴린(Neurine)
② 모르핀(Morphine)
③ 캡사이신(Capsaicin)
④ 무스카린(Muscarine)

40 식품에 함유된 영양소가 옳게 연결된 것은?

① 두부 – 지방, 철분
② 사골 – 칼슘, 비타민 B_2
③ 뱅어포 – 당질, 비타민 B_1
④ 밀가루 – 지방, 지용성 비타민

41 유지의 산패에 영향을 미치는 인자를 옳게 설명한 것은?

① 저장 온도가 $0^{\circ}C$ 이하가 되면 산패가 방지된다.
② 유지의 불포화도가 높을수록 산패가 빨라진다.
③ 광선은 산패를 촉진하지만, 그중 자외선은 산패에 영향을 미치지 않는다.
④ 구리, 철은 산패를 촉진하지만, 납이나 알루미늄은 산패에 영향을 주지 않는다.

42 일반가정에서 식품을 급속냉동할 때의 설명으로 옳지 않은 것은?

① 충분히 식혀 냉동한다.
② 식품의 두께를 얇게 하여 냉동한다.
③ 열전도율이 낮은 용기에 넣어 냉동한다.
④ 식품 사이에 적절한 간격을 두고 냉동한다.

43 밀가루를 반죽할 때 지방의 연화작용에 대한 설명으로 옳지 않은 것은?

① 반죽 횟수 및 시간과 반비례한다.
② 기름의 온도가 높을수록 쇼트닝 효과가 크다.
③ 난황이 많을수록 쇼트닝 효과가 줄어든다.
④ 포화 지방산으로 구성된 지방이 불포화 지방산보다 효과적이다.

44 안토시아닌 색소가 함유된 채소를 알칼리 용액에 넣고 가열하면 어떻게 변색되는가?

① 청색
② 색 변화 없음
③ 황갈색
④ 붉은색

45 두부 제조 시 콩 단백질을 응고시키는 재료가 아닌 것은?

① $CaCl_2$
② H_2SO_4
③ $MgCl_2$
④ $CaSO_4$

46 신선하지 않은 생선에 대한 설명으로 옳은 것은?

① 살이 단단하다.
② 비늘이 고르게 밀착되어 있다.
③ 꼬리가 약간 위로 올라가 있다.
④ 히스타민(Histamine)의 함량이 높아진다.

47 발효식품이 아닌 것은?

① 콩장
② 고추장
③ 젓갈
④ 된장

48 곡물의 저장 과정에서 일어나는 변화를 옳게 설명한 것은?

① 쌀의 변질에 가장 관계가 깊은 것은 곰팡이이다.
② 곡류를 저장하면 호흡 작용이 멈춘다.
③ 곡물은 장기간 저장하여도 변질되지 않는다.
④ 수분과 온도 변화에 영향을 받지 않는다.

49 달걀의 열 응고성에 대한 설명으로 옳지 않은 것은?

① 산이나 식염을 첨가하면 응고가 빨라진다.
② 높은 온도에서 계속 가열하면 질겨진다.
③ 설탕을 첨가하면 응고 온도가 낮아진다.
④ 노른자는 65°C에서 응고가 시작된다.

50 끓이는 조리법의 단점으로 옳은 것은?

① 식품의 수용 성분이 국물 속으로 유출되지 않는다.
② 가열 중 재료 식품에 조미료의 침투가 충분히 이루어지기 어렵다.
③ 영양분의 손실이 비교적 많아 식품의 모양이 변형되기 쉽다.
④ 식품의 중심부까지 열이 전도되기 어려워 단단한 식품은 가열이 어렵다.

51 냉동 중 육질의 변화가 아닌 것은?

① 고기 단백질이 변성되어 고기 맛이 나
빠진다.
② 단백질의 용해도가 증가된다.
③ 건조에 의한 감량이 발생한다.
④ 고기 내의 수분이 동결되어 체적이 팽
창된다.

52 조리대 배치 형태 중 환풍기와 후드의 수를
최소화할 수 있는 것은?

① 일렬형
② 병렬형
③ ㄷ자형
④ 아일랜드형

53 해조류에서 추출한 성분으로 식품에 점성을
주고 안정제, 유화제로서 널리 이용되는 것은?

① 이눌린(Inulin)
② 펙틴(Pectin)
③ 알긴산(Alginic acid)
④ 젤라틴(Gelatin)

54 필수 지방산에 속하는 것은?

① 올레산
② 리놀렌산
③ 스테아르산
④ 팔미트산

55 멥쌀과 찹쌀의 노화 속도에 차이를 만드는
원인 성분은?

① 글루텐(Gluten)
② 글리코겐(Glycogen)
③ 아밀로펙틴(Amylopectin)
④ 아밀라아제(Amylase)

56 급식 인원이 1,000명인 단체급식소에서 1인
당 60g의 풋고추를 소비한다. 이때의 풋고
추 발주량은? (단, 풋고추의 폐기율은 9%)

① 50kg
② 55kg
③ 60kg
④ 66kg

57 급식재료의 소비량을 계산하는 방법이 아닌 것은?

① 선입선출법
② 역계산법
③ 계속기록법
④ 재고조사법

58 가공식품 및 반제품, 급식 원재료 및 조미료 등 급식에 필요한 모든 재료에 대한 비용은?

① 노무비   ② 급식 재료비
③ 관리비   ④ 총원가

59 총비용과 총수익이 같아 이익도 손해도 아닌 기점은?

① 손익분기점
② 한계이익점
③ 가격결정점
④ 매도결정점

60 집단급식의 목적이 아닌 것은?

① 급식 대상자의 식비 절감
② 급식 대상자의 영양 개선
③ 연대감을 통한 사회성 고취
④ 급식 영업을 통한 운영자의 이익 창출

정답

01	02	03	04	05	06	07	08	09	10
①	①	④	②	③	④	③	①	①	③
11	12	13	14	15	16	17	18	19	20
③	①	②	①	③	①	①	②	①	①
21	22	23	24	25	26	27	28	29	30
③	②	②	③	①	③	①	②	①	④
31	32	33	34	35	36	37	38	39	40
③	④	③	④	①	①	③	②	③	②
41	42	43	44	45	46	47	48	49	50
②	③	①	①	②	④	③	①	③	③
51	52	53	54	55	56	57	58	59	60
②	④	③	②	③	④	①	②	①	④

조리기능사 실전 모의고사 (4회)

자격 종목	코드	시험 시간	문항 수	수험 번호	성명
조리기능사	7910	60분	60		

01 유지나 지질을 많이 함유한 식품이 빛, 열, 산소 등과 접촉하여 산패를 일으키는 것을 막기 위해 사용하는 식품첨가물은?

① 보존료
② 착색제
③ 산미료
④ 산화 방지제

02 혐기성균으로 열과 소독약에 저항성이 강한 아포를 생산하는 독소형 식중독은?

① 살모넬라균
② 포도상 구균
③ 장염 비브리오
④ 클로스트리디움 보툴리눔

03 식품위생법에서 그 자격이나 직무가 규정되어 있지 않은 것은?

① 조리사
② 제빵 기능사
③ 영양사
④ 식품 위생 감시원

04 다음 중 소분·판매할 수 있는 식품은?

① 어육 제품
② 벌꿀 제품
③ 통조림 제품
④ 레토르트 식품

05 일반음식점을 개업하기 위하여 수행하여야 할 사항과 관할 기관이 옳게 연결된 것은?

① 영업허가 – 지방식품의약품안전청
② 영업신고 – 지방식품의약품안전청
③ 영업신고 – 특별자치도·시·군·구청
④ 영업허가 – 특별자치도·시·군·청

06 황변미 중독을 일으키는 미생물은?

① 효모
② 곰팡이
③ 기생충
④ 리케차

07 체내에서 흡수되면 신장의 재흡수 장애를 일으켜 칼슘 배설을 증가시키는 중금속은?

① 카드뮴   ② 수은
③ 비소   ④ 납

08 단백질이 탈탄산 반응에 의해 생성되어 알레르기성 식중독의 원인이 되는 물질은?

① 아민류   ② 지방산
③ 암모니아   ④ 알코올류

09 식품위생법상 영업신고대상업종이 아닌 것은?

① 위탁급식영업
② 즉석판매제조 · 가공업
③ 식품냉동 · 냉장업
④ 양곡가공업 중 도정업

10 다음 중 곰팡이 독소가 아닌 것은?

① 파툴린(Patulin)
② 삭시톡신(Saxitoxin)
③ 시트리닌(Citrinin)
④ 아플라톡신(Aflatoxin)

11 사용이 허가된 산미료는?

① 구연산
② 말톨
③ 계피산
④ 초산에틸

12 식품첨가물의 사용 목적이 아닌 것은?

① 식품의 유해성 실험
② 식품의 기호성 증대
③ 식품의 부패와 변질 방지
④ 식품의 제조 및 품질 개량

13 영양강화제로 사용되는 식품첨가물은?

① 껌, 락톤류
② 비타민, 아미노산류
③ 지방산, 페놀류
④ 에테르, 에스테르류

14 곰팡이의 독소에 대한 설명으로 옳지 못한 것은?

① 아플라톡신은 간암을 유발하는 곰팡이 독소이다.
② 곡류, 견과류와 곰팡이가 번식하기 쉬운 식품에서 주로 발생한다.
③ 곰팡이가 생산하는 2차 대사 산물로 사람과 가축에 질병이나 이상 생리 작용을 유발하는 물질이다.
④ 온도 24~35℃, 수분 7% 이상의 환경 조건에서는 발생하지 않는다.

15 다음 중 보존료가 아닌 것은?

① 소르빈산
② 안식향산
③ 구아닐산
④ 프로피온산

16 다음 중 모기에 의해서 발생하는 감염병이 아닌 것은?

① 일본 뇌염　　② 장티푸스
③ 황열　　　　④ 말라리아

17 우리나라의 사회보장제도 중 공공부조에 속하는 것은?

① 국민연금　　② 고용보험
③ 의료급여　　④ 건강보험

18 하수처리의 본처리 과정 중 혐기성 분해 처리에 해당하는 것은?

① 부패조법　　② 살수여상법
③ 활성오니법　④ 접촉여상법

19 잠함병의 발생과 관련이 높은 환경 요소는?

① 저압과 산소
② 고압과 질소
③ 저온과 이산화탄소
④ 고온과 일산화탄소

20 미생물의 사멸에 가장 위생적인 처리 방법은?

① 매립법　　　② 소각법
③ 비료화법　　④ 바다 투기법

21 분변 소독 시 적합한 소독제는?

① 약용 비누
② 알코올
③ 생석회
④ 과산화수소

22 일산화탄소에 대한 설명으로 옳지 않은 것은?

① 무색, 무취이다.
② 자극성이 없는 기체이다.
③ 물체의 불완전 연소 시 발생한다.
④ 이상 고기압에서 발생하는 잠함병의
　주요 원인이다.

23 병원체가 바이러스인 감염병은?

① 회충　　　　② 결핵
③ 발진티푸스　④ 일본 뇌염

24 채소류에서 감염될 수 있는 기생충이 아닌
것은?

① 구충　　　　② 편충
③ 회충　　　　④ 아니사키스

25 눈을 보호하는 데 가장 적합한 인공조명은?

① 간접 조명　　② 직접 조명
③ 반직접 조명　④ 전반 확산 조명

26 녹말에 대한 설명으로 옳지 않은 것은?

① 달지는 않다.
② 가열하면 팽윤되어 점성이 생긴다.
③ 찬물에 쉽게 녹지 않는다.
④ 동물 체내에 저장되는 탄수화물로 열
　량을 공급한다.

27 밀가루를 물로 반죽할 때 점성에 관여하는
주요성분은?

① 덱스트린　　② 글루텐
③ 글로불린　　④ 아밀로스

28 브로멜린(Bromelin)을 함유하고 있어 고기
를 연화시키는 데 이용되는 과일은?

① 배　　　　　② 복숭아
③ 사과　　　　④ 파인애플

29 라드(Lard)는 무엇을 가공하여 만들어지는가?

① 우유의 지방　　② 돼지의 지방
③ 우유의 단백질　④ 식물성 지방

30 과일 저장고의 온도, 습도, 기체의 조성 등을 조절하여 오랜 기간 저장할 수 있도록 하는 방법은?

① CA 저장　　　　② 자외선 저장
③ 무균포장 저장　④ 산성 저장

31 단백질의 변성에 대한 설명으로 옳지 않은 것은?

① 용해도가 변한다.
② 생물학적 활성이 줄어든다.
③ 일반적으로 소화율이 높아진다.
④ 단백질의 모든 구조가 변한다.

32 다음 냄새 중 어류와 관련 없는 것은?

① 피페리딘　　　　② 디아세틸
③ 암모니아　　　　④ 트라이메틸아민

33 된장이 발효되고 숙성되는 과정에서 일어나는 변화가 아닌 것은?

① 지방의 산화　　② 유기산의 생성
③ 당화 작용　　　④ 단백질의 분해

34 생선의 자기소화 원인은?

① 염류
② 질소
③ 세균의 작용
④ 단백질 분해 효소

35 마요네즈를 만들 때에 유화제 역할을 하는 난황의 성분은?

① 레시틴　　　　　② 알부민
③ 아미노산　　　　④ 글로불린

36 고구마의 녹말을 이용하여 만드는 얇고 부드러운 피로 냉채 등에 이용되는 것은?

① 한천　　　　　　② 해파리
③ 양장피　　　　　④ 젤라틴

37 효소에 대한 일반적인 설명으로 틀린 것은?

① 기질적인 특이성이 있다.
② 최적 pH는 효소마다 다르다.
③ 최적 온도는 30~40°C이다.
④ 100°C에서도 활성을 유지된다.

38 조개류에 들어 있는 유기산으로 국물의 감칠 맛을 내는 것은?

① 초산　　　　② 젖산
③ 피트산　　　④ 호박산

39 천연산화방지제가 아닌 것은?

① 고시폴(gossypol)
② 티아민(thiamin)
③ 세사몰(sesamol)
④ 토코페롤(tocopherol)

40 딸기 속에 많이 들어 있는 유기산은?

① 구연산　　　② 호박산
③ 사과산　　　④ 주석산

41 쌀을 주식으로 하는 사람들에게 대사상 꼭 필요한 비타민은?

① 비타민 C　　② 비타민 D
③ 비마틴 B_3　④ 비타민 B_1

42 살코기로 맛이 좋아 구이, 전골, 산적용으로 적당한 쇠고기 부위는?

① 양지, 설도, 삼겹살
② 안심, 채끝, 우둔
③ 양지, 사태, 목심
④ 갈비, 안심, 등심

43 어류에 레몬즙을 뿌렸을 때 나타나는 현상이 아닌 것은?

① 비린내가 줄어든다.
② 단백질이 응고된다.
③ 신맛으로 인해 생선이 부드러워진다.
④ pH가 산성이 되어 미생물 증식이 억제된다.

44 과일에 물을 넣고 가열했을 때에 일어나는 현상이 아닌 것은?

① 섬유소가 연화된다.
② 세포막은 투과성을 잃는다.
③ 삶아진 과일은 더 투명해진다.
④ 가열해도 특별한 변화가 일어나지 않는다.

45 타액에 들어 있는 소화 효소의 작용은 무엇인가?

① 카세인을 응고시킨다.
② 녹말(전분)을 맥아당으로 변화시킨다.
③ 단백질을 펩톤으로 분해시킨다.
④ 설탕을 포도당과 과당으로 분해시킨다.

46 많은 양의 전, 부침 등을 조리할 때 사용 되는 기기로, 열원은 가스이며, 불판 밑에 버너가 있는 것은?

① 그리들
② 가스 오븐기
③ 만능 조리기
④ 블렌더

47 영양소와 해당 소화효소의 연결이 잘못된 것은?

① 탄수화물 - 아밀라아제
② 단백질 - 트립신
③ 설탕 - 말타아제
④ 지방 - 리파아제

48 냉동어의 해동법으로 가장 좋은 방법은?

① 실온에서 해동시킨다.
② 얼린 상태로 조리한다.
③ 저온에서 서서히 해동시킨다.
④ 뜨거운 물에 담가 빨리 해동시킨다.

49 식품을 삶는 방법을 잘못 설명한 것은?

① 연근을 엷은 식초 물에 삶으면 하얗게 변한다.
② 가지를 철분이 녹아 있는 물에 삶으면 색이 안정된다.
③ 완두콩은 황산구리를 적당량 넣은 물에 삶으면 푸른빛이 고정된다.
④ 시금치를 저온에서 오래 삶으면 비타민 C의 손실이 적다.

50 다음 중 습열 조리법을 이용하지 않은 것은?

① 편육   ② 불고기
③ 장조림   ④ 꼬리곰탕

51 우유를 응고시키는 요인과 거리가 먼 것은?

① 산   ② 당류
③ 가열   ④ 레닌

52 밀가루로 빵을 만들 때 첨가하는 물질 중 글루텐 형성을 도와주는 것은?

① 달걀   ② 지방
③ 중조   ④ 설탕

53 저온저장의 효과가 아닌 것은?

① 살균 효과가 있다.
② 미생물의 생육을 억제할 수 있다.
③ 영양가의 손실 속도를 저하시킨다.
④ 효소 활성이 낮아져 수확 후 호흡, 발아 등의 대사를 억제할 수 있다.

54 주방에서 후드(Hood)를 사용해야 하는 가장 중요한 목적은?

① 바람을 유입시킨다.
② 증기나 냄새를 배출시킨다.
③ 실내의 온도를 유지시킨다.
④ 실내의 습도를 유지시킨다.

55 홍조류에 속하며 무기질이 골고루 함유되어 있고 단백질도 많이 함유된 해조류는?

① 김   ② 우뭇가사리
③ 미역   ④ 다시마

56 단체급식의 운영상의 문제점이 아닌 것은?

① 대량 구매로 인한 재고 관리
② 식중독과 같은 대형 위생 사고
③ 단시간 내에 다량의 음식 조리
④ 적은 급식의 어려움으로 음식 맛 저하

57 숙주나물을 조리할 때 1인당 80g이 필요하고, 폐기율은 4%이다. 식수 인원 1,500명에게 적합한 숙주나물의 발주량은?

① 50kg   ② 100kg
③ 125kg   ④ 132kg

58 다음 자료를 보고 제조원가를 산출하면?

- 직접재료비 60,000원
- 직접임금 100,000원
- 판매원급여 50,000원
- 소모품비 10,000원
- 통신비 10,000원

① 180,000원   ② 175,000원
③ 220,000원   ④ 250,000원

59 야채를 취급하는 방법으로 옳은 것은?

① 배추나 샐러리, 파 등은 옆으로 뉘어서 보관한다.
② 샐러드용 채소는 냉수에 담갔다가 사용한다.
③ 쑥은 소금에 절여 물기를 꼭 짜낸 후 냉장 보관한다.
④ 도라지의 쓴맛을 빼내기 위해 1% 설탕물로만 담근다.

60 식품원가율을 30%로 정하고, 햄버거의 1인당 식품단가를 1,500원으로 할 때 햄버거의 판매가격은?

① 1,000원
② 2,500원
③ 3,000원
④ 5,000원

조리기능사 실전 모의고사 (5회)

자격 종목	코드	시험 시간	문항 수	수험 번호	성명
조리기능사	7910	60분	60		

01 식품위생법에서 다루는 내용은?

① 감염병 관리에 관한 사항
② 위생 접객업에 관한 사항
③ 식품 판매업의 영업에 관한 사항
④ 음용수 수질 기준에 관한 사항

02 웰치균에 대한 설명으로 옳은 것은?

① 혐기성 균주이다.
② 냉장 온도에서 잘 발육한다.
③ 당질 식품에서 주로 발생한다.
④ 아포는 60°C에서 10분간 가열하면 사멸한다.

03 식중독이 발생하였을 때에 즉시 취해야 할 행정적 조치는?

① 식중독 발생 신고
② 역학 조사
③ 연막 소독
④ 원인 식품의 폐기 처분

04 굴을 먹고 식중독에 걸렸다면, 원인 물질은?

① 솔라닌   ② 베네루핀
③ 테트라민   ④ 시쿠톡신

05 식품 등의 표시기준상 '유통기한'의 정의는?

① 제품의 제조일로부터 소비자에게 판매가 허용되는 기한을 말한다.
② 해당 식품의 품질이 유지될 수 있는 기한을 말한다.
③ 해당 식품의 섭취가 허용되는 기한을 말한다.
④ 제품의 출고일로부터 대리점으로 유통이 허용되는 기한을 말한다.

06 경구 감염병과 비교했을 때 세균성 식중독이 가지는 일반적인 특성은?

① 잠복기가 짧다.
② 2차 발병률이 매우 높다.
③ 소량의 균으로도 발병한다.
④ 감염환(Infection cycle)이 성립한다.

07 황변미 중독은 14~15% 이상의 수분을 함유하는 저장된 쌀에서 발생하기 쉽다. 이것의 원인이 되는 물질은?

① 효모   ② 세균
③ 곰팡이   ④ 바이러스

08 식품안전관리인증기준인 HACCP을 수행하는 단계에 있어서 가장 먼저 할 일은?

① 관리 기준의 설정
② 중점 관리점 규명
③ 기록 유지 방법의 설정
④ 식품의 위해 요소 분석

09 식품제조공정 중 거품이 많이 날 때, 거품 제거의 목적으로 사용되는 식품첨가물은?

① 보존제
② 소포제
③ 피막제
④ 산화 방지제

10 식품 속에 분변이 오염되었는지 여부를 판별할 때 지표가 되는 것은?

① 대장균
② 이질균
③ 장티푸스균
④ 살모넬라균

11 식품의 부패 정도를 측정하는 지표로 볼 수 없는 것은?

① 총 질소(TN)
② 수소 이온 농도(pH)
③ 휘발성 염기 질소(VBN)
④ 트라이메틸아민(TMA)

12 감자, 고구마 및 양파와 같은 식품에 뿌리가 나고 싹이 트는 것을 억제하는 효과가 있는 것은?

① 일광 소독법
② 방사선 살균법
③ 자외선 살균법
④ 적외선 살균법

13 과일 통조림으로부터 용출되어 다량섭취하면 구토나 설사, 복통 등을 일으킬 가능성이 있는 물질은?

① 구리(Cu)
② 납(Pb)
③ 주석(Sn)
④ 아연(Zn)

14 에탄올 발효 시에 생성되는 메탄올의 가장 심각한 중독증상은?

① 실명
② 환각
③ 복통
④ 호흡 곤란

15 다음 식품첨가물 중 목적이 다른 하나는?

① 아질산나트륨
② 이산화염소
③ 과산화벤조일
④ 과황산암모늄

16 실내공기의 오염지표가 되는 것은?

① 산소
② 질소
③ 이산화탄소
④ 일산화탄소

17 감염병 발생의 3대 요인이 아닌 것은?

① 병인
② 숙주
③ 환경
④ 역학 관리

18 감염병 관리상 환자의 격리가 필요하지 않는 것은?

① 콜레라 ② 파상풍
③ 장티푸스 ④ 디프테리아

19 규폐증과 관련이 없는 것은?

① 골연화증
② 암석 가공업
③ 유리 규산
④ 폐 조직의 섬유화

20 검역 질병의 검역기간은 그 감염병의 어떤 기간과 동일한가?

① 세대 기간 ② 유행 기간
③ 이환 기간 ④ 최장 잠복 기간

21 레너드 현상에 대한 설명으로 옳은 것은?

① 각종 소음으로 일어나는 신경 장애 현상이다.
② 혈액 순환 장애로 전신이 서서히 굳어 가는 현상이다.
③ 소음에 적응할 수 없어 생기는 신체 이상을 총칭한다.
④ 손가락의 말초 혈관 운동 장애로 일어나는 국소 진동증이다.

22 병원체가 생활, 증식, 생존을 계속하여 인간에게 전파될 수 있는 상태로 저장되는 곳은?

① 환경 ② 보균자
③ 병원소 ④ 숙주

23 리케차에 의해서 발생되는 감염병은?

① 발진티푸스 ② 세균성 이질
③ 파라티푸스 ④ 디프테리아

24 물의 자정작용에 해당되지 않는 것은?

① 희석 작용 ② 침전 작용
③ 소독 작용 ④ 산화 작용

25 간디스토마와 폐디스토마의 제1 중간 숙주를 순서대로 나열한 것은?

① 우렁이 – 다슬기
② 붕어 – 가재
③ 잉어 – 새우
④ 사람 – 붕어

26 녹색 채소의 색소 고정에 관계하는 무기질은?

① 구리(Cu) ② 염소(Cl)
③ 코발트(Co) ④ 납(Pb)

27 식품의 수분활성도에 대한 설명으로 옳은 것은?

① 자유수와 결합수의 비
② 식품의 단위 시간당 수분 증발량
③ 식품의 상대 습도와 주위의 온도와의 비
④ 식품의 수증기압과 그 온도에서의 물에 대한 수증기압의 비

28 신맛 성분과 주유 소재 식품의 연결이 옳지 않은 것은?

① 초산 – 식초
② 젖산 – 김치
③ 주석산 – 포도
④ 구연산 – 시금치

29 달걀 100g 중에 당질 2g, 단백질 4g, 지방 3g이 들어 있다면, 달걀 150g은 몇 칼로리를 내는가?

① 76.5kcal
② 114.4kcal
③ 100kcal
④ 250kcal

30 다음 중 무엇이 부족할 때 갑상선종이 발생할 수 있는가?

① 인(p)
② 요오드(I)
③ 칼슘(Ca)
④ 마그네슘(Mg)

31 유화액의 상태가 같은 것끼리 묶인 것은?

① 우유, 마요네즈, 아이스크림
② 우유, 버터, 요구르트
③ 버터, 마가린, 아이스크림
④ 크림수프, 마가린, 마요네즈

32 식품의 응고제로 사용되는 수산물 가공품은?

① 펙틴
② 한천
③ 젤라틴
④ 셀룰로오스

33 쌀의 어떤 성분을 보충한 것이 강화미인가?

① 비타민 D
② 비타민 C
③ 비타민 B_1
④ 비타민 A

34 아미노 카르보닐 반응에 대한 설명 중 옳지 않은 것은?

① 비효소적 갈변 반응이다.
② 갈색 색소인 캐러멜을 형성한다.
③ 메일라드 반응이라고도 한다.
④ 당의 카르보닐 화합물과 단백질 등의 아미노기가 관여하는 반응이다.

35 다음 중 식품의 수분 활성도가 가장 낮은 것은?

① 생선
② 소시지
③ 과자류
④ 과일

36 효소적 갈변 반응을 방지하기 위한 방법이 아닌 것은?

① 산화제를 첨가한다.
② 아황산가스를 첨가한다.
③ 가열하여 효소를 불활성화시킨다.
④ 효소의 최적 조건을 변화시키기 위해 pH를 낮춘다.

37 알코올 1g당 발생시키는 열량은?

① 0kcal
② 4kcal
③ 7kcal
④ 9kcal

38 다음 중 곡류에 속하지 않는 것은?

① 완두   ② 조
③ 보리   ④ 수수

39 김치가 시어졌을 때 클로로필이 변색되는 이유는 어떤 성분이 증가하기 때문인가?

① 칼슘   ② 유기산
③ 단백질   ④ 탄수화물

40 식품을 구성하는 성분 중 특수성분에 속하는 것은?

① 효소   ② 수분
③ 단백질   ④ 섬유소

41 가열 조리할 때 얻을 수 있는 효과가 아닌 것은?

① 풍미의 증가
② 병원균의 살균
③ 소화 흡수율의 증가
④ 효소의 활성화

42 식품의 갈변에 대한 설명 중 옳지 않은 것은?

① 감자는 물에 담가 두면 갈변이 방지된다.
② 사과는 설탕물에 담가 두면 갈변이 방지된다.
③ 냉동 채소의 전처리로 데치면 갈변이 방지된다.
④ 오렌지는 갈변 원인 물질이 없기 때문에 미리 껍질을 벗겨 두어도 갈변되지 않는다.

43 총 고객 수는 700명, 좌석 수는 300석, 1좌석당 바닥 면적 1.5m²일 때, 필요한 식당의 면적은?

① 300m²   ② 350m²
③ 400m²   ④ 450m²

44 다음 중 효소적 갈변반응이 나타나는 것은?

① 장어구이
② 사과주스
③ 간장
④ 캐러멜 소스

45 버터의 대용품으로 사용하는 식물성 유지는?

① 마가린   ② 라드

③ 마요네즈   ④ 쇼트닝

46 생선을 프라이팬이나 석쇠에 구울 때 들러붙지 않게 하는 방법으로 옳지 않은 것은?

① 낮은 온도에서 서서히 굽는다.

② 기구를 먼저 달구어 사용한다.

③ 기구 표면에 기름을 칠하여 막을 만든다.

④ 기구의 금속면을 코팅 처리한다.

47 두부를 만들 때 이용되는 콩 단백질의 성질은?

① 효소에 의한 변성

② 무기 염류에 의한 변성

③ 건조에 의한 변성

④ 동결에 의한 변성

48 생선의 어취제거방법에 대한 설명으로 틀린 것은?

① 우유에 미리 담가 둔다.

② 된장, 고추장의 흡착성을 이용한다.

③ 알코올이 들어간 술은 이용하지 않는다.

④ 식초나 레몬 즙을 이용한다.

49 폐기율이 20%인 식품의 출고계수는 얼마인가?

① 0.1   ② 0.5

③ 1.0   ④ 1.25

50 다음 식품 중 직접 가열하는 급속 해동법이 많이 이용되는 것은?

① 어류   ② 육류

③ 계육   ④ 반조리 식품

51 난백의 기포 형성에 영향을 주는 것은?

① 머랭을 만들 때는 설탕을 가장 먼저 넣는다.
② 난백은 0도에서 가장 안정적으로 기포가 형성된다.
③ 난백에 거품을 낼 때 식초를 조금 넣으면 효과적이다.
④ 난백에 거품을 낼 때 녹인 버터를 1큰술 넣으면 거품이 잘 생긴다.

52 육류의 근원섬유에 들어 있고, 근육의 수축 이완에 관여하는 단백질은?

① 미오신(Myosin)
② 미오겐(Myogen)
③ 콜라겐(Collagen)
④ 미오글로빈(Myoglobin)

53 콩나물을 삶을 때에 뚜껑을 닫으면 콩의 비린내 생성을 막을 수 있는데, 그 이유는?

① 산소를 차단해서
② 건조를 방지해서
③ 색의 변화를 차단해서
④ 오래 삶을 수 있어서

54 전분의 호화와 점성에 대한 설명 중 틀린 것은?

① 곡류는 서류보다 호화 온도가 높다.
② 전분 입자가 클수록 빨리 호화된다.
③ 소금은 전분의 호화와 점도를 억제한다.
④ 산 첨가는 가수 분해를 일으켜 호화를 촉진한다.

55 기름 성분이 하수구로 들어가지 않도록 하는 하수구의 형태는?

① 드럼
② P트랩
③ S트랩
④ 그리스 트랩

56 다음 중 집단급식소에 속하지 않는 것은?

① 일반 음식점
② 병원의 구내식당
③ 초등학교의 급식 시설
④ 기숙사 구내식당

57 원가에 대한 설명으로 옳은 것은?

① 판매가격 = 이익 + 제조원가
② 직접원가 = 직접재료비 + 직접노무비 + 직접경비
③ 제조원가 = 판매경비 + 일반관리비 + 제조간접비
④ 총원가 = 제조간접비 + 직접원가

58 직영급식과 비교한 위탁급식의 단점이 아닌 것은?

① 기업이나 단체의 권한이 줄어든다.
② 영양 관리에 문제가 발생할 수 있다.
③ 인건비가 올라가고, 서비스 질이 낮아진다.
④ 급식 경영을 지나치게 영리화하여 운영할 수 있다.

59 주방의 바닥조건으로 적합한 것은?

① 산이나 알칼리에 약하고, 습기나 열에 강해야 한다.
② 바닥 전체의 물매는 1/20이 적당하다.
③ 잘 미끄러지지 않는 고무 타일, 합성수지 타일을 사용한다.
④ 조리 작업을 드라이 시스템화할 경우 물매는 1/100 정도가 적당하다.

60 원가계산 절차 중 옳은 것은?

① 요소별 원가계산 → 부문별 원가계산 → 제품별 원가계산
② 부문별 원가계산 → 요소별 원가계산 → 제품별 원가계산
③ 요소별 원가계산 → 제품별 원가계산 → 부문별 원가계산
④ 제품별 원가계산 → 부문별 원가계산 → 요소별 원가계산

정답

01	02	03	04	05	06	07	08	09	10
③	①	①	②	①	①	③	④	②	①
11	12	13	14	15	16	17	18	19	20
①	②	③	①	①	③	④	②	①	④
21	22	23	24	25	26	27	28	29	30
④	③	①	③	①	①	④	④	①	②
31	32	33	34	35	36	37	38	39	40
①	②	③	②	③	①	③	①	②	①
41	42	43	44	45	46	47	48	49	50
④	④	④	②	①	①	②	③	④	④
51	52	53	54	55	56	57	58	59	60
③	①	①	④	④	①	②	③	③	①

기출문제 해설

자격 종목	코드	시험 시간	문항 수	수험 번호	성명
조리기능사	7910	60분	60		

01 칼슘(Ca)과 인(P)의 대사이상을 초래하여 골 연화증을 유발하는 유해 금속은?

① 철(Fe)
② 카드뮴(Cd)
③ 은(Ag)
④ 주석(Sn)

> • 카드뮴(Cd) 중독: 골연화증, 신장 장애 등
> • 철(Fe) 중독: 편두통, 고혈압, 관절통 등
> • 수은(Hg) 중독: 근력 약화, 지각 이상, 사지 마비 등
> • 주석(Sn) 중독: 구토, 설사, 복통 등

02 미생물학적으로 식품 1g당 세균수가 얼마일 때 초기 부패단계로 판정하는가?

① $10^3 \sim 10^4$
② $10^4 \sim 10^5$
③ $10^7 \sim 10^8$
④ $10^{12} \sim 10^{13}$

> **초기 부패 판정**
> • 식품 1g당 생균수 $10^7 \sim 10^8$
> • 휘발성 염기 질소 30~40mg/100g
> • 암모니아 냄새
> • 트라이메틸아민(TMA)

03 혐기상태에서 생산된 독소에 의해 신경증상이 나타나는 세균성 식중독은?

① 황색 포도상구균 식중독
② 클로스트리디움 보툴리눔 식중독
③ 장염 비브리오 식중독
④ 살모넬라 식중독

> 혐기상태에서 생산된 독소에 의해 신경증상이 나타나는 클로스트리디움 보툴리눔 세균성 식중독은 뉴로톡신이라는 독소를 생성한다.

04 식품과 독성분이 잘못 연결된 것은?

① 감자 – 솔라닌(Solanine)
② 조개류 – 삭시톡신(Saxitoxin)
③ 독미나리 – 베네루핀(Venerupin)
④ 복어 – 테트로도톡신(Tetrodotoxin)

> 독미나리 – 시큐톡신, 바지락 – 베네루핀

Ans
01 ② 02 ③ 03 ② 04 ③

05 식품첨가물의 사용 목적과 이에 따른 첨가물의 종류가 바르게 연결된 것은?

① 식품의 영양 강화를 위한 것 - 착색료
② 식품의 관능을 만족시키기 위한 것 - 조미료
③ 식품의 변질이나 변패를 방지하기 위한 것 - 감미료
④ 식품의 품질을 개량하거나 유지하기 위한 것 - 산미료

06 다음 식품첨가물 중 주요목적이 다른 것은?

① 과산화벤조일　② 과황산암모늄
③ 이산화염소　　④ 아질산나트륨

!　• 소맥분 개량제: 과산화벤조일, 과황산암모늄, 이산화염소
　　• 발색제: 아질산나트륨

07 식품의 변화현상에 대한 설명 중 틀린 것은?

① 산패: 유지식품의 지방질 산화
② 발효: 화학물질에 의한 유기화합물의 분해
③ 변질: 식품의 품질 저하
④ 부패: 단백질과 유기물이 부패미생물에 의해 분해

!　발효: 식품이 미생물에 의해 유기물을 분해시켜 유익하게 변하는 현상

08 바이러스에 의한 감염이 아닌 것은?

① 폴리오　　　② 인플루엔자
③ 장티푸스　　④ 유행성 간염

!　• 바이러스에 의한 감염: 폴리오, 인플루엔자, 유행성 간염, 일본 뇌염, 천연두, 홍역 등
　　• 세균에 의한 감염: 장티푸스, 콜레라, 디프테리아, 백일해, 결핵, 폐렴 등

09 통조림 식품의 통조림관에서 유래될 수 있는 식중독 원인물질은?

① 카드뮴　　　② 주석
③ 페놀　　　　④ 수은

!　통조림 내관을 도금할 때 주석을 이용하는데 과일의 산성에 의해 용출될 수 있다.

10 곰팡이의 대사산물에 의해 질병이나 생리작용에 이상을 일으키는 원인이 아닌 것은?

① 청매 중독
② 아플라톡신 중독
③ 황변미 중독
④ 오크라톡신 중독

!　청매는 식물성 자연 독소(아미그달린)이다.

Ans
05 ②　06 ④　07 ②　08 ③　09 ②　10 ①

기출문제 해설

11 식품위생법상 위해식품 등의 판매 등 금지 내용이 아닌 것은?

① 불결하거나 다른 물질이 섞이거나 첨가된 것으로 인체의 건강을 해칠 우려가 있는 것

② 유독 · 유해물질이 들어 있으나 식품의약품안전처장이 인체의 건강을 해할 우려가 없다고 인정한 것

③ 병원 미생물에 의하여 오염되었거나 그 염려가 있어 인체의 건강을 해칠 우려가 있는 것

④ 썩거나 상하거나 설익어서 인체의 건강을 해칠 우려가 있는 것

> ! 유독·유해물질이 들어 있거나 묻어 있는 것 또는 그러할 염려가 있는 것은 판매 금지하지만 식품의약품안전처장이 인체의 건강을 해할 우려가 없다고 인정한 것은 제외한다.

12 식품, 식품첨가물, 기구 또는 용기 · 포장의 위생적 취급에 관한 기준을 정하는 것은?

① 국무총리령
② 농림수산식품부령
③ 고용노동부령
④ 환경부령

> ! 정부 조직 개편안에 따라 1998년 3월 보건복지부의 외청 소속이었던 식품의약품안전청이 2013년 3월 국무총리실 산하 기관인 식품의약품안전처로 격상되었다. 따라서 기존에 식품위생법에서의 보건복지부장관령은 총리령으로, 식품의약품안전청은 식품의약품안전처로 명칭이 변경되었다.

13 식품위생법규상 무상수거 대상 식품은?

① 도 · 소매 업소에서 판매하는 식품 등을 시험검사용으로 수거할 때

② 식품 등의 기준 및 규격 제정을 위한 참고용으로 수거할 때

③ 식품 등을 검사할 목적으로 수거할 때

④ 식품 등의 기준 및 규격 개정을 위한 참고용으로 수거할 때

> ! 판매를 목적으로 하거나 영업에 사용하는 식품 등 또는 영업 시설 등에 대하여 하는 검사에 필요한 최소량의 식품 등은 무상수거할 수 있다.

14 식품위생법상 명시된 영업의 종류에 포함되지 않는 것은?

① 식품조사처리업
② 식품접객업
③ 즉석판매제조 · 가공업
④ 먹는샘물제조업

> ! 영업이란 식품 또는 식품첨가물을 채취, 제조, 수입, 가공, 조리, 저장, 소분, 운반 또는 판매하거나 기구 또는 용기·포장을 제조, 수입, 운반, 판매하는 것(농업과 수산업에 속하는 식품채취업은 제외)이다.

Ans
11 ②   12 ①   13 ③   14 ④

15 식품위생법상 조리사 면허를 받을 수 없는 사람은?

① 미성년자
② 마약 중독자
③ B형간염환자
④ 조리사 면허 취소처분을 받고 그 취소된 날부터 1년이 지난 자

> 조리사의 결격자는 정신질환자, 감염병환자(B형간염환자는 제외), 마약이나 약물 중독자, 조리사 면허 취소 처분을 받고 그 취소된 날부터 1년이 지나지 아니한 자이다.

16 결합수의 특성으로 옳은 것은?

① 식품조직을 압착하여도 제거되지 않는다.
② 점성이 크다.
③ 미생물의 번식과 발아에 이용된다.
④ 보통의 물보다 밀도가 작다.

> | 유리수 | 결합수 |
> |---|---|
> | 수용성 물질을 잘 녹임(용매로 작용). | 용매로 작용하지 않음. |
> | 0℃ 이하에서 동결 | 0℃ 이하에서도 동결하지 않음. |
> | 건조가 잘됨. | 건조되지 않음. |
> | 미생물의 생육, 발아에 이용 | 미생물의 생육, 발아에 이용되지 못함. |
> | 압착 시 제거 | 압착해도 제거되지 않음. |
> | 100℃에서 끓음. | 유리수보다 밀도가 큼. |
> | 화학 반응에 이용 | 냉동식품에서 변질의 원인이 됨. |

17 사과, 바나나, 파인애플 등의 주요 향미성분은?

① 에스테르(Ester)류
② 고급지방산류
③ 유황화합물류
④ 푸란(Furan)류

> **식물성 냄새**
> • **알코올 및 알데히드류:** 주류, 감자, 복숭아, 계피, 오이
> • **테르펜류:** 녹차, 찻잎, 오렌지, 레몬
> • **에스테르류:** 과일향
> • **황화합물:** 마늘, 파, 양파, 무, 고추, 부추, 냉이
> **동물성 냄새**
> • **아민류 및 암모니아류:** 육류, 어류
> • **카르보닐 화합물 및 지방산류:** 치즈, 버터 등 유제품

18 다당류에 속하는 탄수화물은?

① 펙틴　　　　② 포도당
③ 과당　　　　④ 갈락토오스

> • **단순 다당류:** 전분, 글리코겐, 셀룰로오스, 이눌린 등
> • **복합 다당류:** 헤미셀룰로오스, 펙틴, 카라기난 등
> • **소화성 다당류:** 전분, 글리코겐 등
> • **난소화성 다당류:** 식이섬유소

19 알코올 1g당 열량산출 기준은?

① 0kcal　　　　② 4kcal
③ 7kcal　　　　④ 9kcal

> 각 1g에 탄수화물 4kcal, 단백질 4kcal, 지방 9kcal, 알코올 7kcal의 열량을 낸다.

Ans
15 ②　**16** ①　**17** ①　**18** ①　**19** ③

20 유지를 가열하면 점차 점도가 증가하게 되는데 이것은 유지 분자들의 어떤 반응 때문인가?

① 산화반응　　② 열분해반응
③ 중합반응　　④ 가수분해반응

> **중합반응**: 지질의 산패(산화) 반응 중 종결 단계에서 나타나는 반응으로, 분해되었던 중간 산물이 합쳐지면서 점성을 나타냄.

21 젤라틴과 관계없는 것은?

① 양갱　　　　② 족편
③ 아이스크림　④ 젤리

> 양갱은 한천(호료, 증점제, 겔화제)을 이용한 식품이며, 일반적으로 젤라틴(30~40℃)은 한천(80~100℃)에 융해 온도가 낮고 겔의 질감도 부드럽고 투명해 차가운 후식에 첨가하면 좋다.

22 다음 중 일반적으로 꽃 부분을 주요 식용부위로 하는 화채류는?

① 비트(Beet)
② 파슬리(Parsley)
③ 브로콜리(Broccoli)
④ 아스파라거스(Asparagus)

> - **화채류**: 브로콜리, 콜리플라워, 아티초크 등
> - **근채류**: 무, 당근, 비트, 우엉, 연근 등
> - **경엽채류**: 시금치, 근대, 미나리, 부추, 샐러리, 아스파라거스 등
> - **과채류**: 고추, 토마토, 오이, 피망, 가지 등

23 색소 성분의 변화에 대한 설명 중 맞는 것은?

① 엽록소는 알칼리성에서 갈색화
② 플라본 색소는 알칼리성에서 황색화
③ 안토시안 색소는 산성에서 청색화
④ 카로틴 색소는 산성에서 백색화

> - **플라본 색소**: 산성에서는 백색, 알칼리성에서는 황색
> - **엽록소**: 산성에서는 갈색, 알칼리성에서는 초록
> - **안토시안 색소**: 산성에서는 적색, 알칼리성에서는 청색
> - **카로틴 색소**: 산성과 알칼리성에서 모두 안정됨.

24 칼슘과 단백질의 흡수를 돕고 정장 효과가 있는 것은?

① 설탕　　　　② 과당
③ 유당　　　　④ 맥아당

> 유당은 유산균의 증식에 이용되며, 유산이 생성되어 정장작용, 무기질의 흡수율이 증가된다.

25 두부 만들 때 간수에 의해 응고되는 것은 단백질의 변성 중 무엇에 의한 변성인가?

① 산　　　　　② 효소
③ 염류　　　　④ 동결

> 두부는 콩 단백질이 염류(염화마그네슘, 황산칼슘 등)에 의한 변성으로 응고되어 만들어 진다.

Ans
20 ③　21 ①　22 ③　23 ②　24 ③　25 ③

26 호화와 노화에 관한 설명 중 틀린 것은?

① 전분의 가열온도가 높을수록 호화시간이 빠르며, 점도는 낮아진다.
② 전분입자가 크고 지질함량이 많을수록 빨리 호화된다.
③ 수분 함량이 0~60%, 온도가 0~4°C일 때 전분의 노화는 쉽게 일어난다.
④ 60°C 이상에서는 노화가 잘 일어나지 않는다.

> 전분의 가열온도가 높을수록 호화시간이 빠르며, 점도도 높아진다.

27 쓴 약을 먹은 직후 물을 마시면 단맛이 나는 것처럼 느끼게 되는 현상은?

① 변조현상　　② 소실현상
③ 대비현상　　④ 미맹현상

> • 맛의 변조현상: 먼저 먹은 음식 맛의 영향으로 뒤에 먹는 음식의 맛을 제대로 느끼지 못하는 현상
> • 맛의 대비(강화)현상: 서로 다른 맛 성분이 혼합되어 주된 맛 성분을 강화시키는 현상

28 오이나 배추의 녹색이 김치를 담갔을 때 점차 갈색을 띠게 되는 것은 어떤 색소의 변화 때문인가?

① 카로티노이드(Carotinoid)
② 클로로필(Chlorophyll)
③ 안토시아닌(Anthocyanin)
④ 안토크산틴(Anthoxanthine)

> 김치의 발효과정 중 생성된 젖산에 의해 클로로필의 마그네슘 이온이 수소이온과 치환되어 황갈색의 페오피틴(Pheophytin)이 된다.

29 가공치즈(Processed cheese)에 대한 설명으로 틀린 것은?

① 자연치즈에 유화제를 가하여 가열한 것이다.
② 일반적으로 자연치즈보다 저장성이 높다.
③ 약 85°C에서 살균하여 Pasteurized cheese라고도 한다.
④ 가공치즈는 매일 지속적으로 발효가 일어난다.

> 가공치즈는 자연치즈 1종 혹은 2종 이상을 분쇄하여 유화제, 색소, 산도 조절제 등의 첨가물을 넣고 가열·혼합·균질하여 성형한 것이다.

30 달걀에 가스 저장을 실시하는 가장 중요한 이유는?

① 알껍데기가 매끄러워지는 것을 방지하기 위하여
② 알껍데기의 이산화탄소 발산을 억제하기 위하여
③ 알껍데기의 수분증발을 방지하기 위하여
④ 알껍데기의 기공을 통한 미생물 침입을 방지하기 위하여

> 가스 저장(CA 저장): 공기의 조성을 조절하여 과일 등의 선도 유지에 이용하는 저장 방법이다. 산소를 줄이고 이산화탄소, 질소를 높여 호흡을 억제함으로써 과일 및 채소의 저장 기간을 연장할 수 있다. 달걀은 신선하지 못할 경우 껍질이 매끄러워지고, 기실이 커진다.

Ans

26 ①　27 ①　28 ②　29 ④　30 ②

31 굵은 소금이라고도 하며, 오이지를 담글 때나 김장 배추를 절이는 용도로 사용하는 소금은?

① 천일염　　　② 재제염
③ 정제염　　　④ 꽃소금

!
- **천일염**: 염전에서 1차로 채취된 굵은 소금으로 무기질이 많음.
- **정제염**: 천일염의 불순물과 중금속을 제거하여 정제한 소금으로 재제염, 꽃소금이라고도 함.

32 제품의 제조를 위하여 소비된 노동의 가치를 말하며 임금, 수당, 복리후생비 등이 포함되는 것은?

① 노무비　　　② 재료비
③ 경비　　　　④ 훈련비

!
노무비는 임금, 수당, 복리 후생 등 제품 제조를 위하여 소비된 노동의 가치를 말한다.

33 국이나 전골 등에 국물 맛을 독특하게 내는 조개류의 성분은?

① 요오드　　　② 주석산
③ 구연산　　　④ 호박산

!
호박산은 감칠맛을 내는 맛 성분으로 호박, 조개 등에 들어 있다.

34 우유에 대한 설명으로 틀린 것은?

① 시판되고 있는 전유는 유지방 함량이 3.0% 이상이다.
② 저지방우유는 유지방을 0.1% 이하로 낮춘 우유이다.
③ 유당소화장애증이 있으면 유당을 분해한 우유를 이용한다.
④ 저염우유란 전유 속의 Na(나트륨)를 K(칼륨)와 교환시킨 우유를 말한다.

!
저지방우유는 유지방 함량을 2% 이하로 낮춘 우유이다.

35 냉동식품의 조리에 대한 설명 중 틀린 것은?

① 쇠고기의 드립(Drip)을 막기 위해 높은 온도에서 빨리 해동하여 조리한다.
② 채소류는 가열처리가 되어 있어 조리하는 시간이 절약된다.
③ 조리된 냉동식품은 녹기 직전에 가열한다.
④ 빵, 케이크는 실내 온도에서 자연 해동한다.

!
육류는 냉장고에서 서서히 해동하거나 흐르는 물에 담가 천천히 해동해야 드립을 막을 수 있다.

36 다음 중 조리용 기기 사용이 틀린 것은?

① 필러(Peeler): 감자, 당근 껍질 벗기기
② 슬라이서(Slicer): 쇠고기 갈기
③ 세미기: 쌀 세척하기
④ 믹서: 재료 혼합하기

!
슬라이서(Slicer)는 얇게 편으로 써는 기기이다.

Ans
31 ①　**32** ①　**33** ④　**34** ②　**35** ①　**36** ②

37 김장용 배추 포기김치 46kg을 담그려고 한다. 배추 구입에 필요한 비용은 얼마인가? (단, 배추 5포기(13kg)의 값은 13,260원, 폐기율은 8%)

① 23,920원　　② 38,934원
③ 46,000원　　④ 51,000원

> ⚠ 13kg = 13,260원 ⇨ 1kg = 1,020원
> 46kg + (46kg×0.08) = 49.68kg ⇨ 약 50kg
> ∴ 50kg × 1,020원 = 51,000원

38 날콩에 함유된 것으로 단백질의 체내 이용을 저해하는 것은?

① 펩신　　② 트립신
③ 글로불린　　④ 안티트립신

> ⚠ 날콩에 함유되어 단백질의 체내 이용을 저해하는 안티트립신은 열에 약하기 때문에 가열하면 파괴된다.

39 식빵에 버터를 펴서 바를 때처럼 버터에 힘을 가한 후 그 힘을 제거해도 원래상태로 돌아오지 않고 변형된 상태를 유지하는 성질은?

① 유화성　　② 가소성
③ 쇼트닝성　　④ 크리밍성

> ⚠ 가소성은 버터, 마가린, 라드, 쇼트닝 등의 유지에 힘을 가하고 제거했을 때 원래 상태로 회복되지 않는 성질을 말한다.

40 쇠고기 부위 중 결체조직이 많아 구이에 가장 부적당한 것은?

① 등심　　② 갈비
③ 사태　　④ 채끝

> ⚠ 결체조직이 많은 사태는 탕이나 스튜, 찜 등의 조리에 적합하다.

41 버터나 마가린의 계량방법으로 가장 옳은 것은?

① 냉장고에서 꺼내어 계량컵에 눌러 담은 후 윗면을 직선으로 된 칼로 깎아 계량한다.
② 실온에서 부드럽게 하여 계량컵에 담아 계량한다.
③ 실온에서 부드럽게 하여 계량컵에 눌러 담은 후 윗면을 직선으로 된 칼로 깎아 계량한다.
④ 냉장고에서 꺼내어 계량컵의 눈금까지 담아 계량한다.

42 무나 양파를 오랫동안 익힐 때 색을 희게 하려면 다음 중 무엇을 첨가하는 것이 가장 좋은가?

① 소금　　② 소다
③ 생수　　④ 식초

> ⚠ 플라보노이드(플라본) 색소: 식물 색소의 하나, 산에서는 백색, 알칼리에서는 황색을 띰.

Ans
37 ④　38 ④　39 ②　40 ③　41 ③　42 ④

43 생선을 껍질이 있는 상태로 구울 때 껍질이 수축되는 원인 물질과 그 처리 방법은?

① 생선살의 색소 단백질, 소금에 절이기
② 생선살의 염용성 단백질, 소금에 절이기
③ 생선 껍질의 지방, 껍질에 칼집 넣기
④ 생선 껍질의 콜라겐, 껍질에 칼집 넣기

> ! 생선 껍질은 97% 이상이 콜라겐으로 구성되어 있으며, 칼집을 넣어 오그라드는 것을 막을 수 있다.

44 육류조리에 대한 설명으로 틀린 것은?

① 탕 조리 시 찬물에 고기를 넣고 끓여야 추출물이 최대한 용출된다.
② 장조림 조리 시 간장을 처음부터 넣으면 고기가 단단해지고 잘 찢기지 않는다.
③ 편육 조리 시 찬물에 넣고 끓여야 잘 익고, 고기 맛이 좋다.
④ 불고기용으로는 결합조직이 되도록 적은 부위가 적당하다.

> ! 육류를 먹을 목적으로 익히기 위해서는 끓는 물에 육류를 넣어 겉 표면을 재빨리 응고시켜 맛 성분의 유출이 적도록 한다.

45 다음 중 영양소의 손실이 가장 큰 조리법은?

① 바삭바삭한 튀김을 위해 튀김옷에 중조를 첨가한다.
② 푸른 채소를 데칠 때 약간의 소금을 첨가한다.
③ 감자를 껍질째 삶은 후 절단한다.
④ 쌀을 담가 놓았던 물을 밥물로 사용한다.

> ! 튀김옷에 중조를 넣으면 바삭하기는 하지만 영양 손실이 있다.

46 다음 중 원가계산의 원칙이 아닌 것은?

① 진실성의 원칙
② 확실성의 원칙
③ 발생 기준의 원칙
④ 비정상성의 원칙

> ! 원가계산의 원칙은 진실성의 원칙, 발생기준의 원칙, 계산경제성(중요성)의 원칙, 확실성의 원칙, 정상성의 원칙, 비교성의 원칙, 상호관리의 원칙이다.

47 마요네즈에 대한 설명으로 틀린 것은?

① 식초는 산미를 주고, 방부성을 부여한다.
② 마요네즈를 만들 때 너무 빨리 저어 주면 분리되므로 주의한다.
③ 사용되는 기름은 냄새가 없고, 고도로 분리정제된 것을 사용한다.
④ 새로운 난황에 분리된 마요네즈를 조금씩 넣으면서 저어 주면, 마요네즈 재생이 가능하다.

> ! 마요네즈를 만들 때 빨리 저어 주어야 분리되지 않는다.

48 조절 영양소가 비교적 많이 함유된 식품으로 구성된 것은?

① 시금치, 미역, 귤
② 쇠고기, 달걀, 두부
③ 두부, 감자, 쇠고기
④ 쌀, 감자, 밀가루

> ! 조절 영양소는 비타민과 무기질이다.

Ans
43 ④　44 ③　45 ①　46 ④　47 ②　48 ①

49 소금절임 시 저장성이 좋아지는 이유는?

① pH가 낮아져 미생물이 살아갈 수 없는 환경이 조성된다.
② pH가 높아져 미생물이 살아갈 수 없는 환경이 조성된다.
③ 고삼투성에 의한 탈수효과로 미생물의 생육이 억제된다.
④ 저삼투성에 의한 탈수효과로 미생물의 생육이 억제된다.

> 소금의 농도가 진하면 식품의 수분이 밖으로 빠져나와 미생물의 생육을 억제시킨다.

50 성인여자의 1일 필요열량을 2,000kcal라고 가정할 때, 이 중 15%를 단백질로 섭취할 경우 동물성 단백질의 섭취량은? (단, 동물성 단백질량은 일일 단백질량의 1/3로 계산한다.)

① 25g   ② 35g
③ 75g   ④ 100g

> 2,000kcal 중 15%는 300kcal, 300kcal 중 동물성 단백질량 1/3은 100kcal, 100kcal / 4kcal(단백질 1g당 4kcal이므로)
> → 동물성 단백질 섭취량은 25g

51 인공능동면역의 방법에 해당하지 않는 것은?

① 생균백신 접종   ② 글로불린 접종
③ 사균백신 접종   ④ 순화독소 접종

> • 인공능동면역: 예방접종으로 얻은 면역으로 사균백신, 생균백신, 순화독소를 접종
> • 글로불린 접종: 인공수동면역

52 주로 동물성 식품에서 기인하는 기생충은?

① 구충
② 회충
③ 동양모양선충
④ 유구조충

> • 유구조충(갈고리촌충): 돼지고기
> • 무구조충(민촌충): 소

53 인구정지형으로 출생률과 사망률이 모두 낮은 인구형은?

① 피라미드형   ② 별형
③ 항아리형   ④ 종형

> • 종형: 위아래가 좁은 형태인 인구정지형으로 출생률, 사망률 모두 낮음.
> • 피라미형: 후진국형으로 인구증가형
> • 별형: 도시형으로 인구유입형
> • 항아리형: 선진국형으로 인구감소형

54 공기의 자정작용과 관계가 없는 것은?

① 희석작용   ② 세정작용
③ 환원작용   ④ 살균작용

> • 희석: 공기 자체의 확산과 이동에 의한 희석
> • 세정: 눈과 비에 의한 세정
> • 살균: 자외선에 의한 살균
> • 산화: 오존에 의한 산화
> • 교환: CO_2와 O_2의 교환 작용으로 광합성에 의한 교환

Ans
49 ③   50 ①   51 ②   52 ④   53 ④   54 ③

55 '예비처리 – 본처리 – 오니처리' 순서로 진행되는 것은?

① 하수처리
② 쓰레기처리
③ 상수도처리
④ 지하수처리

> • **하수처리**: 예비처리 – 본처리 – 오니처리
> • **쓰레기처리**: 소각법, 매립법, 비료화법
> • **상수도처리**: 침사 – 침전 – 여과 – 소독 – 배수 – 급수

56 이산화탄소(CO_2)를 실내 공기의 오탁지표로 사용하는 가장 주된 이유는?

① 유독성이 강하므로
② 실내 공기조성의 전반적인 상태를 알 수 있으므로
③ 일산화탄소로 변화되므로
④ 항상 산소량과 반비례하므로

> 이산화탄소는 악취나 호흡, 연소 작용에 의해 발생하는데, 공기조성의 전반적인 상태를 알 수 있다.

57 폐기물 관리법에서 소각로 소각법의 장점으로 틀린 것은?

① 위생적인 방법으로 처리할 수 있다.
② 다이옥신(Dioxine)의 발생이 없다.
③ 잔류물이 적어 매립하기에 적당하다.
④ 매립법에 비해 설치 면적이 적다.

> 소각법이 가장 위생적인 방법이나 다이옥신의 발생으로 대기 오염의 원인이 되므로 도시에서는 매립법을 권장하고 있다.

58 진동이 심한 작업을 하는 사람에게 국소진동 장애로 생길 수 있는 직업병은?

① 진폐증
② 파킨슨병
③ 잠함병
④ 레이노병

> • **레이노병의 원인**: 진동
> • **진폐증의 원인**: 분진
> • **잠함병의 원인**: 고압 환경

59 조명이 불충분할 때는 시력 저하, 눈의 피로를 일으키고 지나치게 강렬할 때는 어두운 곳에서 암순응 능력을 저하시키는 태양광선은?

① 전자파
② 자외선
③ 적외선
④ 가시광선

> 가시광선은 눈으로 지각되는 파장범위를 가진 빛으로, 망막을 자극하여 색채를 부여하고 명암을 구분하는 파장이다.

60 감수성지수(접촉감염지수)가 가장 높은 감염병은?

① 폴리오
② 홍역
③ 백일해
④ 디프테리아

> 접촉감염지수란 접촉에 의해 전파되는 급성 호흡기성 전염병에 있어서 감수성자가 환자와의 접촉에 의해 발생하는 비율을 백분율로 나타낸 것이다.
> 홍역 > 두창(95%) > 백일해(60~80%) > 성홍열(40%) > 디프테리아(10%)

자격 종목	코드	시험 시간	문항 수	수험 번호	성명
조리기능사	7910	60분	60		

01 중금속에 의한 중독과 증상을 바르게 연결한 것은?

① 납 중독 – 빈혈 등의 조혈장애
② 수은 중독 – 골연화증
③ 카드뮴 중독 – 흑피증, 각화증
④ 비소 중독 – 사지마비, 보행장애

> - **수은 중독**: 근력약화, 지각이상, 사지마비 등
> - **카드뮴 중독**: 골연화증, 신장장애 등
> - **비소 중독**: 구토, 설사, 심장마비 등

02 HACCP의 의무적용 대상 식품에 해당하지 않는 것은?

① 빙과류
② 비가열 음료
③ 껌류
④ 레토르트 식품

> **HACCP의 의무적용 대상 식품**
> - 어육 가공품 중 어묵류
> - 냉동수산식품 중 어류, 연체류, 조미 가공품
> - 냉동식품 중 피자류, 만두류, 면류
> - 빙과류
> - 비가열음료
> - 레토르트식품
> - 김치류 중 배추김치

03 식품첨가물 중 보존료의 목적을 가장 잘 표현한 것은?

① 산도 조절
② 미생물에 의한 부패 방지
③ 산화에 의한 변패 방지
④ 가공과정에서 파괴되는 영양소 보충

> 보존료란 식품이 미생물에 의한 부패나 변질을 막기 위해 첨가하는 물질이다.

04 식품에 다음과 같은 현상이 나타났을 때 품질 저하와 관계가 먼 것은?

① 생선의 휘발성 염기질소량 증가
② 콩 단백질의 금속염에 의한 응고 현상
③ 쌀의 황색 착색
④ 어두운 곳에서 어육연제품의 인광 발생

> 두부는 콩단백질인 글리시닌이 금속염에 의해 응고되는 것을 이용한 것이다.

Ans
01 ① 02 ③ 03 ② 04 ②

05 미숙한 매실이나 살구씨에 존재하는 독성분은?

① 라이코린
② 하이오사이어마인
③ 리신
④ 아미그달린

> ! 라이코린(꽃무릇), 하이오사이어마인(가시독말풀), 리신(피마자), 아미그달린(청매, 살구)

06 내열성이 강한 아포를 형성하며 식품의 부패로 인한 식중독을 일으키는 혐기성균은?

① 리스테리아속
② 비브리오속
③ 살모넬라속
④ 클로스트리디움속

> ! 통조림 가공품이나 햄, 소시지 등이 원인 식품으로 식중독을 일으키는 클로스트리디움속이 혐기성균이다.

07 식품첨가물이 갖추어야 할 조건으로 옳지 않은 것은?

① 식품에 나쁜 영향을 주지 않을 것
② 다량 사용하였을 때 효과가 나타날 것
③ 상품의 가치를 향상시킬 것
④ 식품성분 등에 의해서 그 첨가물을 확인할 수 있을 것

> ! 소량 사용하였을 때 효과가 나타날 것

08 황색 포도상구균에 의한 식중독의 예방대책으로 적합한 것은?

① 토양의 오염을 방지하고 특히 통조림의 살균을 철저히 해야 한다.
② 쥐나 곤충 및 조류의 접근을 막아야 한다.
③ 어패류를 저온에서 보존하며 생식하지 않는다.
④ 화농성 질환자의 식품 취급을 금지한다.

> ! 황색 포도상구균 식중독은 화농성 질환의 대표적인 원인균인 포도상구균에 의한 식중독으로, 예방법은 손이나 몸에 화농이 있는 사람은 식품의 취급을 하지 않는 것이다.

09 껌 기초제로 사용되며 피막제로도 사용되는 식품첨가물은?

① 초산비닐수지
② 에스테르검
③ 폴리이소부틸렌
④ 폴리소르베이트

> ! 껌의 기초제: 합성수지 사용, 초산비닐수지, 폴리뷰텐 등

10 부패가 진행됨에 따라 식품은 특유의 부패취를 내는데 그 성분이 아닌 것은?

① 아민류   ② 아세톤
③ 황화수소   ④ 인돌

> ! 부패취는 인돌, 스카톨, 암모니아 등이 있으며, 어류 특유의 비린내는 트라이메틸아민옥사이드(TMAO)가 대표적이다.

11 출입 · 검사 · 수거 등에 관한 사항 중 틀린 것은?

① 식품의약품안전처장은 검사에 필요한 최소량의 식품 등을 무상으로 수거하게 할 수 있다.

② 출입 · 검사 · 수거 또는 장부열람을 하고자 하는 공무원은 그 권한을 표시하는 증표를 지녀야 하며 관계인에게 이를 내보여야 한다.

③ 시장 · 군수 · 구청장은 필요에 따라 영업을 하는 자에 대하여 필요한 서류나 그 밖의 자료 제출을 요구할 수 있다.

④ 행정응원의 절차, 비용부담 방법, 그 밖에 필요한 사항은 검사를 실시하는 담당공무원이 임의로 정한다.

> ! 행정응원 절차, 비용부담 방법, 그 밖에 필요한 사항은 대통령령으로 정한다.

12 식품위생법상 식품위생의 대상이 되지 않는 것은?

① 식품 및 식품첨가물
② 의약품
③ 식품, 용기 및 포장
④ 식품, 기구

> ! **식품위생법상 식품위생의 대상**: 식품 및 식품첨가물, 기구, 용기 및 포장

13 보건복지부령이 정하는 위생등급기준에 따라 위생관리상태 등이 우수한 집단급식소를 우수업소 또는 모범업소로 지정할 수 없는 자는?

① 식품의약품안전처장
② 보건환경연구원장
③ 시장
④ 군수

> ! 보건복지부령이 정하는 위생등급기준에 따라 식품의약품안전처장, 시장, 군수, 구청장은 우수업소 또는 모범업소를 지정할 수 있다.

14 식품위생법상 집단급식소에 근무하는 영양사의 직무가 아닌 것은?

① 종업원에 대한 식품위생교육
② 식단작성, 검식 및 배식관리
③ 조리사의 보수교육
④ 급식시설의 위생적 관리

> ! 식품의약품안전처장은 식품위생수준 및 자질 향상을 위하여 필요한 경우 조리사와 영양사에게 교육을 받을 것을 명할 수 있다. 다만, 집단 급식소에 종사하는 조리사와 영양사는 2년마다 교육을 받아야 하며 교육 대상자, 실시 기관, 내용 및 방법 등에 관하여 필요한 사항은 총리령으로 정한다.

Ans
11 ④   12 ②   13 ②   14 ③

15 식품접객업 조리장의 시설기준으로 적합하지 않은 것은? (단, 제과점영업소와 관광호텔업 및 관광공연장업의 조리장의 경우에는 제외한다.)

① 조리장은 손님이 그 내부를 볼 수 있는 구조로 되어 있어야 한다.
② 조리장 바닥에 배수구가 있는 경우에는 덮개를 설치하여야 한다.
③ 조리장 안에는 조리 시설·세척 시설·폐기물 용기 및 손 씻는 시설을 각각 설치하여야 한다.
④ 폐기물 용기는 수용성 또는 친수성 재질로 된 것이어야 한다.

❗ 수용성, 친수성은 물에 녹기 쉬운 성질을 가지고 있기 때문에 물에 잘 견디는 내수성을 가지고 있어야 한다.

16 어취의 성분인 트라이메틸아민(TMA; Trimethylamine)에 대한 설명 중 틀린 것은?

① 불쾌한 어취는 트라이메틸아민의 함량과 비례한다.
② 수용성이므로 물로 씻으면 많이 없어진다.
③ 해수어보다 담수어에서 더 많이 생성된다.
④ 트라이메틸아민옥사이드(Trimethylamine Oxide)가 환원되어 생성된다.

❗ 민물고기(담수어)의 냄새는 피페리딘, 델타-아미노발레알데히드, 델타-아미노발레르산에 기인하는데 이들 아민류는 리신 등의 아미노산의 세균 작용에 의하여 생성된다. 그러므로 TMA 함량이 많은 해수어가 민물고기보다 빨리 상한 냄새가 난다.

17 밀가루 제품의 가공특성에 가장 큰 영향을 미치는 것은?

① 리신   ② 글로불린
③ 트립토판   ④ 글루텐

❗ 밀가루 단백질인 글루텐 함량에 따라 강력분, 중력분, 박력분으로 나눈다.

18 식품의 성분을 일반성분과 특수성분으로 나눌 때 특수성분에 해당하는 것은?

① 탄수화물   ② 향기 성분
③ 단백질   ④ 무기질

❗ 식품의 일반 성분은 단백질, 지질, 탄수화물, 비타민, 무기질 등이고, 특수 성분은 색, 향, 맛, 효소, 유독 성분 등이다.

19 식품의 효소적 갈변에 대한 설명으로 맞는 것은?

① 간장, 된장 등의 제조 과정에서 발생한다.
② 블랜칭(Blanching)에 의해 반응이 억제된다.
③ 기질은 주로 아민(Amine)류와 카르보닐(Carbonyl) 화합물이다.
④ 아스코르빈산의 산화반응에 의한 갈변이다.

❗ 블랜칭(데치기)은 효소적 갈변을 억제한다.

20 발효식품이 아닌 것은?

① 두부   ② 식빵

③ 치즈   ④ 맥주

> ! 두부는 글리시닌이 두부 응고제(황산칼슘, 염화마그네슘, 염화칼슘 등)에 의해 응고된 식품이다.

21 카세인(Casein)이 효소에 의하여 응고되는 성질을 이용한 식품은?

① 아이스크림   ② 치즈

③ 버터   ④ 크림수프

> ! 카세인은 우유 속에 약 3% 함유되어 있으면서 우유에 함유된 전 단백질의 약 80%를 차지한다. 카세인의 화학 조성은 아미노산 외에 1%의 인과 1%의 당을 함유하고 있으며, 우유를 레닌으로 응고시킨 것을 레네카세인이라고 하며, 여기에 발효나 그 밖의 가공을 한 것이 치즈이다.

22 25g의 버터(지방 80%, 수분 20%)가 내는 열량은?

① 36kcal   ② 100kcal

③ 180kcal   ④ 225kcal

> ! 지방은 1g당 9kcal를 내므로
> (25g × 0.8) × 9kcal = 180kcal

23 베이컨류는 돼지고기의 어느 부위를 가공한 것인가?

① 볼기 부위   ② 어깨살

③ 복부육   ④ 다리살

> ! 베이컨은 돼지고기의 복부 부위를 피를 제거한 후 햄과 같은 방법으로 만든 것이다.

24 환원성이 없는 당은?

① 포도당(Glucose)

② 과당(Fructose)

③ 설탕(Sucrose)

④ 맥아당(Maltose)

> ! 설탕은 비환원당으로 녹든 안 녹든 단맛이 한결 같아서 단맛의 기준이 된다.

25 홍조류에 속하는 해조류는?

① 김   ② 청각

③ 미역   ④ 다시마

> ! • 홍조류: 김, 우뭇가사리 등
> • 녹조류: 파래, 청각 등
> • 갈조류: 미역, 톳, 다시마 등

Ans

20 ①   **21** ②   **22** ③   **23** ③   **24** ③   **25** ①

기출문제 해설

26 물에 녹는 비타민은?

① 레티놀(Retinol)
② 토코페롤(Tocopherol)
③ 티아민(Thiamine)
④ 칼시페롤(Calciferol)

> 티아민은 비타민 B₁으로 수용성이다.

27 달걀에 관한 설명으로 틀린 것은?

① 흰자의 단백질은 대부분이 오보무신(Ovomucin)으로 기포성에 영향을 준다.
② 난황은 인지질인 레시틴(Lecithin), 세팔린(Cephalin)을 많이 함유한다.
③ 신선도가 떨어지면 흰자의 점성이 감소한다.
④ 신선도가 떨어지면 달걀흰자는 알칼리성이 된다.

> 오보무신은 달걀의 흰자위에 약 1% 함유되어 있다.

28 아린맛은 어느 맛의 혼합인가?

① 신맛과 쓴맛
② 쓴맛과 단맛
③ 신맛과 떫은맛
④ 쓴맛과 떫은맛

> 아린맛은 쓴맛과 떫은맛이 복합적으로 느껴지는 맛이다.

29 유화(Emulsion)와 관련이 적은 식품은?

① 버터
② 생크림
③ 묵
④ 우유

> 유화(Emulsion)란 수분과 유분이 분리되지 않도록 잘 섞여 있는 상태로 버터, 우유, 생크림, 마요네즈 등이 있다.

30 식품의 산성 및 알칼리성을 결정하는 기준 성분은?

① 필수지방산 존재 여부
② 필수아미노산 존재 여부
③ 구성 탄수화물
④ 구성 무기질

> 식품을 태워 남아 있는 물질은 대부분 무기질인데, 어떤 무기질이 존재하느냐에 따라 결정된다.

31 향신료의 매운맛 성분 연결이 틀린 것은?

① 고추 – 캡사이신(Capsaicin)
② 겨자 – 차비신(Chavicine)
③ 울금(Curry 분) – 커큐민(Curcumin)
④ 생강 – 진저롤(Gingerol)

> 겨자 – 시니그린, 흑후추 – 차비신(Chavicine)

Ans
26 ③ 27 ① 28 ④ 29 ③ 30 ④ 31 ②

32 식품을 구매하는 방법 중 경쟁입찰과 비교하여 수의계약의 장점이 아닌 것은?

① 절차가 간편하다.
② 경쟁이나 입찰이 필요 없다.
③ 싼 가격으로 구매할 수 있다.
④ 경비와 인원을 줄일 수 있다.

> 수의계약의 장점은 절차가 간편하고, 경쟁이나 입찰이 필요 없으며, 경비와 인원을 줄일 수 있다는 것이다. 싼 가격으로 구매할 수 있는 것은 경쟁 입찰의 장점이다.

33 냉장했던 딸기의 색깔을 선명하게 보존할 수 있는 조리법은?

① 서서히 가열한다.
② 짧은 시간에 가열한다.
③ 높은 온도로 가열한다.
④ 전자레인지에서 가열한다.

> 서서히 가열해서 익힐 때 색깔이 보다 선명하다.

34 버터의 특성이 아닌 것은?

① 독특한 맛과 향기를 가져 음식에 풍미를 준다.
② 냄새를 빨리 흡수하므로 밀폐하여 저장하여야 한다.
③ 유중수적형이다.
④ 성분은 단백질이 80% 이상이다.

> 버터는 우유의 지방이 80% 이상이다.

35 어패류에 관한 설명 중 틀린 것은?

① 붉은 살 생선은 깊은 바다에 서식하며 지방 함량이 5% 이하이다.
② 문어, 꼴뚜기, 오징어는 연체류에 속한다.
③ 연어의 분홍 살색은 카로티노이드 색소에 기인한다.
④ 생선은 자가소화에 의하여 품질이 저하된다.

> 붉은살 생선은 지방 함량이 5~20%로 높다.

36 호화전분이 노화를 일으키기 어려운 조건은?

① 온도가 0~4℃일 때
② 수분 함량이 15% 이하일 때
③ 수분 함량이 30~60%일 때
④ 전분의 아밀로스 함량이 높을 때

> 호화 전분의 노화를 방지하는 방법으로 수분 함량을 15% 이하로 낮추거나 60℃ 이상에서 온장하거나 설탕이나 유화제를 첨가한다.

37 신선한 달걀에 대한 설명으로 옳은 것은?

① 깨뜨려 보았을 때 난황계수가 작은 것
② 흔들어 보았을 때 진동소리가 나는 것
③ 표면이 까칠까칠하고 광택이 없는 것
④ 수양난백의 비율이 높은 것

> 난황계수가 크고, 농후난백의 비율이 높은 것이 신선한 달걀이다.

Ans
32 ③ 33 ① 34 ④ 35 ① 36 ② 37 ③

38 곡류의 영양성분을 강화할 때 쓰이는 영양소가 아닌 것은?

① 비타민 B_1　　② 비타민 B_2
③ Niacin　　④ 비타민 B_{12}

> ❗ 비타민 B_{12}는 생선, 간, 달걀에 많이 함유되어 있으며, 혈액 생성에 관여한다.

39 강력분을 사용하지 않는 것은?

① 케이크　　② 식빵
③ 마카로니　　④ 피자

> ❗ 케이크는 박력분을 사용한다.

40 못처럼 생겨서 정향이라고도 하며 양고기, 피클, 청어절임, 마리네이드 절임 등에 이용되는 향신료는?

① 클로브　　② 코리앤더
③ 캐러웨이　　④ 아니스

> ❗ 코리앤더(고수: 쌀국수나 김치에 사용), 캐러웨이(미나리과로 향신료로 사용), 아니스(팔각)

41 다음 육류요리 중 영양분의 손실이 가장 적은 것은?

① 탕　　② 편육
③ 장조림　　④ 산적

> ❗ 영양분의 손실을 적게 하려면 단시간에 조리해야 하는데 탕, 편육, 장조림에 비해 산적이 조리 시간이 짧다.

42 유화의 형태가 나머지 셋과 다른 것은?

① 우유　　② 마가린
③ 마요네즈　　④ 아이스크림

> ❗ • 유중수적형: 마가린, 버터
> • 수중유적형: 우유, 마요네즈, 아이스크림

43 다음은 간장의 재고 대상이다. 간장의 재고가 10병일 때 선입선출법에 의한 간장의 재고자산은 얼마인가?

입고 일자	수량	단가
5일	5병	3,500원
12일	10병	3,000원
20일	7병	3,000원
27일	3병	3,500원

① 25,500원　　② 26,000원
③ 31,500원　　④ 35,000원

> ❗ 선입선출법은 먼저 입고한 제품이 먼저 출고되는 것으로 재고가 10병이므로 27일, 20일에 들어온 것은 남겨야 한다. 따라서 27일(3병) + 20일(7병) = (3,500×3) + (3,000×7) = 31,500이 된다.

Ans

38 ④　**39** ①　**40** ①　**41** ④　**42** ②　**43** ③

44 오징어 12kg을 45,000원에 구입하여 모두 손질한 후의 폐기율이 35%였다면 실사용량의 kg당 단가는 약 얼마인가?

① 1,666원 ② 3,205원
③ 5,769원 ④ 6,123원

> ! 12kg을 손질해서 폐기율이 35%(1 − 0.35) 라면 실사용량은
> 12kg × 0.65 = 7.8kg
> 7.8kg일 때 45,000원이므로
> kg당 가격은 45,000 / 7.8 = 5769.23
> 약 5,769원이다.

45 음식을 제공할 때 온도를 고려해야 하는데, 다음 중 맛있게 느끼는 식품의 온도가 가장 높은 것은?

① 전골 ② 국
③ 커피 ④ 밥

> ! 음식의 적정 온도
> 전골은 95 ~ 98℃, 국·커피는 70 ~ 75℃이다.

46 서양요리의 조리방법 중 습열조리와 거리가 먼 것은?

① 브로일링(Broiling)
② 스티밍(Steaming)
③ 보일링(Boiling)
④ 시머링(Simmering)

> ! • 브로일링(Broiling): 구이
> • 스티밍(Steaming): 찌기
> • 보일링(Boiling): 끓이기
> • 시머링(Simmering): 장시간 조리기

47 육류를 끓여 국물을 만들 때의 설명으로 맞는 것은?

① 육류를 오래 끓이면 근육조직인 젤라틴이 콜라겐으로 용출되어 맛있는 국물을 만든다.
② 육류를 찬물에 넣어 끓이면 맛성분의 용출이 잘되어 맛있는 국물을 만든다.
③ 육류를 끓는 물에 넣고 설탕을 넣어 끓이면 맛성분의 용출이 잘되어 맛있는 국물을 만든다.
④ 육류를 오래 끓이면 질긴 지방조직인 콜라겐이 젤라틴화되어 맛있는 국물을 만든다.

> ! 육류를 오래 끓이면 근육 조직 단백질인 콜라겐이 젤라틴으로 용출되어 맛있는 국물을 만든다.

48 어패류의 조림 방법 중 틀린 것은?

① 조개류는 낮은 온도에서 서서히 조리하여야 단백질의 급격한 응고로 인한 수축을 막을 수 있다.
② 생선은 결체조직의 함량이 높으므로 주로 습열조리법을 사용해야 한다.
③ 생선조리 시 식초를 넣으면 생선이 단단해진다.
④ 생선조리에 사용하는 파, 마늘은 비린내 제거에 효과적이다.

> ! 생선은 결체조직의 함량이 낮으므로 단시간 조리법을 사용하는 것이 좋다.

Ans
44 ③ **45** ① **46** ① **47** ② **48** ②

49 메주용으로 대두를 단시간 내에 연하고 색이 곱도록 삶는 방법이 아닌 것은?

① 소금물에 담갔다가 그 물로 삶아 준다.
② 콩을 불릴 때 연수를 사용한다.
③ 설탕물을 섞어 주면서 삶아 준다.
④ $NaHCO_3$ 등 알칼리성 물질을 섞어서 삶아 준다.

ⓘ 콩을 삶을 때 중조를 사용하면 쉽게 물러지기는 하지만 영양소 파괴가 있으므로 1% 소금물에 삶고, 삶는 물은 경수보다 연수를 사용한다.

50 급식시설별 1인 1식 사용수 양이 가장 많은 곳은?

① 학교급식　　② 병원급식
③ 기숙사급식　　④ 사업체급식

ⓘ 병원급식은 1인 1식을 월요일부터 일요일까지 3식으로, 사용수 양이 가장 많다.

51 실내공기의 오염 지표인 CO_2(이산화탄소)의 실내(8시간 기준) 서한량은 ?

① 0.001%　　② 0.01%
③ 0.1%　　④ 1%

ⓘ 위생학적 허용 한계는 0.1%(= 1,000ppm)이다.

52 열작용을 갖는 특징이 있어 일명 열선이라고도 하는 복사선은?

① 자외선　　② 가시광선
③ 적외선　　④ X-선

ⓘ 적외선은 자외선이나 가시광선에 비해 파장이 길고 열작용이 있어 기온에 영향을 주며, 과다 노출 시 일사병이나 백내장 위험이 있다.

53 우리나라에서 발생하는 장티푸스의 가장 효과적인 관리 방법은?

① 환경 위생 철저
② 공기정화
③ 순화독소(Toxoid) 접종
④ 농약사용 자제

ⓘ 장티푸스는 수인성 감염병으로 물이나 음식물을 끓여 먹고, 주변 환경 위생을 철저히 관리한다.

54 쥐의 매개에 의한 질병이 아닌 것은?

① 쯔쯔가무시병
② 유행성 출혈열
③ 페스트
④ 규폐증

ⓘ **규폐증**: 규산이 들어 있는 먼지를 오랫동안 마셔서 폐에 규산이 쌓여 생기는 만성 질환

55 공중보건 사업을 하기 위한 최소단위가 되는 것은?

① 가정 　　　② 개인
③ 시·군·구 　　④ 국가

! 공중보건 사업은 개인이 아니라 지역사회(시, 군, 구), 국민 전체를 대상으로 한다.

56 유리규산의 분진 흡입으로 폐에 만성섬유증식을 유발하는 질병은?

① 규폐증 　　　② 철폐증
③ 면폐증 　　　④ 농부 폐증

57 수인성 감염병의 유행 특징이 아닌 것은?

① 일반적으로 성별, 연령별 이환율의 차이가 적다.
② 발생지역이 음료수 사용지역과 거의 일치한다.
③ 발병률과 치명률이 높다.
④ 폭발적으로 발생한다.

! 수인성 감염병의 특징은 환자 발생이 폭발적이고, 음료수 사용지역과 유행 지역이 일치하는 것이다. 또 치명률이 낮고, 2차 감염환자의 발생이 거의 없고, 계절에 상관없이 발생하며, 성·연령·직업·생활 수준에 따른 발생 빈도에 차이가 없다.

58 기온 역전 현상의 발생조건은?

① 상부기온이 하부기온보다 낮을 때
② 상부기온이 하부기온보다 높을 때
③ 상부기온과 하부기온이 같을 때
④ 안개와 매연이 심할 때

! 대기층의 온도는 100m 상승할 때마다 $1\,℃$씩 낮아지므로 정상적으로는 상부기온이 하부기온보다 낮다. 그러나 대기오염으로 인해 상부기온이 하부기온보다 높은 기온역전현상이 발생하기도 한다.

59 녹조를 일으키는 부영양화 현상과 가장 밀접한 관계가 있는 것은?

① 황산염 　　　② 인산염
③ 탄산염 　　　④ 수산염

! 부영양화란 강이나 바다에서 유기물과 인산염을 비롯한 영양 물질이 늘어나 조류가 급격하게 자랄 수 있는 현상이다.

60 채소로 감염되는 기생충이 아닌 것은?

① 편충 　　　② 회충
③ 동양모양선충 　④ 사상충

! 사상충은 모기가 옮기고, 성충이 실 모양(Filiform)으로 가늘고 길며, 실타래처럼 엉키어 기생하는 벌레이다. 순환계, 림프계, 결체(결합) 조직, 체강(동물의 체벽과 내장 사이에 있는 빈 곳) 등에 붙어 산다. 열대와 아열대에 널리 퍼져 있어 열대성 풍토병을 일으킨다.

Ans
55 ③　56 ①　57 ③　58 ②　59 ②　60 ④

조리기능사 필기 기출문제 (2013년 7월 21일 시행)

자격 종목	코드	시험 시간	문항 수	수험 번호	성명
조리기능사	7910	60분	60		

01 식육 및 어육제품의 가공 시 첨가되는 아질산염과 제2급 아민이 반응하여 생기는 발암 물질은?

① 벤조피렌(Benzopyrene)
② PCB(Polychlorinated biphenyl)
③ 엔 - 니트로사민(N-nitrosamine)
④ 말론알데히드(Malonaldehyde)

> **!** 식육 및 어육 제품의 가공 시 첨가되는 발색제 아질산염과 제2급 아민이 반응하면 엔 - 니트로사민이라는 발암 물질이 생성된다.

02 알레르기성 식중독에 관계되는 원인 물질과 균은?

① 아세토인(Acetoin), 살모넬라균
② 지방(Fat), 장염 비브리오균
③ 엔테로톡신(Enterotoxin), 포도상구균
④ 히스타민(Histamine), 모르가니균

> **!** 모르가니균은 히스타민을 생성 · 축적하여 알레르기성 반응을 일으킨다.

03 식육 및 어육 등의 가공육제품의 육색을 안정하게 유지하기 위하여 사용되는 식품첨가물은?

① 아황산나트륨
② 질산나트륨
③ 몰식자산프로필
④ 이산화염소

> **!** 가공육 제품의 육색을 안정하게 유지하기 위하여 사용되는 식품첨가물은 발색제로 질산나트륨, 질산칼륨 등이 있다.

04 1960년 영국에서 10만 마리의 칠면조가 간장 장애를 일으켜 대량 폐사한 사고가 발생하였다. 원인을 조사한 결과 땅콩박스에서 Aspergillus flavus가 번식하여 생성한 독소가 원인 물질로 밝혀졌는데, 이 곰팡이 독소는?

① 오크라톡신(Ochratoxin)
② 에르고톡신(Ergotoxin)
③ 아플라톡신(Aflatoxin)
④ 루브라톡신(Rubratoxin)

> **!** 아플라톡신은 땅콩과 관련된 독소로 재래식 된장, 간장, 밀가루도 원인 식품이 될 수 있다.

Ans
01 ③　02 ④　03 ②　04 ③

05 세균의 장독소(Enterotoxin)에 의해 유발되는 식중독은?

① 황색 포도상구균 식중독
② 살모넬라 식중독
③ 복어 식중독
④ 장염비브리오 식중독

> 황색 포도상구균은 장독소인 엔테로톡신을 생성하고 급성 위장염 증상 등이 나타난다.

06 식품위생의 목적이 아닌 것은?

① 위생상의 위해 방지
② 식품 영양의 질적 향상 도모
③ 국민보건의 증진
④ 식품산업의 발전

> 식품위생은 식품으로 인한 위생상의 위해를 방지하고, 식품 영양의 질적 향상을 도모하며, 국민보건의 증진에 이바지함을 목적으로 한다.

07 발육 최적온도가 25~37℃인 균은?

① 저온균
② 중온균
③ 고온균
④ 내열균

> 미생물의 발육 최적온도에 따라 저온균(5~20℃), 중온균(25~37℃), 고온균(65~75℃ 이상)으로 나눈다.

08 초기에는 두통, 구토, 설사 증상을 보이다가 심하면 실명을 유발하는 것은?

① 아우라민
② 메탄올
③ 무스카린
④ 에르고타민

> 메탄올은 주류 발효 과정에 존재하고 포도주, 사과주 등에 생성되어 섭취할 수 있으며 증상은 두통, 구토, 설사, 실명, 심하면 호흡 곤란으로 사망에 이를 수 있다.

09 감자의 부패에 관여하는 물질은?

① 솔라닌(Solanine)
② 셉신(Sepsine)
③ 아코니틴(Aconitine)
④ 시큐톡신(Cicutoxin)

> 솔라닌 – 감자의 싹, 셉신 – 감자의 부패, 아코니틴 – 부자, 시큐톡신 – 독미나리

10 우리나라에서 간장에 사용할 수 있는 보존료는?

① 프로피온산(Propionic acid)
② 이초산나트륨(Sodium diacetate)
③ 안식향산(Benzoic acid)
④ 소르빈산(Sorbic acid)

> 안식향산은 보존료로서 청량음료, 간장, 식초, 마요네즈, 소스류에 사용한다.

11 식품위생법상 식품, 식품첨가물, 기구 또는 용기 · 포장에 기재하는 "표시"의 범위는?

① 문자
② 문자, 숫자
③ 문자, 숫자, 도형
④ 문자, 숫자, 도형, 음향

> 식품위생법상 표시란 식품, 식품첨가물, 기구 또는 용기·포장에 기재하는 문자, 숫자 또는 도형을 말한다.

12 조리사 면허의 취소 처분을 받은 때 면허증 반납은 누구에게 하는가?

① 보건복지부장관
② 특별자치도지사, 시장, 군수, 구청장
③ 식품의약품안전처장
④ 보건소장

> 조리사 면허의 허가와 취소는 시장·군수·구청장·특별자치 도지사가 관할한다.

13 영업허가를 받아야 하는 업종은?

① 식품운반업
② 유흥주점영업
③ 식품제조가공업
④ 식품소분판매업

> 단란주점, 유흥주점영업은 특별자치도지사, 시장, 군수, 구 청장의 영업허가를 받아야 하는 업종이다.

14 식품 등을 제조, 가공하는 영업을 하는 자가 제조, 가공하는 식품 등이 식품위생법 규정에 의한 기준, 규격에 적합한지 여부를 검사한 기록서를 보관해야 하는 기간은?

① 6개월　　　② 1년
③ 2년　　　④ 3년

15 식품위생법에서 정하고 있는 식품 등의 위생적인 취급에 관한 기준에 대한 설명으로 틀린 것은?

① 식품 등의 제조, 가공, 조리에 직접 사용되는 기계, 기구 및 음식기는 사용 후에 세척, 살균하는 등 항상 청결하게 유지, 관리하여야 한다.
② 어류, 육류, 채소류를 취급하는 칼, 도마는 각각 구분하여 사용하여야 한다.
③ 제조, 가공하여 최소판매 단위로 포장된 식품을 허가 받지 아니하고 포장을 뜯어 분할하여 판매하여서는 아니 되나, 컵라면 등 그 밖의 음식류에 뜨거운 물을 부어주기 위하여 분할하는 경우는 가능하다.
④ 식품 등의 원료 및 제품 등은 모두 냉동, 냉장 시설에 보관, 관리하여야 한다.

> 식품에 따라 원료 및 제품 등은 냉동, 냉장시설에 보관, 관리 하여야 한다.

16 함유된 주요 영양소가 잘못 짝지어진 것은?

① 북어포 – 당질, 지방
② 우유 – 칼슘, 단백질
③ 두유 – 지방, 단백질
④ 밀가루 – 당질, 단백질

❗ 북어포 – 단백질

17 훈연 시 육류의 보전성과 풍미 향상에 가장 많이 관여하는 것은?

① 유기산   ② 숯 성분
③ 탄소   ④ 페놀류

❗ 훈연 제품은 훈연 과정 중 연기 속에 포함된 페놀류와 알데 히드류가 방부 효과를 내고 독특한 풍미를 지니게 한다.

18 알칼리성 식품의 성분에 해당하는 것은?

① 유즙의 칼슘(Ca)
② 생선의 황(S)
③ 곡류의 염소(Cl)
④ 육류의 인(P)

❗ • **알칼리성 식품**: Ca, Mg, Na, K, Fe, Cu, Mn, Co, Zn 등 이 많은 채소와 과일
• **산성 식품**: S, P, I, Cl 등이 많은 단백질 식품

19 어묵의 점탄성을 부여하기 위해 첨가하는 물질은?

① 소금   ② 전분
③ 설탕   ④ 술

❗ 어묵의 점탄성을 부여하기 위해 탄력 보강제나 전분, 광택 제 등을 사용한다.

20 다음 탄수화물 중 이당류인 것은?

① 설탕(Sucrose)
② 전분(Starch)
③ 과당(Fructose)
④ 갈락토스(Galactose)

❗ 단당류 – 포도당 · 과당 · 갈락토스, 이당류 – 설탕 · 맥아당 · 유당, 다당류 – 전분

21 식품의 단백질이 변성되었을 때 나타나는 현상이 아닌 것은?

① 소화효소의 작용을 받기 어려워진다.
② 용해도가 감소한다.
③ 점도가 증가한다.
④ 폴리펩티드(Polypeptide) 사슬이 풀어 진다.

❗ 단백질이 변성되면 소화효소의 작용을 받기가 쉽다.

Ans
16 ①   17 ④   18 ①   19 ②   20 ①   21 ①

22 생선 육질이 쇠고기 육질보다 연한 것은 주로 어떤 성분의 차이에 의한 것인가?

① 글리코겐(Glycogen)
② 헤모글로빈(Hemoglobin)
③ 포도당(Glucose)
④ 콜라겐(Collagen)

❗ 생선의 단백질은 미오신, 액틴, 콜라겐의 함량이 많아 육류보다 연하고 담백하다.

23 치즈 제조에 사용되는 우유단백질을 응고시키는 효소는?

① 프로테아제(Protease)
② 레닌(Rennin)
③ 아밀라아제(Amylase)
④ 말타아제(Maltase)

❗ 레닌은 우유단백질을 응고시키는 효소이다.

24 탄수화물의 구성요소가 아닌 것은?

① 탄소　　　② 질소
③ 산소　　　④ 수소

❗ 탄수화물은 탄소, 수소, 산소가 구성 요소이고, 질소는 단백질의 구성요소이다.

25 비타민에 대한 설명 중 틀린 것은?

① 카로틴은 프로비타민 A이다.
② 비타민 E는 토코페롤이라고도 한다.
③ 비타민 B_{12}는 망간(Mn)을 함유한다.
④ 비타민 C가 결핍되면 괴혈병이 발생한다.

❗ 비타민 B_{12}는 코발트(Co)를 함유한다.

26 쌀의 도정도가 증가할 때 나타나는 현상은?

① 빛깔이 좋아진다.
② 조리 시간이 증가한다.
③ 소화율이 낮아진다.
④ 영양분이 증가한다.

❗ 쌀의 도정도가 증가할수록 조리 시간은 단축되고, 소화율은 증가하고, 영양분은 감소한다.

27 동물이 도축된 후 화학변화가 일어나 근육이 긴장되어 굳어지는 현상은?

① 사후경직　　　② 자기소화
③ 산화　　　　　④ 팽화

❗ 동물이 도살된 후 근육이 수축되어 단단하게 되는 상태를 사후경직이라고 한다.

Ans
22 ④　23 ②　24 ②　25 ③　26 ①　27 ①

28 고구마 100g이 72kcal의 열량을 낼 때, 고구마 350g은 얼마의 열량을 공급하는가?

① 234kcal ② 252kcal
③ 324kcal ④ 384kcal

> $100 : 72 = 350 : x$
> $100x = 25,200$
> $x = 252$
> 고구마 350g은 252kcal의 열량을 낸다.

29 라이코펜은 무슨 색이며, 어떤 식품에 많이 들어 있는가?

① 붉은색 - 당근, 호박, 살구
② 붉은색 - 토마토, 수박, 감
③ 노란색 - 옥수수, 고추, 감
④ 노란색 - 새우, 녹차, 달걀노른자

> 라이코펜은 붉은색으로 토마토, 수박 등에 많으며 일종의 카로티노이드 색소이다.

30 클로로필(Chlorophyll) 색소의 포르피린 고리에 결합되어 있는 이온은?

① Cu_2^+ ② Mg_2^+
③ Fe_2^+ ④ Na^+

> 녹색 채소 클로로필 색소의 포르피린 고리에 Mg_2^+이온이 결합되어 있다.

31 점성이 없고 보슬보슬한 매쉬드포테이토(Mashed potato)용 감자로 가장 알맞은 것은?

① 충분히 숙성한 분질의 감자
② 전분의 숙성이 불충분한 수확 직후의 햇감자
③ 소금 1컵 : 물 11컵의 소금물에서 표면에 뜨는 감자
④ 10℃ 이하의 찬 곳에 저장한 감자

32 냄새나 증기를 배출시키기 위한 환기시설은?

① 트랩 ② 트렌치
③ 후드 ④ 컨베이어

> • 후드: 식품의 냄새나 증기를 배출
> • 트랩: 배수관 악취의 역류를 막기 위한 장치
> • 트렌치: 배수, 배관 시설
> • 컨베이어: 자동적으로 연속해서 물품을 운반하는 기계 장치

33 육류조리에 대한 설명으로 맞는 것은?

① 목심, 양지, 사태는 건열조리에 적당하다.
② 안심, 등심, 염통, 콩팥은 습열 조리에 적당하다.
③ 편육은 고기를 냉수에서 끓이기 시작한다.
④ 탕류는 고기를 찬물에 넣고 끓이며, 끓기 시작하면 약한 불에서 끓인다.

> 탕류는 처음부터 찬물에서 끓여야 육즙이 국물에 잘 우러나올 수 있다.

34 단체급식의 문제점이 아닌 것은?

① 영양가의 산출 오류나 조리 기술의 부족은 영양저하를 일으킬 수 있다.
② 식중독 및 유독물질이나 세균의 혼입으로 위생사고가 발생할 수 있다.
③ 짧은 시간 내에 다량의 음식을 준비하므로 다양한 음식의 개발이 어렵다.
④ 국가의 식량정책에 협조하여 식단을 작성하므로 제철식품의 사용이 어렵다.

> ❗ 단체급식은 지역 식품, 계절 식품을 다양하게 사용해야 효율적일 수 있다.

35 쌀을 지나치게 문질러서 씻을 때 가장 손실이 큰 비타민은?

① 비타민 A   ② 비타민 B_1
③ 비타민 D   ④ 비타민 E

> ❗ 쌀은 2~3번 가볍게 씻어야 수용성 비타민 B_1의 손실을 최소화할 수 있다.

36 전분의 호화와 점성에 대한 설명 중 옳지 않은 것은?

① 곡류는 서류보다 호화온도가 낮다.
② 전분의 입자가 작을수록 빨리 호화된다.
③ 소금은 전분의 호화와 점도를 촉진시킨다.
④ 산 첨가는 가수분해를 일으켜 호화를 촉진시킨다.

> ❗ 곡류는 서류보다 호화 온도가 높다. 또 소금은 전분의 점도를 약하게 하고, 산을 첨가하면 가수 분해를 일으켜 호화를 방해한다.

37 김치를 담근 배추와 무가 물러졌을 때 그 원인에 해당하지 않는 것은?

① 김치 담글 때 배추와 무를 충분히 씻지 않았다.
② 김치 국물이 적어 국물 위로 김치가 노출되었다.
③ 김치를 꺼낼 때마다 꾹꾹 눌러 놓지 않았다.
④ 김치 숙성의 적기가 경과되었다.

> ❗ 김치를 보관할 때 김치 내에 산소가 들어가지 않게 꾹꾹 눌러 국물에 잠기도록 해야 무르지 않는다.

38 난백의 기포성에 관한 설명으로 옳은 것은?

① 신선한 달걀의 난백이 기포형성이 잘된다.
② 수양난백이 농후난백보다 기포형성이 잘된다.
③ 난백거품을 낼 때 다량의 설탕을 넣으면 기포 형성이 잘된다.
④ 실온에 둔 것보다 냉장고에서 꺼낸 난백의 기포 형성이 쉽다.

> ❗ 신선한 것보다 오래된 달걀의 난백이 기포형성이 잘되고, 약간의 설탕이나 산을 첨가하고, 실온에 있던 미지근한 달걀이 기포형성이 쉽다.

Ans
34 ④   35 ②   36 ②   37 ①   38 ②

39 신체의 근육이나 혈액을 합성하는 구성영양소는?

① 단백질
② 지질
③ 물
④ 비타민

> ! • **열량소**: 탄수화물, 지질(지방), 단백질
> • **구성소**: 단백질, 무기질
> • **조절소**: 무기질, 비타민

40 생선의 조리 방법으로 적합하지 않은 것은?

① 탕을 끓일 경우 국물을 먼저 끓인 후에 생선을 넣는다.
② 생강은 처음부터 넣어야 어취 제거에 효과적이다.
③ 생선조림은 양념장을 끓이다가 생선을 넣는다.
④ 생선 표면을 물로 씻으면 어취가 감소된다.

> ! 생강은 생선이 익은 후 요리 마무리에 넣어야 어취제거에 효과적이다.

41 식물성 유지가 아닌 것은?

① 올리브유
② 면실유
③ 피마자유
④ 버터

> ! 버터는 우유의 지방을 모아 응고시킨 것이다.

42 육류의 사후경직과 숙성에 대한 설명으로 틀린 것은?

① 사후경직은 근섬유가 미오글로빈(Myoglobin)을 형성하여 근육이 수축되는 상태이다.
② 도살 후 글리코겐이 혐기적 상태에서 젖산을 생성하여 pH가 저하된다.
③ 사후경직 시기에는 보수성이 저하되고 육즙이 많이 유출된다.
④ 자가 분해 효소인 카텝신(Cathepsin)에 의해 연해지고 맛이 좋아진다.

> ! 사후경직은 근섬유가 액토미오신(actomiosin)을 형성하여 근육이 수축되는 상태를 말한다.

43 조리기기 및 기구와 그 용도의 연결이 틀린 것은?

① 필러(Peeler): 채소의 껍질을 벗길 때
② 믹서(Mixer): 재료를 혼합할 때
③ 슬라이서(Slicer): 채소를 다질 때
④ 육류 파우더(Meat powder): 육류를 연화시킬 때

> ! • **슬라이서**: 얇게 저밀 때 사용하는 기구
> • **초퍼**: 채소를 다질 때 사용하는 기구

Ans
39 ①   40 ②   41 ④   42 ①   43 ③

44 알칼로이드성 물질로 커피의 자극성을 나타내고 쓴맛에도 영향을 미치는 성분은?

① 주석산(Tartaric acid)
② 카페인(Caffeine)
③ 타닌(Tannin)
④ 개미산(Formic acid)

> ! 커피나 코코아의 쓴맛은 카페인 성분이다.

45 냉동 육류를 해동시키는 방법 중 영양소 파괴가 가장 적은 것은?

① 실온에서 해동한다.
② 40℃의 미지근한 물에 담근다.
③ 냉장고에서 해동한다.
④ 비닐봉지에 싸서 물속에 담근다.

> ! 냉장고에서 서서히 해동시킬 때 영양 손실이 가장 적다.

46 식품의 감별법 중 틀린 것은?

① 감자 – 병충해, 발아, 외상, 부패 등이 없는 것
② 송이버섯 – 봉오리가 크고 줄기가 부드러운 것
③ 생과일 – 성숙하고 신선하며 청결한 것
④ 달걀 – 표면이 거칠고 광택이 없는 것

> ! 송이버섯은 지름 4cm 정도이고 줄기가 단단해야 한다.

47 시금치나물을 조리할 때 1인당 80g이 필요하다면, 식수인원 1,500명에 적합한 시금치 발주량은? (단, 시금치 폐기율은 5%이다.)

① 100kg   ② 122kg
③ 127kg   ④ 132kg

> ! 총발주량 = {(정미중량 × 100) / (100 – 폐기율)} × 인원수
> = {(80 × 100) / (100 – 5)} × 1,500
> = {(8,000) / (95)} × 1,500
> = 84.21 × 1,500
> = 126,315
> 시금치의 총발주량은 약 127kg이다.

48 전분을 주재료로 이용하여 만든 음식이 아닌 것은?

① 도토리묵
② 크림수프
③ 두부
④ 죽

> ! 두부는 콩 단백질을 이용해서 만든 것이다.

49 단당류에서 부제탄소 원자가 3개 존재하면 이론적인 입체 이성체 수는?

① 2개   ② 4개
③ 6개   ④ 8개

> ! 이성체의 수는 2^n
> $2^3 = 2 × 2 × 2$
> $= 8$

Ans
44 ②   45 ③   46 ②   47 ③   48 ③   49 ④

50 에너지 전달에 대한 설명으로 틀린 것은?

① 물체가 열원에 직접적으로 접촉됨으로써 가열되는 것을 전도라고 한다.
② 대류에 의한 열의 전달은 매개체를 통해서 일어난다.
③ 대부분의 음식은 전도, 대류, 복사 등의 복합적 방법에 의해 에너지가 전달되어 조리된다.
④ 열의 전달 속도는 대류가 가장 빨라 복사, 전도보다 효율적이다.

> ! 열의 전달 속도는 대류가 가장 느리다.

51 모체로부터 태반이나 수유를 통해 얻어지는 면역은?

① 자연능동면역
② 인공능동면역
③ 자연수동면역
④ 인공수동면역

> ! • 자연수동면역: 태반, 모유 등 모체로부터 얻은 면역
> • 자연능동면역: 질병 감염 후 얻은 면역
> • 인공수동면역: 수혈 후 얻은 면역
> • 인공능동면역: 예방접종 후 얻은 면역

52 질병을 매개하는 위생해충과 그 질병의 연결이 틀린 것은?

① 모기 - 사상충증, 말라리아
② 파리 - 장티푸스, 발진티푸스
③ 진드기 - 유행성 출혈열, 쯔쯔가무시병
④ 벼룩 - 페스트, 발진열

> ! 발진티푸스는 이가 매개한다.

53 채소류로부터 감염되는 기생충은?

① 동양모양선충, 편충
② 회충, 무구조충
③ 십이지장충, 선모충
④ 요충, 유구조충

> ! 채소류로부터 감염되는 기생충은 동양모양선충, 편충, 회충, 요충 등이다.

54 다수인이 밀집한 실내 공기가 물리, 화학적 조성의 변화로 불쾌감, 두통, 권태, 현기증 등을 일으키는 것은?

① 자연독   ② 진균독
③ 산소 중독   ④ 군집독

> ! 군집독이란 다수인이 밀집한 곳에서 실내 공기의 이화학적 조성의 변화로 두통, 권태, 현기증, 구토 등의 생리적 이상을 일으키는 것을 말한다.

Ans
50 ④   51 ③   52 ②   53 ①   54 ④

55 다음 중 온열 요소가 아닌 것은?

① 기온 　　　　② 기습
③ 기류 　　　　④ 기압

> ! 온열 3요소: 기온, 기습, 기류

56 모기에 의해 전파되는 감염병은?

① 콜레라 　　　② 장티푸스
③ 말라리아 　　④ 결핵

> ! 모기에 의해 전파되는 말라리아는 학질이라고도 하며, 사람에게서 나타나는 급성 및 만성 재발성 감염 질환이다.

57 공중보건에 대한 설명으로 틀린 것은?

① 목적은 질병예방, 수명연장, 정신적, 신체적 효율의 증진이다.
② 공중보건의 최소단위는 지역사회이다.
③ 환경위생 향상, 감염병 관리 등이 포함된다.
④ 주요 사업대상은 개인의 질병치료이다.

> ! 공중보건은 개인의 질병치료가 아닌 질병예방이 목적이다.

58 광화학적 오염물질에 해당하지 않는 것은?

① 오존 　　　　② 케톤
③ 알데히드 　　④ 탄화수소

> ! 탄화수소는 탄소와 수소로 이루어져 있는 유기화합물로, 천연에 널리 존재한다.

59 소음에 있어서 음의 크기를 측정하는 단위는?

① 데시벨(dB) 　② 폰(phon)
③ 실(SIL) 　　④ 주파수(Hz)

> ! 소음 측정 단위 dB(데시벨)은 음의 강도를 나타내는 단위이고, phon은 음의 크기를 나타내는 단위이다.

60 감염병의 병원체를 내포하고 있어 감수성 숙주에게 병원체를 전파시킬 수 있는 근원이 되는 모든 것을 의미하는 용어는?

① 감염경로 　　② 병원소
③ 감염원 　　　④ 미생물

> ! • **감염경로**: 호흡기계, 소화기계 등
> • **병원소**: 사람, 동물, 물건 등
> • **미생물**: 바이러스, 세균, 곰팡이 등

Ans
55 ④　56 ③　57 ④　58 ④　59 ②　60 ③

조리기능사 필기 기출문제 (2013년 10월 12일 시행)

자격 종목	코드	시험 시간	문항 수	수험 번호	성명
조리기능사	7910	60분	60		

01 육류의 부패과정에서 pH가 약간 저하되었다가 다시 상승하는 데 관계하는 것은?

① 암모니아
② 비타민
③ 글리코겐
④ 지방

> 부패 과정에서 암모니아, 아민류, 페놀, 탄산가스, 인돌 등이 급격히 상승한다.

02 히스타민 함량이 많아 가장 알레르기성 식중독을 일으키기 쉬운 어육은?

① 넙치
② 대구
③ 가다랑어
④ 도미

> 가다랑어, 정어리, 고등어, 삼치 등 등푸른 생선에 히스타민 함량이 많다.

03 빵을 비롯한 밀가루 제품에서 밀가루를 부풀게 하여 적당한 형태를 갖추게 하기 위해 사용되는 첨가물은?

① 팽창제
② 유화제
③ 피막제
④ 산화 방지제

> 팽창제는 빵, 비스킷, 케이크를 만들 때 밀가루에 첨가한다. 가스를 발생시켜 부풀게 하여 형태를 갖추고, 식감도 좋게 하는 첨가물이다.

04 황색 포도상구균에 의한 독소형 식중독과 관계되는 독소는?

① 장독소
② 간독소
③ 혈독소
④ 암독소

> 황색 포도상구균의 원인 독소는 엔테로톡신으로 장독소이다.

Ans
01 ① 02 ③ 03 ① 04 ①

05 곰팡이에 의해 생성되는 독소가 아닌 것은?

① 아플라톡신   ② 시트리닌
③ 엔테로톡신   ④ 파툴린

> 엔테로톡신은 황색 포도상구균의 원인 독소로 식중독 세균이 증식할 때 생성되는 독소이다.

06 열경화성 합성수지제 용기의 용출시험에서 가장 문제가 되는 유독 물질은?

① 메탄올   ② 아질산염
③ 포름알데히드 ④ 연단

> 합성수지 및 화학제품 제조 시 발생하며 인체에 독성이 강한 유독물질은 포름알데히드이다.

07 동물성 식품에서 유래하는 식중독 유발 유독 성분은?

① 아마니타톡신   ② 솔라닌
③ 베네루핀   ④ 시큐톡신

> 베네루핀 – 조개류 중독, 아마니타톡신 – 독버섯, 솔라닌 – 감자의 싹, 시큐톡신 – 독미나리

08 사용목적별 식품첨가물의 연결이 틀린 것은?

① 착색료 – 철클로로필린 나트륨
② 소포제 – 초산비닐수지
③ 표백제 – 메타중아황산칼륨
④ 감미료 – 사카린나트륨

> 소포제 – 규소수지, 피막제 – 초산비닐수지

09 식품취급자가 손을 씻는 방법으로 적합하지 않은 것은?

① 살균효과를 증대시키기 위해 역성비누액에 일반 비누액을 섞어 사용한다.
② 팔에서 손으로 씻어 내려온다.
③ 손을 씻은 후 비눗물을 흐르는 물에 충분히 씻는다.
④ 역성비누원액을 몇 방울 손에 받아 30초 이상 문지르고 흐르는 물로 씻는다.

> 역성비누 사용 시 보통 비누를 함께 사용하면 살균효과가 떨어지므로, 보통 비누로 씻어 낸 후 역성비누로 소독하면 효과적이다.

Ans
05 ③   06 ③   07 ③   08 ②   09 ①

10 사시, 동공확대, 언어장애 등 특유의 신경마비 증상을 나타내며 비교적 높은 치사율을 보이는 식중독 원인균은?

① 황색 포도상구균
② 클로스트리디움 보툴리눔균
③ 병원성대장균
④ 바실러스 세레우스균

> ! 클로스트리디움 보툴리눔균의 원인 독소는 뉴로톡신인데 신경 독소로 사시, 동공 확대, 신경마비 증상 등이 나타난다.

11 식품 등의 표시기준에 의해 표시해야 하는 대상 성분이 아닌 것은?

① 나트륨   ② 지방
③ 열량   ④ 칼슘

> ! 식품 등의 표시기준에 의한 표시해야 하는 대상성분은 탄수화물(당류), 단백질, 지방(포화 지방, 트랜스 지방), 열량, 콜레스테롤, 나트륨, 그밖에 강조 표시를 하고자 하는 영양성분이다.

12 식품 등을 판매하거나 판매할 목적으로 취급할 수 있는 것은?

① 병을 일으키는 미생물에 오염되었거나 그 염려가 있어 인체의 건강을 해칠 우려가 있는 식품
② 포장에 표시된 내용량에 비하여 중량이 부족한 식품
③ 영업 신고를 하여야 하는 경우에 신고하지 아니한 자가 제조한 식품
④ 썩거나 상하거나 설익어서 인체의 건강을 해칠 우려가 있는 식품

> ! 인체의 건강을 해칠 우려가 있는 위해 식품 등은 판매를 금지한다.

13 식품공정상 표준온도라 함은 몇 ℃인가?

① 5℃   ② 10℃
③ 15℃   ④ 20℃

> ! 표준온도(측정할 때의 표준이 되는 온도)는 20℃이며, 상온은 15~25℃, 실온은 1~35℃, 미온은 30~40℃이다.

14 다음 영업의 종류 중 식품접객업이 아닌 것은?

① 보건복지부령이 정하는 식품을 제조, 가공하여 업소 내에서 직접 최종소비자에게 판매하는 영업
② 음식류를 조리, 판매하는 영업으로서 식사와 함께 부수적으로 음주행위가 허용되는 영업
③ 집단급식소를 설치, 운영하는 자와의 계약에 의하여 그 집단급식소 내에서 음식류를 조리하여 제공하는 영업
④ 주로 주류를 판매하는 영업으로서 유흥종사자를 두거나 유흥시설을 설치할 수 있고 노래를 부르거나 춤을 추는 행위가 허용되는 영업

> ! ①은 즉석 판매 제조·가공업에 해당되고, 식품접객업으로 ②는 일반음식점영업, ③은 위탁급식영업, ④는 유흥주점영업에 해당된다.

기출문제 해설

15 식품위생법상 조리사가 면허취소 처분을 받은 경우 반납하여야 할 기간은?

① 지체 없이   ② 5일
③ 7일   ④ 15일

> ❗ 조리사가 면허취소 처분을 받은 경우에는 지체 없이 면허증을 특별자치도지사, 시장, 군수, 구청장에게 반납해야 한다.

16 필수아미노산만으로 짝지어진 것은?

① 트립토판, 메티오닌
② 트립토판, 글리신
③ 리신, 글루타민산
④ 루신, 알라닌

> ❗ **필수아미노산:** 트립토판, 메티오닌, 발린, 트레오닌, 아이소루신, 루신, 리신(라이신), 페닐알라닌, 아르지닌, 히스티딘

17 과실 주스에 설탕을 섞은 농축액 음료수는?

① 탄산음료   ② 스쿼시
③ 시럽   ④ 젤리

18 신선한 생육의 환원형 미오글로빈이 공기와 접촉하면 분자상의 산소와 결합하여 옥시미오글로빈으로 되는데 이때의 색은?

① 어두운 적자색   ② 선명한 적색
③ 어두운 회갈색   ④ 선명한 분홍색

> ❗ 신선한 생육은 미오글로빈에 의해 암적색을 띠나 고기의 표면이 공기와 접촉하면 산소와 결합하여 선명한 적색의 옥시미오글로빈이 된다.

19 다음 물질 중 동물성 색소는?

① 클로로필   ② 플라보노이드
③ 헤모글로빈   ④ 안토크산틴

> ❗ 헤모글로빈(동물성 혈색소), 클로로필(식물의 녹색 색소), 플라보노이드(식물의 담황색 색소), 안토크산틴(식물의 자색 색소 등)

20 산화방지제가 아닌 것은?

① 아스코르빈산   ② 안식향산
③ 토코페롤   ④ BHT

> ❗ 안식향산: 보존료(방부제)

Ans
15 ①   16 ①   17 ②   18 ②   19 ③   20 ②

21 감자는 껍질을 벗겨 두면 색이 변화되는데, 이를 막기 위한 방법은?

① 물에 담근다.
② 냉장고에 보관한다.
③ 냉동시킨다.
④ 공기 중에 방치한다.

> ❗ 산소와 접촉하면 갈변되는 것을 방지하기 위해 물에 담근다.

22 "당면은 감자, 고구마, 녹두 가루에 첨가물을 혼합, 성형하여 (   )한 후 건조, 냉각하여 (   )시킨 것으로 반드시 열을 가해 (   )하여 먹는다." (   )에 알맞은 용어가 순서대로 나열된 것은?

① α화 – β화 – α화
② α화 – α화 – β화
③ β화 – β화 – α화
④ β화 – α화 – β화

> ❗ • α화: 전분에 물과 열을 가해 익힌 상태
> • β화: α화된 전분을 상온에 방치하면 생 전분의 구조로 변화되어 굳어지는 상태

23 대두에 관한 설명으로 틀린 것은?

① 콩 단백질의 주요 성분인 글리시닌은 글로불린에 속한다.
② 아미노산의 조성은 메티오닌, 시스테인이 많고 리신, 트립토판이 적다.
③ 날콩에는 트립신 저해제가 함유되어 생식할 경우 단백질 효율을 저하시킨다.
④ 두유에 염화마그네슘이나 탄산칼슘을 첨가하여 단백질을 응고시킨 것이 두부이다.

> ❗ 대두는 곡류 섭취 시 부족하기 쉬운 리신과 트립토판의 함량이 높아 콩밥을 섭취하면 단백가를 보완하는 데 효과적이다. 단, 메티오닌이나 시스테인의 함량은 약간 부족하다.

24 적자색 양배추를 채 썰어 물에 장시간 담가 두었더니 탈색되었다. 이 현상의 원인이 되는 색소와 그 성질을 바르게 연결한 것은?

① 안토시아닌계 색소 – 수용성
② 플라보노이드계 색소 – 지용성
③ 헴계 색소 – 수용성
④ 클로로필계 색소 – 지용성

> ❗ 수용성 안토시아닌계 색소(적색, 자색 등)는 물에 담가 두면 색이 빠진다.

25 인체의 미량원소로 주로 갑상샘호르몬인 티록신과 트리아이오드티로닌의 구성원소이고 갑상샘에 들어 있으며, 원소기호는 Ⅰ인 영양소는?

① 요오드   ② 철
③ 마그네슘   ④ 셀레늄

> ❗ 갑상샘 호르몬의 주성분으로 체내 대사를 조절하는 것은 요오드(아이오딘)이다.

26 전분에 대한 설명으로 틀린 것은?

① 아밀로스와 아밀로펙틴의 비율이 2:8이다.
② 식혜, 엿은 전분의 효소 작용을 이용한 식품이다.
③ 동물성 탄수화물로 열량을 공급한다.
④ 가열하면 팽윤되어 점성을 갖는다.

> ❗ 전분은 식물성 탄수화물로 열량(1g에 4kcal)을 공급한다.

Ans
21 ① **22** ① **23** ② **24** ① **25** ① **26** ③

기출문제 해설

27 박력분에 대한 설명 중 옳은 것은?

① 마카로니 제조에 쓰인다.
② 우동 제조에 쓰인다.
③ 단백질 함량이 9% 이하이다.
④ 글루텐의 탄력성과 점성이 강하다.

> ❗ 박력분은 글루텐의 탄력성과 점성이 약하며 케이크, 과자, 튀김옷에 사용된다.

28 돼지의 지방조직을 가공하여 만든 것은?

① 헤드치즈
② 라드
③ 젤라틴
④ 쇼트닝

> ❗ 라드 : 돼지의 지방을 정제해서 얻은 고체 기름

29 달걀을 삶은 직후 찬물에 넣어 식히면 노른자 주위에 암녹색의 황화철이 적게 생기는데 그 이유는?

① 찬물이 스며들어가 황을 희석시키기 때문
② 황화수소가 난각을 통하여 외부로 발산되기 때문
③ 찬물이 스며들어가 철분을 희석하기 때문
④ 외부의 기압이 낮아 황과 철분이 외부로 빠져나오기 때문

> ❗ 달걀을 삶은 직후 찬물에 넣어 식히면 내·외부 압력 차에 의해 난백의 황화 수소가 외부로 이동하여 황화 제1철이 적게 형성된다.

30 고등어 100g당 단백질량이 20g, 지방량이 14g이라 할 때 고등어 150g의 단백질량과 지방량의 합은?

① 34g
② 51g
③ 54g
④ 68g

> ❗ 단백질량은 100 : 20 = 150 : x
> $$100x = 3,000$$
> $$x = 30$$
> 지방량은 100 : 14 = 150 : x
> $$100x = 2,100$$
> $$x = 21$$
> 따라서 단백질량(30g) + 지방량(21g) = 51g이다.

31 급식시설 종류별 단체급식의 목적으로 틀린 것은?

① 학교급식 – 심신의 건전한 발달과 올바른 식습관 형성
② 군대급식 – 체력 및 건강증진으로 체력 단련 유도
③ 사회복지시설 – 작업능률과 효과적인 생산성의 향상
④ 병원급식 – 환자상태에 따라 특별식을 급식하여 질병 치료나 증상 회복을 촉진

> ❗ 산업체 급식 : 작업능률을 높이고, 효과적인 생산성의 향상

Ans

27 ③   28 ②   29 ②   30 ②   31 ③

32 전자레인지의 주된 조리 원리는?

① 복사　　　　　② 전도
③ 대류　　　　　④ 초단파

> 오븐 – 복사, 팬브로일링 – 전도, 끓이기 – 대류, 전자레인지 – 초단파

33 달걀의 이용이 바르게 연결된 것은?

① 농후제 – 크로켓
② 결합제 – 만두소
③ 팽창제 – 커스터드
④ 유화제 – 푸딩

> • 농후제(걸쭉하게 하는 역할): 커스터드, 소스, 푸딩 등
> • 팽창제(부풀게 하는 역할): 머랭, 스펀지케이크 등
> • 유화제(물과 기름을 잘 섞이게 하는 역할): 마요네즈 등

34 달걀 삶기에 대한 설명 중 틀린 것은?

① 달걀을 완숙하려면 98~100℃의 온도에서 12분 정도 삶아야 한다.
② 삶은 달걀을 냉수에 즉시 담그면 부피가 수축하여 난각과의 공간이 생기므로 껍질이 잘 벗겨진다.
③ 달걀을 오래 삶을 때 난황 주위에 생기는 황화 수소는 녹색이며 이로 인해 녹변이 된다.
④ 달걀은 70℃ 이상의 온도에서 난황과 난백이 모두 응고한다.

> 달걀을 오래 삶으면 난백의 황 성분이 황화수소를 발생시키고, 난황의 철 성분과 반응하여 황화 제1철을 형성하여 녹변 현상이 일어난다.

35 식품조리의 목적과 가장 거리가 먼 것은?

① 식품이 지니고 있는 영양소 손실을 최대한 적게 하기 위해
② 각 식품의 성분이 잘 조화되어 풍미를 돋구게 하기 위해
③ 외관상으로 식욕을 자극하기 위해
④ 질병을 예방하고 치료하기 위해

> 조리의 목적은 기호성, 소화성, 안전성, 저장성 향상에 있다.

36 식품구입 시의 감별방법으로 틀린 것은?

① 육류가공품인 소시지의 색은 담홍색이며 탄력성이 없는 것
② 밀가루는 잘 건조되고 덩어리가 없으며 냄새가 없는 것
③ 감자는 굵고 상처가 없으며 발아되지 않은 것
④ 생선은 탄력이 있고 아가미는 선홍색이며 눈알이 맑은 것

> 육류가공품인 소시지의 색은 담홍색이며 탄력성이 있는 것이 신선한 것이다.

37 감자 150g을 고구마로 대체하려면 고구마 약 몇 g이 있어야 하는가? (당질 함량은 100g당 감자 15g, 고구마 32g이다.)

① 21g　　　　　② 44g
③ 66g　　　　　④ 70g

> 대체 식품 = (150 × 15) / 32
> 　　　　　 = 2,250 / 32
> 　　　　　 = 70.3
> 대체 식품은 약 70g이 필요하다.

Ans

32 ④　**33** ②　**34** ③　**35** ④　**36** ①　**37** ④

38 과일이 성숙함에 따라 일어나는 성분변화가 아닌 것은?

① 과육은 점차로 연해진다.
② 엽록소가 분해되면서 푸른색은 옅어진다.
③ 비타민 C와 카로틴 함량이 증가한다.
④ 타닌은 증가한다.

> ! 과일이 숙성되면서 떫은맛 성분인 타닌 성분은 감소한다.

39 마요네즈가 분리되는 경우가 아닌 것은?

① 기름의 양이 많았을 때
② 기름을 첨가하고 천천히 저어 주었을 때
③ 기름의 온도가 너무 낮을 때
④ 신선한 마요네즈를 조금 첨가했을 때

> ! 마요네즈가 분리되는 경우는 회전 속도가 느리거나 너무 빠를 때, 기름 온도가 맞지 않을 때, 기름 양이 많았을 때 등이다.

40 일반적으로 젤라틴이 사용되지 않는 것은?

① 양갱   ② 아이스크림
③ 마시멜로   ④ 족편

> ! • 젤라틴은 동물성 응고제로 족편, 젤리, 무스, 아이스크림 등을 만든다.
> • 한천은 식물성 응고제로 양갱을 만든다.

41 일반적으로 맛있게 지어진 밥은 쌀 무게의 약 몇 배 정도의 물을 흡수하는가?

① 1.2~1.4배   ② 2.2~2.4배
③ 3.2~4.4배   ④ 4.2~5.4배

> ! 맛있는 밥은 쌀 부피의 1.2배, 무게의 1.5배의 물 양일 때이다.

42 일반적으로 생선의 맛이 좋아지는 시기는?

① 산란기 몇 개월 전
② 산란기 때
③ 산란기 직후
④ 산란기 몇 개월 후

> ! 산란기 직전일 때 단백질을 비롯한 영양 성분을 최고로 가지고 있어 가장 맛있다.

43 다음 식품 중 직접 가열하는 급속해동법이 많이 이용되는 것은?

① 생선   ② 쇠고기
③ 냉동피자   ④ 닭고기

> ! 냉동 반조리 식품이나 냉동 조리 식품은 급속해동했을 때 식품 변화가 최소화된다.

Ans
38 ④   39 ④   40 ①   41 ①   42 ①   43 ③

44 두부를 새우젓국에 끓이면 물에 끓이는 것보다 더 ( ). 이 ( )에 알맞은 말은?

① 단단해진다
② 부드러워진다
③ 구멍이 많이 생긴다
④ 색깔이 하얗게 된다

> ! 새우젓국 속에 용해되어 있는 소금의 Na^+은 두부 중 미결합 상태의 Ca^-이 가열에 의해 단백질과 결합되는 것을 방해하므로 두부가 단단해지지 않고 부드럽다.

45 식미에 긴장감을 주고 식욕을 증진시키며 살균작용을 돕는 매운맛 성분의 연결이 틀린 것은?

① 마늘 – 알리신
② 생강 – 진저롤
③ 산초 – 호박산
④ 고추 – 캡사이신

> ! • 산초의 매운맛 성분은 산쇼올(sanshool)이다.
> • 호박산은 조개류의 맛 성분이다.

46 닭튀김을 하였을 때 살코기 색이 분홍색을 나타내는 것은?

① 변질된 닭이므로 먹지 못한다.
② 병에 걸린 닭이므로 먹어서는 안 된다.
③ 근육 성분의 화학적 반응이므로 먹어도 된다.
④ 닭의 크기가 클수록 분홍색 변화가 심하다.

> ! 냉동된 닭을 해동시켜 튀기면 화학적 반응에 의해 살코기 색이 분홍색으로 나타나므로 먹어도 된다.

47 오이피클 제조 시 오이의 녹색이 녹갈색으로 변하는 이유는?

① 클로로필리드가 생겨서
② 클로로필린이 생겨서
③ 페오피틴이 생겨서
④ 크산토필이 생겨서

> ! 오이의 클로로필 성분은 산과 결합하면 적갈색의 페오피틴을 생성한다.

48 표준조리 레시피를 만들 때 포함되어야 할 사항이 아닌 것은?

① 메뉴명
② 조리시간
③ 1일단가
④ 조리방법

> ! 표준조리 레시피를 만들 때는 메뉴명, 조리시간, 조리방법이 포함되어야 한다.

49 매월 고정적으로 포함해야 하는 경비는?

① 지급운임
② 감가상각비
③ 복리후생비
④ 수당

> ! 고정비란 일정한 기간 동안 조업도의 변동에 관계없이 항상 일정액으로 발생하는 원가로 감가상각비, 노무비, 보험료, 제세 공과 등이 포함된다.

Ans
44 ② 45 ③ 46 ③ 47 ③ 48 ③ 49 ②

50 다음 자료에 의해서 총원가를 산출하면 얼마인가?

직접재료비	170,000원
직접노무비	80,000원
직접경비	5,000원
판매경비	55,00원
간접재료비	55,000원
간접노무비	50,000원
간접경비	65,000원
일반관리비	10,000원

① 425,000원 ② 430,500원
③ 435,000원 ④ 440,500원

> 직접원가 = 직접재료비 + 직접노무비 + 직접경비
> 제조간접비 = 간접재료비 + 간접노무비 + 간접경비
> 제조원가 = 직접원가 + 제조간접비
> 총원가 = 제조원가 + 판매비 + 일반관리비
> = {(170,000 + 80,000 + 5,000) + (55,000 + 50,000 + 65,000)} + (5,500 + 10,000)
> = (255,000 + 170,000) + 15,500
> = 440,500

51 감염병과 주요한 감염경로의 연결이 틀린 것은?

① 공기 감염 – 폴리오
② 직접 접촉감염 – 성병
③ 비말 감염 – 홍역
④ 절지동물 매개 – 황열

> 폴리오는 소화기계 감염병이다.

52 인공능동면역에 의하여 면역력이 강하게 형성되는 감염병은?

① 이질 ② 말라리아
③ 폴리오 ④ 폐렴

> 인공능동면역: 예방 접종으로 획득한 면역으로 폴리오, 홍역, 결핵, 황열, 탄저, 두창, 광견병 등

53 하수처리 방법 중에서 처리의 부산물로 메탄가스 발생이 많은 것은?

① 활성오니법
② 살수여상법
③ 혐기성처리법
④ 산화지법

> 하수처리방법 중 혐기성처리로 무산소 상태에서 유기물을 분해할 때 메탄, 유기산, 이산화탄소를 생성한다.

54 곤충을 매개로 간접전파되는 감염병과 가장 거리가 먼 것은?

① 재귀열 ② 말라리아
③ 인플루엔자 ④ 쯔쯔가무시병

> 재귀열 – 이 · 빈대 · 벼룩, 말라리아 – 모기, 쯔쯔가무시병 – 진드기, 인플루엔자 – 바이러스

Ans
50 ④ 51 ① 52 ③ 53 ③ 54 ③

55 DPT 예방접종과 관계없는 감염병은?

① 페스트 ② 디프테리아

③ 백일해 ④ 파상풍

> DPT 예방접종: 디프테리아(Diphtheria), 백일해(Pertussis), 파상풍(Tetani)

56 미생물에 대한 살균력이 가장 큰 것은?

① 적외선 ② 가시광선

③ 자외선 ④ 라디오파

> 자외선 2,500~2,800 Å에서 살균력이 강해 소독에 이용

57 군집독의 가장 큰 원인은?

① 실내 공기의 이화학적 조성의 변화 때문이다.
② 실내의 생물학적 변화 때문이다.
③ 실내 공기 중 산소의 부족 때문이다.
④ 실내 기온이 증가하여 너무 덥기 때문이다.

> 군집독이란 다수인이 밀집한 곳에서 실내 공기의 이화학적 조성의 변화로 두통, 권태, 현기증, 구토 등의 생리적 이상을 일으키는 것을 말한다.

58 영아사망률을 나타낸 것으로 옳은 것은?

① 1년간 출생수 1,000명당 생후 7일 미만의 사망 수
② 1년간 출생수 1,000명당 생후 1개월 미만의 사망 수
③ 1년간 출생수 1,000명당 생후 1년 미만의 사망 수
④ 1년간 출생수 1,000명당 전체 사망 수

> 영아사망률이란 연간 태어난 출생아 1,000명 중에 생후 1년 미만에 사망한 영아의 수를 천분비로 나타낸 것으로, 국민 보건 상태의 측정지표로 사용되고 있다.

59 예방접종이 감염병 관리상 갖는 의미는?

① 병원소의 제거
② 감염원의 제거
③ 환경의 관리
④ 감수성 숙주의 관리

> 감수성이란 숙주에 침입한 병원체에 대항하여 감염이나 발병을 저지할 수 없는 상태로, 감수성이 높으면 면역성이 낮아지므로 질병이 발병하기 쉽게 된다. 예방 접종함으로써 숙주의 감수성을 관리할 수 있다.

60 우리나라에서 사회보험에 해당되지 않는 것은?

① 생명보험
② 국민연금
③ 고용보험
④ 건강보험

> 우리나라의 사회보험은 국민연금, 고용보험, 건강보험, 산재보험이다.

Ans

55 ① 56 ③ 57 ① 58 ③ 59 ④ 60 ①

조리기능사 필기 기출문제 (2014년 1월 26일 시행)

자격 종목	코드	시험 시간	문항 수	수험 번호	성명
조리기능사	7910	60분	60		

01 다음 중 국내에서 허가된 인공감미료는?

① 둘신(Dulcin)
② 사카린나트륨(Sodium saccharin)
③ 시클람산나트륨(Sodium cyclamate)
④ 에틸렌글리콜(Ethylene glycol)

> ❗ **국내에서 허가된 인공 감미료:** 사카린나트륨, 글리실리진산
> 이나트륨, D – 소비톨, 아스파탐, 스테비오사이드

02 바이러스(Virus)에 의하여 발병되지 않는 것은?

① 돈단독증
② 유행성간염
③ 급성회백수염
④ 감염성설사증

> ❗ 돈단독증은 세균에 의해 발병되는 인수공통감염병이다.

03 생육이 가능한 최저수분활성도가 가장 높은 것은?

① 내건성포자   ② 세균
③ 곰팡이   ④ 효모

> ❗ **생육이 가능한 최저 수분활성도(Aw)**
> 세균(0.90Aw) > 효모(0.88Aw) > 곰팡이(0.80Aw)

04 발아한 감자와 청색 감자에 많이 함유된 독 성분은?

① 리신   ② 엔테로톡신
③ 무스카린   ④ 솔라닌

> ❗ 엔테로톡신 – 황색 포도상 구균 식중독 독소, 무스카린 – 독
> 버섯 독소, 솔라닌 – 감자 싹의 독소

Ans
01 ②   02 ①   03 ②   04 ④

05 식품첨가물과 사용목적을 표시한 것 중 잘못된 것은?

① 글리세린 – 용제
② 초산 비닐 수지 – 껌 기초제
③ 탄산암모늄 – 팽창제
④ 규소 수지 – 이형제

> ⚠ 규소수지: 소포제(농축, 발효 시 거품이 일어나는 것을 제거하는 데 사용)

06 식품위생법상에 명시된 식품위생감시원의 직무가 아닌 것은?

① 과대광고 금지의 위반 여부에 관한 단속
② 조리사 및 영양사의 법령준수사항 이행 여부 확인, 지도
③ 생산 및 품질관리일지의 작성 및 비치
④ 시설기준의 적합 여부의 확인, 검사

> ⚠ 생산 및 품질관리일지의 작성 및 비치는 영업자의 준수사항이다.

07 영업을 하려는 자가 받아야 하는 식품위생에 관한 교육시간으로 옳은 것은?

① 식품제조 · 가공업 – 36시간
② 식품운반업 – 12시간
③ 단란주점영업 – 6시간
④ 옹기류제조업 – 8시간

> ⚠ 단란주점(식품접객업)영업을 하려는 자는 6시간의 위생교육을 이수해야 한다.

08 식품위생법상 허위 표시 과대광고로 보지 않는 것은?

① 수입신고한 사항과 다른 내용의 표시광고
② 식품의 성분과 다른 내용의 표시광고
③ 인체의 건전한 성장 및 발달과 건강한 활동을 유지하는 데 도움을 준다는 표현의 표시광고
④ 외국어 사용 등으로 외국제품으로 혼동할 우려가 있는 표시광고

09 식품 등의 표시기준상 영양성분에 대한 설명으로 틀린 것은?

① 한 번에 먹을 수 있도록 포장 판매되는 제품은 총 내용량을 1회 제공량으로 한다.
② 영양성분 함량은 식물의 씨앗, 동물의 뼈와 같은 비가식 부위도 포함하여 산출한다.
③ 열량의 단위는 킬로칼로리(kcal)로 표시한다.
④ 탄수화물에는 당류를 구분하여 표시해야 한다.

> ⚠ 식품 등의 표시기준상 영양성분 함량은 식품 중 가식부위를 기준으로 산출한다.

10 식품위생법상 영업신고를 하여야 하는 업종은?

① 유흥주점영업
② 즉석판매제조 · 가공업
③ 식품조사처리업
④ 단란주점영업

> ⚠ **영업허가를 받아야 하는 업종**
> 식품조사처리업, 단란주점영업, 유흥주점영업

기출문제 해설

11 식품의 부패 과정에서 생성되는 불쾌한 냄새 물질과 거리가 먼 것은?

① 암모니아 　　② 포르말린
③ 황화 수소 　　④ 인돌

> ⚠ • 식품의 부패 과정에서 생성되는 불쾌한 냄새 물질: 휘발성 염기질소, 트라이메틸아민, 히스타민, 암모니아, 황화수소, 인돌 등
> • 포르말린: 마취제, 방부제, 살균제로 사용되는 독성을 지닌 유해 화학물

12 과일이나 과채류를 채취한 후 선도유지를 위해 표면에 막을 만들어 호흡조절 및 수분 증발 방지의 목적에 사용되는 것은?

① 품질개량제 　　② 이형제
③ 피막제 　　④ 강화제

> ⚠ 과일의 호흡작용억제와 수분 증발방지를 목적으로 사용되는 첨가물은 피막제이다. 몰포린 지방산염, 초산비닐수지 등이 있다.

13 식품과 독성분의 연결이 틀린 것은?

① 복어 – 테트로도톡신
② 미나리 – 시큐톡신
③ 섭조개 – 베네루핀
④ 청매 – 아미그달린

> ⚠ • 섭조개 – 삭시톡신
> • 모시조개 – 베네루핀

14 호염성의 성질을 가지고 있는 식중독 세균은?

① 황색 포도상구균(Staphylococcus aureus)
② 병원성 대장균(E. coli O157: H7)
③ 장염비브리오(Vibrio parahaemolyticus)
④ 리스테리아 모노사이토제네스(Listeria monocytogenes)

> ⚠ 장염비브리오는 어패류 생식이 주요 감염원이고, 3~4%의 식염 농도에서도 잘 자라는 호염성 세균이다.

15 미생물의 생육에 필요한 조건과 거리가 먼 것은?

① 수분 　　② 산소
③ 온도 　　④ 자외선

> ⚠ 미생물의 생육에 필요한 조건은 적당한 영양소, 수분, 온도, pH, 산소가 필요하다.

16 글루텐을 형성하는 단백질을 가장 많이 함유한 것은?

① 밀 　　② 쌀
③ 보리 　　④ 옥수수

> ⚠ 글루텐은 밀의 주요 단백질인 글리아딘과 글루테닌에 물을 가하여 반죽하면 형성된다.

Ans
11 ② 　12 ③ 　13 ③ 　14 ③ 　15 ④ 　16 ①

17 비타민 E에 대한 설명으로 틀린 것은?

① 물에 용해되지 않는다.

② 항산화작용이 있어 비타민 A나 유지 등의 산화를 억제해 준다.

③ 버섯 등에 에르고스테롤(Ergosterol)로 존재한다.

④ 알파 토코페롤(α-tocopherol)이 가장 효력이 강하다.

> ! 버섯 등의 에르고스테롤(Ergosterol)은 비타민 D의 전구물질이다.

18 청과물의 저장 시 변화에 대하여 옳게 설명한 것은?

① 청과물은 저장 중이거나 유통과정 중에도 탄산가스와 열이 발생한다.

② 신선한 과일의 보존기간을 연장시키는 데 저장이 큰 역할을 하지 못한다.

③ 과일이나 채소는 수확하면 더 이상 숙성하지 않는다.

④ 감의 떫은맛은 저장에 의해서 감소되지 않는다.

> ! 과일이나 채소는 수확 후에도 탄산가스와 열이 발생되어 과숙성되므로 CA 저장(이산화탄소 농도를 높게 조정하여 호흡 작용을 억제)을 통하여 조직 변화와 숙성을 지연시켜 선도를 오래 유지시킨다.

19 달걀의 가공 특성이 아닌 것은?

① 열응고성   ② 기포성

③ 쇼트닝성   ④ 유화성

> ! 쇼트닝성은 유지의 특성으로 밀가루 반죽 시 글루텐 형성을 방해함으로써 밀가루 제품을 부드럽고 바삭하게 만든다.

20 식품의 갈변현상 중 성질이 다른 것은?

① 고구마 절단면의 변색

② 홍차의 적색

③ 간장의 갈색

④ 다진 양송이의 갈색

> ! • **효소적 갈변**: 식품 속의 효소가 산소와 만나서 갈색으로 변하는 현상
> • **비효소적 갈변**: 메일라드 반응(당과 아미노 화합물의 갈변으로 간장, 된장 등), 캐러멜화 반응(당류의 가열로 갈변, 간장, 된장, 청량음료 등)

21 매운맛 성분과 소재 식품의 연결이 올바르게 된 것은?

① 알릴이소티오시아네이트(Ally lisothiocyanate) – 흑겨자

② 캡사이신(Capsaicin) – 마늘

③ 진저롤(Gingerol) – 고추

④ 차비신(Chavicine) – 생강

> ! 캡사이신 – 고추, 진저롤 – 생강, 차비신 – 후추

기출문제 해설

22 클로로필(Chlorophyll)에 관한 설명으로 틀린 것은?

① 포르피린환(Porphyrin ring)에 구리(Cu)가 결합되어 있다.
② 김치의 녹색이 갈변하는 것은 발효 중 생성되는 젖산 때문이다.
③ 산성식품과 같이 끓이면 갈색이 된다.
④ 알칼리 용액에서는 청록색을 유지한다.

> ! 엔테로톡신 – 황색 포도상구균 식중독 독소, 무스카린 – 독버섯 독소, 솔라닌 – 감자 싹의 독소

23 참기름이 다른 유지류보다 산패에 대하여 비교적 안정성이 큰 이유는 어떤 성분 때문인가?

① 레시틴(Lecithin)
② 세사몰(Sesamol)
③ 고시폴(Gossypol)
④ 인지질(Phospholipid)

> ! 참기름에는 산화방지제 역할을 하는 토코페롤과 세사몰이 함유되어 있어 산패에 대하여 비교적 안정성이 크다.

24 우유에 함유된 단백질이 아닌 것은?

① 락토오스(Lactose)
② 카세인(Casein)
③ 락토알부민(Lactoalbumin)
④ 락토글로불린(Lactoglobulin)

> ! 락토오스(Lactose, 유당)는 탄수화물로 이당류이다.

25 유지의 산패도를 나타내는 값으로 짝지어진 것은?

① 비누화가, 요오드가
② 요오드가, 아세틸가
③ 과산화물가, 비누화가
④ 산가, 과산화물가

> ! 유지의 산패도를 나타내는 값은 산가, 과산화물가, 카르보닐가, TBA 등이 있다.

26 결합수의 특징이 아닌 것은?

① 수증기압이 유리수보다 낮다.
② 압력을 가해도 제거하기 어렵다.
③ 0℃에서 매우 잘 언다.
④ 용질에 대해서 용매로서 작용하지 않는다.

> !

자유수	결합수
• 식품의 미생물 번식에 이용	• 미생물 번식에 사용 불가
• 0℃에서 동결	• 0℃ 이하에서도 쉽게 얼지 않음.
• 100℃에서 끓고 수증기로 증발	• 100℃에서 쉽게 제거 안 됨.
• 건조 시 쉽게 제거	• 건조가 잘되지 않음.

27 훈연에 대한 설명으로 틀린 것은?

① 햄, 베이컨, 소시지가 훈연제품이다.
② 훈연 목적은 육제품의 풍미와 외관 향상
이다.
③ 훈연재료는 침엽수인 소나무가 좋다.
④ 훈연하면 보존성이 좋아진다.

> ❗ 훈연 시에는 수지가 적은 활엽수인 참나무가 좋다.

28 다음 중 탄수화물이 아닌 것은?

① 젤라틴　　　　② 펙틴
③ 섬유소　　　　④ 글리코겐

> ❗ 젤라틴은 콜라겐을 물과 함께 가열해서 얻어지는 유도단백
> 질이다.

29 소시지 100g당 단백질 13g, 지방 21g, 당질
5.5g이 함유되어 있을 경우, 소시지 150g의
열량은?

① 158kcal　　　② 263kcal
③ 322kcal　　　④ 395kcal

> ❗ • 열량영양소의 열량계수는 탄수화물 1g당 4kcal, 단백질
> 1g당 4kcal, 지방 1g당 9kcal이다.
> • 소시지 100g의 열량 = (13×4)+(21×9)+(5.5×4)
> = 52+189+22=263kcal가 된다.
> • 소시지 150g의 열량은 263×1.5=395kcal이다.

30 우유를 높은 온도로 가열하면 Maillard 반응이
일어난다. 이때 가장 많이 손실되는 성분은?

① Lysine　　　　② Arginine
③ Sucrose　　　　④ Ca

> ❗ 우유를 가열하면 우유 단백질과 당 사이에 메일라드 반응이
> 일어나 갈변한다. Lysine(필수 아미노산으로 동물성 단백질
> 에 다량 존재)이 손실되고 갈색화 물질이 형성된다.

31 토마토 크림수프를 만들 때 일어나는 우유의
응고현상을 바르게 설명한 것은?

① 산에 의한 응고
② 당에 의한 응고
③ 효소에 의한 응고
④ 염에 의한 응고

> ❗ 과일, 채소의 유기산이 우유의 응고를 촉진시킨다.

32 기름을 여러 번 재가열할 때 일어나는 변화에
대한 설명으로 맞는 것은?

> ㉠ 풍미가 좋아진다.
> ㉡ 색이 진해지고, 거품 현상이 생긴다.
> ㉢ 산화 중합 반응으로 점성이 높아진다.
> ㉣ 가열분해로 황산화 물질이 생겨 산패를 억제한
> 다.

① ㉠, ㉡　　　　② ㉠, ㉢
③ ㉡, ㉢　　　　④ ㉢, ㉣

> ❗ 여러 번 사용한 기름은 색이 진해지고, 공기 중의 산소와 결
> 합하여 산화되어 거품이 생기면서 점성이 높아지고, 맛이
> 나빠진다.

Ans
27 ③　28 ①　29 ④　30 ①　31 ①　32 ③

33 조리식품이나 반조리식품의 해동방법으로 가장 적합한 방법은?

① 상온에서의 자연 해동
② 냉장고를 이용한 저온 해동
③ 흐르는 물에 담그는 청수 해동
④ 전자레인지를 이용한 해동

> ❗ 냉장고에서 서서히 해동하거나 흐르는 물에 천천히 해동하는 것은 육류의 해동 방법에 적합하다.

34 조리 시 센 불로 가열한 후 약한 불로 세기를 조절하지 않는 것은?

① 생선조림 ② 된장찌개
③ 밥   ④ 새우튀김

> ❗ 튀김은 온도가 떨어지면 튀김옷에 기름이 배어들어 바삭한 튀김을 할 수 없으므로 일정한 온도를 유지한다.

35 단체급식 시설별 고유의 목적과 거리가 먼 것은?

① 학교 급식 – 편식 교정
② 병원 급식 – 건강 회복 및 치료
③ 산업체 급식 – 작업 능률 향상
④ 군대 급식 – 복지 향상

> ❗ 군대급식의 목적은 개인의 건강, 체력 및 사기를 유지하고 전투력을 최대한 발휘하는 데 있다.

36 생선튀김의 조리법으로 가장 알맞은 것은?

① 180℃에서 2~3분간 튀긴다.
② 150℃에서 4~5분간 튀긴다.
③ 130℃에서 5~6분간 튀긴다.
④ 200℃에서 7~8분간 튀긴다.

> ❗ 생선튀김은 170~180℃에서 2~3분 튀긴다.

37 당근 등의 녹황색 채소를 조리할 경우 기름을 첨가하는 조리방법을 선택하는 주된 이유는?

① 색깔을 좋게 하기 위하여
② 부드러운 맛을 위하여
③ 비타민 C의 파괴를 방지하기 위하여
④ 지용성 비타민의 흡수를 촉진하기 위하여

> ❗ 당근의 주황색 카로티노이드계 지용성 색소는 비타민 A로 전환되는 프로비타민 A이다. 당근을 생으로 먹는 것보다 기름을 첨가하여 섭취하면 30% 이상 소화 흡수율이 좋아진다.

Ans

33 ④ 34 ④ 35 ④ 36 ① 37 ④

38 고기를 요리할 때 사용되는 연화제는?

① 소금　　　　② 참기름
③ 파파인(Papain)　④ 염화 칼슘

> ❗ **단백질 분해효소:** 파파야 – 파파인, 파인애플 – 브로멜린, 무화과 – 피신, 배와 무 – 프로테아제, 키위 – 액티니딘 등

39 달걀의 기포성을 이용한 것은?

① 달걀찜
② 푸딩(Pudding)
③ 머랭(Meringue)
④ 마요네즈(Mayonnaise)

> ❗ 달걀 난백의 기포성을 이용한 조리에는 각종 케이크류와 머랭, 마시멜로 등이 있다.

40 단백질의 구성단위는?

① 아미노산　　② 지방산
③ 과당　　　　④ 포도당

> ❗ • 단백질의 구성 단위: 아미노산
> • 지방의 구성 단위: 지방산과 글리세린
> • 탄수화물의 구성 단위: 포도당

41 사과나 딸기 등이 잼에 이용되는 가장 중요한 이유는?

① 과숙이 잘되어 좋은 질감을 형성하므로
② 펙틴과 유기산이 함유되어 잼 제조에 적합하므로
③ 색이 아름다워 잼의 상품 가치를 높이므로
④ 새콤한 맛 성분이 잼 맛에 적합하므로

> ❗ 잼을 만들기 위해서는 펙틴(식물체의 세포막을 구성하는 주요 성분)과 산(과일 속의 유기산)이 필요한데 사과, 딸기, 포도, 살구 등을 많이 이용한다.

42 음식의 온도와 맛의 관계에 대한 설명으로 틀린 것은?

① 국은 식을수록 짜게 느껴진다.
② 커피는 식을수록 쓰게 느껴진다.
③ 차게 먹을수록 신맛이 강하게 느껴진다.
④ 녹은 아이스크림보다 얼어 있는 것의 단맛이 약하게 느껴진다.

> ❗ 신맛은 뜨거울수록 강하게 느껴진다.

Ans
38 ③　39 ③　40 ①　41 ②　42 ③

43 재고회전율이 표준치보다 낮은 경우에 대한 설명으로 틀린 것은?

① 긴급구매로 비용 발생이 우려된다.
② 종업원들이 심리적으로 부주의하게 식품을 사용하여 낭비가 심해진다.
③ 부정 유출이 우려된다.
④ 저장기간이 길어지고 식품 손실이 커지는 등 많은 자본이 들어가 이익이 줄어든다.

> **!** 재고회전율은 일정 기간의 제품 출고량과 재고량의 비율을 말한다. 재고 회전율이 낮은 경우 재고 과다 보유로 투자비가 재고에 묶여 현금화가 어렵고, 저장기간이 길어져 식품의 손실을 초래하고, 관리 비용이 많이 든다.

44 채소 조리 시 색의 변화로 맞는 것은?

① 시금치는 산을 넣으면 녹황색으로 변한다.
② 당근은 산을 넣으면 퇴색된다.
③ 양파는 알칼리를 넣으면 백색으로 된다.
④ 가지는 산에 의해 청색으로 된다.

> **!** 채소를 데칠 때는 소금 1%를 넣으면 녹색의 선명도와 질감이 좋아진다.

45 돼지고기 편육을 할 때 고기를 삶는 방법으로 가장 적합한 것은?

① 한 번 삶아서 찬물에 식혔다가 다시 삶는다.
② 물이 끓으면 고기를 넣어서 삶는다.
③ 찬물에 고기를 넣어서 삶는다.
④ 생강은 처음부터 같이 넣어야 탈취 효과가 크다.

> **!** 편육을 할 때는 끓는 물에 삶아야 표면의 단백질이 응고되어 수용성 추출물이 국물에 빠져나오는 것을 막을 수 있다.

46 소금의 용도가 아닌 것은?

① 채소 절임 시 수분 제거
② 효소 작용 억제
③ 아이스크림 제조 시 빙점 강하
④ 생선구이 시 석쇠 금속의 부착 방지

> **!** 생선구이에 소금을 뿌리는 것은 생선 살을 단단하게 하여 부스러지지 않게 하는 것이고, 석쇠 금속의 부착 방지는 석쇠를 달군 후 사용하거나 기름칠을 한 후 사용하면 된다.

47 생선 조리 시 식초를 적당량 넣었을 때의 장점이 아닌 것은?

① 생선의 가시를 연하게 해준다.
② 어취를 제거한다.
③ 살을 연하게 하여 맛을 좋게 한다.
④ 살균 효과가 있다.

> **!** 생선조리 시 식초를 넣으면 생선의 살은 단단하게, 생선의 뼈는 연하게 해준다.

48 가식부율이 70%인 식품의 출고계수는?

① 1.25
② 1.43
③ 1.64
④ 2.00

> **!** 식품의 출고계수 = 필요량 / 가식부율
> = 1 / 70
> = 1.428
> 즉, 출고계수는 1.430이다.

Ans
43 ① **44** ① **45** ② **46** ④ **47** ③ **48** ②

49 비타민 A가 부족할 때 나타나는 대표적인 증세는?

① 괴혈병 　　　② 구루병
③ 불임증 　　　④ 야맹증

> ⚠ 비타민 A 결핍 – 야맹증, 비타민 C 결핍 – 괴혈병, 비타민 D 결핍 – 구루병, 비타민 E 결핍 – 불임증

50 배추김치를 만드는 데 배추 50kg이 필요하다. 배추 1kg의 값은 1,500원이고 가식부율은 90%일 때 배추 구입비용은 약 얼마인가?

① 67,500원 　　② 75,000원
③ 82,500원 　　④ 83,400원

> ⚠ 구입비용 = (필요량 × 100 × 1kg당 단가) / 가식부율
> = (50 × 100 × 1,500) / 90
> = 83,333원
> 따라서 배추 구입비용은 약 83,400원이다.

51 접촉감염지수가 가장 높은 질병은?

① 유행성 이하선염 　　② 홍역
③ 성홍열 　　　　　　④ 디프테리아

> ⚠ • 접촉감염지수란 접촉에 의해 전파되는 급성 호흡기성 전염병에 있어서 감수성자가 환자와의 접촉에 의해 발생하는 비율을 백분율로 나타낸 것이다.
> • 홍역 > 두창(95%) > 백일해(60 ~ 80%) > 성홍열(40%) > 디프테리아(10%)

52 중간숙주 없이 감염이 가능한 기생충은?

① 아니사키스 　　② 회충
③ 폐흡충 　　　　④ 간흡충

> ⚠ 중간숙주 없이 감염되는 기생충: 회충, 구충, 편충, 요충 등

53 소음으로 인한 피해와 거리가 먼 것은?

① 불쾌감 및 수면 장애
② 작업 능률 저하
③ 위장 기능 저하
④ 맥박과 혈압의 저하

> ⚠ 맥박과 혈압의 상승

54 기생충과 인체 감염원인 식품의 연결이 틀린 것은?

① 유구조충 – 돼지고기
② 무구조충 – 민물고기
③ 동양모양선충 – 채소류
④ 아니사키스 – 바닷물고기

> ⚠ 무구조충 – 쇠고기, 간흡충 – 민물고기

Ans
49 ④　50 ④　51 ②　52 ②　53 ④　54 ②

55 모성사망률에 관한 설명으로 옳은 것은?

① 임신, 분만, 산욕과 관계되는 질병 및 합병증에 의한 사망률
② 임신 4개월 이후의 사태아 분만율
③ 임신 중에 일어난 모든 사망률
④ 임신 28주 이후 사산과 생후 1주 이내 사망률

> ! 모성사망률은 임신, 분만, 산욕과 관계되는 질병 및 합병증에 의한 사망에 국한되며, 모성 사망의 3대 요인은 임신 중독증, 출혈, 자궁 외 임신이다.

56 동물과 관련된 감염병의 연결이 틀린 것은?

① 소 – 결핵
② 고양이 – 디프테리아
③ 개 – 광견병
④ 쥐 – 페스트

> ! 디프테리아는 인간이 병원소이며 환자나 보균자의 콧물, 인후 분비물, 기침에 의해 직접 전파된다.

57 잠함병의 발생과 가장 밀접한 관계를 갖고 있는 환경 요소는?

① 고압과 질소
② 저압과 산소
③ 고온과 이산화탄소
④ 저온과 일산화탄소

> ! 압력 조절이 되지 않은 비행기의 조종사, 잠수부, 탄광 근로자 등이 잠함병에 걸리기 쉬운데, 높은 기압에서 감압하는 과정에서 발생한다.

58 법정 제3군 감염병이 아닌 것은?

① 결핵
② 세균성 이질
③ 한센병
④ 후천 면역 결핍증(AIDS)

> ! 세균성 이질은 제1군 감염병이다.

59 진개(쓰레기) 처리법과 가장 거리가 먼 것은?

① 위생적 매립법
② 소각법
③ 비료화법
④ 활성슬러지법

> ! 활성슬러지법(활성오니법)은 하수 처리 과정 중 본처리 과정이다.

60 국가의 보건수준이나 생활수준을 나타내는데 가장 많이 이용되는 지표는?

① 병상이용률
② 건강보험 수혜자수
③ 영아사망률
④ 조출생률

> ! 국가의 보건수준이나 생활수준을 나타내는 데 영아사망률이 가장 많이 이용된다.

Ans

55 ① 56 ② 57 ① 58 ② 59 ④ 60 ③

자격 종목	코드	시험 시간	문항 수	수험 번호	성명
조리기능사	7910	60분	60		

01 식품에 오염된 미생물이 증식하여 생성한 독소에 의해 유발되는 대표적인 식중독은?

① 살모넬라균 식중독
② 황색 포도상구균 식중독
③ 리스테리아 식중독
④ 장염 비브리오 식중독

❗ 독소에 의해 유발되는 식중독은 포도상구균 식중독, 클로스트리디움 보툴리눔 식중독, 바실러스 세레우스 식중독이다.

02 복어와 모시조개 섭취 시 식중독을 유발하는 독성 물질을 순서대로 나열한 것은?

① 엔테로톡신(Enterotoxin), 사포닌(Saponin)
② 테트로도톡신(Tetrodotoxin), 베네루핀(Venerupin)
③ 테트로도톡신(Tetrodotoxin), 듀린(Dhurrin)
④ 엔테로톡신(Enterotoxin), 아플라톡신(Aflatoxin)

❗ • 테트로도톡신(Tetrodotoxin): 복어 독
• 베네루핀(Venerupin): 모시조개 독

03 곰팡이 독소와 독성을 나타내는 곳을 잘못 연결한 것은?

① 아플라톡신(Aflatoxin) - 신경독
② 오크라톡신(Ochratoxin) - 간장독
③ 시트리닌(Citrinin) - 신장독
④ 스테리그마토시스틴(Sterigmatocystin) - 간장독

❗ 쌀, 보리 등의 탄수화물과 땅콩 등에 아스퍼질러스 곰팡이가 증식해서 간장독인 아플라톡신을 생성한다.

04 식품과 독성분의 연결이 틀린 것은?

① 독보리 - 테무린(Temuline)
② 섭조개 - 삭시톡신(Saxitoxin)
③ 독버섯 - 무스카린(Muscarine)
④ 매실 - 베네루핀(Venerupin)

❗ • 매실: 아미그달린
• 모시조개: 베네루핀

05 식품의 부패 시 생성되는 물질과 거리가 먼 것은?

① 암모니아(Ammonia)
② 트라이메틸아민(Trimethylamine)
③ 글리코겐(Glycogen)
④ 아민(Amine)류

❗ 글리코겐은 다수의 포도당으로 이루어진 다당류로 간에 저장되었다가 필요에 따라 포도당으로 분해되어 에너지원으로 이용된다.

06 카드뮴이나 수은 등의 중금속 오염 가능성이 가장 큰 식품은?

① 육류 ② 어패류
③ 식용유 ④ 통조림

❗ 카드뮴과 수은은 공장 폐수, 생활 하수에 오염된 강물과 하천에서 자라는 어패류의 오염원이 된다.

07 살모넬라균에 의한 식중독의 특징 중 틀린 것은?

① 장독소(Enterotoxin)에 의해 발생한다.
② 잠복기는 보통 12~24시간이다.
③ 주요 증상은 메스꺼움, 구토, 복통, 발열이다.
④ 원인식품은 대부분 동물성 식품이다.

❗ 장독소(Enterotoxin)에 의해 발생하는 식중독은 황색 포도상구균식중독이다.

08 통조림관의 주성분으로 과일이나 채소류 통조림에 의한 식중독을 일으키는 것은?

① 주석(Sn)
② 아연(Zn)
③ 구리(Cu)
④ 카드뮴(Cd)

❗ 통조림관의 주성분인 주석은 과일이나 채소류의 산 성분과 반응해 주석 이온을 용출시켜 식중독을 일으킬 수 있다.

09 도마의 사용방법에 관한 설명 중 잘못된 것은?

① 합성세제를 사용하여 43~45℃의 물로 씻는다.
② 염소소독, 열탕소독, 자외선 살균 등을 실시한다.
③ 식재료 종류별로 전용 도마를 사용한다.
④ 세척, 소독 후에는 건조시킬 필요가 없다.

❗ 도마는 세척이나 소독 후에도 건조시켜야 세균의 번식을 막을 수 있다.

10 과채, 식육 가공 등에 사용하여 식품 중 색소와 결합해 식품 본래의 색을 유지하게 하는 식품 첨가물은?

① 식용타르색소
② 천연색소
③ 발색제
④ 표백제

❗ 발색제는 식품 중의 색소와 결합하여 식품 본래의 색을 유지시키거나 발색을 촉진한다.

Ans
05 ③ 06 ② 07 ① 08 ① 09 ④ 10 ③

11 식품위생법상 판매를 목적으로 하거나 영업상 사용하는 식품 및 영업시설 등 검사에 필요한 최소량의 식품 등을 무상으로 수거할 수 없는 자는?

① 국립의료원장
② 시 · 도지사
③ 시장 · 군수 · 구청장
④ 식품의약품안전처장

ℹ️ 식품의약품안전처장, 시·도지사 또는 시장·군수·구청장은 식품위생법상 판매를 목적으로 하거나 영업상 사용하는 식품 및 영업시설 등 검사에 필요한 최소량의 식품 등을 무상으로 수거할 수 있다.

12 수출을 목적으로 하는 식품 또는 식품첨가물의 기준과 규격은 식품위생법의 규정 외에 어떤 기준과 규격에 의할 수 있는가?

① 수입자가 요구하는 기준과 규격
② 국립검역소장이 정하여 고시한 기준과 규격
③ FDA의 기준과 규격
④ 산업통상자원부장관의 별도 허가를 득한 기준과 규격

ℹ️ 수출할 식품 또는 식품첨가물의 기준과 규격은 수입자가 요구하는 기준과 규격에 따라야 한다.

13 다음 중 식품위생법상 식품위생의 대상은?

① 식품, 약품, 기구, 용기, 포장
② 조리법, 조리 시설, 기구, 용기, 포장
③ 조리법, 단체급식, 기구, 용기, 포장
④ 식품, 식품첨가물, 기구, 용기, 포장

ℹ️ 식품위생법상 식품위생은 식품, 식품첨가물, 기구 또는 용기·포장을 대상으로 하는 음식에 관한 위생을 말한다.

14 식품접객업소의 조리 판매 등에 대한 기준 및 규격에 의한 요리용 칼 · 도마, 식기류의 미생물 규격은? (단, 사용 중의 것은 제외한다.)

① 살모넬라 음성, 대장균 양성
② 살모넬라 음성, 대장균 음성
③ 황색 포도상구균 양성, 대장균 음성
④ 황색 포도상구균 음성, 대장균 양성

ℹ️ 식품접객업소의 조리 판매 등에 대한 기준 및 규격에 의한 요리용 칼·도마, 식기류(단, 사용 중의 것은 제외한다.)의 미생물 규격은 살모넬라 음성, 대장균 음성이어야 한다.

15 식품위생법상 식품 등의 위생적 취급에 관한 기준으로 틀린 것은?

① 식품 등의 보관 · 운반 · 진열 시에는 식품 등의 기준 및 규격이 정하고 있는 보존 및 유통기준에 적합하도록 관리하여야 한다.
② 식품 등의 제조 · 가공 · 조리에 직접 사용되는 기계 · 기구 및 음식기는 세척 · 살균하는 등 항상 청결하게 유지 · 관리하여야 하며, 어류 · 육류 · 채소류를 취급하는 칼 · 도마는 공통으로 사용한다.
③ 식품 등의 제조 · 가공 · 조리 또는 포장에 직접 종사하는 자는 위생모를 착용하는 등 개인위생관리를 철저히 하여야 한다.
④ 제조 · 가공(수입품 포함)하여 최소판매 단위로 포장된 식품 또는 식품첨가물을 영업 허가 또는 신고하지 아니하고 판매의 목적으로 포장을 뜯어 분할하여 판매하여서는 아니 된다.

ℹ️ 식품 등의 제조·가공·조리에 직접 사용되는 기계·기구 및 음식기는 세척·살균하는 등 항상 청결하게 유지·관리하여야 하며, 어류·육류·채소류를 취급하는 칼·도마는 교차 오염을 방지하기 위해 용도별로 구분해서 사용한다.

Ans
11 ① 12 ① 13 ④ 14 ② 15 ②

16 인산을 함유하는 복합지방질로서 유화제로 사용되는 것은?

① 레시틴   ② 글리세롤
③ 스테롤   ④ 글리콜

> ❗ 레시틴은 난황에 존재하는 복합 지방질로 한쪽은 친유성이 강한 지방산기를 가지고 있고 다른 한쪽은 친수성이 강한 인산을 가지고 있어 물과 유지의 혼합물을 안정시켜 주는 유화제로 사용된다.

17 하루에 필요한 열량이 2,700kcal일 때 이 중 14%에 해당하는 열량을 지방에서 얻는다면, 필요한 지방의 양은?

① 36g   ② 42g
③ 81g   ④ 94g

> ❗ 2,700kcal × 0.14 = 378kcal
> 378kcal ÷ 9kcal = 42g (지방은 1g당 9kcal)

18 전분의 호정화를 이용한 식품은?

① 식혜   ② 치즈
③ 맥주   ④ 뻥튀기

> ❗ 호정화란 물을 첨가하지 않고 고열(160℃ 이상)에서 볶거나, 굽거나, 팽화될 때 덱스트린으로 분해되는 것을 말한다. 예를 들면 뻥튀기, 미숫가루 등이 있다.

19 어묵의 탄력과 가장 관계 깊은 것은?

① 수용성 단백질 – 미오겐
② 염용성 단백질 – 미오신
③ 결합 단백질 – 콜라겐
④ 색소 단백질 – 미오글로빈

> ❗ 생선살에 소금을 첨가하여 갈면 염용성 단백질인 미오신이나 액토미오신이 용해되고, 이것을 가열하면 겔화된다. 이것을 어묵 만드는 데 이용한다.

20 달걀 저장 중에 일어나는 변화로 옳은 것은?

① pH 저하
② 중량 감소
③ 난황계수 증가
④ 수양난백 감소

> ❗ 달걀 저장 기간이 길어지면 탄산가스가 증발해 버리면서 중량이 감소하고, pH가 상승되며, 농후 난백이 수양 난백으로 변한다.

21 사과를 깎아 방치했을 때 나타나는 갈변현상과 관계없는 것은?

① 산화효소   ② 산소
③ 페놀류   ④ 섬유소

> ❗ 사과의 갈변현상은 효소적으로 상처받은 조직이 공기 중에 노출되면 산화효소에 의해 페놀 화합물이 산소의 존재 하에 산화되어 갈색 색소인 멜라닌으로 전환되는 것이다.

Ans
16 ① 17 ② 18 ④ 19 ② 20 ② 21 ④

22 생식기능 유지와 노화방지의 효과가 있고 화학명이 토코페롤(Tocopherol)인 비타민은?

① 비타민 A 　② 비타민 C
③ 비타민 D 　④ 비타민 E

> ⚠ 비타민 E(토코페롤)는 천연 항산화제로 생식 기능 유지, 노화방지, 면역반응 증진 등의 효과가 있다.

23 다음 중 알리신(Allicin)이 가장 많이 함유된 식품은?

① 마늘 　② 사과
③ 고추 　④ 무

> ⚠ 알리신은 마늘의 매운맛 성분으로, 비타민 B_1과 결합하여 비타민 B_1의 체내 흡수를 돕는다.

24 다음 중 과일, 채소의 호흡작용을 조절하여 저장하는 방법은?

① 건조법 　② 냉장법
③ 통조림법 　④ 가스 저장법

> ⚠ 가스 저장법(CA 저장법)은 저장실의 온도를 낮추고, 산소는 줄이며 이산화탄소를 증가시키는 공기 조절을 하여 과일, 채소의 호흡을 억제하여 저장 기간을 연장하는 방법이다.

25 젤라틴의 원료가 되는 식품은?

① 한천 　② 과일
③ 동물의 연골 　④ 쌀

> ⚠ 젤라틴은 동물의 뼈, 가죽, 힘줄, 연골 등을 구성하는 천연 고분자 단백질인 콜라겐을 가수 분해하여 얻어지는 유도단백질의 일종이다.

26 두류가공품 중 발효과정을 거치는 것은?

① 두유 　② 피넛버터
③ 유부 　④ 된장

> ⚠ 발효과정을 거치는 두류 가공품은 장류(된장, 고추장, 간장, 청국장 등)이다.

27 영양소와 급원식품의 연결이 옳은 것은?

① 동물성 단백질 – 두부, 쇠고기
② 비타민 A – 당근, 미역
③ 필수 지방산 – 대두유, 버터
④ 칼슘 – 우유, 치즈

> ⚠ 우유, 치즈, 요구르트 등은 칼슘이 풍부한 식품이다.

Ans
22 ④　23 ①　24 ④　25 ③　26 ④　27 ④

28 염지에 의해서 원료 육의 미오글로빈으로부터 생성되며 비가열 식육제품인 햄 등의 고정된 육색을 나타내는 것은?

① 니트로소 헤모글로빈
　　(Nitroso hemoglobin)
② 옥시미오글로빈(Oxymyoglobin)
③ 니트로소 미오글로빈
　　(Nitroso myoglobin)
④ 메트미오글로빈(Metmyoglobin)

❗ 햄, 소시지 제조 시 아질산나트륨(발색제)을 첨가하면 근육 색소인 미오글로빈과 결합하여 니트로소 미오글로빈을 형성하여 선홍색의 육색을 나타낸다.

29 다음 당류 중 케톤기를 가진 것은?

① 프룩토오스(Fructose)
② 마노스(Mannose)
③ 갈락토오스(Galactose)
④ 글루코스(Glucose)

❗
• 케토스(케토기를 함유한 당): 프룩토오스(과당)
• 알도스(알데히드기를 함유한 당): 마노스(Mannose), 갈락 토오스(Galactose), 글루코스(포도당)

30 다음 중 레토르트식품의 가공과 관계없는 것은?

① 통조림
② 파우치
③ 플라스틱 필름
④ 고압솥

❗ 레토르트 식품은 플라스틱 필름이나 알루미늄박의 복합 재질의 주머니(파우치)에 조리한 식품을 충전하고 밀봉하여 고압살균한 것이다.

31 단체급식소에서 식수인원 400명의 풋고추 조림을 할 때 풋고추의 총 발주량은 약 얼마인가? (단, 풋고추 1인분 30g, 풋고추의 폐기율 6%)

① 12kg　　　② 13kg
③ 15kg　　　④ 16kg

❗ 총 발주량 = {(정미중량 × 100) / (100 − 폐기율)} × 인원수
　　　　　 = {(30 × 100) / (100 − 6)} × 400
　　　　　 = {(3,000) / (94)} × 400
　　　　　 = 31.91 × 400
　　　　　 = 12,764 g
따라서 풋고추의 총 발주량은 약 13kg이다.

32 육류의 가열 변화에 의한 설명으로 틀린 것은?

① 생식할 때보다 풍미와 소화성이 향상된다.
② 근섬유와 콜라겐은 45℃에서 수축하기 시작한다.
③ 가열한 고기의 색은 메트미오글로빈에 의한 것이다.
④ 고기의 지방은 근수축과 수분손실을 적게 한다.

❗ 육류의 열에 대한 변성은 대개 80℃ 이상에서 일어난다. 콜라겐이 많은 질긴 고기는 비교적 낮은 온도에서 장시간 서서히 조리하면 근섬유 단백질이 견고하게 변성되지 않으면서 콜라겐이 젤라틴으로 가수 분해되어 고기가 연해진다.

33 식단작성 시 고려할 사항으로 틀린 것은?

① 피급식자의 영양소요량을 충족시켜야 한다.

② 좋은 식품의 선택을 위해서 식재료 구매는 예산의 1.5배 정도로 계획한다.

③ 급식인원수와 형태를 고려해야 한다.

④ 기호에 따른 양과 질, 변화, 계절을 고려해야 한다.

> ❗ 식재료 구매는 예산에 맞춰서 구매하는 것이 바람직하다.

34 생선을 씻을 때의 주의 사항으로 틀린 것은?

① 물에 소금을 10% 정도 타서 씻는다.

② 냉수를 사용한다.

③ 체표면의 점액을 잘 씻도록 한다.

④ 어체에 칼집을 낸 후에는 씻지 않는다.

> ❗ 생선을 씻을 때는 바닷물 정도의 소금물(2~3%)에 씻는 것이 좋다.

35 달걀의 열응고성에 대한 설명 중 옳은 것은?

① 식초는 응고를 지연시킨다.

② 소금은 응고온도를 낮추어 준다.

③ 설탕은 응고온도를 내려 주어 응고물을 연하게 한다.

④ 온도가 높을수록 가열시간이 단축되어 응고물은 연해진다.

> ❗ 소금은 단백질를 응고시키는 성질이 있으며, 소금을 첨가하면 응고 온도를 낮출 수 있다.

36 자색 양배추, 가지 등 적색채소를 조리할 때 색을 보존하기 위한 가장 바람직한 방법은?

① 뚜껑을 열고 다량의 조리수를 사용한다.

② 뚜껑을 열고 소량의 소리수를 사용한다.

③ 뚜껑을 덮고 다량의 조리수를 사용한다.

④ 뚜껑을 덮고 소량의 조리수를 사용한다.

> ❗ 적색채소는 물에 쉽게 용해되는 수용성 색소이므로 뚜껑을 덮고 소량의 조리수를 사용해서 조리한다.

37 단체급식소에서 식품구입량을 정하여 발주하는 식으로 옳은 것은?

① 발주량 $= \dfrac{\text{1인분 순사용량}}{\text{가식률}} \times 100 \times \text{식수}$

② 발주량 $= \dfrac{\text{1인분 순사용량}}{\text{가식률}} \times 100$

③ 발주량 $= \dfrac{\text{1인분 순사용량}}{\text{폐기율}} \times 100 \times \text{식수}$

④ 발주량 $= \dfrac{\text{1인분 순사용량}}{\text{폐기율}} \times 100$

> ❗ 발주량 $= \dfrac{\text{정미중량(1인분 순사용량)}}{\text{가식률(100 - 폐기율)}} \times 100 \times \text{인원수(식수)}$

Ans

33 ② **34** ① **35** ② **36** ④ **37** ①

38 냉동보관에 대한 설명으로 틀린 것은?

① 냉동된 닭을 조리할 때 뼈가 검게 변하기 쉽다.
② 떡의 장시간 노화방지를 위해서는 냉동보관하는 것이 좋다.
③ 급속냉동 시 얼음 결정이 크게 형성되어 식품의 조직 파괴가 크다.
④ 서서히 동결하면 해동 시 드립(Drip) 현상을 초래하여 식품의 질을 저하시킨다.

> ! 급속냉동 시 얼음 결정이 미세하게 형성되어 식품의 조직 파괴가 작다.

39 녹색채소를 데칠 때 소다를 넣을 경우 나타나는 현상이 아닌 것은?

① 채소의 질감이 유지된다.
② 채소의 색을 푸르게 고정시킨다.
③ 비타민 C가 파괴된다.
④ 채소의 섬유질을 연화시킨다.

> ! 녹색채소를 데칠 때 소다를 사용하면 녹색은 선명하게 유지되지만 섬유소가 연화되어 뭉그러지고 비타민 C가 파괴된다.

40 감자의 효소적 갈변 억제 방법이 아닌 것은?

① 아스코르빈산 첨가
② 아황산 첨가
③ 질소 첨가
④ 물에 침지

> ! 감자의 효소적 갈변 억제방법은 물에 담가 산소와 접촉을 막거나 아스코르빈산이나 아황산 등 환원성 물질을 첨가한다.

41 조리용 기기의 사용법이 틀린 것은?

① 필러(Peeler): 채소 다지기
② 슬라이서(Slicer): 일정한 두께로 썰기
③ 세미기: 쌀 세척하기
④ 블렌더(Blender): 액체 교반하기

> ! 필러: 껍질 벗기는 데 사용

42 원가계산의 목적이 아닌 것은?

① 가격 결정의 목적
② 원가 관리의 목적
③ 예산 편성의 목적
④ 기말 재고량 측정의 목적

> ! 원가계산의 목적: 가격결정의 목적, 원가관리의 목적, 예산편성의 목적, 재무제표 작성의 목적

43 조리 시 나타나는 현상과 그 원인 색소의 연결이 옳은 것은?

① 산성성분이 많은 물로 지은 밥의 색은 누렇다. - 클로로필계
② 식초를 가한 양배추의 색은 짙은 갈색이다. - 플라보노이드계
③ 커피를 경수로 끓여 그 표면이 갈색이다. - 타닌계
④ 데친 시금치나물이 누렇게 되었다. - 안토시안계

> ! 커피를 경수로 끓이면 타닌 성분이 갈색이 되는데, 커피 맛이 좋지 않으므로 연수를 사용하는 것이 좋다.

Ans
38 ③ 39 ① 40 ③ 41 ① 42 ④ 43 ③

44 고기를 연화시키려고 생강, 키위, 무화과 등을 사용할 때 관련된 설명으로 틀린 것은?

① 단백질의 분해를 촉진시켜 연화시키는 방법이다.
② 두꺼운 로스트용 고기에 적당하다.
③ 즙을 뿌린 후 포크로 찔러 주고 일정 시간 둔다.
④ 가열 온도가 85℃ 이상이 되면 효과가 없다.

! 고기를 연화시키려고 생강, 키위, 무화과 등을 사용할 때는 두꺼운 로스트용 고기보다는 얇게 썬 고기에 사용할 때 더 효과적이다.

45 전분의 가수분해에 해당되지 않는 것은?

① 식혜, 엿 등이 전분의 가수분해의 결과이다.
② 전분의 당화이다.
③ 효소를 넣어 최적온도를 유지시키면 탈수 축합 반응에 의해 당이 된다.
④ 전분을 산과 함께 가열하면 가수분해되어 당이 된다.

! 전분에 효소를 넣어 최적온도를 유지시키면 탈수 축합 반응이 일어나는 것이 아니고, 가수분해되어 당이 된다.

46 쌀 전분을 빨리 α–화하려고 할 때의 조치 사항은?

① 아밀로펙틴 함량이 많은 전분을 사용한다.
② 침수시간을 짧게 한다.
③ 가열 온도를 높인다.
④ 산성의 물을 사용한다.

! α–화(호화)를 빨리하기 위한 조치는 침수시간을 길게, 가열 온도를 높이고, 아밀로펙틴 함량이 적은 전분을 사용한다. 산성의 물은 호화를 방해한다.

47 유지를 가열할 때 유지 표면에서 엷은 푸른 연기가 나기 시작할 때의 온도는?

① 팽창점   ② 연화점
③ 용해점   ④ 발연점

! 발연점이란 기름을 가열하면 일정한 온도에 열분해를 일으켜 지방산과 글리세롤로 분리되어 연기가 나기 시작하는 시점(온도)을 말한다.

48 호화와 노화에 대한 설명으로 옳은 것은?

① 쌀과 보리는 물이 없어도 호화가 잘된다.
② 떡의 노화는 냉장고보다 냉동고에서 더 잘 일어난다.
③ 호화된 전분을 80℃ 이상에서 급속건조하면 노화가 촉진된다.
④ 설탕의 첨가는 노화를 지연시킨다.

! 전분의 호화는 물과 열이 필요하고, 떡의 노화는 냉장고에서 더 잘 일어나고, 호화된 전분을 80℃ 이상에서 급속건조하면 노화를 방지할 수 있다.

Ans
44 ②   45 ③   46 ③   47 ④   48 ④

49 조미료 중 수란을 뜰 때 끓는 물에 넣고 달걀을 넣으면 난백의 응고를 돕고, 작은 생선을 사용할 때 소량 가하면 뼈가 부드러워지며, 기름기 많은 재료에 사용하면 맛이 부드럽고 산뜻해지는 것은?

① 설탕　　　　② 후추
③ 식초　　　　④ 소금

> ❗ 산은 단백질을 응고시키는 성질도 있으므로, 식초를 넣으면 단단하게 익는다.

50 전분에 효소를 작용시키면 가수분해되어 단맛이 증가하여 조청, 물엿이 만들어지는 과정은?

① 호화　　　　② 노화
③ 호정화　　　④ 당화

> ❗ 당화란 전분에 효소를 넣고 최적 온도를 유지시키면 가수분해되어 당을 만드는 현상이다.

51 직업병과 관련 원인의 연결이 틀린 것은?

① 잠함병 – 자외선
② 난청 – 소음
③ 진폐증 – 석면
④ 미나마타병 – 수은

> ❗ **잠함병**: 고압 환경

52 고온작업 환경에서 작업할 경우 말초혈관의 순환장애로 혈관신경의 부조절, 심박출량 감소가 생길 수 있는 열 중증은?

① 열허탈증　　　② 열경련
③ 열쇠약증　　　④ 울열증

> ❗ 고온 환경에 의한 질병 중 열허탈증(열피로)은 말초 혈관 운동 신경의 조절 장애와 심박 출량의 부족으로 전신 권태, 두통, 구역질, 의식이 몽롱해지는 증상이 있다.

53 먹는 물에서 다른 미생물이나 분변오염을 추측할 수 있는 지표는?

① 증발잔류량　　② 탁도
③ 경도　　　　　④ 대장균

> ❗ 대장균은 분변오염의 지표로, 먹는 물 50ml에서 검출되지 않아야 한다.

54 음식물로 매개될 수 있는 감염병이 아닌 것은?

① 유행성 간염　　② 폴리오
③ 일본뇌염　　　④ 콜레라

> ❗ 일본뇌염은 모기에 의해 매개되는 감염병이다.

Ans
49 ③　50 ④　51 ①　52 ①　53 ④　54 ③

55 감염경로와 질병과의 연결이 틀린 것은?

① 공기감염 – 공수병
② 비말감염 – 인플루엔자
③ 우유감염 – 결핵
④ 음식물감염 – 폴리오

> ⚠ 공수병은 광견병에 감염된 개, 고양이 등에게 물려서 감염된다.

56 세균성 이질을 앓고 난 아이가 얻는 면역에 대한 설명으로 옳은 것은?

① 인공면역을 획득한다.
② 수동면역을 획득한다.
③ 영구면역을 획득한다.
④ 면역이 거의 획득되지 않는다.

> ⚠ 면역이 형성되지 않는 질병: 이질, 매독, 말라리아 등

57 쥐와 관계가 가장 적은 감염병은?

① 페스트
② 신증후군 출혈열(유행성 출혈열)
③ 발진티푸스
④ 렙토스피라증

> ⚠ 발진티푸스는 이로 인해 감염되며 발열, 발진, 근통 등을 나타내는 급성 감염병이다.

58 다수인이 밀집한 장소에서 발생하며 화학적 조성이나 물리적 조성의 큰 변화를 일으켜 불쾌감, 두통, 권태, 현기증, 구토 등의 생리적 이상을 일으키는 현상은?

① 빈혈
② 일산화탄소 중독
③ 분압 현상
④ 군집독

59 작업장의 조명 불량으로 발생될 수 있는 질환이 아닌 것은?

① 안구진탕증
② 안정피로
③ 결막염
④ 근시

> ⚠ 조명 불량으로 발생될 수 있는 질환은 안구진탕증, 안정피로, 근시 등이다.

60 하수 오염도 측정 시 생화학적 산소요구량(BOD)을 결정하는 기장 중요한 인자는?

① 물의 경도
② 수중의 유기물량
③ 하수량
④ 수중의 광물질량

> ⚠ 생화학적 산소 요구량(BOD)은 수중의 분해 가능한 유기물질이 호기성 세균의 작용에 의해서 분해, 산화되는 데 사용되는 용존산소의 손실량을 측정하는 것으로, 하수의 오염도를 알 수 있다.

Ans
55 ①   56 ④   57 ③   58 ④   59 ③   60 ②

조리기능사 필기 기출문제 (2014년 10월 11일 시행)

자격 종목	코드	시험 시간	문항 수	수험 번호	성명
조리기능사	7910	60분	60		

01 식품 등의 표시기준상 열량표시에서 몇 kcal 미만을 "0"으로 표시할 수 있는가?

① 2kcal
② 5kcal
③ 7kcal
④ 10kcal

> ! 식품 등의 표시기준상 영양성분별 세부표시방법에서 열량의 단위는 킬로칼로리(kcal)로 표시하되, 그 값을 그대로 표시하거나 그 값에 가장 가까운 5kcal 단위로 표시하여야 한다. 이 경우 5kcal 미만은 "0"으로 표시할 수 있다.

02 어패류의 신선도 판정 시 초기부패의 기준이 되는 물질은?

① 삭시톡신(Saxitoxin)
② 베네루핀(Venerupin)
③ 트라이메틸아민(Trimethylamine)
④ 아플라톡신(Aflatoxin)

> ! • 트라이메틸아민(trimethylamine) : 어패류의 초기부패의 기준이 되는 물질
> • 삭시톡신(saxitoxin) : 섭조개, 대합의 독소
> • 베네루핀(venerupin) : 모시조개, 바지락조개 독소
> • 아플라톡신(aflatoxin) : 곰팡이 독소

03 식품위생법상 조리사를 두어야 할 영업이 아닌 것은?

① 지방자치단체가 운영하는 집단급식소
② 복어조리 판매업소
③ 식품첨가물 제조업소
④ 병원이 운영하는 집단급식소

> ! **식품위생법상 조리사를 두어야 할 영업**
> • 식품접객업 중 복어를 조리·판매하는 영업자
> • 집단급식소 운영자(국가 및 지방자치단체/학교, 병원 및 사회 복지시설)

04 식품위생법상 영업의 신고 대상 업종이 아닌 것은?

① 일반음식점영업
② 단란주점영업
③ 휴게음식점영업
④ 식품제조 · 가공업

> ! 단란주점영업, 유흥주점영업은 특별자치도지사 또는 시장·군수·구청장의 허가를 받아야 한다.

Ans
01 ② 02 ③ 03 ③ 04 ②

05 식품위생법상 용어의 정의에 대한 설명 중 틀린 것은?

① "집단급식소"라 함은 영리를 목적으로 하는 급식 시설을 말한다.

② "식품"이라 함은 의약으로 섭취하는 것을 제외한 모든 음식물을 말한다.

③ "표시"라 함은 식품, 식품첨가물, 기구 또는 용기·포장에 기재하는 문자, 숫자 또는 도형을 말한다.

④ "용기·포장"이라 함은 식품을 넣거나 싸는 것으로서 식품을 주고받을 때 함께 건네는 물품을 말한다.

> ! 식품위생법상 집단급식소는 영리를 목적으로 하지 않는 급식 시설을 말한다.

06 식품위생법상 소비자식품위생감시원의 직무가 아닌 것은?

① 식품접객업을 하는 자에 대한 위생 관리 상태 점검

② 유통 중인 식품 등의 허위표시 또는 과대광고금지 위반행위에 관한 관할 행정 관청에의 신고 또는 자료 제공

③ 식품위생감시원이 행하는 식품 등에 대한 수거 및 검사 지원

④ 영업장소에 대한 위생관리상태를 점검하고, 개선사항에 대한 권고 및 불이행 시 위촉기관에 보고

> ! ①, ②, ③은 소비자식품위생감시원의 직무이고, ④는 시민 식품감시인이 위촉기관(식품의약품안전처장, 시·도지사 또는 시장·군수·구청장)에 보고한다.

07 중금속에 관한 설명으로 옳은 것은?

① 해독에 사용되는 약을 중금속 길항약이라고 한다.

② 중금속과 결합하기 쉽고 체외로 배설하는 약은 없다.

③ 중독증상으로 대부분 두통, 설사, 고열을 동반한다.

④ 무기중금속은 지질과 결합하여 불용성 화합물을 만들고 산화작용을 나타낸다.

> ! 중금속 화합물의 섭취는 쉽게 체외로 배출되지 않으며, 중독증상은 소화기장애, 순환장애, 호흡곤란, 말초 중추신경장애 등이 나타나고, 중금속 길항약제가 해독에 사용된다.

08 경구감염병과 비교하여 세균성 식중독이 가지는 일반적인 특성은?

① 소량의 균으로도 발병한다.

② 잠복기가 짧다.

③ 2차 발병률이 매우 높다.

④ 수인성 발생이 크다.

> !
> | 세균성 식중독 | 경구감염병 (소화기계 감염병) |
> | --- | --- |
> | • 많은 균량으로 발병 | • 소량의 균으로 발병 |
> | • 2차 감염이 거의 없음. | • 2차 감염이 빈번함. |
> | • 식품위생법으로 관리 | • 감염병 예방법으로 관리 |
> | • 비교적 짧은 잠복기 | • 비교적 긴 잠복기 |
> | • 음료수와 비교적 관계 적음. | • 수인성 발생이 큼. |

Ans

05 ① 06 ④ 07 ① 08 ②

09 식품의 제조공정 중에 발생하는 거품을 제거하기 위해 사용되는 식품첨가물은?

① 소포제 ② 발색제
③ 살균제 ④ 표백제

> ⚠ **소포제**: 식품제조공정 시 발생하는 거품제거제로 규소 수지가 있다.

10 미생물의 발육을 억제하여 식품의 부패나 변질을 방지할 목적으로 사용되는 것은?

① 안식향산나트륨
② 호박산나트륨
③ 글루탐산나트륨
④ 유동파라핀

> ⚠ • **안식향산나트륨**: 식품의 부패나 변질을 방지하는 보존료(방부제)로 데히드로초산, 소르빈산, 안식향산 등이 있음.
> • **호박산나트륨, 글루탐산나트륨**: 감칠맛을 내는 조미료
> • **유동파라핀**: 빵 반죽이나 구울 때 이형제로 사용

11 식물성 자연독 성분이 아닌 것은?

① 무스카린(Muscarine)
② 테트로도톡신(Tetrodotoxin)
③ 솔라닌(Solanine)
④ 고시폴(Gossypol)

> ⚠ • 무스카린: 독버섯
> • 솔라닌: 감자 싹의 독소
> • 고시폴: 목화씨의 독소
> • 테트로도톡신: 복어 독으로 동물성 자연독 성분

12 독미나리에 함유된 유독성분은?

① 무스카린(Muscarine)
② 솔라닌(Solanine)
③ 아트로핀(Atropine)
④ 시큐톡신(Cicutoxin)

> ⚠ • **아트로핀(Atropine)**: 미치광이풀 독소
> • **시큐톡신(Cicutoxin)**: 독미나리 독소

13 장염비브리오 식중독균(V. parahaemolyticus)의 특징으로 틀린 것은?

① 해수에 존재하는 세균이다.
② 3~4%의 식염농도에서 잘 발육한다.
③ 특정조건에서 사람의 혈구를 용혈시킨다.
④ 그람 양성균이며 아포를 생성하는 구균이다.

> ⚠ 장염비브리오 식중독균은 그람 음성, 무아포균으로 60℃에서 5분간 가열만으로도 사멸한다.

14 화학물질에 의한 식중독으로 일반 중독증상과 시신경의 염증으로 실명의 원인이 되는 물질은?

① 납 ② 수은
③ 메틸알코올 ④ 청산

> ⚠ • **납 중독**: 중추신경계 장애
> • **수은 중독**: 미나마타병, 신경 장애
> • **청산 중독**: 소화기계 장애, 호흡곤란, 호흡중추 마비 등으로 사망
> • **메틸알코올(에탄올)**: 과실주나 정제가 불충분한 에탄올이나 증류주에 미량 함유되어 두통, 현기증, 구토가 생기고 심할 경우 시신경에 염증을 일으켜 실명, 사망에 이른다.

15 세균성 식중독에 속하지 않는 것은?

① 노로바이러스 식중독
② 비브리오 식중독
③ 병원성 대장균 식중독
④ 장구균 식중독

> **노로바이러스**: 바이러스에 의한 전염성이 매우 높은 식중독

16 자유수의 성질에 대한 설명으로 틀린 것은?

① 수용성 물질의 용매로 사용된다.
② 미생물 번식과 성장에 이용되지 못한다.
③ 비중은 4℃에서 최고이다.
④ 건조로 쉽게 제거 가능하다.

자유수	결합수
• 식품의 미생물 번식에 이용	• 미생물 번식에 사용 불가
• 0℃에서 동결	• 0℃ 이하에서도 쉽게 얼지 않음.
• 100℃에서 끓고 수증기로 증발	• 100℃에서 쉽게 제거 안 됨.
• 건조 시 쉽게 제거됨.	• 건조가 잘되지 않음.

17 과일의 주된 향기성분이며 분자량이 커지면 향기도 강해지는 냄새성분은?

① 알코올
② 에스테르류
③ 유황화합물
④ 휘발성 질소화합물

> • **알코올**: 주류, 감자, 복숭아, 계피 등
> • **유황화합물**: 파, 마늘, 양파, 무, 고추 등
> • **에스테르류**: 과일향(여러 향기 성분 중 분자량이 커지면 향기도 강해지는 특성을 가진 성분)

18 일반적으로 꽃 부분을 주요 식용부위로 하는 화채류는?

① 죽순(Bamboo shoot)
② 파슬리(Parsley)
③ 콜리플라워(Cauliflower)
④ 아스파라거스(Asparagus)

> 화채류(꽃 부분)를 식용하는 채소에는 콜리플라워, 브로콜리, 아티초크, 원추리꽃(향화) 등이 있다.

19 현미는 벼의 어느 부위를 벗겨 낸 것인가?

① 과피와 종피   ② 겨층
③ 겨층과 배아   ④ 왕겨층

> 벼에서 왕겨층을 벗겨 낸 것이 현미, 현미에서 과피와 종피, 호분층, 배아를 제거한 쌀이 백미이다.

20 유화(Emulsion)에 의해 형성된 식품이 아닌 것은?

① 우유   ② 마요네즈
③ 주스   ④ 잣죽

> **유화(Emulsion)**: 기름과 물이 잘 섞여 있는 상태를 말하는데 자연적 유화는 우유나 난황 등이 있고, 유화제를 섞거나 거품을 내거나 흔들어 인공 유화를 형성하는 것으로 마요네즈, 잣죽, 마가린, 아이스크림 등이 있다.

Ans
15 ①   16 ②   17 ②   18 ③   19 ④   20 ③

21 달걀의 보존 중 품질변화에 대한 설명으로 틀린 것은?

① 수분의 증발
② 농후난백의 수양화
③ 난황막의 약화
④ 산도(pH)의 감소

> ! 신선한 달걀: pH 7.6 정도, 저장 중 시간이 지남에 따라 CO_2의 증발로 pH 9.7 증가

22 유지 중에 존재하는 유리 수산기(–OH)의 함량을 나타내는 것은?

① 아세틸가(Acetyl value)
② 폴렌스케가(Polenske value)
③ 헤너가(Hehner value)
④ 라이켈 – 마이슬가(Reichert - meissl value)

> ! 아세틸가(Acetyl value): 지방산의 산패를 나타내는 척도 (순수한 중성 지질 아세틸가는 0)

23 생선의 자가소화 원인은?

① 세균의 작용　　② 단백질 분해 효소
③ 염류　　　　　④ 질소

> ! 생선은 사후경직이 어느 정도 지속된 후 각종 효소(단백질 분해 효소) 작용으로 어육이 분해되는데, 이 현상을 자가소화라 한다.

24 식품과 대표적인 맛성분(유기산)을 연결한 것 중 틀린 것은?

① 포도 – 주석산
② 감귤 – 구연산
③ 사과 – 사과산
④ 요구르트 – 호박산

> ! • 요구르트: 젖산
> • 호박산: 조개류, 딸기 등

25 육류의 연화작용에 관여하지 않는 것은?

① 파파야　　　　② 파인애플
③ 레닌　　　　　④ 무화과

> ! • 파파야: 파파인
> • 파인애플: 브로멜린
> • 무화과: 피신
> • 레닌: 우유단백질 카세인을 응고시키는 응유효소

26 강화식품에 대한 설명으로 틀린 것은?

① 식품에 원래 적게 들어 있는 영양소를 보충한다.
② 식품의 가공 중 손실되기 쉬운 영양소를 보충한다.
③ 강화영양소로 비타민 A, 비타민 B, 칼슘(Ca) 등을 이용한다.
④ α화 쌀은 대표적인 강화식품이다.

> ! α 화 쌀(알파미)은 밥을 지은 후 감압으로 급속하게 탈수하여 수분을 5% 미만으로 건조, 호화 상태를 유지시켜 조리 과정 없이 물이나 뜨거운 물을 첨가하여 먹을 수 있는 밥으로 간편식, 휴대식이라고 할 수 있다.

27 알칼리성 식품에 해당하는 것은?

① 육류   ② 곡류

③ 해조류   ④ 어류

> ! • 알칼리성 식품: 무기질, Na(나트륨), K(칼륨), Fe(철분), Ca(칼슘) 등을 함유하고 있는 식품으로 해조류, 과일, 채소류 등
> • 산성 식품: 무기질 P(인), S(황), Cl(염소) 등을 함유하고 있는 식품으로 육류, 곡류, 어류 등

28 다당류와 거리가 먼 것은?

① 젤라틴(Gelatin)

② 글리코겐(Glycogen)

③ 펙틴(Pectin)

④ 글루코만난(Glucomannan)

> ! 젤라틴은 유도단백질의 일종으로 피부, 힘줄, 뼈, 연골을 물과 함께 장시간 끓이면 액체로 녹고, 차게 식히면 굳어진다.

29 식품이 나타내는 수증기압이 0.75 기압이고, 그 온도에서 순수한 물의 수증기압이 1.5 기압일 때 식품의 상대습도(RH)는?

① 40   ② 50

③ 60   ④ 80

> ! $$상대습도(RH) = \frac{P(식품의\ 수증기압)}{P_0(순수한\ 물의\ 최대수증기압)} \times 100$$
> $$= (0.75 / 1.5) \times 100$$
> $$= 50$$

30 효소에 의한 갈변을 억제하는 방법으로 옳은 것은?

① 환원성물질 첨가

② 기질 첨가

③ 산소 접촉

④ 금속이온 첨가

> ! 효소에 의한 갈변은 산소, 효소, 기질이 충족될 때 일어나므로 산소 제거, 효소 불활성화, 기질 제거, 환원성 물질을 첨가해서 갈변을 억제할 수 있다.

31 두부를 만드는 과정은 콩 단백질의 어떠한 성질을 이용한 것인가?

① 건조에 의한 변성

② 동결에 의한 변성

③ 효소에 의한 변성

④ 무기 염류에 의한 변성

> ! 두부는 콩 단백질(글리시닌)에 무기 염류(염화칼슘, 염화마그네슘 등)를 첨가하면 응고되는 성질을 이용한 것이다.

32 시설위생을 위한 사항으로 적합하지 않은 것은?

① 주방냄비를 세척 후 열처리를 한다.

② 주방의 천장, 바닥, 벽면도 주기적으로 청소한다.

③ 나무 도마는 사용 후 깨끗이 하고 일광 소독을 하도록 한다.

④ Deep fryer의 경우 기름은 매주 뽑아내어 걸러 찌꺼기가 남아 있는 일이 없도록 한다.

> ! Deep fryer의 경우 기름은 매일 뽑아내어 걸러 찌꺼기가 남아 있는 일이 없도록 한다.

Ans

27 ③   28 ①   29 ②   30 ①   31 ④   32 ④

33 구매한 식품의 재고관리 시 적용되는 방법 중 최근에 구입한 식품부터 사용하는 것으로 가장 오래된 물품이 재고로 남게 되는 것은?

① 선입선출법
② 후입선출법
③ 총 평균법
④ 최소 – 최대관리법

! 후입선출법은 최근에 구입한 재료부터 먼저 사용하는 방법으로 소득세를 줄이고, 원가를 최대화해서 재고가치를 최소화할 때 사용하는 방법이다.

34 소금의 종류 중 불순물이 가장 많이 함유되어 있고 가정에서 배추를 절이거나 젓갈을 담글 때 주로 사용하는 것은?

① 호염   ② 재제염
③ 식탁염   ④ 정제염

! 호염(천일염, 굵은 소금): 염전에서 바닷물의 수분을 건조시켜 만든 결정체로 입자가 크며 불순물이 섞여 있어 색이 약간 어둡다. 배추를 절이거나 젓갈, 오이지를 담글 때 사용한다.

35 판매 가격이 5,000원인 메뉴의 식재료비가 2,000원인 경우 이 메뉴의 식재료비 비율은?

① 10%   ② 20%
③ 30%   ④ 40%

! $5,000 : 100 = 2,000 : x$
$5,000\,x = 200,000$
$x = 200,000 / 5,000$
$x = 40$

36 젤라틴에 대한 설명으로 옳은 것은?

① 과일젤리나 양갱의 제조에 이용한다.
② 해조류로부터 얻은 다당류의 한 성분이다.
③ 산을 아무리 첨가해도 겔 강도가 저하되지 않는 특징이 있다.
④ 3~10℃에서 겔화되며 온도가 낮을수록 빨리 응고한다.

! • 한천: 해조류로 만들어지고, 양갱 제조에 사용되며 온도가 낮을수록 빨리 응고한다.
• 젤라틴: 동물의 결체 조직에서 얻어지고 산을 첨가하면 가수 분해가 일어나 겔 강도가 약화된다.

37 김에 대한 설명 중 옳은 것은?

① 붉은색으로 변한 김은 불에 잘 구우면 녹색으로 변한다.
② 건조김은 조미김보다 지질함량이 높다.
③ 김은 칼슘 및 철, 칼륨이 풍부한 알칼리성 식품이다.
④ 김의 감칠맛은 단맛과 지미를 가진 시스틴(Cystine), 만니톨(Mannitol) 때문이다.

! 김은 칼슘, 철, 칼륨, 비타민이 풍부한 알칼리성 식품으로 알라닌, 글루탐산 등의 아미노산에 의해 감칠맛이 난다. 조미김이 건조김보다 지질 함량이 높다.

Ans
33 ②   34 ①   35 ④   36 ④   37 ③

38 물품의 검수와 저장하는 곳에서 꼭 필요한 집기류는?

① 칼과 도마
② 대형 그릇
③ 저울과 온도계
④ 계량컵과 계량스푼

> ! 물품의 검수 시 정확한 계량을 위해 저울이 필요하고, 적절한 저장을 위해 온도계가 필요하다.

39 노화가 잘 일어나는 전분은 다음 중 어느 성분의 함량이 높은가?

① 아밀로스(Amylose)
② 아밀로펙틴(Amylopectin)
③ 글리코겐(Glycogen)
④ 한천(Agar)

> ! 노화가 잘 일어나는 전분은 아밀로스 함량이 높을 때이다.

40 습열 조리법이 아닌 것은?

① 설렁탕   ② 갈비찜
③ 불고기   ④ 버섯전골

> ! • 습열 조리법: 데치기, 삶기, 찌기, 끓이기 등
> • 불고기는 건열 조리에 속한다.

41 식혜를 당화시켜 끓일 때 설탕과 함께 소금을 조금 넣어 단맛이 강하게 느껴지는 현상은?

① 미맹현상   ② 소실현상
③ 대비현상   ④ 변조현상

> ! • **미맹현상**: 특정한 화합물에 대해 쓴맛을 느끼지 못함.
> • **변조현상**: 한 가지 맛을 느낀 직후 다른 맛을 보면 원래 맛이 다르게 느껴지는 현상으로 쓴 약을 먹고 물을 마시면 물이 달게 느껴지는 현상
> • **대비현상**: 서로 다른 두 맛이 작용하여 주된 맛 성분이 강해지는 현상

42 냄새 제거를 위한 향신료가 아닌 것은?

① 육두구(Nutmeg)
② 월계수잎(Bay leaf)
③ 마늘(Garlic)
④ 세이지(Sage)

> ! 육두구(Nutmeg)는 말려서 방향성 건위제, 강장제 등으로 쓰며 서양에서는 항미제로 사용한다.

43 고기를 연화시키기 위해 첨가하는 식품과 단백질 분해효소가 맞게 연결된 것은?

① 배 - 파파인(Papain)
② 키위 - 피신(Ficin)
③ 무화과 - 액티니딘(Actinidin)
④ 파인애플 - 브로멜린(Bromelin)

> ! **과일의 단백질 분해효소**
> • **배**: 프로테아제   • **키위**: 액티니딘
> • **파파야**: 파파인   • **무화과**: 피신

Ans

38	③	39	①	40	③	41	③	42	①	43	④

44 유지류의 조리 이용 특성과 거리가 먼 것은?

① 열전달 매체로서의 튀김
② 밀가루 제품의 연화작용
③ 지방의 유화작용
④ 결합제로서의 응고성

> 유지류의 조리 이용 시 열전달 매체로서 단시간에 조리할 수 있는 튀김, 빵, 과자 등을 부드럽게 하는 연화작용, 소스나 드레싱 만들 때 수분도 잘 섞일 수 있는 유화성, 식재료를 부드럽고 부피감이 있게 하는 크리미한 특성들을 이용한다.

45 조리방법에 대한 설명으로 옳은 것은?

① 채소를 잘게 썰어 끓이면 빨리 익으므로 수용성 영양소의 손실이 적어진다.
② 전자레인지는 자외선에 의해 음식이 조리된다.
③ 콩나물국의 색을 맑게 만들기 위해 소금으로 간을 한다.
④ 푸른색을 최대한 유지하기 위해 소량의 물에 채소를 넣고 데친다.

> • 채소를 잘게 썰어 끓이면 오히려 수용성 영양소 손실이 크다.
> • 전자레인지는 초단파(전자파)를 이용해서 조리하고, 채소는 5~6배의 넉넉한 물에 재빨리 데쳐 내야 푸른색을 유지할 수 있다.

46 단백질 함량이 14% 정도인 밀가루로 만드는 것이 가장 좋은 식품은?

① 버터케이크 ② 튀김
③ 마카로니 ④ 과자류

> **밀가루의 종류와 용도**
>
> | 종류 | 글루텐 함량 | 용도 |
> |------|------------|------|
> | 강력분 | 13% 이상 | 식빵, 마카로니(파스타), 피자도우 |
> | 중력분 | 10~13% | 국수, 수제비, 만두피 |
> | 박력분 | 10% 이하 | 케이크, 과자류, 튀김 |

47 고등어구이를 하려고 한다. 정미중량 70g을 조리하고자 할 때 1인당 발주량은 약 얼마인가? (단, 고등어 폐기율은 35%)

① 43g ② 91g
③ 108g ④ 110g

> • 폐기율이 없는 경우
> 정미중량 × 급식 인원수
> • 폐기율이 있는 경우
> (정미중량 × 100) / (100 − 폐기율) × 급식 인원수
> = (70 × 100) / (100 − 35) × 1 = 7,000 / 65 = 107.69

48 단체급식시설의 작업장별 관리에 대한 설명으로 잘못된 것은?

① 개수대는 생선용과 채소용을 구분하는 것이 식중독균의 교차오염을 방지하는데 효과적이다.
② 가열, 조리하는 곳에는 환기장치가 필요하다.
③ 식품보관 창고에 식품을 보관 시 바닥과 벽에 식품이 직접 닿지 않게 하여 오염을 방지한다.
④ 자외선등은 모든 기구와 식품내부의 완전살균에 매우 효과적이다.

> • 자외선 소독은 표면 살균효과가 있으며 소도구, 용기류에 효과적이다.
> • 완전살균에는 간헐멸균법, 고압증기멸균법 등이 있다.

49 생선의 조리방법에 대한 설명으로 틀린 것은?

① 생강과 술은 비린내를 없애는 용도로 사용한다.

② 처음 가열할 때 수분간은 뚜껑을 약간 열어 비린내를 휘발시킨다.

③ 모양을 유지하고 맛 성분이 밖으로 유출되지 않도록 양념간장이 끓을 때 생선을 넣기도 한다.

④ 선도가 약간 저하된 생선은 조미를 비교적 약하게 하여 뚜껑을 덮고 짧은 시간 내에 끓인다.

> ! 선도가 저하된 생선은 조미를 강하게 하고 뚜껑을 열어 비린내를 휘발시키고 양념이 배이도록 충분히 끓인다.

50 육류를 가열할 때 일어나는 변화 중 틀린 것은?

① 중량 증가
② 풍미의 생성
③ 비타민의 손실
④ 단백질의 응고

> ! 육류를 가열할 때 근육 섬유는 수축되고 수분이 유출되어 중량이 감소한다.

51 하천수에 용존산소가 적다는 것은 무엇을 의미하는가?

① 유기물 등이 잔류하여 오염도가 높다.
② 물이 비교적 깨끗하다.
③ 오염과 무관하다.
④ 호기성 미생물과 어패류의 생존에 좋은 환경이다.

> ! 용존산소란 물속에 녹아 있는 산소를 말하며 용존산소량이 적다는 것은 하천수에 유기물이 늘어나 산소소비량이 늘어 오염도가 높다는 것이다.

52 채소류를 매개로 감염될 수 있는 기생충이 아닌 것은?

① 회충
② 유구조충
③ 구충
④ 편충

> ! **육류를 매개로 감염될 수 있는 기생충**
> • 유구조충(갈고리촌충) – 돼지고기
> • 무구조충(민촌충) – 쇠고기

53 실내공기의 오염지표로 사용하는 기체와 그 서한량이 바르게 짝지어진 것은?

① CO – 0.1%
② SO_2 – 0.01%
③ CO_2 – 0.1%
④ NO_2 – 0.01%

> ! • CO(일산화탄소) – 공기 중에 0.01%
> • SO_2(아황산가스) – 공기 오염의 지표수준 0.05ppm
> • CO_2(이산화탄소) – 0.1%

54 다음 설명 중 맞는 것은?

① 사람은 호흡 시 산소를 체외로 배출하고, 이산화탄소를 체내로 흡입한다.

② 수중에서 작업하는 사람은 이상기압으로 인해 참호족에 걸린다.

③ 조리장에서 작업 시 적절한 환기가 필요하다.

④ 정상공기는 주로 수소와 이산화탄소로 구성되어 있다.

> ! • 사람은 호흡 시 이산화탄소를 체외로 배출하고, 산소를 체내로 흡입한다.
> • 이상기압에서는 잠수병이 발병한다.
> • 정상공기는 질소와 산소로 구성되어 있다.

Ans
49 ④ 50 ① 51 ① 52 ② 53 ③ 54 ③

기출문제 해설

55 간디스토마는 제2중간숙주인 민물고기 내에 어떤 형태로 존재하다가 인체에 감염을 일으키는가?

① 피낭 유충(Metacercaria)
② 레디아(Redia)
③ 유모유충(Miracidium)
④ 포자유충(Sporocyst)

> 간디스토마는 제1중간 숙주 왜(쇠)우렁이, 제2중간 숙주 민물고기(잉어, 붕어, 모래무지) 내에 피낭 유충으로 기생하다 인체로 감염된다.

56 일반적인 인수공통감염병에 속하지 않는 것은?

① 탄저
② 고병원성 조류인플루엔자
③ 홍역
④ 광견병

> 인수공통감염병은 탄저(양, 말, 소, 돼지), 고병원성 조류인플루엔자, 광견병(개), 페스트(쥐), 선모충(돼지) 등이다.

57 소음의 측정단위인 dB(Decibel)은 무엇을 나타내는 단위인가?

① 음압   ② 음속
③ 음파   ④ 음역

> 소음 측정 단위 dB(데시벨)은 사람이 들을 수 있는 음압의 범위와 음의 강도 범위를 말한다.

58 자외선의 작용과 거리가 먼 것은?

① 피부암 유발
② 안구진탕증 유발
③ 살균 작용
④ 비타민 D 형성

> 안구진탕증은 직업병의 일종으로 조명 불량에서 올 수 있다.

59 환자나 보균자의 분뇨에 의해서 감염될 수 있는 경구감염병은?

① 장티푸스
② 결핵
③ 인플루엔자
④ 디프테리아

> 경구감염병(소화기계 전염병): 장티푸스, 파라티푸스, 콜레라, 세균성 이질, 폴리오(소아마비) 등

60 과량조사 시에 열사병의 원인이 될 수 있는 것은?

① 마이크로파
② 적외선
③ 자외선
④ 엑스선

> 적외선은 열에 관계하는 광선으로 과도하게 받으면 일사병, 열사병, 결막염, 피부 홍반 등의 원인이 될 수 있다.

자격 종목	코드	시험 시간	문항 수	수험 번호	성명
조리기능사	7910	60분	60		

01 식품을 조리 또는 가공할 때 생성되는 유해 물질과 그 생성 원인을 잘못 짝지은 것은?

① 엔 – 니트로사민(N–nitrosamine) – 육가공품의 발색제 사용으로 인한 아질산과 아민과의 반응 생성물

② 다환방향족 탄화수소(Polycyclicaromatic hydrocarbon) – 유기물질을 고온으로 가열할 때 생성되는 단백질이나 지방의 분해 생성물

③ 아크릴아미드(Acrylamide) – 전분식품 가열 시 아미노산과 당의 열에 의한 결합 반응 생성물

④ 헤테로사이클릭아민(Heterocyclic amine) – 주류 제조 시 에탄올과 카바밀기의 반응에 의한 생성물

> 헤테로사이클릭아민은 육류나 생선을 고온으로 조리할 때 생성되는 물질로 발암가능물질이다.

02 복어 중독을 일으키는 독성분은?

① 테트로도톡신(Tetrodotoxin)
② 솔라닌(Solanine)
③ 베네루핀(Venerupin)
④ 무스카린(Muscarine)

> • 솔라닌: 감자 싹
> • 베네루핀: 바지락, 모시조개 등
> • 무스카린: 독버섯

03 과일 통조림으로부터 용출되어 구토, 설사, 복통의 중독 증상을 유발할 가능성이 있는 물질은?

① 안티몬
② 주석
③ 크롬
④ 구리

> 주석은 통조림 제조 시 사용되는데 내용물의 부식에 의해 용출될 수 있다.

04 화학성 식중독의 원인이 아닌 것은?

① 설사성 패류 중독
② 환경 오염에 기인하는 식품 유독성분 중독
③ 중금속에 의한 중독
④ 유해성 식품첨가물에 의한 중독

> • **화학성 식중독**: 환경오염에 기인하는 식품 유독성분, 중금속·농약·유해 식품첨가물에 의한 중독, 환경오염에 기인하는 식품 유독 성분 중독 등
> • **세균성 식중독**: 설사성 패류 중독은 장염 비브리오 식중독으로 미생물에 오염된 음식물 섭취가 원인

Ans
01 ④ 02 ① 03 ② 04 ①

05 안식향산(Benzoic acid)의 사용 목적은?

① 식품의 산미를 내기 위하여
② 식품의 부패를 방지하기 위하여
③ 유지의 산화를 방지하기 위하여
④ 식품의 향을 내기 위하여

> • **산미료**: 구연산, 빙초산, 젖산 등
> • **산화 방지제**: 아스코르빈산, 부틸히드록시아니솔(BHA) 등
> • **착향료**: 계피 알데히드, 바닐린, 에스테르류 등
> • **방부제**: 안식향산, 안식향산나트륨, 데히드로초산(DHA), 소르빈산염, 소르빈산칼륨 등

06 해산어류를 통해 많이 발생하는 식중독은?

① 살모넬라균 식중독
② 클로스트리디움 보툴리눔균 식중독
③ 황색 포도상구균 식중독
④ 장염 비브리오 식중독

> • **살모넬라균 식중독**: 육류, 난류, 육가공품 등
> • **클로스트리디움 보툴리눔균 식중독**: 햄, 소시지, 살균이 불충분한 통조림, 병조림 등
> • **황색 포도상구균 식중독**: 김밥, 육가공품 등
> • **장염 비브리오 식중독**: 어패류 등

07 색소를 함유하고 있지는 않지만 식품 중의 성분과 결합하여 색을 안정화시키면서 선명하게 하는 식품첨가물은?

① 착색료   ② 보존료
③ 발색제   ④ 산화방지제

> • **착색료**: 색을 복원하거나 착색하는 데 사용하는 첨가물
> • **발색제**: 식품 중 색소 성분과 반응하여 색을 안정시키거나 발색하며 변색을 방지하는 첨가물
> • **보존료**: 식품의 부패 · 변패를 막아 선도를 보존하는 첨가물
> • **산화 방지제**: 식품의 산화에 의한 변질을 방지하는 첨가물

08 식품의 부패 또는 변질과 관련이 적은 것은?

① 수분   ② 온도
③ 압력   ④ 효소

> 식품의 부패와 변질은 수분, 온도, 영양소 등이 있어야 잘 일어난다.

09 세균으로 인한 식중독 원인물질이 아닌 것은?

① 살모넬라균
② 장염 비브리오
③ 아플라톡신
④ 보툴리눔 독소

> • **세균성 식중독 중 감염형 식중독**: 살모넬라균, 장염 비브리오, 병원성 대장균, 웰치균 등
> • **세균성 식중독 중 독소형 식중독**: 보툴리눔 독소, 황색 포도상 구균의 장독소 등
> • **곰팡이 식중독**: 아플라톡신, 오크라톡신 등

10 중온균 증식의 최적온도는?

① 10~12℃
② 25~37℃
③ 55~60℃
④ 65~75℃

> • **저온균**: 5~20℃
> • **중온균**: 25~37℃
> • **고온균**: 65~75℃

Ans
05 ② 06 ④ 07 ③ 08 ③ 09 ③ 10 ②

11 업종별 시설기준으로 틀린 것은?

① 휴게음식점에는 다른 객석에서 내부가 보이도록 하여야 한다.
② 일반음식점의 객실에는 잠금장치를 설치할 수 있다.
③ 일반음식점의 객실 안에는 무대장치, 우주 볼 등의 특수조명시설을 설치하여서는 아니 된다.
④ 일반음식점에는 손님이 이용할 수 있는 자동반주장치를 설치하여서는 아니 된다.

> ! 일반음식점의 객실에는 잠금 장치를 설치할 수 없다.

12 HACCP의 7가지 원칙에 해당하지 않는 것은?

① 위해 요소 분석
② 중요관리점(CCP) 결정
③ 개선조치 방법 수립
④ 회수명령의 기준설정

> ! • 원칙 1: 위해요소분석
> • 원칙 2: 중요관리점 결정
> • 원칙 3: 한계 기준 설정
> • 원칙 4: 감시절차 수립
> • 원칙 5: 한계 기준 이탈 시 시정조치 절차 수립
> • 원칙 6: HACCP 시스템의 검증절차 수립
> • 원칙 7: 기록유지 및 문서화 절차 수립

13 판매의 목적으로 식품 등을 제조·가공·소분·수입 또는 판매한 영업자는 해당 식품이 식품 등의 위해와 관련이 있는 규정을 위반하여 유통 중인 당해 식품 등을 회수하고자 할 때 회수계획을 보고해야 하는 대상이 아닌 것은?

① 시·도지사
② 식품의약품안전처장
③ 보건소장
④ 시장·군수·구청장

> ! 회수하고자 할 때 식품의약품안전처장, 시·도지사, 시장·군수·구청장에게 미리 보고해야 한다.

14 식품위생법에 명시된 목적이 아닌 것은?

① 위생상의 위해 방지
② 건전한 유통·판매 도모
③ 식품영양의 질적 향상 도모
④ 식품에 관한 올바른 정보 제공

> ! 식품 위생법의 목적은 식품으로 인하여 생기는 위생상의 위해를 방지하고, 식품영양의 질적 향상을 도모하며, 식품에 관한 올바른 정보를 제공하여 국민 보건의 증진에 이바지함을 목적으로 한다.

15 식품위생법상 영업에 종사하지 못하는 질병의 종류가 아닌 것은?

① 비감염성 결핵
② 세균성 이질
③ 장티푸스
④ 화농성 질환

> ! 영업에 종사하지 못하는 질병의 종류
> • 제1군 감염병: 장티푸스, 세균성 이질, 파라티푸스, A형 간염 등
> • 제3군 감염병: 결핵(비감염성 결핵은 제외) 등
> • 피부병 및 기타 화농성 질환 등

16 우유 가공품이 아닌 것은?

① 치즈
② 버터
③ 마시멜로
④ 액상발효유

> ! 우유 가공품에는 치즈, 버터, 연유, 분유, 생크림, 액상발효유 등이 있다.

Ans
11 ② **12** ④ **13** ③ **14** ② **15** ① **16** ③

기출문제 해설

17 육류의 사후경직을 설명한 것 중 틀린 것은?

① 근육에서 호기성 해당과정에 의해 산이 증가된다.
② 해당과정으로 생성된 산에 의해 pH가 낮아진다.
③ 경직 속도는 도살 전의 동물의 상태에 따라 다르다.
④ 근육의 글리코겐 젖산으로 된다.

> 사후경직이란 동물이 도살된 직후 근육이 단단해지는 현상으로 산소공급이 끊기면서 근육 조직의 글리코겐이 혐기적 해당 과정을 거쳐 젖산을 생성하고, 젖산에 의해 pH가 낮아진다.

18 효소의 주된 구성성분은?

① 지방 　　　② 탄수화물
③ 단백질 　　④ 비타민

> 효소는 단백질이 주요 구성성분이다.

19 다음 냄새 성분 중 어류와 관계가 먼 것은?

① 트라이메틸아민(Trimethylamine)
② 암모니아(Ammonia)
③ 피페리딘(Piperidine)
④ 디아세틸(Diacetyl)

> • **트라이메틸아민**: 어류의 비린내
> • **암모니아**: 선도가 저하된 어류에서 나는 냄새 중 하나
> • **피페리딘**: 민물고기의 냄새 중 하나
> • **디아세틸**: 버터의 향기 성분

20 식품에 존재하는 물의 형태 중 자유수에 대한 설명으로 틀린 것은?

① 식품에서 미생물의 번식에 이용된다.
② -20℃에서도 얼지 않는다.
③ 100℃에서 증발하여 수증기가 된다.
④ 식품을 건조시킬 때 쉽게 제거된다.

21 전분의 노화를 억제하는 방법으로 적합하지 않은 것은?

① 수분함량 조절
② 냉동
③ 설탕의 첨가
④ 산의 첨가

> **전분의 노화 억제 방법**
> 수분 15% 이하로 조절, 0℃ 이하로 급속 냉동, 설탕의 첨가, 유화제나 환원제 첨가

22 우유 100mL에 칼슘이 180mg 정도 들어 있다면 우유 250mL에는 칼슘이 약 몇 mg 정도 들어 있는가?

① 450mg 　　② 540mg
③ 595mg 　　④ 650mg

> $100 : 180 = 250 : x$
> $100 x = 180 \times 250$
> $x = 45,000 / 100$
> $x = 450(mg)$

23 찹쌀의 아밀로스와 아밀로펙틴에 대한 설명 중 맞는 것은?

① 아밀로스 함량이 더 많다.
② 아밀로스 함량과 아밀로펙틴의 함량이 거의 같다.
③ 아밀로펙틴으로 이루어져 있다.
④ 아밀로펙틴은 존재하지 않는다.

> ! • 찹쌀: 아밀로펙틴 100%
> • 멥쌀: 아밀로스 20%, 아밀로펙틴 80%

24 과일향기의 주성분을 이루는 냄새 성분은?

① 알데히드(Aldehyde)류
② 황화합물
③ 테르펜(Terpene)류
④ 에스테르(Ester)류

> ! • 알데히드(Aldehyde)류: 주류, 바닐라향, 계피 등
> • 황화합물: 마늘, 파, 양파 등
> • 테르펜(Terpene)류: 녹차, 레몬 등
> • 에스테르(Ester)류: 사과, 바나나, 파인애플 등

25 불건성유에 속하는 것은?

① 들기름   ② 땅콩기름
③ 대두유   ④ 옥수수기름

> ! • 불건성유(요오드가 100 이하): 땅콩기름, 올리브유 등으로 공기 중에서 쉽게 건조되지 않음.
> • 반건성유(요오드가 100~130): 참기름, 면실유, 대두유, 옥수수유, 유채기름, 해바라기씨유 등
> • 건성유(요오드가 130 이상): 들기름, 아마인유, 호두기름 등으로 공기 중에 쉽게 건조됨.
> • 요오드가란 지방산의 불포화도를 나타내는 값으로, 요오드가가 높을수록 불포화 지방산을 많이 포함하고 있다.

26 채소의 가공 시 가장 손실되기 쉬운 비타민은?

① 비타민 A
② 비타민 D
③ 비타민 C
④ 비타민 E

> ! 수용성 비타민인 비타민 C가 가장 손실이 크다.

27 일반적으로 포테이토칩 등 스낵류에 질소 충전 포장을 실시할 때 얻어지는 효과로 가장 거리가 먼 것은?

① 유지의 산화 방지
② 스낵의 파손 방지
③ 세균의 발육 억제
④ 제품의 투명성 유지

> ! **질소충전 포장의 효과**
> 유지의 산화 방지, 스낵의 파손 방지, 세균의 발육 억제

28 달걀흰자로 거품을 낼 때 식초를 약간 첨가하는 것은 다음 중 어떤 것과 가장 관계가 깊은가?

① 난백의 등전점
② 용해도 증가
③ 향 형성
④ 표백효과

> ! 난백의 등전점(양이온의 농도와 음이온의 농도가 같아지는 상태)이 pH 4.6 정도인데 식초를 첨가해서 pH를 등전점에 가깝게 해 줌으로써 기포 형성에 영향을 준다.

Ans
23 ③   24 ④   25 ②   26 ③   27 ④   28 ①

기출문제 해설

29 붉은 양배추를 조리할 때 식초나 레몬즙을 조금 넣으면 어떤 변화가 일어나는가?

① 안토시아닌계 색소가 선명하게 유지된다.
② 카로티노이드계 색소가 변색되어 녹색으로 된다.
③ 클로로필계 색소가 선명하게 유지된다.
④ 플라보노이드계 색소가 변색되어 청색으로 된다.

> 안토시아닌계 색소는 산에 안정하므로 산을 첨가하면 적색을 나타내거나 색소가 선명하게 된다.

30 단맛을 갖는 대표적인 식품과 가장 거리가 먼 것은?

① 사탕무   ② 감초
③ 벌꿀   ④ 곤약

> 곤약(우무)은 구약 감자가 원료로, 수분이 95%, 전분이 3%로 단맛이 거의 없다.

31 신선한 달걀의 감별법으로 설명이 잘못된 것은?

① 햇빛(전등)에 비출 때 공기집의 크기가 작다.
② 흔들 때 내용물이 잘 흔들린다.
③ 6% 소금물에 넣으면 가라앉는다.
④ 깨트려 접시에 놓으면 노른자가 볼록하고 흰자의 점도가 높다.

> 신선한 달걀은 흔들었을 때 소리가 나지 않고, 소금물에 넣으면 가라앉고, 깨 보면 농후난백이 수양난백보다 많아 퍼지지 않는다.

32 열량급원 식품이 아닌 것은?

① 감자   ② 쌀
③ 풋고추   ④ 아이스크림

> - **열량급원**: 탄수화물(곡류 및 전분류), 단백질(고기, 생선, 알류, 콩류), 지방(유지류)
> - **조절소**: 비타민 및 무기질(채소 및 과일류)
> - **구성소**: 단백질, 무기질

33 마늘에 함유된 황화합물로 특유의 냄새를 가지는 성분은?

① 알리신(Allicin)
② 디메틸설파이드(Eimethyl sulfide)
③ 머스터드 오일(Mustard oil)
④ 캡사이신(Capsaicin)

34 당근의 구입단가는 kg당 1,300원이다. 10kg 구매 시 표준수율이 86%이라면, 당근 1인분(80g)의 원가는 약 얼마인가?

① 51원   ② 121원
③ 151원   ④ 181원

> 10kg을 13,000원에 구매한 당근은 표준수율이 86%이므로 가용 부분은 8.6kg이다.
> $8,600 : 13,000 = 80 : x$
> $8,600\,x = 13,00 \times 80 = 1,040,000$
> $x = 1,040,000 / 8,600$
> $x = 120.93 \rightarrow$ 약 121원

35 다음 조리법 중 비타민 C 파괴율이 가장 적은 것은?

① 시금칫국   ② 무생채
③ 고사리 무침   ④ 오이지

> ! 비타민 C는 열, 알칼리에 불안정하므로 열을 가하지 않고 조리한 무생채가 비타민 C 파괴율이 가장 적다.

36 조리 시 일어나는 비타민, 무기질의 변화 중 맞는 것은?

① 비타민 A는 지방 음식과 함께 섭취할 때 흡수율이 높아진다.
② 비타민 D는 자외선과 접하는 부분이 클수록, 오래 끓일수록 파괴율이 높아진다.
③ 색소의 고정효과로는 Ca^{++}이 많이 사용되며 식물 색소를 고정시키는 역할을 한다.
④ 과일을 깎을 때 쇠칼을 사용하는 것이 맛, 영양가, 외관상 좋다.

> ! 비타민 A는 지용성 비타민으로 지방 음식과 섭취할 때 흡수율이 높아진다.

37 급식시설에서 주방면적을 산출할 때 고려해야 할 사항으로 가장 거리가 먼 것은?

① 피급식자의 기호
② 조리기기의 선택
③ 조리 인원
④ 식단

> ! 급식시설의 주방면적은 식단, 배식수, 조리 기기의 종류, 조리 인원 등을 고려해서 산출한다.

38 급식시설 중 1인 1식 사용 급수량이 가장 많이 필요한 시설은?

① 학교급식   ② 보통급식
③ 산업체급식   ④ 병원급식

> ! 병원 급식은 개별 식기로 사용 급수량이 가장 많이 필요하다.

39 생선의 비린내를 억제하는 방법으로 부적합한 것은?

① 물로 깨끗이 씻어 수용성 냄새 성분을 제거한다.
② 처음부터 뚜껑을 닫고 끓여 생선을 완전히 응고시킨다.
③ 조리 전에 우유에 담가 둔다.
④ 생선 단백질이 응고된 후 생강을 넣는다.

> ! 생선 조리 시 끓어 오를 때까지 뚜껑을 열어 놓아야 비린내가 휘발되면서 비린내를 줄일 수 있다.

Ans
35 ②   36 ①   37 ①   38 ④   39 ②

40 총원가는 제조원가에 무엇을 더한 것인가?

① 제조간접비　　② 판매관리비
③ 이익　　　　　④ 판매가격

> • 직접원가 = 직접재료비 + 직접노무비 + 직접경비
> • 제조원가 = 직접원가 + 제조간접비
> • 총원가 = 제조원가 + 판매관리비
> • 판매가격 = 총원가 + 판매이익

41 조리 시 첨가하는 물질의 역할에 대한 설명으로 틀린 것은?

① 식염 – 면 반죽의 탄성 증가
② 식초 – 백색채소의 색 고정
③ 중조 – 펙틴 물질의 불용성 강화
④ 구리 – 녹색채소의 색 고정

> 중조는 녹색채소의 색을 고정하고 섬유질을 무르게 하지만
> 영양소의 파괴가 크다.

42 쇠고기의 부위 중 탕, 스튜, 찜 조리에 가장 적합한 부위는?

① 목심　　　　　② 설도
③ 양지　　　　　④ 사태

> • **목심**: 편육, 조림
> • **설도**: 산적, 구이
> • **양지**: 국, 찌개, 편육
> • **사태**: 조림, 찜, 탕

43 유지의 발연점이 낮아지는 원인에 대한 설명으로 틀린 것은?

① 유리지방산의 함량이 낮은 경우
② 튀김기의 표면적이 넓은 경우
③ 기름에 이물질이 많이 들어 있는 경우
④ 오래 사용하여 기름이 지나치게 산패된 경우

> 유리지방산의 함량이 높을수록 발연점이 낮아진다.

44 김치 저장 중 김치조직의 연부현상이 일어나는 이유에 대한 설명으로 가장 거리가 먼 것은?

① 조직을 구성하고 있는 펙틴질이 분해되기 때문에
② 미생물이 펙틴분해효소를 생성하기 때문에
③ 용기에 꼭 눌러 담지 않아 내부에 공기가 존재하여 호기성 미생물이 성장 번식하기 때문에
④ 김치가 국물에 잠겨 수분을 흡수하기 때문에

> 김치가 국물에 잠기면 김치 내부에 공기가 들어 가지 않아
> 김치 조직의 연부 현상(김치가 물러지는 현상)을 막을 수
> 있다.

45 편육을 끓는 물에 삶아 내는 이유는?

① 고기 냄새를 없애기 위해
② 육질을 단단하게 하기 위해
③ 지방 용출을 적게 하기 위해
④ 국물에 맛 성분이 적게 용출되도록 하기 위해

! 고기를 찬물에서부터 삶으면 수용성 단백질과 여러 성분이 국물에 용출되어서 고기 맛이 없으므로 장국을 끓일 때는 찬물에서, 편육을 삶을 때는 끓는 물에 넣고 삶아야 맛이 있다.

46 에너지 공급원으로 감자 160g을 보리쌀로 대체할 때 필요한 보리쌀의 양은? (단, 감자 당질 함량 14.4%, 보리쌀 당질함량 68.4%)

① 20.9g   ② 27.6g
③ 31.5g   ④ 33.7g

! 대체 식품량 $= \dfrac{\text{원래 식품 당질 함량}}{\text{대체 식품 당질 함량}} \times \text{원래 식품량}$

$= (14.4 \times 160) / 68.4$
$= 33.68$
약 33.7g

47 육류 조리 시 열에 의한 변화로 맞는 것은?

① 불고기는 열의 흡수로 부피가 증가한다.
② 스테이크는 가열하면 질겨져서 소화가 잘되지 않는다.
③ 미트로프(Meatloaf)는 가열하면 단백질이 응고, 수축, 변성된다.
④ 쇠꼬리의 젤라틴이 콜라겐화된다.

! 고기는 열을 흡수하면 단백질이 응고되어서 부피가 감소한다. 스테이크는 가열하면 소화가 잘되고, 쇠꼬리는 콜라겐이 젤라틴화된다.

48 차, 커피, 코코아, 과일 등에서 수렴성 맛을 주는 성분은?

① 타닌(Tannin)
② 카로틴(Carotene)
③ 엽록소(Chlorophyll)
④ 안토시아닌(Anthocyanin)

! 타닌은 떫은맛을 느끼게 하는 성분이고, 카로틴(노란색), 엽록소(초록색), 안토시아닌(붉은색)은 색을 내는 성분이다.

49 식단을 작성하고자 할 때 식품의 선택 요령으로 가장 적합한 것은?

① 영양보다는 경제적인 효율성을 우선으로 고려한다.
② 쇠고기가 비싸서 대체식품으로 닭고기를 선정하였다.
③ 시금치의 대체식품으로 값이 싼 달걀을 구매하였다.
④ 한창 제철일 때보다 한발 앞서서 식품을 구입하여 식단을 구성하는 것이 보다 새롭고 경제적이다.

! 식단 작성 시에 다섯 가지 기초 식품군을 고루 이용할 수 있도록 영양 면을 고려해서 신선하고 값이 싼 제철 식품, 기호에 맞고 능률적인 면을 고려한다. 식품을 대체할 때는 주요 영양소가 같은 것으로 대체해서 작성한다.

Ans
45 ④ 46 ④ 47 ③ 48 ① 49 ②

50 우유의 카세인을 응고시킬 수 있는 것으로 되어 있는 것은?

① 타닌 – 레닌 – 설탕
② 식초 – 레닌 – 타닌
③ 레닌 – 설탕 – 소금
④ 소금 – 설탕 – 식초

❗
- 우유의 카세인은 단백질 성분으로 산이나 레닌을 첨가해서 응고시켜 치즈를 만든다.
- 타닌은 과일이나 채소에 들어 있는 페놀 화합물로 쓴맛을 내기도 하지만 카세인을 응고시킨다.

51 칼슘(Ca)과 인(P)이 소변 중으로 유출되는 골연화증 현상을 유발하는 유해 중금속은?

① 납　　　　② 카드뮴
③ 수은　　　④ 주석

❗
중금속 중독
납은 만성 피로와 시력 장애, 수은은 구토와 미나마타병, 주석은 구토와 설사를 유발한다.

52 실내 공기오염의 지표로 이용되는 기체는?

① 산소
② 이산화탄소
③ 일산화탄소
④ 질소

❗
이산화탄소가 실내 공기오염의 지표로 이용되며 위생학적 허용 한계는 1,000ppm(0.1%)이다. 7% 이상일 때는 호흡곤란 증세가 있고, 10% 이상일 때는 질식사한다.

53 기생충과 중간숙주의 연결이 틀린 것은?

① 십이지장충 – 모기
② 말라리아 – 사람
③ 폐흡충 – 가재, 게
④ 무구조충 – 소

❗
십이지장충은 경피 감염으로 직접 토양이나 퇴비, 유충이 부착된 채소를 만졌을 때 피부를 통해 감염된다.

54 감염병 중에서 비말감염과 관계가 먼 것은?

① 백일해
② 디프테리아
③ 발진열
④ 결핵

❗
비말감염은 환자나 보균자의 재채기, 대화, 기침을 통해 감염되는 호흡기계 전염병으로 백일해, 디프테리아, 결핵, 인플루엔자, 천연두, 홍역 등이 있고, 발진열은 벼룩에 의해 감염된다.

55 환경위생의 개선으로 발생이 감소되는 감염병과 가장 거리가 먼 것은?

① 장티푸스
② 콜레라
③ 이질
④ 인플루엔자

❗
- 장티푸스, 콜레라, 이질은 소화기계 감염병으로 환자나 보균자의 분변에 오염된 음식물이나 물에 의해 감염되므로 음식물의 위생적인 관리나 소독, 개인위생을 철저히 지키면 예방할 수 있다.
- 인플루엔자는 호흡기계 감염병으로 환자나 보균자와의 접촉에 유의해야 한다.

Ans
50 ②　51 ②　52 ②　53 ①　54 ③　55 ④

56 우리나라의 법정 감염병이 아닌 것은?

① 말라리아
② 유행성 이하선염
③ 매독
④ 기생충

> ❗
> • **제1군 감염병**: 감염 속도가 빠르고 집단 발생의 우려가 커서 발생 즉시 방역 대책 수립
>   – 장티푸스, 콜레라, 파라티푸스, 장출혈성 대장균 감염증 등
> • **제2군 감염병**: 예방 접종을 통해 예방과 관리
>   – 유행성 이하선염, 디프테리아, 폴리오, 백일해, 파상풍, 홍역, 일본 뇌염, B형 간염 등
> • **제3군 감염병**: 간헐적으로 유행할 가능성이 있어 예방을 위한 홍보와 모니터링 관리
>   – 말라리아, 매독, 발진열, AIDS 등

57 수질의 오염정도를 파악하기 위한 BOD (생화학적산소요구량) 측정 시 일반적인 온도와 측정기간은?

① 10℃에서 10일간
② 20℃에서 10일간
③ 10℃에서 5일간
④ 20℃에서 5일간

> ❗
> BOD(생화학적산소요구량) 측정은 20℃에서 5일간 측정한다.

58 지역사회나 국가의 보건수준을 나타낼 수 있는 가장 대표적인 지표는?

① 모성사망률   ② 평균수명
③ 질병이환율   ④ 영아사망률

> ❗
> 지역사회나 국가의 보건수준을 나타내는 보건지표는 모성사망률, 평균수명, 질병 이환율, 영아사망률, 조사망률 등으로 평가한다. 특히 환경 악화나 비위생적인 환경에 가장 민감한 영아사망율이 대표적인 지표가 된다.

59 자외선에 의한 인체의 건강 장애가 아닌 것은?

① 설안염   ② 피부암
③ 폐 공기증   ④ 결막염

> ❗
> • 설안염, 피부암, 결막염은 자외선에 과다 노출 시에 발병할 수 있다.
> • 폐 공기증은 분진이나 화학 물질, 대기 오염, 흡연 등에 지속적으로 노출시 발병할 수 있는 폐 질환이다.

60 고열장애로 인한 직업병이 아닌 것은?

① 열경련   ② 일사병
③ 열쇠약   ④ 참호족

> ❗
> 참호족은 이상저온에 노출되어 혈관 수축이나 근육과 신경 손상이 원인이다.

Ans

56 ④   57 ④   58 ④   59 ③   60 ④

자격 종목	코드	시험 시간	문항 수	수험 번호	성명
조리기능사	7910	60분	60		

01 사람이 평생 동안 매일 섭취하여도 아무런 장애가 일어나지 않는 최대량으로 1일 체중 kg당 mg 수로 표시하는 것은?

① 최대무작용량(NOEL)
② 1일 섭취 허용량(ADI)
③ 50% 치사량(LD50)
④ 50% 유효량(ED50)

> • **최대무작용량(NOEL):** 전 생애, 다음 세대까지도 특별한 이상 증상이나 병변이 없는 수준
> • **1일 섭취 허용량(ADI):** 사람이 평생 동안 매일 섭취하여도 아무런 장애가 일어나지 않는 최대량으로 1일 체중 kg당 mg 수로 표시하는 것

02 바지락 속에 들어 있는 독성분은?

① 베네루핀(Venerupin)
② 솔라닌(Solanine)
③ 무스카린(Muscarine)
④ 아마니타톡신(Amanitatoxin)

> • **솔라닌:** 감자싹
> • **무스카린:** 광대버섯
> • **아마니타톡신:** 독우산광대버섯

03 다음 중 잠복기가 가장 짧은 식중독은?

① 황색 포도상구균 식중독
② 살모넬라균 식중독
③ 장염 비브리오 식중독
④ 장구균 식중독

> • **황색 포도상구균 식중독:** 1 ~ 6시간
> • **살모넬라균 식중독:** 12 ~ 24시간
> • **장염 비브리오 식중독:** 13 ~ 18시간
> • **장구균 식중독:** 2 ~ 22시간

04 세균 번식이 잘되는 식품과 가장 거리가 먼 것은?

① 온도가 적당한 식품
② 수분을 함유한 식품
③ 영양분이 많은 식품
④ 산이 많은 식품

> 세균은 pH(수소 이온 농도)가 중성·약알칼리성에서 잘 자란다.

Ans
01 ② 02 ① 03 ① 04 ④

05 세균성 식중독과 병원성 소화기계 감염병을 비교한 것으로 틀린 것은?

	세균성 식중독	병원성 소화기계 감염병
①	많은 균량으로 발병	균량이 적어도 발병
②	2차 감염이 빈번함.	2차 감염이 없음.
③	식품 위생법으로 관리	감염병 예방법으로 관리
④	비교적 짧은 잠복기	비교적 긴 잠복기

> ! 세균성 식중독은 2차 감염이 없고, 병원성 소화기계 감염병도 2차 감염은 있지만 적은 편이다.

06 관능을 만족시키는 식품첨가물이 아닌 것은?

① 동클로로필린나트륨
② 질산나트륨
③ 아스파탐
④ 소르빈산

> ! • **동클로로필린나트륨**: 착색료(색을 복원하거나 외관을 보기 좋게 하기 위한 식품 첨가물)
> • **질산나트륨**: 발색제(색의 변색 방지, 식품 중 색소 성분과 반응해서 발색)
> • **아스파탐**: 감미료(식품에 단맛을 부여), 청량음료
> • **소르빈산**: 보존료(식품의 변질, 부패를 방지하는 방부제)로 식육, 어류, 장류 등

07 생선 및 육류의 초기부패 판정 시 지표가 되는 물질에 해당되지 않는 것은?

① 휘발성 염기질소(VBN)
② 암모니아(Ammonia)
③ 트라이메틸아민(Trimethylamine)
④ 아크롤레인(Acrolein)

> ! • **초기부패 판정**: 휘발성 염기질소(30~40mg/100g), 암모니아 냄새, 트라이메틸아민(TMA), 생균수(식품 1g당 10^7~10^8)
> • **아크롤레인**: 자극적인 냄새가 나는 지방이 탈 때 생기는 발암 물질

08 중금속에 대한 설명으로 옳은 것은?

① 비중이 4.0 이하의 금속을 말한다.
② 생체기능유지에 전혀 필요하지 않다.
③ 다량이 축적될 때 건강장애가 일어난다.
④ 생체와의 친화성이 거의 없다.

> ! 중금속이란 비중이 4~5 이상으로, 수은, 납, 크롬 등을 말하며 체내에 축적되기 때문에 만성적인 피해를 일으킨다.

09 이타이이타이병과 관계있는 중금속 물질은?

① 수은(Hg) ② 카드뮴(Cd)
③ 크롬(Cr) ④ 납(Pb)

> ! • **수은**: 미나마타병, 지각 장애, 구토 등
> • **크롬**: 구강, 식도, 피부 점막 화상, 기침, 가래, 호흡 곤란 등
> • **납(통조림, 법랑 냄비 등)**: 구토, 만성 피로, 시력 장애 등

기출문제 해설

10 오래된 과일이나 산성 채소 통조림에서 유래되는 화학성 식중독의 원인물질은?

① 칼슘　　　② 주석
③ 철분　　　④ 아연

> ⚠ 통조림통에 철이 녹스는 것을 방지하기 위해 이음새를 주석으로 입혀 산성이 강한 과일, 주스 등에 용출될 가능성이 높다.

11 조리사 또는 영양사 면허의 취소처분을 받고 그 취소된 날부터 얼마의 기간이 경과되어야 면허를 받을 자격이 있는가?

① 1개월　　　② 3개월
③ 6개월　　　④ 1년

> ⚠ 조리사 또는 영양사는 면허 취소처분을 받고 그 취소된 날부터 1년이 경과되어야 면허를 받을 자격이 주어진다.

12 식품위생법상 출입·검사·수거에 대한 설명 중 틀린 것은?

① 관계 공무원은 영업소에 출입하여 영업에 사용하는 식품 또는 영업시설 등에 대하여 검사를 실시한다.
② 관계 공무원은 영업상 사용하는 식품 등을 검사를 위하여 필요한 최소량이라 하더라도 무상으로 수거할 수 없다.
③ 관계 공무원은 필요에 따라 영업에 관계되는 장부 또는 서류를 열람할 수 있다.
④ 출입·검사·수거 또는 열람하려는 공무원은 그 권한을 표시하는 증표를 지니고 이를 관계인에게 내보여야 한다.

> ⚠ 검사에 필요한 최소량의 식품 등은 무상 수거할 수 있다.

13 일반음식점의 모범업소의 지정 기준이 아닌 것은?

① 화장실에 1회용 화장지 또는 에어타월이 비치되어 있어야 한다.
② 주방에는 입식조리대가 설치되어 있어야 한다.
③ 1회용 물컵을 사용하여야 한다.
④ 종업원은 청결한 위생복을 입고 있어야 한다.

> ⚠ 1회용품을 사용하지 않고, 녹말로 만든 이쑤시개를 사용하여야 한다.

14 우리나라 식품위생법 등 식품위생의 행정업무를 담당하고 있는 기관은?

① 환경부
② 고용노동부
③ 보건복지부
④ 식품의약품안전처

> ⚠ 국무총리실 산하기관인 식품의약품안전처에서 업무를 관장한다.

Ans
10 ②　11 ④　12 ②　13 ③　14 ④

15 소분업 판매를 할 수 있는 식품은?

① 전분   ② 식용유지
③ 식초   ④ 빵가루

> ！ 식품위생법시행규칙 제38조에 따라 식품제조가공업 및 식품첨가물제조업의 대상이 되는 식품 또는 식품첨가물(수입되는 식품 또는 식품첨가물 포함)과 벌꿀(영업자가 자가 채취하여 직접 소분·포장하는 경우 제외)의 경우 식품소분업 영업대상에 해당된다. 다만, 어육 제품, 식용 유지, 특수 용도 식품, 통·병조림 제품, 레토르트 식품, 전분(녹말), 장류 및 식초는 소분·판매하여서는 아니 된다.

16 탄수화물의 조리가공 중 변화되는 현상과 가장 관계 깊은 것은?

① 거품 생성   ② 호화
③ 유화   ④ 산화

> ！
> • 거품 생성: 단백질
> • 호화: 생 녹말(전분)에 수분을 주고 열을 가하면 일어나는 현상으로 β−전분이 α−전분으로 변하여 익은 전분이 됨.
> • 유화: 기름과 물이 잘 섞여 있는 상태
> • 산화: 유지에 산소가 흡수되어 변하는 상태

17 색소를 보존하기 위한 방법 중 틀린 것은?

① 녹색채소를 데칠 때 식초를 넣는다.
② 매실지를 담글 때 소엽(차조기 잎)을 넣는다.
③ 연근을 조릴 때 식초를 넣는다.
④ 햄 제조 시 질산칼륨을 넣는다.

> ！ 녹색인 클로로필은 염기성인 소금을 넣고 단시간 데칠 때 선명한 녹색을 띤다.

18 효소적 갈변반응에 의해 색을 나타내는 식품은?

① 분말 오렌지   ② 간장
③ 캐러멜   ④ 홍차

> ！
> • 간장: 카르보닐 화합물과 단백질 같은 질소화합물의 반응 – 메일라드반응
> • 캐러멜: 당류를 180~200℃에서 가열 – 캐러멜화 반응
> • 홍차: 폴리페놀이 산화되어 갈색의 멜라닌으로 전환 – 효소적 갈변반응

19 단맛성분에 소량의 짠맛 성분을 혼합할 때 단맛이 증가하는 현상은?

① 맛의 상쇄현상   ② 맛의 억제현상
③ 맛의 변조현상   ④ 맛의 대비현상

> ！
> • 맛의 상쇄: 김치의 짠맛과 신맛이 숙성된 맛으로 나타나듯 두 가지 맛 성분을 혼합하여 각각의 고유한 맛을 내지 못하고 약해지는 현상
> • 맛의 억제: 쓴 커피에 설탕을 타면 쓴맛 억제
> • 맛의 변조: 쓴약을 먹고 물을 마시면 달게 느껴지는 현상

20 브로멜린(Bromelin)이 함유되어 있어 고기를 연화시키는 데 이용되는 과일은?

① 사과   ② 파인애플
③ 귤   ④ 복숭아

> ！ 고기를 연화시키는 데 이용되는 과일: 파인애플(브로멜린), 파파야(파파인), 무화과(피신) 등

Ans
15 ④   16 ②   17 ①   18 ④   19 ④   20 ②

21 지방의 경화에 대한 설명으로 옳은 것은?

① 물과 지방이 서로 섞여 있는 상태이다.
② 불포화지방산에 수소를 첨가하는 것이다.
③ 기름을 7.2℃까지 냉각시켜서 지방을 여과하는 것이다.
④ 반죽 내에서 지방층을 형성하여 글루텐 형성을 막는 것이다.

> **!**
> 마가린, 쇼트닝
> 불포화지방산에 수소를 첨가시켜 포화지방산 증가로 고체화시킨다.

22 어류의 염장법 중 건염법(마른간법)에 대한 설명으로 틀린 것은?

① 식염의 침투가 빠르다.
② 품질이 균일하지 못하다.
③ 선도가 낮은 어류로 염장을 할 경우 생산량이 증가한다.
④ 지방질의 산화로 변색이 쉽게 일어난다.

> **!**
> 선도가 낮은 어류로 염장을 할 경우 생산량이 감소한다.

23 대두를 구성하는 콩단백질의 주성분은?

① 글리아딘
② 글루테린
③ 글루텐
④ 글리시닌

> **!**
> • 글리아딘: 밀의 단백질
> • 글루테린: 밀, 보리쌀의 단순 단백질
> • 글루텐: 글리아딘과 글루테린을 물과 반죽하면 글루텐을 형성

24 간장, 다시마 등의 감칠맛을 내는 주된 아미노산은?

① 알라닌(Alanine)
② 글루탐산(Glutamic acid)
③ 리신(Lysine)
④ 트레오닌(Threonine)

> **!**
> • **알라닌**: 누에, 육류, 참깨 등에 많이 들어 있는 아미노산
> • **리신**: 성장 호르몬에 관여하는 필수 아미노산
> • **트레오닌**: 시금치, 양배추, 녹두, 율무 등에 많은 아미노산

25 열에 의해 가장 쉽게 파괴되는 비타민은?

① 비타민 C
② 비타민 A
③ 비타민 E
④ 비타민 K

> **!**
> 비타민 C는 수용성 비타민으로 열에 쉽게 파괴된다.

26 가열에 의해 고유의 냄새성분이 생성되지 않는 것은?

① 장어구이
② 스테이크
③ 커피
④ 포도주

Ans
21 ② 22 ③ 23 ④ 24 ② 25 ① 26 ④

27 연제품 제조에서 탄력성을 주기 위해 꼭 첨가해야 하는 것은?

① 소금
② 설탕
③ 펙틴
④ 글루탐산소다

> ! 어육에 소금을 넣어 으깨면 액토미오신이 형성되는데 가열하여 탄력성을 준다.

28 어떤 단백질의 질소함량이 18%라면 이 단백질의 질소계수는 약 얼마인가?

① 5.56
② 6.30
③ 6.47
④ 6.67

> ! 어떤 식품 중 함유된 단백질의 총량을 100으로 보았을 때 질소함량이 18%이므로 100/18 = 5.56, 즉 질소계수는 5.56이다.

29 맥아당은 어떤 성분으로 구성되어 있는가?

① 포도당 2분자가 결합된 것
② 과당과 포도당 각 1분자가 결합된 것
③ 과당 2분자가 결합된 것
④ 포도당과 전분이 결합된 것

> ! • 맥아당: 포도당 2분자
> • 설탕: 과당과 포도당

30 1g당 발생하는 열량이 가장 큰 것은?

① 당질
② 단백질
③ 지방
④ 알코올

> ! 각 1g에 당질 4kcal, 단백질 4kcal, 지방 9kcal, 알코올 7kcal의 열량을 낸다.

31 냉동생선을 해동하는 방법으로 위생적이며 영양손실이 가장 적은 경우는?

① 18~22℃의 실온에 둔다.
② 40℃의 미지근한 물에 담가 둔다.
③ 냉장고 속에서 해동한다.
④ 23~25℃의 흐르는 물에 담가 둔다.

> ! 냉동식품 해동은 냉장고 속에서 서서히 해동할 때 가장 위생적이며 영양손실이 적다.

32 식품의 감별법 중 틀린 것은?

① 쌀알은 투명하고 앞니로 씹었을 때 강도가 센 것이 좋다.
② 생선은 안구가 돌출되어 있고 비늘이 단단하게 붙어 있는 것이 좋다.
③ 닭고기의 뼈(관절) 부위가 변색된 것은 변질된 것으로 맛이 없다.
④ 돼지고기의 색이 검붉은 것은 늙은 돼지에서 생산된 고기일 수 있다.

> ! 닭고기의 뼈(관절) 부위가 변색된 것은 뼈에 상처를 입었거나 냉동 닭을 조리하면 뼈가 변색될 수 있으므로 변질된 것은 아니다.

Ans
27 ① 28 ① 29 ① 30 ③ 31 ③ 32 ③

33 다음 중 신선한 달걀은?

① 달걀을 흔들어서 소리가 나는 것
② 삶았을 때 난황의 표면이 암녹색으로 쉽게 변하는 것
③ 껍질이 매끈하고 윤기 있는 것
④ 깨 보면 많은 양의 난백이 난황을 에워싸고 있는 것

> ⚠ 신선한 달걀은 흔들었을 때 소리가 나지 않고, 껍질이 거칠고 윤기가 없으며, 깨 보면 농후난백이 수양난백보다 많아 퍼지지 않은 달걀이다.

34 식혜를 만들 때 엿기름을 당화시키는 데 가장 적합한 온도는?

① 10~20℃   ② 30~40℃
③ 50~60℃   ④ 70~80℃

> ⚠ 식혜 당화 온도는 55 ~ 60℃가 적당하다.

35 많이 익은 김치(신김치)가 오래 끓여도 쉽게 연해지지 않는 이유는?

① 김치에 존재하는 소금에 의해 섬유소가 단단해지기 때문이다.
② 김치에 존재하는 소금에 의해 팽압이 유지되기 때문이다.
③ 김치에 존재하는 산에 의해 섬유소가 단단해지기 때문이다.
④ 김치에 존재하는 산에 의해 팽압이 유지되기 때문이다.

> ⚠ 신김치는 젖산의 생성으로 김치의 조직을 단단하게 하여 질겨지게 된다.

36 조리대 배치형태 중 환풍기와 후드의 수를 최소화할 수 있는 것은?

① 일렬형   ② 병렬형
③ ㄷ자형   ④ 아일랜드형

> ⚠ 아일랜드형은 조리대 배치 형태 중 환풍기와 후드의 수를 최소화할 수 있어 가장 효율적이다.

37 우유를 데울 때 가장 좋은 방법은?

① 냄비에 담고 끓기 시작할 때까지 강한 불로 데운다.
② 이중냄비에 넣고 젓지 않고 데운다.
③ 냄비에 담고 약한 불에서 젓지 않고 데운다.
④ 이중냄비에 넣고 저으면서 데운다.

> ⚠ 이중냄비에 넣고 저으면서 데워야 타지 않고, 위에 막이 생기는 것을 방지한다.

38 다음 조건에서 당질 함량을 기준으로 고구마 180g을 쌀로 대체하려면 필요한 쌀의 양은?

> • 고구마 100g의 당질 함량 29.2g
> • 쌀 100g의 당질 함량 31.7g

① 165.8g   ② 170.6g
③ 177.5g   ④ 184.7g

> ⚠ 대체 식품량 = $\dfrac{\text{원래 식품 당질 함량}}{\text{대체 식품 당질 함량}} \times$ 원래 식품량
> = (29.2 × 180) / 31.7
> = 165.8g

39 다음 보기에서 단체급식 조리장을 신축할 때 우선적으로 고려할 사항 순으로 배열된 것은?

> **보기**
> 가. 위생　　나. 경제　　다. 능률

① 다→나→가
② 나→가→다
③ 가→다→나
④ 나→다→가

> ❗ 조리장은 기본적으로 위생, 능률, 경제의 3원칙을 고려하여 신축 또는 개조한다.

40 스파게티와 국수 등에 이용되는 문어나 오징어 먹물의 색소는?

① 타우린(Taurine)
② 멜라닌(Melanin)
③ 미오글로빈(Myoglobin)
④ 히스타민(Histamine)

> ❗ 문어나 오징어 먹물의 색소는 멜라닌(Melanin)이다.

41 수분 70g, 당질 40g, 섬유질 7g, 단백질 5g, 무기질 4g, 지방 3g이 들어 있는 식품의 열량은?

① 165kcal
② 178kcal
③ 198kcal
④ 207kcal

> ❗ 열량을 내는 식품은 당질 4kcal, 단백질 4kcal, 지방 9kcal이다. 따라서 (40 × 4kcal) + (5 × 4kcal) + (3 × 9kcal) = 207kcal가 된다.

42 조리장의 입지조건으로 적당하지 않은 곳은?

① 급 · 배수가 용이하고 소음, 악취, 분진, 공해 등이 없는 곳
② 사고발생 시 대피하기 쉬운 곳
③ 조리장이 지하층에 위치하여 조용한 곳
④ 재료의 반입, 오물의 반출이 편리한 곳

> ❗ 조리장은 채광이 좋고, 환기가 잘되고, 건조한 장소가 좋다. 즉, 지하층은 통풍이 안 되고 습하므로 적당하지 않다.

43 버터 대용품으로 생산되고 있는 식물성 유지는?

① 쇼트닝
② 마가린
③ 마요네즈
④ 땅콩버터

> ❗ 버터의 대용품으로 식물성 유지에 수소를 첨가하고 니켈을 촉매제로 사용하여 결정화시킨 가공 유지가 마가린이며, 같은 방법으로 라드의 대용품은 쇼트닝이다.

44 조미의 기본 순서로 가장 옳은 것은?

① 설탕 → 소금 → 간장 → 식초
② 설탕 → 식초 → 간장 → 소금
③ 소금 → 식초 → 간장 → 설탕
④ 간장 → 설탕 → 식초 → 소금

> ❗ 조미료는 분자량이 작을수록 빨리 침투하므로 분자량이 큰 것을 먼저 넣는다. 설탕 – 소금(간장) – 식초 순으로 사용한다.

Ans
39 ③　40 ②　41 ④　42 ③　43 ②　44 ①

45 편육을 할 때 가장 적합한 삶기 방법은?

① 끓는 물에 고기를 덩어리째 넣고 삶는다.
② 끓는 물에 고기를 잘게 썰어 넣고 삶는다.
③ 찬물에서부터 고기를 넣고 삶는다.
④ 찬물에서부터 고기와 생강을 넣고 삶는다.

> ! 편육은 끓는 물에 덩어리째 삶아야 표면의 단백질이 응고되어 수용성 성분이 국물로 용출되는 것을 막아 고기를 맛있게 삶을 수 있고, 국물을 잘 우러나오게 할 때는 찬물에서부터 고기를 넣고 조리한다.

46 단체급식의 목적이 아닌 것은?

① 피급식자의 건강 회복, 유지, 증진을 도모한다.
② 피급식자의 식비를 경감한다.
③ 피급식자에게 물질적 충족을 준다.
④ 영양교육과 음식의 중요성을 교육함으로써 바람직한 급식을 실현한다.

> ! • 피급식자의 가정, 지역 사회에 대한 영양개선을 도모하고 영양에 관한 지식 보급
> • 바람직한 식습관 형성
> • 식생활 개선 및 건강증진 도모
> • 식비에 대한 부담 경감

47 소화흡수가 잘되도록 하는 방법으로 가장 적절한 것은?

① 짜게 먹는다.
② 동물성 식품과 식물성 식품을 따로따로 먹는다.
③ 식품을 잘고 연하게 조리하여 먹는다.
④ 한꺼번에 많은 양을 먹는다.

> ! 소화흡수가 잘되려면 동물성·식물성 식품을 골고루 잘고, 연하게 조리하여 싱겁게, 조금씩 먹는다.

48 젤라틴과 한천에 관한 설명으로 틀린 것은?

① 한천은 보통 28~35℃에서 응고되는데 온도가 낮을수록 빨리 굳는다.
② 한천은 식물성 급원이다.
③ 젤라틴은 젤리, 양과자 등에서 응고제로 쓰인다.
④ 젤라틴에 생파인애플을 넣으면 단단하게 응고한다.

> ! 파인애플의 브로멜린 성분은 젤라틴을 연화시키는 작용을 하므로 응고가 어렵다.

49 밀가루 반죽 시 넣는 첨가물에 관한 설명으로 옳은 것은?

① 유지는 글루텐 구조 형성을 방해하여 반죽을 부드럽게 한다.
② 소금은 글루텐 단백질을 연화시켜 밀가루 반죽의 점탄성을 떨어뜨린다.
③ 설탕은 글루텐 망사구조를 치밀하게 하여 반죽을 질기고 단단하게 한다.
④ 달걀을 넣고 가열하면 단백질의 연화 작용으로 반죽이 부드러워진다.

> ! • 유지는 밀가루의 단백질과 물의 접촉을 방해해서 반죽을 부드럽게 한다.
> • 밀가루에 소금을 넣으면 글리아딘과 글루테닌이 글루텐을 형성하여 점탄성이 커진다.

50 원가계산의 목적으로 옳지 않은 것은?

① 원가의 절감 방안을 모색하기 위해서
② 제품의 판매가격을 결정하기 위해서
③ 경영손실을 제품가격에서 만회하기 위해서
④ 예산편성의 기초자료로 활용하기 위해서

> **원가계산의 목적**
> 가격결정의 목적, 원가관리의 목적, 예산편성의 목적, 재무제표 작성의 목적

51 다음의 상수 처리과정에서 가장 마지막 단계는?

① 급수　　　　② 취수
③ 정수　　　　④ 도수

> **상수도 처리 과정**
> 취수 → 침사 → 침전 → 여과 → 소독 → 급수

52 규폐증에 대한 설명으로 틀린 것은?

① 먼지 입자의 크기가 $0.5{\sim}5.0\,\mu m$일 때 잘 발생한다.
② 대표적인 진폐증이다.
③ 암석가공업, 도자기공업, 유리제조업의 근로자들에게 주로 많이 발생한다.
④ 위험요인에 노출된 근무 경력이 1년 이후부터 자각 증상이 발생한다.

> 일반적으로 위험요인에 노출된 근무자의 자각 증상 발생은 개인에 따라 바로 나타날 수도 있고, 수년 후에 나타날 수도 있다.

53 공중보건학의 목표에 관한 설명으로 틀린 것은?

① 건강 유지
② 질병 예방
③ 질병 치료
④ 지역 사회 보건수준 향상

> **공중보건학의 목표**: 질병을 예방하고, 수명을 연장시키며, 신체적 · 정신적 효율의 증진에 있다.

54 생균(Live vaccine)을 사용하는 예방접종으로 면역이 되는 질병은?

① 파상풍
② 콜레라
③ 폴리오
④ 백일해

> • **생균백신**: 폴리오, 결핵, 홍역, 수두, 광견병 등
> • **사균백신**: 콜레라, 백일해, 파라티푸스, 장티푸스 등
> • **순화독소**: 파상풍, 디프테리아 등

Ans

50 ③　51 ①　52 ④　53 ③　54 ③

55 돼지고기를 날 것으로 먹거나 불완전하게 가열하여 섭취할 때 감염될 수 있는 기생충은?

① 유구조충　　　② 무구조충
③ 광절열두조충　　④ 간디스토마

!
- 무구조충: 쇠고기
- 광절열두조충: 우렁이, 연어, 송어
- 간디스토마: 물벼룩, 붕어, 잉어

56 소음의 측정단위는?

① dB　　　　② kg
③ Å　　　　④ ℃

!
소음 측정 단위 dB(데시벨)은 사람이 들을 수 있는 음압의 범위와 음의 강도 범위를 말한다.

57 인수공통감염병으로 그 병원체가 세균인 것은?

① 일본 뇌염　　② 공수병
③ 광견병　　　④ 결핵

!
- 인수공통감염병: 사람과 동물 간에 서로 전파되는 병원체에 의하여 발생되는 감염병
- 세균: 결핵, Q열, SARS, 조류 인플루엔자, 공수병, 탄저, 일본 뇌염

58 음식물이나 식수에 오염되어 경구적으로 침입되는 감염병이 아닌 것은?

① 유행성 이하선염
② 파라티푸스
③ 세균성 이질
④ 폴리오

!
- 호흡기계 감염병: 유행성 이하선염, 홍역, 인플루엔자, 천연두 등
- 소화기계 감염병: 파라티푸스, 세균성 이질, 폴리오, 콜레라 등

59 적외선에 속하는 파장은?

① 200nm　　　② 400nm
③ 600nm　　　④ 800nm

!
- 자외선: 일광 중 파장이 가장 짧고 250~260nm에서 살균력이 가장 강하다.
- 적외선: 일광 중 파장이 가장 길다(780~800nm).

60 매개 곤충과 질병이 잘못 연결된 것은?

① 이 – 발진티푸스
② 쥐벼룩 – 페스트
③ 모기 – 사상충증
④ 벼룩 – 렙토스피라증

!
- 벼룩: 페스트, 발진열, 재귀열
- 들쥐: 렙토스피라증

Ans
55 ①　56 ①　57 ④　58 ①　59 ④　60 ④

조리기능사 필기 기출문제 (2015년 10월 10일 시행)

자격 종목		코드	시험 시간	문항 수	수험 번호	성명
조리기능사		7910	60분	60		

01 식품에 존재하는 유기물질을 고온으로 가열할 때 단백질이나 지방이 분해되어 생기는 유해 물질은?

① 에틸카바메이트(Ethylcarbamate)
② 다환방향족 탄화수소
   (Polycyclic aromatic hydrocarbon)
③ 엔-니트로사민(N-nitrosamine)
④ 메탄올(Methanol)

> ❗ 훈제육이나 태운 고기에서 다량 검출되는 다환방향족 탄화수소(벤조피렌)는 발암 물질이다.

02 식품의 위생과 관련된 곰팡이의 특징이 아닌 것은?

① 건조 식품을 잘 변질시킨다.
② 대부분 생육에 산소를 요구하는 절대 호기성 미생물이다.
③ 곰팡이 독을 생성하는 것도 있다.
④ 일반적으로 생육 속도가 세균에 비하여 빠르다.

> ❗ 세균은 분열법, 곰팡이는 균사나 포자에 의해 증식되므로 세균이 생육 속도가 빠르다.

03 다음 중 대장균의 최적 증식 온도 범위는?

① 0~5℃   ② 5~10℃
③ 30~40℃   ④ 55~75℃

> ❗ 인간에게 병을 유발하는 병원균은 대부분 중온균으로 25~45℃가 최적 생육 온도 범위다.

04 모든 미생물을 제거하여 무균 상태로 하는 조작은?

① 소독   ② 살균
③ 멸균   ④ 정균

> ❗
> • 멸균은 병원균, 비병원균, 아포 등 모든 미생물을 완전 사멸시키는 것
> • 살균은 미생물을 사멸시키거나 불활성화시키는 것
> • 소독은 병원성 미생물을 죽이거나 약화시키지만 아포는 죽이지 못한 것
> • 정균은 세균의 대사와 성장을 멈추게 하는 것

Ans
01 ②   02 ④   03 ③   04 ③

05 60℃에서 30분간 가열하면 식품안전에 위해가 되지 않는 세균은?

① 살모넬라균
② 클로스트리디움 보틀리눔균
③ 황색 포도상 구균
④ 장구균

> • 클로스트리디움 보틀리눔균은 80℃에서 30분 가열 시 파괴되지만 아포는 열에 강하여 120℃에서 20분 이상 가열해야 한다.
> • 황색 포도상구균은 열에 약하여 80℃에서 30분 가열 시 파괴된다.

06 육류의 발색제로 사용되는 아질산염이 산성 조건에서 식품 성분과 반응하여 생성되는 발암성 물질은?

① 지질 과산화물(Aldehyde)
② 벤조피렌(Benzopyrene)
③ 니트로사민(Nitrosamine)
④ 포름알데히드(Formaldehyde)

> 니트로사민(Nitrosamine)은 아질산염과 아민류가 산성조건에서 반응하여 생성하는 물질로 강한 발암성을 갖는다.

07 사용이 허가된 산미료는?

① 구연산　　　② 계피산
③ 말톨　　　　④ 초산에틸

> 산미료는 식품에 신맛을 부여하는 것으로 구연산(Citric acid), 주석산(Tartaric acid), 사과산(Malic acid), 젖산(Lactic acid) 등이 있다.

08 식품과 자연독의 연결이 맞는 것은?

① 독버섯 - 솔라닌(Solanine)
② 감자 - 무스카린(Muscarine)
③ 살구씨 - 파세오루나틴(Phaseolunatin)
④ 목화씨 - 고시폴(Gossypol)

> 독버섯(무스카린), 감자(솔라닌), 살구씨(아미그달린)

09 식품첨가물 중 보존료의 목적을 가장 잘 표현한 것은?

① 산도 조절
② 미생물에 의한 부패 방지
③ 산화에 의한 변패 방지
④ 가공 과정에서 파괴되는 영양소 보충

> 보존료는 식품의 변질, 부패 방지를 목적으로 한다.

10 알레르기성 식중독을 유발하는 세균은?

① 병원성 대장균(E. coli 0157 : H7)
② 모르가넬라 모르가니
　　(Morganella morganii)
③ 엔테로박터 사카자키
　　(Enterobacter sakazakii)
④ 비브리오 콜레라(Vibrio cholerae)

> 모르가넬라 모르가니는 세균의 효소 작용에 의해 유독물질(히스타민)이 생성되면서 식중독을 유발한다.

Ans
05 ①　06 ③　07 ①　08 ④　09 ②　10 ②

11 식품위생법상 식품위생수준의 향상을 위하여 필요한 경우 조리사에게 교육을 받을 것을 명할 수 있는 자는?

① 관할시장
② 보건복지부장관
③ 식품의약품안전처장
④ 관할경찰서장

> ！ 식품의약품안전처장은 식품위생수준 및 자질의 향상을 위하여 필요한 경우 조리사와 영양사에게 교육(조리사의 경우 보수 교육을 포함)을 받을 것을 명할 수 있다. 다만, 집단 급식소에 종사하는 조리사와 영양사는 2년마다 교육을 받아야 한다.

12 식품위생법의 정의에 따른 "기구"에 해당하지 않는 것은?

① 식품섭취에 사용되는 기구
② 식품 또는 식품첨가물에 직접 닿는 기구
③ 농산품 채취에 사용되는 기구
④ 식품 운반에 사용되는 기구

> ！ 기구란 식품 또는 식품첨가물에 직접 닿는 기계·기구나 그 밖의 물건을 말한다.

13 즉석판매제조·가공업소 내에서 소비자에게 원하는 만큼 덜어서 직접 최종 소비자에게 판매하는 대상 식품이 아닌 것은?

① 된장
② 식빵
③ 우동
④ 어육 제품

> ！ 어육 제품, 식용 유지, 특수 용도 식품, 통·병조림 제품, 전분, 식초 등은 소분 판매하여서는 아니 된다.

14 식품위생법상 조리사가 식중독이나 그 밖에 위생과 관련한 중대한 사고 발생의 직무상 책임에 대한 1차 위반 시 행정 처분 기준은?

① 시정 명령
② 업무 정지 1개월
③ 업무 정지 2개월
④ 면허 취소

> ！ 식품위생법상 조리사가 식중독이나 그 밖에 위생과 관련한 중대한 사고 발생의 직무상 책임에 대한 1차 위반 시 업무 정지 1개월, 2차 위반 시 업무 정지 2개월, 3차 위반 시 면허 취소 조치를 받는다.

15 식품위생법상 식품접객업영업을 하려는 자는 몇 시간의 식품위생교육을 미리 받아야 하는가?

① 2시간
② 4시간
③ 6시간
④ 8시간

> ！
> • 식품접객업, 집단급식소를 설치 운영하려는 자는 6시간
> • 식품제조, 가공업, 즉석판매제조가공업, 식품첨가물제조업 영업을 하려는 자는 8시간

16 카세인(Casein)은 어떤 단백질에 속하는가?

① 당단백질
② 지단백질
③ 도단백질
④ 인단백질

> ！ 카세인은 우유 속의 주요 단백질로써 칼슘과 결합된 형태로 존재하는 인단백질이다.

Ans
11 ③ 12 ③ 13 ④ 14 ② 15 ③ 16 ④

17 전분 식품의 노화를 억제하는 방법으로 적합하지 않은 것은?

① 설탕을 첨가한다.
② 식품을 냉장 보관한다.
③ 식품의 수분 함량을 15% 이하로 한다.
④ 유화제를 사용한다.

> ! 전분이 노화되기 쉬운 조건은 온도가 0~5℃일 때, 수분이 30~60%일 때, 전분 분자 중에 아밀로스의 함량이 많을 때이다.

18 과실 저장고의 온도, 습도, 기체 조성 등을 조절하여 장기간 동안 과실을 저장하는 방법은?

① 산 저장
② 자외선 저장
③ 무균 포장 저장
④ CA 저장

> ! CA 저장이란 산소와 탄산가스의 농도를 조절하여 혼합 기체로 과일, 난류를 저장하는 방법이다. 식품마다 다르지만 미생물이 번식할 수 없는 온도와 습도를 조절하여 장기간 저장한다.

19 유지를 가열할 때 생기는 변화에 대한 설명으로 틀린 것은?

① 유리 지방산의 함량이 높아지므로 발연점이 낮아진다.
② 연기 성분으로 알데히드(Aldehyde), 케톤(Ketone) 등이 생성된다.
③ 요오드값이 높아진다.
④ 중합 반응에 의해 점도가 증가된다.

> ! 요오드값은 유지 100g 중의 불포화 결합에 첨가되는 요오드의 g 수를 말하는 것으로, 불포화도가 높다는 것은 요오드값이 높다는 것이다.

20 완두콩 통조림을 가열하여도 녹색이 유지되는 것은 어떤 색소 때문인가?

① Chlorophyll(클로로필)
② Cu-chlorophyll(구리-클로로필)
③ Fe-chlorophyll(철-클로로필)
④ Chlorophylline(클로로필린)

> ! 녹색 채소의 클로로필은 구리 이온과 함께 가열하면 안정된 청록색을 형성한다.

21 신맛 성분과 주요 소재 식품의 연결이 틀린 것은?

① 구연산(Citric acid) - 감귤류
② 젖산(Lactic acid) - 김치류
③ 호박산(Succinic acid) - 늙은 호박
④ 주석산(Tartaric acid) - 포도

> ! • 늙은 호박 – Malic acid(사과산)
> • 호박산 – 조개류의 시원한 맛 성분

22 미생물의 생육에 필요한 수분활성도의 크기로 옳은 것은?

① 세균 〉효모 〉곰팡이
② 곰팡이 〉세균 〉효모
③ 효모 〉곰팡이 〉세균
④ 세균 〉곰팡이 〉효모

> ! • 수분활성도(Aw)란 식품이 나타내는 수증기압과 순수한 물의 수증기압의 비를 말하는 것으로 일반적인 식품의 수분활성도값(Aw)은 1보다 작다.
> • 미생물의 수분활성도는 세균(0.90~0.95), 효모(0.88~0.90), 곰팡이(0.65~0.8) 순서이다.

Ans

17 ② 18 ④ 19 ③ 20 ② 21 ③ 22 ①

23 달걀 100g 중에 당질 5g, 단백질 8g, 지질 4.4g이 함유되어 있다면 달걀 5개의 열량은 얼마인가? (단, 달걀 1개의 무게는 50g이다.)

① 91.6kcal
② 229kcal
③ 274kcal
④ 458kcal

> • 식품 1g에 당질은 4kcal, 단백질 4kcal, 지방 9kcal 열량을 낸다.
> • {(5 ×4kcal) + (8 × 4kcal) + (4.4 ×9kcal)} × 2.5 = 229kcal

24 근채류 중 생식하는 것보다 기름에 볶는 조리법을 적용하는 것이 좋은 식품은?

① 무   ② 고구마
③ 토란   ④ 당근

> 당근에 함유된 카로티노이드 지용성 색소가 기름에 쉽게 용출되어 체내 흡수가 용이하다.

25 다음 중 단백가가 가장 높은 것은?

① 쇠고기   ② 달걀
③ 대두   ④ 버터

> 단백가는 식품에 함유된 필수 아미노산의 양을 표준 단백질의 필수 아미노산 조성과 비교한 수치을 말하는데 달걀 100, 쇠고기 80, 대두 50, 쌀과 밀은 30 정도이다.

26 가정에서 많이 사용되는 다목적 밀가루는?

① 강력분
② 중력분
③ 박력분
④ 초강력분

종류	글루텐(밀가루 단백질) 함량	용도
강력분	13% 이상	식빵, 마카로니(파스타), 피자 도우
중력분	10~13%	국수, 수제비, 만두피
박력분	10% 이하	케이크, 과자류, 튀김

27 산성식품에 해당하는 것은?

① 곡류   ② 사과
③ 감자   ④ 시금치

> • 산성식품이란 인(P), 황(S), 염소(Cl) 등을 함유하고 있는 식품으로 체내에 들어오면 체액을 산성화시키는 식품으로 곡류, 어류, 육류 등이 있다.
> • 알칼리식품은 나트륨(Na), 칼슘(Ca), 칼륨(K), 마그네슘(Mg) 등을 함유하고 있는 식품으로 해조류, 과일, 채소류가 있다.

28 아미노산, 단백질 등이 당류와 반응하여 갈색 물질을 생성하는 반응은?

① 폴리페놀 옥시다아제
   (Polyphenol oxidase)
② 메일라드(Maillard) 반응
③ 캐러멜화(Caramelization) 반응
④ 티로시나아제(Tyrosinase) 반응

> 아미노산·단백질 등이 당류와 반응하여 갈색 물질을 생성(간장, 된장 등)하는 메일라드(Maillard) 반응이다.

기출문제 해설

29 제조 과정 중 단백질 변성에 의한 응고 작용이 일어나지 않는 것은?

① 치즈 가공
② 두부 제조
③ 달걀 삶기
④ 딸기 잼 제조

> ⚠ 치즈는 우유 단백질(카세인), 두부는 콩단백질(글리시닌)이다. 딸기 잼은 딸기 과육에 당을 50～60% 첨가하여 농축시켜 저장성을 높인 식품이다.

30 난황에 주로 함유되어 있는 색소는?

① 클로로필
② 안토시아닌
③ 카로티노이드
④ 플라보노이드

> ⚠ 난황의 황색은 동·식물성 식품에 널리 분포되어 있는 카로티노이드 색소이다.

31 튀김옷의 재료에 관한 설명으로 틀린 것은?

① 중조를 넣으면 탄산가스가 발생하면서 수분도 증발되어 바삭하게 된다.
② 달걀을 넣으면 달걀 단백질의 응고로 수분 흡수가 방해되어 바삭하게 된다.
③ 글루텐 함량이 높은 밀가루가 오랫동안 바삭한 상태를 유지한다.
④ 얼음물에 반죽을 하면 점도를 낮게 유지하여 바삭하게 된다.

> ⚠ 글루텐 함량이 낮은 밀가루가 바삭한 상태를 유지한다.

32 식품구매 시 폐기율을 고려한 총발주량을 구하는 식은?

① 총발주량 = (100 – 폐기율) × 100 × 인원수
② 총발주량 = [(정미중량 – 폐기율) / (100 – 가식률)] × 100
③ 총발주량 = (1인당 사용량 – 폐기율) × 인원수
④ 총발주량 = [정미중량 / (100 – 폐기율)] × 100 × 인원수

33 달걀의 기능을 이용한 음식의 연결이 잘못된 것은?

① 응고성 – 달걀찜
② 팽창제 – 시폰 케이크
③ 간섭제 – 맑은 장국
④ 유화성 – 마요네즈

> ⚠
> • 달걀의 기능 중 간섭제 역할은 거품을 낸 난백은 결정체 형성을 방해하여 미세하게 만드는 것으로 셔벗, 캔디, 아이스크림 등 부드러운 질감을 형성한다.
> • 청정제 역할은 맑은장국, 원두커피, 콩소메 등을 끓일 때 달걀 푼 것을 넣으면 달걀 단백질이 응고되면서 국물 내의 불순 물질과 같이 응고, 침전시키므로 육수를 깨끗하게 만들 수 있다.

34 냉장고 사용방법으로 틀린 것은?

① 뜨거운 음식은 식혀서 냉장고에 보관한다.
② 문을 여닫는 횟수를 가능한 한 줄인다.
③ 온도가 낮으므로 식품을 장기간 보관해도 안전하다.
④ 식품의 수분이 건조되므로 밀봉하여 보관한다.

> ! 냉장고는 5℃ 내외의 내부 온도를 유지하는 것이 좋으며, 2~3일 정도 보존하고 장기간 보관 시 변질되는 것을 막기는 어렵다.

35 식품을 고를 때 채소류의 감별법으로 틀린 것은?

① 오이는 굵기가 고르며 만졌을 때 가시가 있고 무거운 느낌이 나는 것이 좋다.
② 당근은 일정한 굵기로 통통하고 마디나 뿔이 없는 것이 좋다.
③ 양배추는 가볍고 잎이 얇으며 신선하고 광택이 있는 것이 좋다.
④ 우엉은 껍질이 매끈하고 수염뿌리가 없는 것으로 굵기가 일정한 것이 좋다.

> ! 양배추는 녹색잎이 확실하고 광택이 있으며 무거운 것이 좋다.

36 조리장의 설비에 대한 설명 중 부적합한 것은?

① 조리장의 내벽은 바닥으로부터 5cm까지 수성 자재로 한다.
② 충분한 내구력이 있는 구조여야 한다.
③ 조리장에는 식품 및 식기류의 세척을 위한 위생적인 세척 시설을 갖춘다.
④ 조리원 전용의 위생적 수세 시설을 갖춘다.

> ! 조리장의 바닥과 바닥으로부터 1m까지의 내벽은 타일 등 내수성 자재를 사용한 구조여야 한다.

37 고추장에 대한 설명으로 틀린 것은?

① 고추장은 곡류, 메줏가루, 소금, 고춧가루, 물을 원료로 제조한다.
② 고추장의 구수한 맛은 단백질이 분해하여 생긴 맛이다.
③ 고추장은 된장보다 단맛이 더 약하다.
④ 고추장의 전분 원료로 찹쌀가루, 보릿가루, 밀가루를 사용한다.

> ! 고추장은 찹쌀가루, 보릿가루, 밀가루를 사용하고, 이들 녹말이 분해되면서 단맛이 생겨 된장보다 단맛이 훨씬 강하다.

38 다음 원가의 구성에 해당하는 것은?

직접원가 + 제조간접비

① 판매가격   ② 간접원가
③ 제조원가   ④ 총원가

> ! • 직접원가 = 직접재료비 + 직접노무비 + 직접경비
> • 제조원가 = 직접원가 + 제조간접비
> • 총원가 = 제조원가 + 판매관리비
> • 판매가격 = 총원가 + 판매이익

Ans
34 ③   35 ③   36 ①   37 ③   38 ③

39 조리 시 일어나는 현상과 그 원인으로 연결이 틀린 것은?

① 장조림 고기가 단단하고 잘 찢어지지 않음 - 물에서 먼저 삶은 후 양념간장을 넣어 약한 불로 서서히 조렸기 때문
② 튀긴 도넛에 기름 흡수가 많음 - 낮은 온도에서 튀겼기 때문
③ 오이 무침의 색이 누렇게 변함 - 식초를 미리 넣었기 때문
④ 생선을 굽는데 석쇠에 붙어 잘 떨어지지 않음 - 석쇠를 달구지 않았기 때문

> ! 장조림은 고기를 충분히 삶아 익힌 후 간장을 넣어 조려야 질기지 않게 조리할 수 있다.

40 식단을 작성할 때 구비해야 하는 자료로 가장 거리가 먼 것은?

① 계절 식품표
② 비, 기기 위생 점검표
③ 대치 식품표
④ 식품 영양 구성표

> ! 식단을 작성할 때 구비해야 하는 자료는 계절 식품표, 대치 식품표, 식품 영양 구성표, 메뉴 계획서, 식재료 규격서, 식단가, 표준 레시피, 시장 조사서 등이 필요하다.

41 탈수가 일어나지 않으면서 간이 맞도록 생선을 구우려면 일반적으로 생선 중량 대비 소금의 양은 얼마가 가장 적당한가?

① 0.1% 　　② 2%
③ 16% 　　④ 20%

> ! 탈수가 일어나지 않으면서 간이 맞도록 생선을 구우려면 생선 중량의 1~2%의 염분이 적당하다.

42 쇠고기 40g을 두부로 대체하고자 할 때 필요한 두부의 양은 약 얼마인가? (단, 100g당 쇠고기 단백질 함량은 20.1g, 두부 단백질 함량은 8.6g으로 계산한다.)

① 70g 　　② 74g
③ 90g 　　④ 94g

> ! 대치 식품량 = $\frac{\text{원래 식품 단백질 함량}}{\text{대치 식품 단백질 함량}} \times$ 원래 식품량
> = (20.1 × 40) / 8.6
> = 93.5
> 약 94g이다.

43 약과를 반죽할 때 필요 이상으로 기름과 설탕을 넣으면 어떤 현상이 일어나는가?

① 매끈하고 모양이 좋아진다.
② 튀길 때 둥글게 부푼다.
③ 튀길 때 모양이 풀어진다.
④ 켜가 좋게 생긴다.

> ! 약과는 낮은 온도의 기름에 튀기는 음식이라 반죽할 때 기름과 설탕을 많이 넣으면 튀길 때 풀어진다.

Ans
39 ①   40 ②   41 ②   42 ④   43 ③

44 육류 조리에 대한 설명으로 맞는 것은?

① 육류를 오래 끓이면 질긴 지방 조직인 콜라겐이 젤라틴화되어 국물이 맛있게 된다.

② 목심, 양지, 사태는 건열 조리에 적당하다.

③ 편육을 만들 때 고기는 처음부터 찬물에서 끓인다.

④ 육류를 찬물에 넣어 끓이면 맛 성분 용출이 용이해져 국물 맛이 좋아진다.

> • 육류의 국물을 맛있게 먹으려면 찬물에서부터, 편육을 만들 때는 끓는 물에 넣어 끓인다.
> • 목심, 양지, 사태는 습열 조리(찜, 탕, 조림 등)에 적당하다.

45 단체급식에서 식품의 재고관리에 대한 설명으로 틀린 것은?

① 각 식품에 적당한 재고 기간을 파악하여 이용하도록 한다.

② 식품의 특성이나 사용빈도 등을 고려하여 저장 장소를 정한다.

③ 비상시를 대비하여 가능한 한 많은 재고량을 확보할 필요가 있다.

④ 먼저 구입한 것은 먼저 소비한다.

> 식품의 재고관리는 계획적인 구입에 의해서 항상 적정한 재료량을 유지하며, 필요 이상의 보관을 하지 않도록 한다.

46 식혜에 대한 설명으로 틀린 것은?

① 전분이 아밀라아제에 의해 가수 분해되어 맥아당과 포도당을 생성한다.

② 밥을 지은 후 엿기름을 부어 효소 반응이 잘 일어나도록 한다.

③ $80^\circ C$의 온도가 유지되어야 효소 반응이 잘 일어나 밥알이 뜨기 시작한다.

④ 식혜 물에 뜨기 시작한 밥알은 건져 내어 냉수에 헹구어 놓았다가 차게 식힌 식혜에 띄워 낸다.

> 식혜의 당화 온도는 50~60°C에서 잘 일어난다.

47 중조를 넣어 콩을 삶을 때 가장 문제가 되는 것은?

① 비타민 B_1의 파괴가 촉진된다.

② 콩이 잘 무르지 않는다.

③ 조리수가 많이 필요하다.

④ 조리 시간이 길어진다.

> 콩을 삶을 때 중조를 넣으면 잘 무르게 하는 장점도 있지만, 비타민 B_1 파괴가 촉진되는 단점도 있다.

48 고기를 연하게 하기 위해 사용하는 과일에 들어 있는 단백질 분해 효소가 아닌 것은?

① 피신(Ficin)

② 브로멜린(Bromelin)

③ 파파인(Papain)

④ 아밀라아제(Amylase)

> 고기를 연화시키는 데 이용되는 과일은 무화과(피신), 파인애플(브로멜린), 파파야(파파인) 등이고, 아밀라아제는 탄수화물 분해 효소이다.

Ans

44 ④ **45** ③ **46** ③ **47** ① **48** ④

기출문제 해설

49 찹쌀떡이 멥쌀떡보다 더 늦게 굳는 이유는?

① pH가 낮기 때문에
② 수분 함량이 적기 때문에
③ 아밀로스의 함량이 많기 때문에
④ 아밀로펙틴의 함량이 많기 때문에

> ! 찹쌀은 아밀로펙틴이 100%, 멥쌀은 아밀로펙틴이 80% 함
> 유되어 있어 찹쌀이 멥쌀보다 더 늦게 굳는다.

50 일반적으로 폐기율이 가장 높은 식품은?

① 살코기 　　② 달걀
③ 생선 　　④ 곡류

> ! 폐기율이란 식품 조리 시 버려지는 부분을 그 식품 전체 중
> 량에 대한 비율을 표시한 것이다.

51 하수 오염 조사 방법과 관련이 없는 것은?

① THM의 측정
② COD의 측정
③ DO의 측정
④ BOD의 측정

> ! 하수의 위생 검사에는 화학적산소요구량(COD), 용존산소량
> (DO), 생화학적산소요구량(BOD) 등이 있다.

52 다음 중 가장 강한 살균력을 갖는 것은?

① 적외선
② 자외선
③ 가시광선
④ 근적외선

> ! 자외선은 일광 중 파장이 가장 짧고 2500~2800 Å에서 살
> 균력 가장 강해서 소독에 이용된다.

53 호흡기계 감염병이 아닌 것은?

① 폴리오
② 홍역
③ 백일해
④ 디프테리아

> ! • 호흡기계를 통해 인체에 침입하는 감염병은 홍역, 백일해,
> 　 디프테리아, 결핵, 폐렴, 인플루엔자 등이다.
> • 폴리오는 소화기계를 통해 인체에 침입하는 감염병이다.

54 학교급식의 교육 목적으로 옳지 않은 것은?

① 편식 교육
② 올바른 식생활 교육
③ 빈곤 아동들의 급식 교육
④ 영양에 대한 올바른 교육

55 채소로부터 감염되는 기생충으로 짝지어진 것은?

① 편충, 동양모양선충
② 폐흡충, 회충
③ 구충, 선모충
④ 회충, 무구조충

> ! • 편충은 채소류로부터 충란으로 감염되며, 대장에 기생한다.
> • 동양모양선충은 절임 채소에도 살아 감염될 정도로 내염성이 강하다.
> • 폐흡충–다슬기, 선모충–돼지, 무구조충–돼지에서 기생한다.

56 감각온도의 3요소가 아닌 것은?

① 기온 ② 기습
③ 기류 ④ 기압

> ! 감각 온도의 3요소는 기온, 기습, 기류 등이다.

57 인수공통감염병에 속하지 않는 것은?

① 광견병
② 탄저
③ 고병원성 조류 인플루엔자
④ 백일해

> ! • 인수공통감염병은 사람과 동물간에 서로 전파되는 병원체에 의하여 발생되는 감염병으로 광견병, 탄저, 결핵, 고병원성 조류 인플루엔자, 페스트 등이 있다.
> • 백일해는 호흡기계를 통해 인체에 침입하는 감염병이다.

58 아메바에 의해서 발생되는 질병은?

① 장티푸스
② 콜레라
③ 유행성 간염
④ 이질

> ! 이질 아메바증은 대표적인 감염성 대장염의 일종으로 아메바라고 불리는 기생충이 환자의 대변과 채소 등 생식물에 묻은 것을 섭취함으로써 감염되어 장에 염증을 일으켜 생기는 설사병이다.

59 폐기물 소각 처리 시의 가장 큰 문제점은?

① 악취가 발생되며 수질이 오염된다.
② 다이옥신이 발생한다.
③ 처리 방법이 불쾌하다.
④ 지반이 약화되어 균열이 생길 수 있다.

> ! 진개(쓰레기) 처리법 중 가장 위생적인 방법이 소각법이지만, 다이옥신이 발생하여 대기오염 발생의 우려가 있다.

60 공중보건 사업과 거리가 먼 것은?

① 보건 교육
② 구보건
③ 감염병 치료
④ 보건행정

> ! 공중보건이란 조직적인 지역사회의 공동 노력을 통하여 질병을 예방하고, 생명을 연장시키며, 신체적, 정신적 효율을 증진시키는 기술이요, 과학으로 공중보건사업은 보건교육, 보건행정, 감염병예방, 환경위생, 식품위생 등이 있다.

Ans

55 ① 56 ④ 57 ④ 58 ④ 59 ② 60 ③

조리기능사 필기 기출문제 (2016년 1월 18일 시행)

자격 종목	코드	시험 시간	문항 수	수험 번호	성명
조리기능사	7910	60분	60		

01 황색 포도상구균의 특징이 아닌 것은?

① 균체가 열에 강함.
② 독소형 식중독 유발
③ 화농성 질환의 원인
④ 엔테로톡신(Enterotoxin) 생성

> ! 식중독의 원인균으로 식품에 장독소를 만들어 내고, 이 독소가 들어 있는 음식을 섭취하면 구토, 설사, 복통 등이 일어난다. 이 균은 10℃ 이하 43℃ 이상에서는 장독소를 거의 생산하지 않으므로, 80℃에서 30분간 가열한 음식을 섭취하면 예방할 수 있다.

02 섭조개에서 문제를 일으킬 수 있는 독소 성분은?

① 테트로도톡신(Tetrodotoxin)
② 셉신(Sepsine)
③ 베네루핀(Venerupin)
④ 삭시톡신(Saxitoxin)

> ! 홍합과의 조개로, 'Saxitoxin'이라는 독소 성분이 있으며, 잠복기는 30분~3시간이다.

03 어패류의 선도 평가에 이용되는 지표 성분은?

① 헤모글로빈
② 트라이메틸아민
③ 메탄올
④ 이산화탄소

> ! 어패류의 악취는 물고기 조직 중에 함유되어 있는 트라이메틸아민 옥사이드가 열이나 효소와 반응하여 휘발하기 쉽고 강한 냄새를 방출하는 트라이메틸아민으로 변화하는 것이 원인이다.

04 식품에서 자연적으로 발생하는 유독 물질을 통해 식중독을 일으킬 수 있는 식품으로 볼 수 없는 것은?

① 피마자
② 표고버섯
③ 미숙한 매실
④ 모시조개

> ! 피마자(아주까리)의 종자에는 맹독 물질인 리신(Ricin)이, 익지 않은 매실의 씨앗에는 아미그달린이, 모시조개에는 베네루핀이 들어 있다.

Ans
01 ① 02 ④ 03 ② 04 ②

05 과거 일본 미나마타병의 집단 발병 원인이 되는 중금속은?

① 카드뮴　　　② 납
③ 수은　　　　④ 비소

> ! 미나마타병은 유기 수은에 의해 발생하는 만성 공해병으로, 화학 공장에서 배출된 수은이 어패류에 농축되고, 이것을 사람이 섭취하였을 때 나타난다.

06 소시지 등 가공육 제품의 육색을 고정하기 위해 사용하는 식품 첨가물은?

① 발색제　　　② 착색제
③ 강화제　　　④ 보존제

> ! 발색제는 식품의 색을 선명하게 유지하기 위해 사용하는 약제이다.

07 소독의 지표가 되는 소독제는?

① 석탄산　　　② 크레졸
③ 과산화수소　　④ 포르말린

> ! 석탄산(페놀)은 방향족 알코올의 하나로, 소독력의 지표가 된다.

08 식품의 변화 현상에 대한 설명 중 옳지 않은 것은?

① 산패: 유지 식품의 지방질 산화
② 발효: 화학 물질에 의한 유기 화합물의 분해
③ 변질: 식품의 품질 저하
④ 부패: 단백질과 유기물이 부패 미생물에 의해 분해

> ! 발효는 효모나 세균 등의 미생물에 의한 유기 화합물의 분해 과정이다.

09 파라티온(Parathion), 말라티온(Malathion)과 같이 독성은 강하지만 빨리 분해되어 만성 중독을 일으키지 않는 농약은?

① 유기 인제 농약　　② 유기 염소제 농약
③ 유기 불소제 농약　④ 유기 수은제 농약

> ! 파라티온과 말라티온은 유기인 화합물로, 맹독의 파라티온에 비해 저농도의 살충제인 말라티온이 일반적으로 사용된다.

10 식품첨가물의 주요 용도가 바르게 연결된 것은?

① 삼이산화철 - 표백제
② 이산화티타늄 - 발색제
③ 명반 - 보존료
④ 호박산 - 산도 조절제

> ! 삼이산화철은 착색제, 이산화티타늄은 합성 착색료, 명반은 팽창제의 원료로 사용된다.

Ans
05 ③　06 ①　07 ①　08 ②　09 ①　10 ④

11 식품위생법상 식중독 환자를 진단한 의사는 누구에게 가장 먼저 보고해야 하는가?

① 보건복지부 장관
② 경찰서장
③ 보건소장
④ 관할 시장·군수·구청장

12 다음 중 조리사 면허의 취소 사유에 해당하지 않는 것은?

① 식중독이나 그 밖에 위생과 관련한 중대한 사고 발생에 직무상의 책임이 있는 경우
② 면허를 타인에게 대여하여 사용하게 한 경우
③ 조리사가 마약이나 그 밖의 약물에 중독이 된 경우
④ 조리사 면허의 취소 처분을 받고 그 취소된 날부터 2년이 지나지 아니한 경우

13 식품위생법상 식품 등의 위생적인 취급에 관한 기준이 아닌 것은?

① 식품 등을 취급하는 원료 보관실·제조 가공실·조리실·포장실 등의 내부는 항상 청결하게 관리하여야 한다.
② 식품 등의 원료 및 제품 중 부패·변질되기 쉬운 것은 냉동·냉장 시설에 보관·관리하여야 한다.
③ 유통 기한이 경과된 식품 등을 판매하거나 판매 목적으로 전시하여 진열·보관하여서는 아니 된다.
④ 모든 식품 및 원료는 냉장·냉동 시설에 보관·관리하여야 한다.

14 식품위생법상 허위표시, 과대광고, 비방광고, 과대포장의 범위에 해당하지 않는 것은?

① 허가·신고 또는 보고한 사항이나 수입 신고한 사항과 다른 내용의 표시·광고
② 제조 방법에 관하여 연구하거나 발견한 사실로서 식품학·영양학 등의 분야에서 공인된 사항의 표시
③ 제품의 원재료 또는 성분과 다른 내용의 표시·광고
④ 제조 연월일 또는 유통 기한을 표시함에 있어서 사실과 다른 내용의 표시·광고

Ans
11 ④   12 ④   13 ④   14 ②

15 식품위생법상 "식품을 제조·가공 또는 보존하는 과정에서 식품에 넣거나 섞는 물질 또는 식품을 적시는 등에 사용하는 물질"로 정의된 것은?

① 식품첨가물　　② 화학적 합성품
③ 항생제　　　　④ 의약품

> 식품첨가물(식품을 제조·가공 또는 보존하는 과정에서 식품에 넣거나 섞는 물질 또는 식품을 적시는 등에 사용하는 물질)은 1960년 식품위생법이 제정되면서 217품목이 최초 지정되고, 현재는 화학적 합성품 400품목과 천연첨가물 195품목 등이 지정되어 관리된다.

16 β-전분이 가열에 의해 α-전분으로 변화하는 현상은?

① 호화　　　　② 호정화
③ 산화　　　　④ 노화

> 호화는 녹말에 물을 넣어 가열할 때 부피가 늘어나고 점성이 생겨 풀처럼 끈적하게 되는 현상이다.

17 다음 중 중성 지방의 구성 성분은?

① 탄소와 질소
② 아미노산
③ 지방산과 글리세롤
④ 포도당과 지방산

> 중성 지방은 지질의 한 종류로, 글리세롤 1분자와 지방산 3분자가 결합하여 형성된다.

18 젓갈의 숙성에 대한 설명으로 틀린 것은?

① 농도가 묽으면 부패하기 쉽다.
② 새우젓의 소금 사용량은 60% 정도가 적당하다.
③ 자기 소화 효소 작용에 의한 것이다.
④ 호염균의 작용이 일어날 수 있다.

> 소금의 사용량은 새우의 신선도와 계절에 따라 차이가 있지만, 일반적으로 여름에는 35~40%, 가을에는 30% 정도를 넣는다.

19 다음 중 결합수의 특징이 아닌 것은?

① 전해질을 잘 녹여 용매로 작용한다.
② 자유수보다 밀도가 크다.
③ 식품에서 미생물의 번식과 발아에 이용되지 못한다.
④ 동·식물의 조직에 존재할 때 그 조직에 큰 압력을 가하여 압착해도 제거되지 않는다.

> 결합수는 단백질이나 탄수화물 등의 세포 성분과 직접 결합한 안정된 물이고, 자유수는 일반적인 이동이 자유로운 물을 뜻한다. 전해질을 잘 녹이는 것은 자유수의 성질이다.

20 요구르트 제조는 우유 단백질의 어떤 성질을 이용하는가?

① 응고성　　　　② 용해성
③ 팽윤　　　　　④ 수화

> 우유 단백질인 카세인이 산과 만나 응고된 것이 요구르트이다.

Ans
15 ①　16 ①　17 ③　18 ②　19 ①　20 ①

21 알칼리성 식품에 대한 설명으로 옳은 것은?

① Na, K, Ca, Mg이 많이 함유되어 있는 식품

② S, P, Cl이 많이 함유되어 있는 식품

③ 당질, 지질, 단백질 등이 많이 함유되어 있는 식품

④ 곡류, 육류, 치즈 등의 식품

> ! 알칼리성 식품이란 무기질 중 나트륨, 칼륨, 칼슘, 마그네슘 등이 많이 들어 있는 것으로, 식품이 몸속에서 소화되고 난 뒤의 성질을 기준으로 분류한다.

22 우유 균질화(Homogenization)에 대한 설명이 아닌 것은?

① 지방구 크기를 $0.1 \sim 2.2\,\mu m$ 정도로 균일하게 만들 수 있다.

② 탈지유를 첨가하여 지방 함량을 맞춘다.

③ 큰 지방구의 크림층 형성을 방지한다.

④ 지방의 소화를 용이하게 한다.

> ! 우유의 지방 성분을 걸러 내고 압력을 가하여 알갱이로 잘게 쪼개는 것을 '균질화'라고 한다. 이 균질화를 하면 우유의 색이 밝아지고, 산패를 방지하며, 우유의 질감이 부드러워진다.

23 레드 캐비지로 샐러드를 만들 때 식초를 조금 넣은 물에 담그면 고운 적색을 띤다. 이것은 어떤 색소 때문인가?

① 안토시아닌(Anthocyanin)

② 클로로필(Chlorophyll)

③ 안토크산틴(Anthoxanthine)

④ 미오글로빈(Myoglobin)

> ! 안토시아닌은 식물 속에 들어 있는 색소 성분으로, 주로 빨간색과 보라색으로 나타난다.

24 섬유소와 한천에 대한 설명 중 틀린 것은?

① 산을 첨가하여 가열하면 분해되지 않는다.

② 체내에서 소화되지 않는다.

③ 변비를 예방한다.

④ 모두 다당류이다.

> ! 섬유소와 한천은 가열이나 묽은 산에 의해 분해된다.

25 과실의 젤리화 3요소와 관계없는 것은?

① 젤라틴   ② 당

③ 펙틴   ④ 산

> ! 젤라틴은 동물의 뼈, 가죽, 힘줄 따위에서 얻어지는 유도 단백질의 하나로, 뜨거운 물에 잘 녹고 냉각하면 다시 젤 상태가 된다.

26 탄수화물의 분류 중 5탄당이 아닌 것은?

① 갈락토오스(Galactose)

② 자일로스(Xylose)

③ 아라비노오스(Arabinose)

④ 리보오스(Ribose)

> ! 오탄당은 탄소 원자 다섯 개를 갖는 단당류를 의미하는데, 갈락토오스는 단당류로, 생물체 안에서 포도당과 결합하여 다당류의 구성 성분으로 존재한다.

Ans
21 ① 22 ② 23 ① 24 ① 25 ① 26 ①

27 다음 중 CA 저장에 가장 적합한 식품은?

① 육류　　　② 과일류
③ 우유　　　④ 생선류

> CA 저장(Controlled Atmosphere Storage)은 냉장고를 밀폐시켜 온도를 섭씨 0도로 내리고, 냉장고 내부의 산소 양을 줄이며 탄산가스의 양을 늘림으로써 농산물의 호흡 작용을 위축시켜 식품의 변질을 막는 저장 방법이다.

28 다음 중 황을 함유한 아미노산이 아닌 것은?

① 트레오닌(Threonine)
② 시스틴(Cystine)
③ 메티오닌(Methionine)
④ 시스테인(Cysteine)

> 트레오닌은 필수 아미노산의 한 종류이다.

29 하루 필요 열량이 2,500kcal일 때, 이 중 18%에 해당하는 열량을 단백질에서 얻으려 한다. 이때 필요한 단백질의 양은 얼마인가?

① 50.0g　　　② 112.5g
③ 121.5g　　　④ 171.3g

> 전체 칼로리 중 단백질이 차지하는 부분은 2500 × 0.18 = 450kcal이고, 단백질은 1g당 4kcal의 열량을 내므로, 단백질의 양(450 ÷ 4)은 112.5g이 된다.

30 조리나 가공 과정 중에서 천연 색소가 변색되는 요인이 아닌 것은?

① 산소　　　② 효소
③ 질소　　　④ 금속

> 천연 색소는 가공 공정이나 보관, 조리 중에 환경 요인에 의해 색의 농도가 변할 수 있다. 이것에 영향을 미치는 것으로는 주로 pH, 산소, 수분, 열이나 빛, 금속 이온 등이 있다.

31 조리에 사용하는 냉동식품의 특성이 아닌 것은?

① 완만 동결하여 조직이 좋다.
② 미생물 발육을 저지하여 장기간 보존이 가능하다.
③ 저장 중 영양가 손실이 적다.
④ 산화를 억제하여 품질 저하를 막는다.

> 냉동식품은 가공식품을 급속냉동한 것이다.

32 조리 기구의 재질 중 열전도율이 큰 것은?

① 유리　　　② 도자기
③ 알루미늄　　　④ 석면

> 열전도율이 크다는 것은 열이 잘 전달되는 것으로 빨리 끓는 조리 기구가 해당된다.

Ans
27 ②　28 ①　29 ②　30 ③　31 ①　32 ③

33 달걀을 이용한 조리 식품이 아닌 것은?

① 오믈렛   ② 수란
③ 치즈   ④ 커스터드

> ! 치즈는 우유 단백질인 카세인을 뽑아 응고, 발효시킨 식품이다.

34 소금 절임 시 저장성이 좋아지는 이유는?

① pH가 낮아져 미생물이 살아갈 수 없는 환경이 조성된다.
② pH가 높아져 미생물이 살아갈 수 없는 환경이 조성된다.
③ 고삼투성에 의한 탈수 효과로 미생물의 생육이 억제된다.
④ 저삼투성에 의한 탈수 효과로 미생물의 생육이 억제된다.

> ! 염장은 소금을 많이 넣어 미생물의 생육을 억제하는 것으로, 고농도의 소금이 미생물에 침투하는 원리이다.

35 밀가루의 용도별 분류는 어느 성분을 기준으로 하는가?

① 글리아딘   ② 글로불린
③ 글루타민   ④ 글루텐

> ! 밀가루는 글루텐의 함량에 따라 강력분(13%), 중력분(10%), 박력분(7%)으로 구분한다.

36 소고기의 부위별 용도와 조리법을 잘못 연결한 것은?

① 앞다리 - 불고기, 육회, 장조림
② 설도 - 탕, 샤브샤브, 육회
③ 목심 - 불고기, 국거리
④ 우둔 - 산적, 장조림, 육포

> ! 설도는 우둔과 비슷한 위치에서 떼어 낸 소의 볼깃살로, 우둔살 안에 포함되기도 하는데, 기름기가 비교적 적은 큰 근육이다. 육포, 산적, 스테이크 등으로 이용할 수 있다.

37 젤라틴의 응고에 관한 설명으로 틀린 것은?

① 젤라틴 농도가 높을수록 빨리 응고된다.
② 설탕 농도가 높을수록 응고가 방해된다.
③ 염류는 젤라틴의 응고를 방해한다.
④ 단백질 분해 효소를 사용하면 응고력이 떨어진다.

> ! 젤라틴 응고에 영향을 주는 요인으로는 온도, 농도, 시간, 산, 염류, 설탕, 가열 등이 있는데, 그 중 염류는 젤라틴이 물을 흡수하는 것을 차단하여 단단하게 응고되게 해 준다.

Ans
33 ③   34 ③   35 ④   36 ②   37 ③

38 과일의 일반적인 특성과는 다르게 지방 함량이 가장 높은 과일은?

① 아보카도 　　　② 수박
③ 바나나 　　　　④ 감

> ⚠ 아보카도는 100g당 191kcal를 내는데, 과일 중 지방함량이 가장 높고 질감은 버터와 비슷하다.

39 다음 중 전자레인지의 주된 조리 원리는?

① 복사 　　　　　② 전도
③ 대류 　　　　　④ 극초단파

> ⚠ 마이크로파(극초단파)는 진동수 1~300GHz, 1mm~1m의 파장을 갖는 아주 짧은 전자기파로, 전자레인지의 조리 원리로 활용된다.

40 닭고기 20kg으로 닭 강정 100인분을 판매한 매출액이 1,000,000원이다. 닭고기의 kg당 단가는 12,000원, 총 양념 비용은 80,000원일 때 식재료의 원가 비율은?

① 24% 　　　　　② 28%
③ 32% 　　　　　④ 40%

> ⚠ 닭 강정 1인분을 만드는 데 소요한 식재료 원가는 [(20kg × 12,000) + 80,000] ÷ 100 = 3,200원이다. 이것을 매출과 비교하면 32%가 된다.

41 생선에 레몬즙을 뿌렸을 때 나타나는 현상이 아닌 것은?

① 신맛이 가해져서 생선이 부드러워진다.
② 생선의 비린내가 감소한다.
③ pH가 산성이 되어 미생물의 증식이 억제된다.
④ 단백질이 응고된다.

> ⚠ 산성인 레몬즙이 단백질과 만나면 조직이 단단해진다.

42 다음 중 튀김의 특징이 아닌 것은?

① 고온 단시간 가열로 인하여 영양소의 손실이 적다.
② 기름이 더해져 맛이 좋아진다.
③ 표면이 바삭바삭해 입안에서의 촉감이 좋아진다.
④ 불미 성분이 제거된다.

> ⚠ 재료를 삶았을 때 조직이 연화되고, 단백질이 응고되며, 불미 성분이 제거되는 특징이 있다.

43 생선의 조리 방법에 관한 설명으로 옳은것은?

① 생선은 결제 조직의 함량이 많으므로 습열 조리법을 많이 이용한다.
② 지방 함량이 낮은 생선보다는 높은 생선으로 구이를 하는 것이 풍미가 더 좋다.
③ 생선찌개를 할 때 생선 자체의 맛을 살리기 위해서 찬물에 넣고 은근히 끓인다.
④ 선도가 낮은 생선은 조림 국물의 양념을 담백하게 하여 뚜껑을 닫고 끓인다.

Ans
38 ① 　39 ④ 　40 ③ 　41 ① 　42 ④ 　43 ②

44 다음 중 계량 방법이 잘못된 것은?

① 된장, 흑설탕은 꼭꼭 눌러 담아 수평으로 깎아서 계량한다.
② 우유는 투명한 기구를 사용하여 액체 표면의 윗부분을 눈과 수평으로 하여 계량한다.
③ 저울은 반드시 수평한 곳에서 0으로 맞추고 사용한다.
④ 마가린은 실온일 때 꼭꼭 눌러 담아 평평한 것으로 깎아 계량한다.

> ! 액체류는 계량컵을 이용하여 원하는 선까지 부은 후, 눈높이를 맞추어 읽는다.

46 대상 집단의 조직체가 급식 운영을 직접 하는 형태는?

① 준위탁 급식
② 위탁 급식
③ 직영 급식
④ 협동 조합 급식

> ! 직영이란 일정한 사업을 직접 관리하고 경영하는 것이다.

47 다음 중 수라상의 찬품 가짓수는?

① 5첩
② 7첩
③ 9첩
④ 12첩

> ! 수라상은 임금에게 올리는 밥상을 높여 이르는 말로, 왕과 왕비의 평상시 밥상이며 12첩 반상이다.

45 총원가에 대한 설명으로 맞는 것은?

① 제조간접비와 직접원가의 합이다.
② 판매관리비와 제조원가의 합이다.
③ 판매관리비, 제조간접비, 이익의 합이다.
④ 직접재료비, 직접노무비, 직접경비, 직접원가, 판매관리비의 합이다.

> ! 총원가 = 직접원가(직접재료비 + 직접노무비 + 직접경비) + 제조간접비(간접재료비 + 간접노무비 + 간접경비) + 판매비 + 관리비

48 덩어리 육류를 건열로 표면에 갈색이 나도록 구워 내부의 육즙이 나오지 않게 한 후 소량의 물, 우유와 함께 습열 조리하는 것은?

① 브레이징(Braising)
② 스튜잉(Stewing)
③ 브로일링(Broiling)
④ 로스팅(Roasting)

> ! Stewing - 뭉근한 불에 끓이기, Broiling - 직접 가열하기, Roasting - 굽기

49 식품 검수 방법의 연결이 틀린 것은?

① 화학적 방법 – 영양소의 분석, 첨가물, 유해 성분 등을 검출하는 방법
② 검경적 방법 – 식품의 중량, 부피, 크기 등을 측정하는 방법
③ 물리학적 방법 – 식품의 비중, 경도, 점도, 빙점 등을 측정하는 방법
④ 생화학적 방법 – 효소 반응, 효소 활성도, 수소 이온 농도 등을 측정하는 방법

! 식품 감별은 일반적으로 관능검사에 따르지만, 물리적·화학적·생화학적 방법을 사용하기도 한다.

50 한천 젤리를 만든 후 시간이 지나면 내부에서 표면으로 수분이 빠져나오는 현상은?

① 삼투 현상   ② 이장 현상
③ 님비 현상   ④ 노화 현상

! 이장(Synerisis) 현상을 방지하기 위해서는 한천이나 설탕의 양을 늘려야 한다.

51 인분을 사용한 밭에서 특히 경피 감염을 주의해야 하는 기생충은?

① 십이지장충   ② 요충
③ 회충   ④ 말레이사상충

! 경피로 감염되는 기생충은 십이지장충이다.

52 무구조충(민촌충) 감염의 올바른 예방 대책은?

① 게나 가재의 가열 섭취
② 음료수의 소독
③ 채소류의 가열 섭취
④ 소고기의 가열 섭취

! 무구조충은 쇠고기를 생식하거나 불충분한 가열·조리한 것을 섭취하였을 경우 감염된다.

53 사람이 예방 접종을 통하여 얻는 면역은?

① 선천 수동 면역
② 자연 수동 면역
③ 자연 능동 면역
④ 인공 능동 면역

! 예방 접종으로 획득되는 면역은 인공 능동 면역이다.

54 다음 중 쥐에 의하여 옮겨지는 감염병은?

① 유행성 이하선염   ② 페스트
③ 파상풍   ④ 일본 뇌염

! 페스트균이 일으키는 급성 전염병인 페스트는 쥐에 의해 옮겨진다.

Ans
49 ②   50 ②   51 ①   52 ④   53 ④   54 ②

55 눈 보호를 위해 가장 좋은 인공조명 방식은?

① 직접 조명　　　② 간접 조명
③ 반직접 조명　　④ 전반 확산 조명

> 간접 조명은 빛의 반사 광선을 이용하는 조명 방법으로 눈을 보호할 수 있다.

56 다음 중 중금속과 중독 증상의 연결이 잘못된 것은?

① 카드뮴 - 신장 기능 장애
② 크롬 - 비중격 천공
③ 수은 - 홍독성 흥분
④ 납 - 섬유화 현상

> 인쇄업, 축전지 제조업, 납광, 납 정련장 등에서 발생하는 직업병으로 빈혈, 복통, 설사, 언어 장애, 신경 마비 등의 증상을 보인다.

57 다음 중 국소 진동으로 인한 질병 및 직업병의 예방 대책이 아닌 것은?

① 보건 교육　　　② 완충 장치
③ 방열복 착용　　④ 작업 시간 단축

> 방열복은 뜨거운 열이나 불길에 의한 피해를 막기 위해 입는 옷이다.

58 쓰레기 처리 방법 중 미생물까지 사멸할 수는 있으나 대기오염을 유발할 수 있는 것은?

① 소각법　　　② 투기법
③ 매립법　　　④ 재활용법

> 소각법은 쓰레기를 불에 태우는 것으로 미생물을 완전 사멸시킬 수 있지만, 대기 오염을 유발한다.

59 다음 중 디피티(D.P.T) 기본 접종과 관계없는 질병은?

① 디프테리아　　② 풍진
③ 백일해　　　　④ 파상풍

> 디피티(D.P.T) = 디프테리아, 백일해, 파상풍을 예방하는 혼합 백신

60 국가의 보건 수준 평가를 위하여 가장 많이 사용되고 있는 지표는?

① 조사망률　　　② 성인병발생률
③ 결핵이완율　　④ 영아사망률

> 영아사망률은 연간 태어난 출생아 1,000명 중에 만 1세 미만에 사망한 영아 수의 천분비이다. 건강 수준이 향상되면 영아사망률이 감소하므로 국민 보건 상태의 측정 지표로 널리 사용된다.

Ans
55 ②　56 ④　57 ③　58 ①　59 ②　60 ④

조리기능사 필기

[한식 · 양식 · 중식 · 일식 · 복어 공통]

2017년 2월 10일 개정판 1쇄 발행
2019년 2월 21일 개정판 2쇄 발행

편 저 자　조미열, 송세화, 최문희
발 행 인　이미래

발 행 처　씨마스
등록번호　제 301-2011-214호
주　　소　서울특별시 중구 서애로 23 통일빌딩 4층
전　　화　(02)2274-1590
팩　　스　(02)2278-6702
홈페이지　www.cmass21.net
E-mail　licence@cmass.co.kr
기　　획　정춘교
진행관리　강원경
책임편집　강원경
편　　집　양병수, 김지은
마 케 팅　장 석, 김진주

디 자 인　표지_이기복　내지_이여비

ISBN ｜ 979-11-85351-23-0(13590)

Copyright© 조미열, 송세화, 최문희 2019, Printed in Seoul, Korea

정가 23,000원